本书精彩案例欣赏

▲实例：旋转视频——制作音乐播放画面

▲ 实例：怀旧复古感色调

▲ 实例：制作照片放大动画

本书精彩案例欣赏

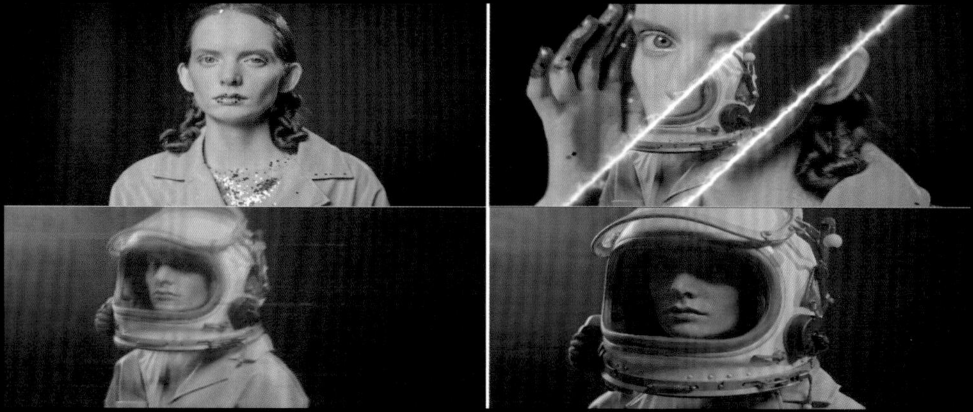

▲实例：炫酷科幻感转场

▲实例：使用“智能美体”工具制作瑜伽宣传短视频

▲实例：你好夏天Vlog

▲ 实例：制作卡点美食视频

▲ 实例：孔明灯特效

本书精彩案例欣赏

▲ 实例：冷酷蝙蝠特效

▲ 实例：怦然心动的拍照特效

道具：瑜伽垫
注意事项：
训练前避免饱腹，每周2
-3天，每次间隔2天。
第一个动作
盘腿抱头转动练习
第二个动作
双手后背交叉拉伸
第三个动作
下腰侧身扭转练习

▲ 教学类短视频——瑜伽健身

唯美世界 曹茂鹏 编著

剪映教程

短视频+Vlog制作一点通

微课视频 全彩版

中国水利水电出版社
www.waterpub.com.cn
·北京·

内 容 提 要

《剪映教程：短视频 +Vlog 制作一点通》是一本专为短视频新手、短视频爱好者，以及没有剪映使用经验但又想剪辑制作出热门短视频的短视频初学者和短视频运营人员编写的入门教材。它也是一本短视频与 Vlog 制作的案例视频教程，该书以剪映电脑版软件为操作平台，全面系统地讲解了剪映的各个知识点及实例应用，并配备了剪映电脑版和剪映手机版的综合应用案例，全书对所有实例录制了讲解视频，便于读者全面学习剪映的功能和熟练掌握各类短视频的制作过程。

《剪映教程：短视频 +Vlog 制作一点通》内容主要分为 3 个部分：第 1 部分为剪映基础（第 1 ～ 2 章），主要讲解了为什么学习剪映、学会用剪映制作短视频能做什么、剪映的界面与安装、剪映的基本操作等；第 2 部分为剪映各模块的技术应用（第 3 ～ 9 章），主要讲解了剪辑、美颜、抠像、蒙版、音频、文字、调色、动画、特效的具体应用；第 3 部分为大型综合项目案例（第 10 ～ 18 章），主要讲解了旅行类短视频、科普类短视频、美食类短视频、教学类短视频的制作流程，以及如何使用剪映手机版软件制作出各种特效短视频，其中第 15~18 章为扫码学习内容，读者使用手机微信的“扫一扫”功能扫码后即可学习该章节的内容。

《剪映教程：短视频 +Vlog 制作一点通》附赠的各类学习资源有：

（1）59 集剪映实例视频教程和实例素材源文件。

（2）《手机端剪映＆电脑端剪映功能对照速查（通用版）》电子书。

（3）《1000 个短视频达人账号名称》电子书。

（4）《30 秒搞定短视频策划》电子版。

《剪映教程：短视频 +Vlog 制作一点通》内容系统全面，讲解浅显易懂，案例效果精美，适合短视频初学者，有剪映使用经验的读者也可汲取本书短视频的制作技巧，创作出令人赏心悦目的精美短视频。

图书在版编目（CIP）数据

剪映教程：短视频 +Vlog 制作一点通 / 唯美世界，曹茂鹏编著 . —北京：中国水利水电出版社，2023.3

ISBN 978-7-5226-1407-6

Ⅰ . ①剪… Ⅱ . ①唯… ②曹… Ⅲ . ①视频编辑软件 Ⅳ . ① TN94

中国国家版本馆 CIP 数据核字 (2023) 第 028180 号

书　　名	剪映教程：短视频 +Vlog 制作一点通 JIANYING JIAOCHENG : DUANSHIPIN + Vlog ZHIZUO YIDIANTONG
作　　者	唯美世界　曹茂鹏　编著
出版发行	中国水利水电出版社 （北京市海淀区玉渊潭南路 1 号 D 座 100038） 网址：www.waterpub.com.cn E-mail：zhiboshangshu@163.com 电话：（010）62572966-2205/2266/2201（营销中心）
经　　售	北京科水图书销售有限公司 电话：（010）68545874、63202643 全国各地新华书店和相关出版物销售网点
排　　版	北京智博尚书文化传媒有限公司
印　　刷	河北文福旺印刷有限公司
规　　格	170mm×240mm　16 开本　18.5 印张　383 千字　2 插页
版　　次	2023 年 3 月第 1 版　2023 年 3 月第 1 次印刷
印　　数	0001—6000 册
定　　价	89.80 元

前 言

“再不做短视频，就晚了”是近年来经常听到的一句话。随着互联网和网络带宽的发展，信息传播已经从文字时代、图片时代，大步迈进了短视频和直播时代，短视频已然成为最大且最快的信息传播载体，各个平台的海量短视频和直播填补了人们的空闲时间。娱乐、美食、游戏、萌宠、旅行、教育、生活等各类短视频作品精彩纷呈，令人大开眼界，人人都可以成为“自媒体”。

拿起手机、相机就可以拍摄短视频，拍完成后可以使用手机或电脑进行编辑，从而制作出好玩、炫酷的作品，最后发布到短视频平台中获得粉丝或后期变现。本书主要以视频剪辑软件剪映电脑版为操作平台，讲解了剪映的各个知识点和实例应用，并分别配备了剪映电脑版和剪映手机版的综合应用案例，便于读者在学习剪映电脑版应用的同时，也能够熟练掌握剪映手机版的操作。

本书特色：

- 内容全面。本书以“理论 + 操作 + 实例 + 综合案例”的形式系统全面地讲解了剪映的各个功能模块、相关操作、实例应用和综合案例应用，帮助读者全面地掌握剪映的使用。
- 实例精彩。本书精选 59 个精彩、流行的实例，实例讲解步骤清晰、图文结合，涵盖了剪映的各个功能模块应用，通过实例的反复演练，让读者达到熟练运用的目的。
- 视频讲解。本书对所有实例配备了视频讲解，对照视频讲解和实例操作，让学习更高效、更便捷。
- 分类齐全。本书短视频的实例类型包括卡点、Vlog、日常、旅行、美食、科普、教学、健身、情感、特效、儿童、舞蹈、科幻、微电影、片头、综艺、宣传、美颜等，方便读者了解各类短视频的制作。
- 附赠实用。除了本书配套的实例视频外，本书还赠送实例的素材文件和拓展学习电子书，方便读者深入全面地学习。

本书赠送以下内容：

- 59 集剪映实例视频教程和实例素材源文件。
- 《手机端剪映＆电脑端剪映功能对照速查（通用版）》电子书。

➦《1000 个短视频达人账号名称》电子书。

➦《30 秒搞定短视频策划》电子版。

注意：由于剪映软件的功能更新速度较快，本书与读者实际使用的界面、按钮、功能、名称可能会存在部分区别，但基本不影响使用。同时，作为创作者也要时刻关注各项政策，创作符合法律法规的作品。

本书资源下载

读者使用手机微信扫描并关注下方的微信公众号（设计指北），输入 DSP14076 至公众号后台，获取本书的资源下载链接。将该链接复制到计算机浏览器的地址栏中，根据提示进行下载。

读者可加入本书的读者交流圈，与其他读者在线学习交流，或查看本书的相关资讯。

设计指北公众号　　　　读者交流圈

本书作者

本书由唯美世界组织编写，其中，曹茂鹏负责主要编写工作，参与本书编写和资料整理工作的还有瞿颖健、董辅川、王萍、杨力、瞿学严、杨宗香、曹元钢、张玉华、李芳、孙晓军、张吉太、唐玉明、朱于凤、瞿玉珍等人，在此一并表示感谢。

编　者

2023 年 1 月

目 录

第1章

新手从这里开始学剪映

本章内容简介：

本章主要讲解为什么学习剪映、学会用剪映制作短视频后能做什么、短视频的基本制作流程、剪映的下载与安装、剪映的操作界面简介、剪映的创作流程、剪映草稿的相关操作等。

重点知识掌握：

- 为什么学习剪映
- 学会用剪映制作短视频后能做什么
- 短视频的基本制作流程
- 剪映的下载与安装
- 熟悉剪映的操作界面
- 使用剪映创作短视频的流程
- 剪映草稿的相关操作

1.1　为什么学习剪映

短视频是随着互联网的兴起而兴起的一种内容传播形式。与以往的电影、电视剧不同，短视频具有制作难度低、制作周期短、普及度高、影响范围大、传播速度快等特点。短视频的内容十分丰富，可以是与微电影相似的剧情类，也可以是技能分享（如做菜、手工、绘画、舞蹈）、知识分享、产品测评、娱乐搞笑、新闻资讯等，甚至可以是情绪的宣泄、路人的某个举动、宠物之间的互动等，这些都可以吸引大量用户进行关注，如图 1-1 ~图 1-3 所示。

图 1-1

图 1-2

图 1-3

剪映是用于剪辑、编辑、制作视频的后期处理软件，分为剪映手机版和剪映电脑版两种。手机版和电脑版的功能几乎一致，因此基本通用。本书主要讲解剪映电脑版。

1.2　学会用剪映制作短视频后能做什么

自媒体时代下，人人都可以是创作者，人人都可以拍摄短视频。那么学会了短视频的制作，究竟有什么用呢？

1. 记录生活

人们越来越习惯于用手机记录生活中的点滴，如美好的旅行、精心制作的美食、与萌宠玩闹的场景、宝宝的生日派对等，这些美妙的片段如果只是留在记忆中，经年累月难免模糊。而通过镜头记录下来就不一样了，即使在几十年后重新翻看，也一定可以感受到当时的美好，如图 1-4 和图 1-5 所示。

图 1-4

图 1-5

2. 扩大影响力，挖掘隐藏客户

从自身的专业出发，录制与本职工作相关的短视频，如律师的普法短视频、二手车经销商的行业内幕短视频、室内设计师的装修实用技巧短视频等，如图 1-6 和图 1-7 所示。这样的视频可以让观者从认可到喜欢再到信赖，创造热度的同时也可以精准地获取隐藏客户，从而增加线下转化的可能性。

图 1-6

图 1-7

3. 短视频变现

通过拍摄短视频实现盈利一直是人们的关注热点。目前常见的短视频变现方式有很多，如在短视频平台开设店铺（如抖音小店），短视频的热度会为店铺带来流量，也可以借助短视频的热度进行直播带货。

另外，垂直领域中的“短视频达人”很容易引起品牌方的关注，可以为产品拍摄宣传短视频获得收益。如果账号热度并不足以引起品牌方的关注，也可以主动承接平台任务（如抖音星图广告、官方推广任务等）获得收益。

4. 跨入影视、广告行业

短视频制作流程与影视作品的生产流程非常接近，借助短视频的拍摄与制作磨炼自身的能力、积累实战经验，在合适的时机转入影视制作、视频广告拍摄等领域，这也是很好的选择。

1.3　短视频的基本制作流程

认识了什么是短视频，接下来需要了解短视频的基本制作流程。短视频的制作过程可以分为策划阶段、拍摄阶段、剪辑编辑阶段和上传视频阶段，如图 1-8 所示。

图 1-8

1. 策划阶段

拍摄之前首先要拟定拍摄方向、确定拍摄主题；确定好拍摄主题后开始构思具体的内容情节；接下来需要将拍摄流程及细节步骤落实到拍摄脚本中，如每个镜头的拍摄地点、拍摄景别、拍摄角度、画面描述、对白、配音内容、字幕、音乐音效、时长，以及筹备拍摄过程中需要用到的设备、场地、演员、服装、化妆品、道具等。

2. 拍摄阶段

布置拍摄场地及现场灯光，安排演员化装。按照事先制作好的脚本，逐一拍摄每个镜头。拍摄过程中可能会遇到各种不可控因素，要做好备用计划。同时要注意拍摄过程中设备的稳定性。

3. 剪辑编辑阶段

拍摄完毕后需要对大量的视频片段进行筛选，选出可用片段导入视频编辑软件，进行剪辑、组合、调色、人物美化、动画、转场、特效、配音、配乐、字幕等方面的编辑操作。完成后导出完整视频。

4. 上传视频阶段

视频制作完成后就要投放到各个平台上，需要注意的是，作品的标题、文案、话题甚至是位置定位等信息都会影响到短视频的热度，可参考热门视频排行榜。

这些阶段根据视频内容的差异，操作难度可大可小。甚至有些阶段可以省略，但仍然建议新手朋友养成“制定拍摄计划”的好习惯，虽然前期准备可能比较烦琐，但会大大减少后续工作中出现错误，从而提高工作效率。

1.4　剪映的下载与安装

（1）打开剪映电脑版官方网站，或者在浏览器中搜索“剪映电脑版”自行下载安装，如图 1-9 所示。

（2）单击“立即下载”按钮，在弹出的“新建下载任务”窗口中单击“下载”按钮，如图 1-10 所示。

图 1-9

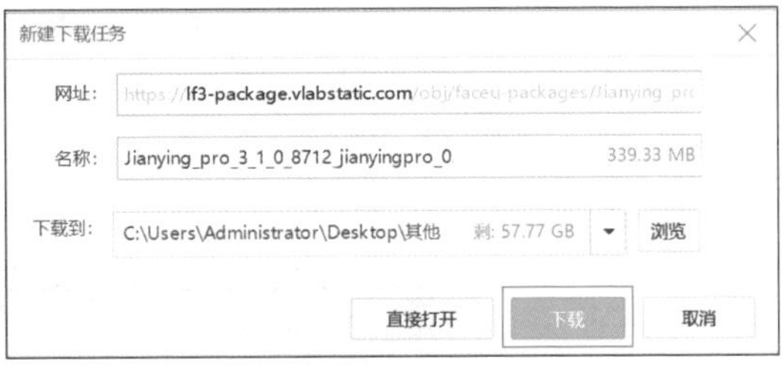

图 1-10

（3）找到下载的路径并双击安装包，如图 1-11 所示。

（4）在弹出的安装窗口中单击“立即安装”按钮，如图 1-12 所示。

（5）单击“立即体验”按钮，如图 1-13 所示。

（6）此时“剪映电脑版”已启动，如图 1-14 所示。

图 1-11

图 1-12

图 1-13

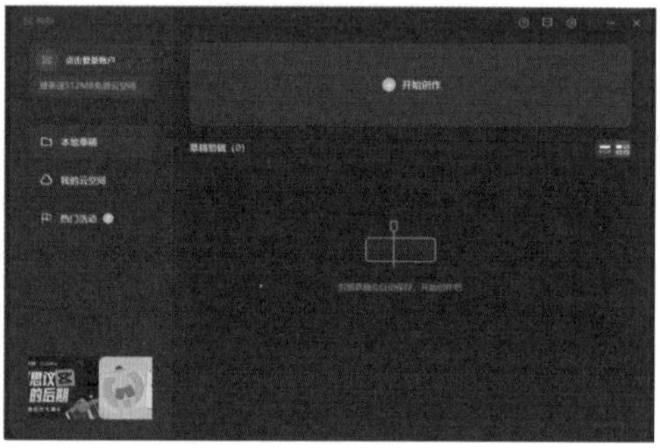

图 1-14

1.5　熟悉剪映的操作界面

打开剪映电脑版，此时剪映的初始界面中包括“本地草稿”“我的云空间”“小组云空间”，如图 1-15 所示。

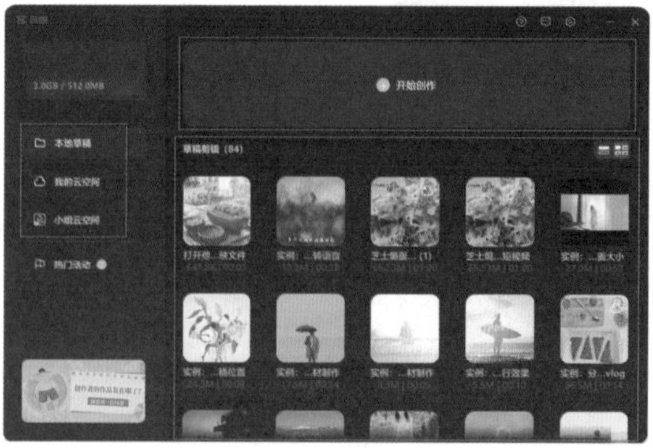

图 1-15

- 本地草稿：包括“开始创作”和“草稿剪辑”，单击“开始创作”按钮可以开始创作新的剪映作品。“草稿剪辑”用于存储创作文件，选中文件后单击即可打开文件继续创作。
- 我的云空间：用于将剪映草稿上传至云空间。
- 小组云空间：用于创建小组，并允许多人操作剪映文件。

剪映电脑版的界面由 4 个面板组成，分别为“播放器”面板、“素材”面板、“时间线”面板、“功能”面板，如图 1-16 所示。

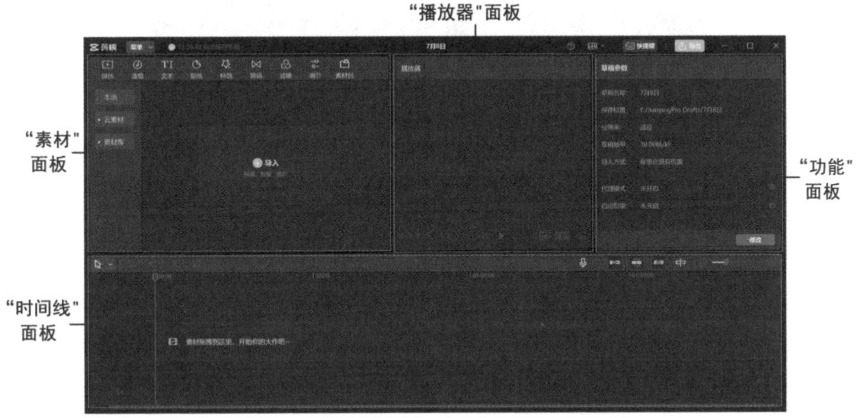

图 1-16

1.5.1 “播放器”面板

“播放器”面板用于预览素材效果、设置画面比例等，如图 1-17 所示。

图 1-17

1.5.2 “素材”面板

“素材”面板用于添加视频、音频、文字等，包括“媒体”“音频”“文本”“贴纸”“特效”“转场”“滤镜”“调节”“素材包”功能，如图 1-18 所示。

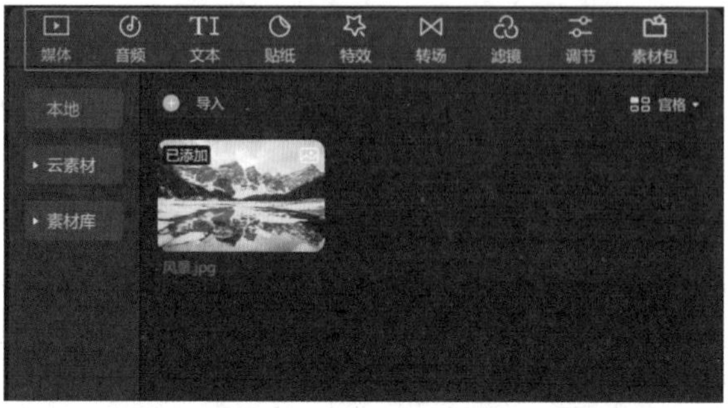

图 1-18

- 媒体：用于导入本地素材、云素材、素材库素材。
- 音频：用于添加音乐素材、音效素材，提取音频等。
- 文本：用于创建文字、创建花字，使用文字模板、智能字幕、识别歌词、本地字幕快速添加文字。
- 贴纸：用于为素材添加贴纸素材，使得画面效果更丰富。
- 特效：用于快速添加特效。
- 转场：用于更好地衔接两段素材，在素材之间添加过渡效果。
- 滤镜：用于快速进行一键自动视频调色。
- 调节：用于手动精细调色。
- 素材包：用于为画面快速添加不同类别的素材，从而完善作品。

1.5.3 “时间线”面板

“时间线”面板用于对视频进行基础操作，如选择素材、撤销、恢复、分割、删除、制作封面、关闭原声、录音、定格、倒放、镜像、旋转、裁切等效果，如图 1-19 所示。

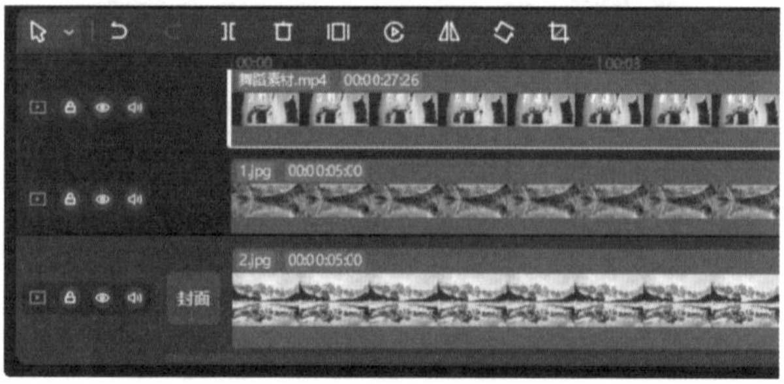

图 1-19

1.5.4 “功能”面板

在“时间线”面板或“播放器”面板中选中素材后，“功能”面板方可激活。“功能”面板中包括“画面”“动画”“调节”3 个部分，如图 1-20 所示。

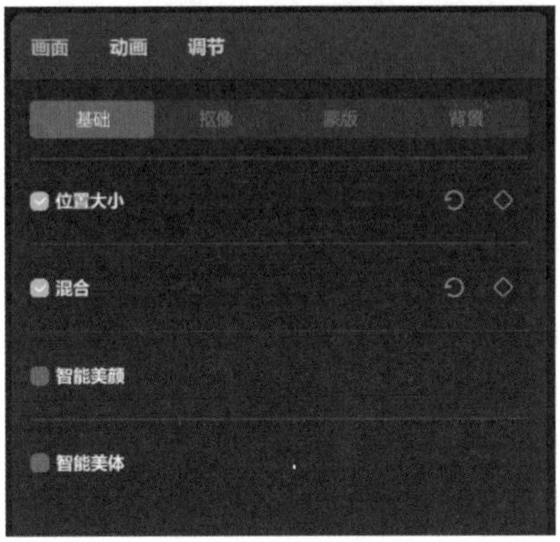

图 1-20

- 画面：“画面”中包括“基础”“抠像”“蒙版”“背景”4 个部分。
- 动画：“动画”中包括“入场”“出场”“组合”3 个部分。用于快速对素材的开始、结束添加入场、出场动画，还可以添加丰富的组合动画。
- 调节：“调节”中包括“基础”“HSL”“曲线”“色轮”4 个部分。通过对这 4 个部分的参数进行调整，可以调整出需要的色彩。

1.6 打开剪映，试一试

1.6.1 实例：使用剪映制作短视频的基本流程

认识了剪映的操作界面后，下面就可以尝试制作一个短视频。通过本实例，学习在剪映中制作短视频的基本流程，如导入、剪辑、调色、特效、贴纸、导出。实例效果如图 1-21 所示。

扫一扫，看视频

图 1-21

（1）导入素材。在“素材”面板中执行“媒体”/“本地”命令，单击“导入”按钮，如图 1-22 所示。

（2）在弹出的“请选择媒体资源”窗口中单击选择背影 .mp4，接着单击“打开”按钮，如图 1-23 所示。

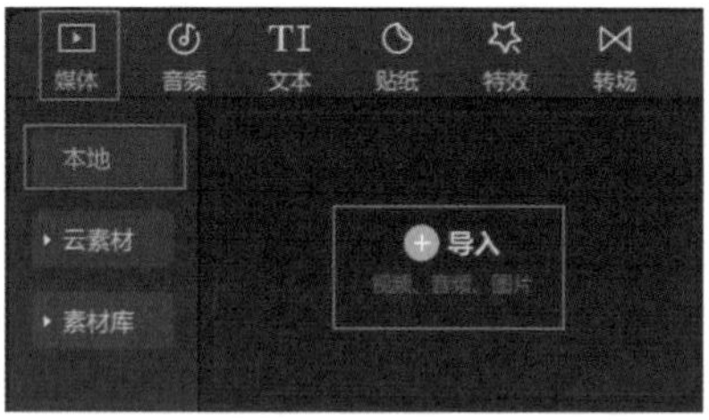

图 1-22

图 1-23

（3）此时背影视频素材文件已被导入“素材”面板，接着单击“添加到轨道”按钮，如图 1-24 所示。滑动时间线，此时画面效果如图 1-25 所示。

图 1-24

图 1-25

（4）切割素材。将时间线滑动至 22 秒 28 帧处，在“时间线”面板中单击选择背影视频素材文件，接着单击“分割”按钮或使用快捷键 Ctrl+B 进行裁剪，如图 1-26 所示。

（5）分别将分割后的视频素材的结束时间向左进行拖动，设置每个视频的持续时间为 3 秒，如图 1-27 所示。

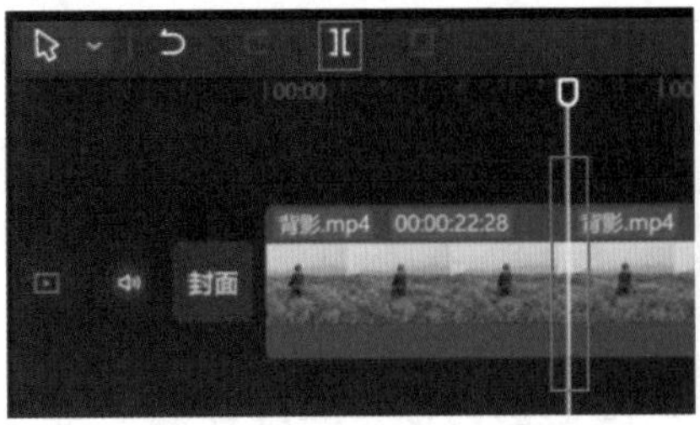

图 1-26

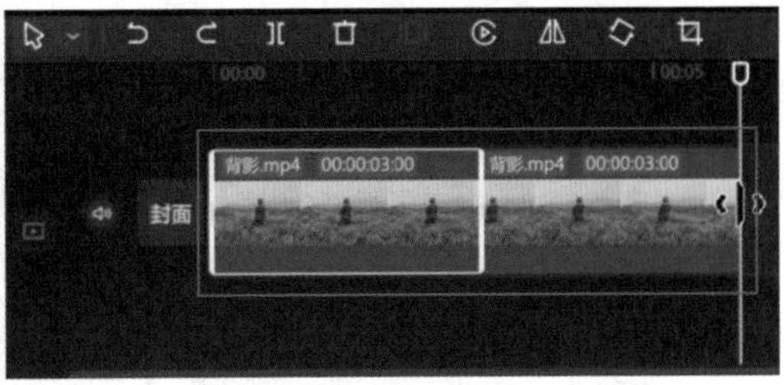

图 1-27

提示：剪辑的不同方法。

（1）当需要快速切割视频时，可切换“选择”工具为“分割”工具，如图 1-28 所示。

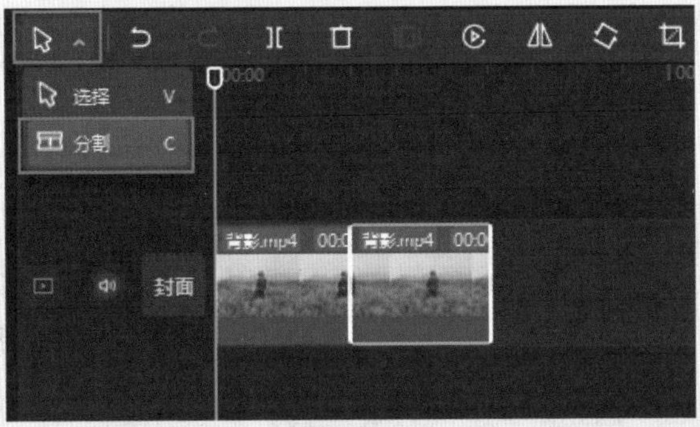

图 1-28

（2）当光标为“选择”工具时，需滑动时间线，单击“分割”按钮分割视频。当光标切换为“分割”工具时，无须滑动时间线，使用鼠标移动至需分割的位置单击即可分割。

（3）通过拖动素材的起始时间或结束时间可以设置视频的持续时间。

（6）调整画面颜色。在“时间线”面板中单击第 1 段背影视频素材文件，在“功能”面板中执行“调节”/“基础”/“调节”命令，设置“色温”为 20，“色调”为 29，“饱和度”为 5，“亮度”为 13，“对比度”为 25，“高光”为 -8，“阴影”为 -5，“光感”为 -21，如图 1-29 所示。

（7）将时间线滑动至 3 秒处，在“素材”面板中执行“滤镜”/“滤镜库”/“影视级”命令，选择“高饱和”滤镜，单击“添加到轨道”按钮，如图 1-30 所示。滑动时间线，此时画面中的颜色已经改变，如图 1-31 所示。

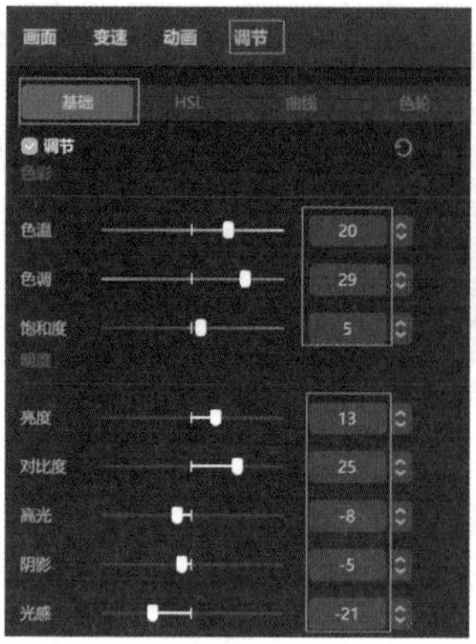

图 1-29

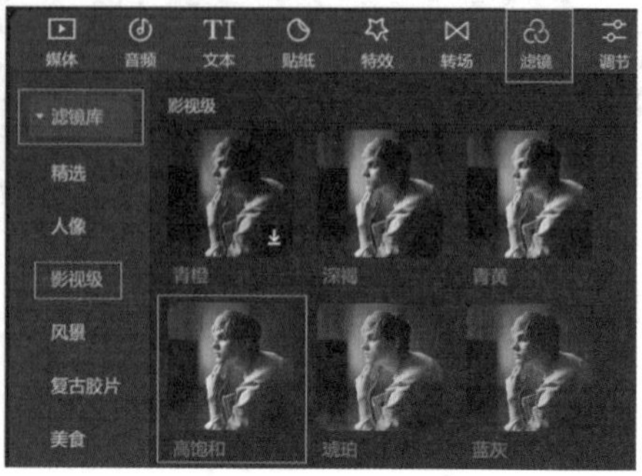

图 1-30

（8）添加特效。将时间线滑动至 3 秒处，在“素材”面板中执行“特效”/“特效效果”/“氛围”命令，选择“星火炸开”特效，单击“添加到轨道”按钮，如图 1-32 所示。

图 1-31

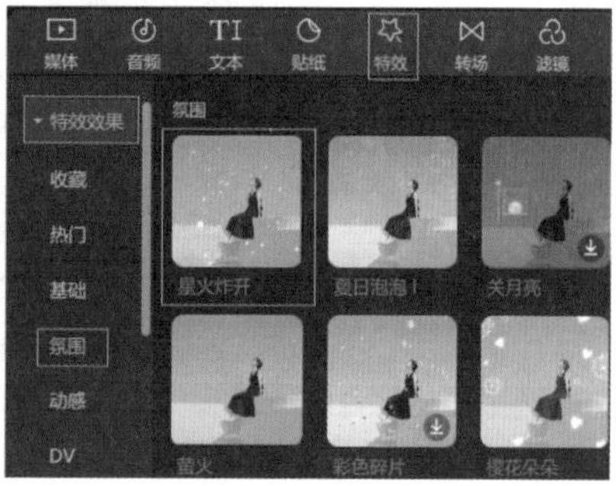

图 1-32

（9）在“素材”面板中执行“特效”/“特效效果”/“光”命令，选择“边缘发光”特效，单击“添加到轨道”按钮，如图 1-33 所示。

（10）添加贴纸丰富画面。在“素材”面板中执行“贴纸”/“贴纸素材”命令。在“搜索栏”中搜索“文字”，选择合适的贴纸，如图 1-34 所示。

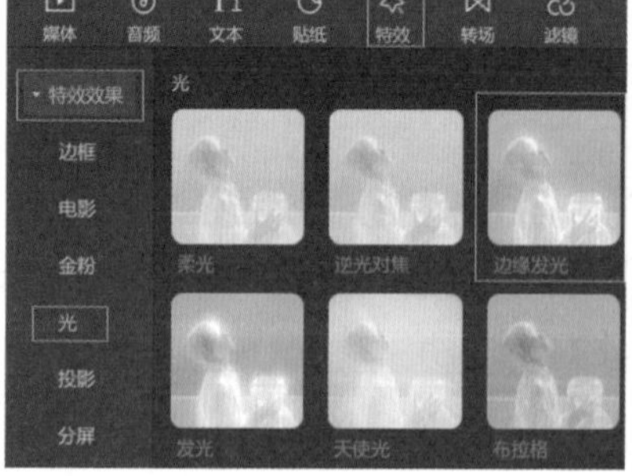

图 1-33

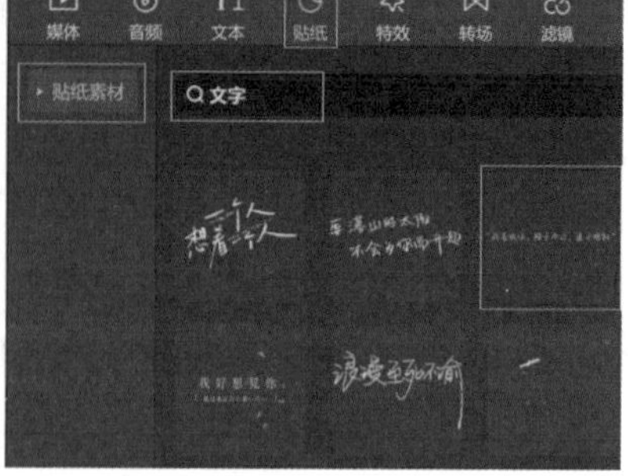

图 1-34

（11）导出视频。单击操作界面右上角的“导出”按钮，在弹出的“导出”面板中设置合适的参数，单击“导出”按钮，如图 1-35 所示。

（12）在选择的路径中可以看到刚刚导出的视频素材，如图 1-36 所示。

图 1-35

图 1-36

（13）此时本实例制作完成，滑动时间线即可查看实例效果，如图 1-37 所示。

图 1-37

1.6.2 实例：添加本地素材、云素材、素材库素材制作

本实例使用了 3 种添加素材的方式，制作了一个动画作品，包括添加猫咪视频

素材、添加素材库中的片尾动画、添加贴纸素材丰富画面细节。实例效果如图 1-38 所示。

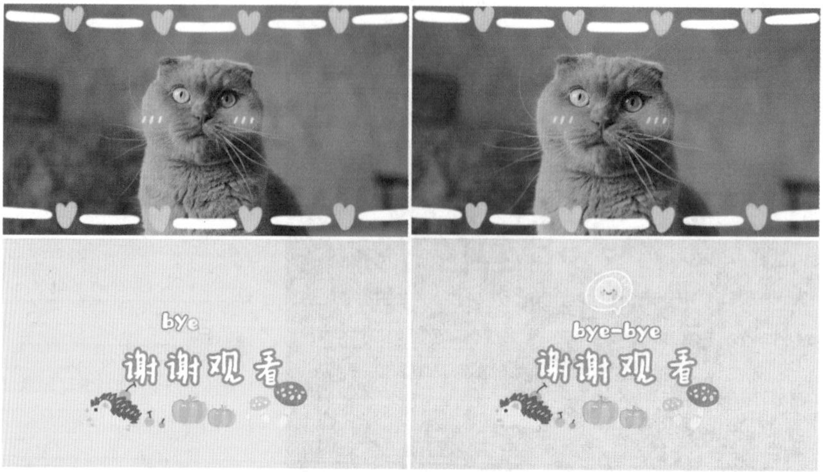

图 1-38

（1）导入猫咪视频素材。在“素材”面板中执行“媒体”/“本地”命令，单击“导入”按钮，如图 1-39 所示。

（2）在弹出的“请选择媒体资源”窗口中单击选择 011.mp4，接着单击“打开”按钮，如图 1-40 所示。

扫一扫，看视频

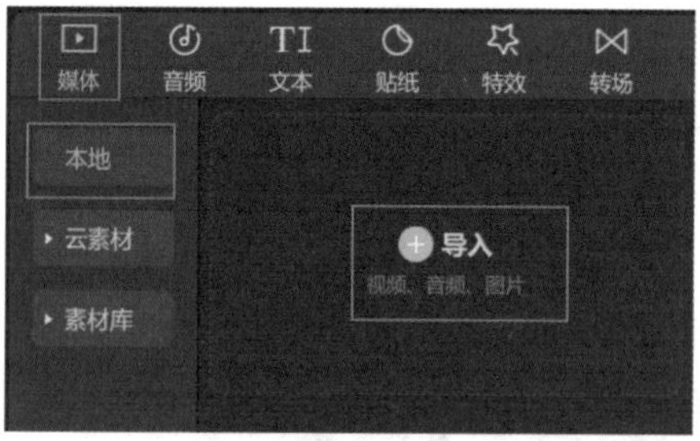

图 1-39

图 1-40

（3）此时猫咪视频素材文件已被导入“素材”面板，接着单击“添加到轨道”按钮，如图 1-41 所示。滑动时间线，此时画面效果如图 1-42 所示。

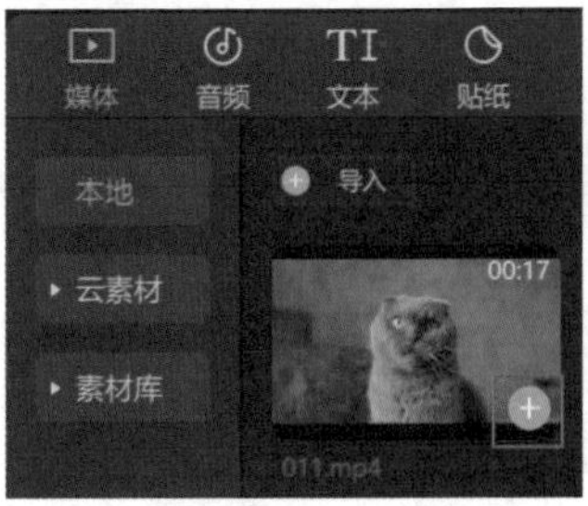

图 1-41

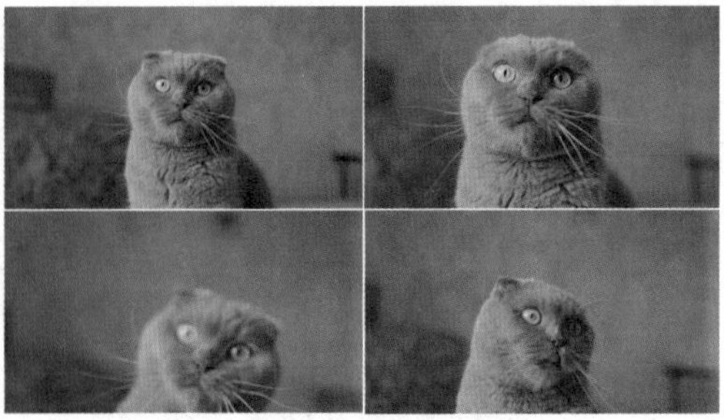

图 1-42

（4）在“时间线”面板中将猫咪视频素材文件的结束时间拖动至 3 秒处，如图 1-43 所示。

（5）使用素材库添加素材。将时间线滑动至 3 秒处，在“素材”面板中执行“媒体”/“素材库”/“片尾”命令，选择合适的素材，单击“添加到轨道”按钮，如图 1-44 所示。

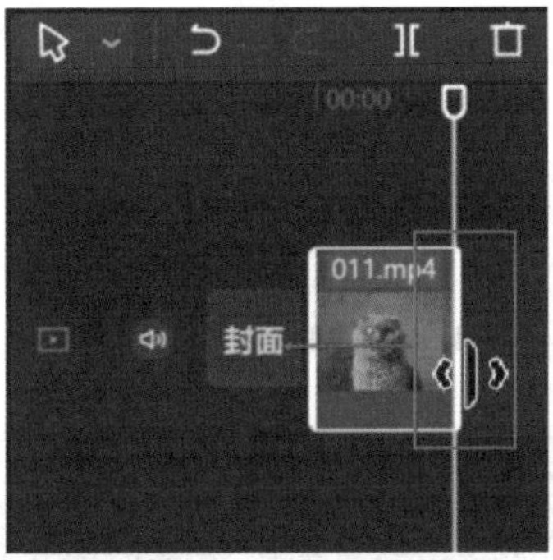

图 1-43

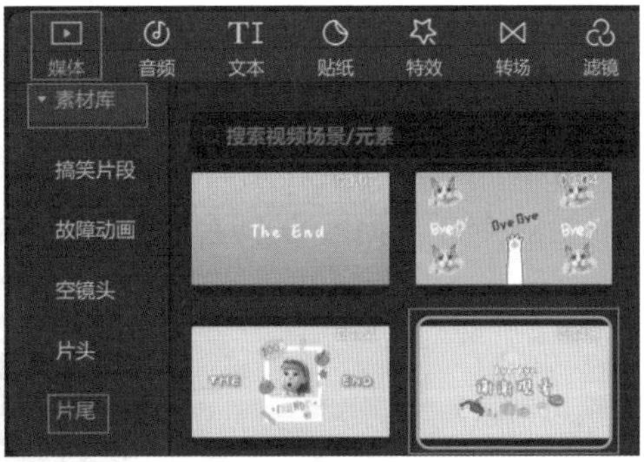

图 1-44

（6）添加贴纸丰富画面。将时间线滑动至起始时间处，在“素材”面板中执行“贴纸”/“贴纸素材”命令，在“搜索栏”中搜索“花边”，选择合适的贴纸，单击“添加到轨道”按钮，如图 1-45 所示。

（7）在“时间线”面板中单击贴纸轨道。在“功能”面板中单击“贴纸”按钮，在“位置大小”中设置“缩放”为 142%，“位置”/Y 为 767，如图 1-46 所示。

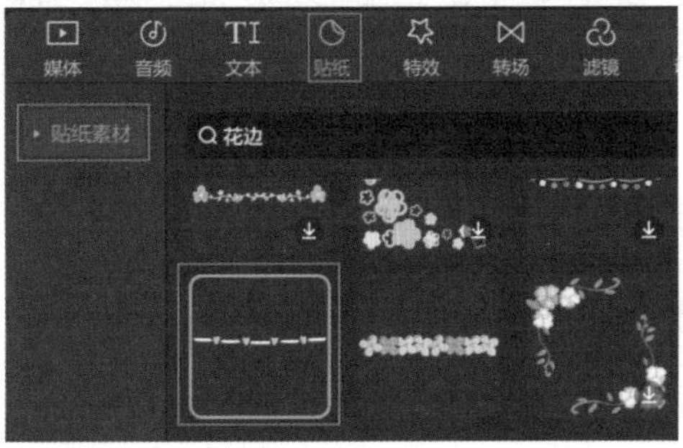

图 1-45

图 1-46

（8）在“功能”面板中执行“动画”/“循环”命令，选择“轻微跳动”动画，如图 1-47 所示。

（9）在“时间线”面板中选择贴纸素材，使用快捷键 Ctrl+C 进行复制，接着使用快捷键 Ctrl+V 进行粘贴，效果如图 1-48 所示。

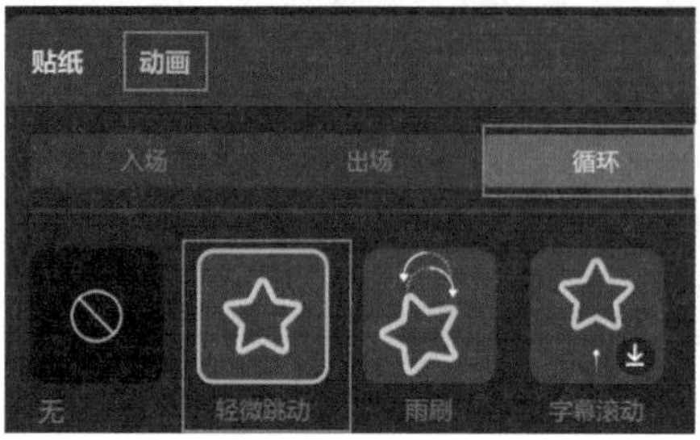

图 1-47

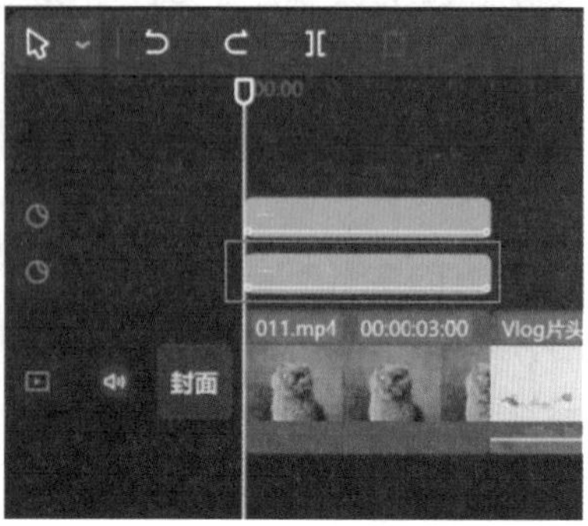

图 1-48

（10）在“时间线”面板中单击刚刚添加的贴纸轨道，在“功能”面板中单击“贴纸”按钮，在“位置大小”中设置“位置”/Y 为 -1067，如图 1-49 所示。

（11）将时间线滑动至起始时间处，在“素材”面板中执行“贴纸”/“贴纸素材”/“脸部装饰”命令，选择合适的贴纸，单击“添加到轨道”按钮，如图 1-50 所示。

图 1-49

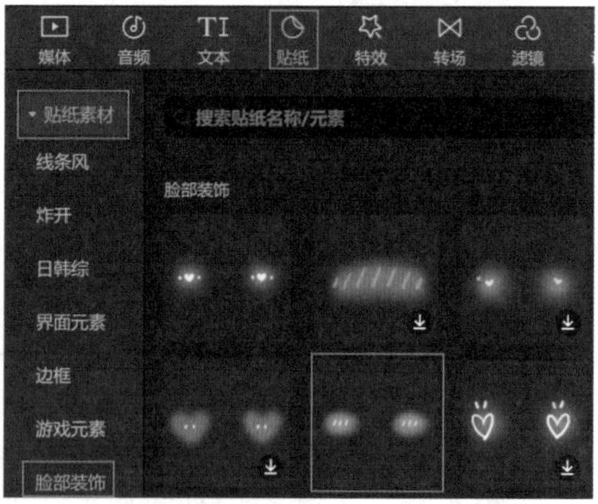

图 1-50

（12）在“时间线”面板中单击刚刚添加的贴纸轨道，在“功能”面板中单击“贴纸”按钮，在“位置大小”中设置“位置”/X 为 -67，如图 1-51 所示。

（13）在“功能”面板中执行“动画”/“出场”命令，选择“渐隐”动画，如图 1-52 所示。

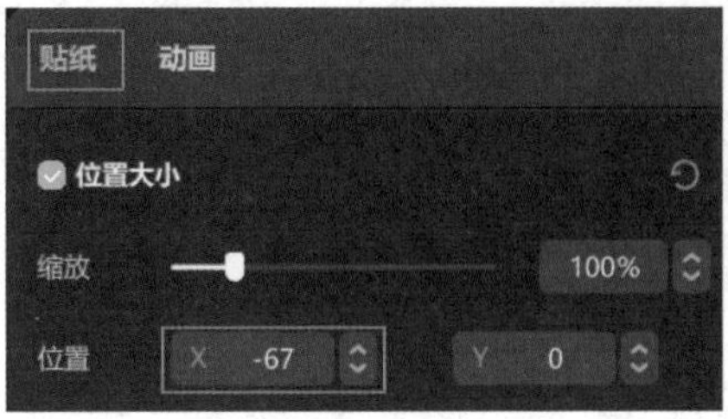

图 1-51

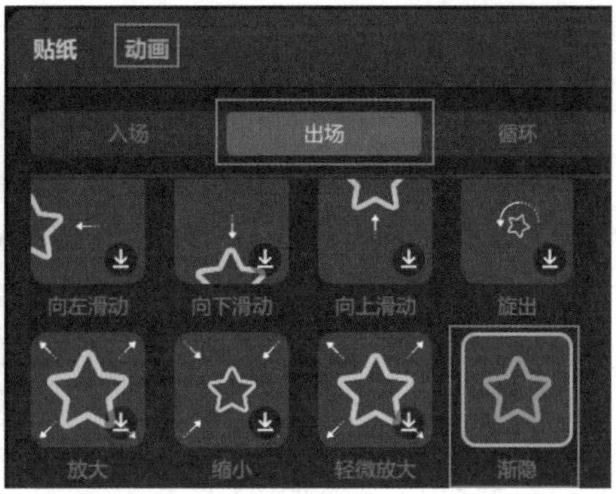

图 1-52

（14）此时本实例制作完成，滑动时间线即可查看实例效果，如图 1-53 所示。

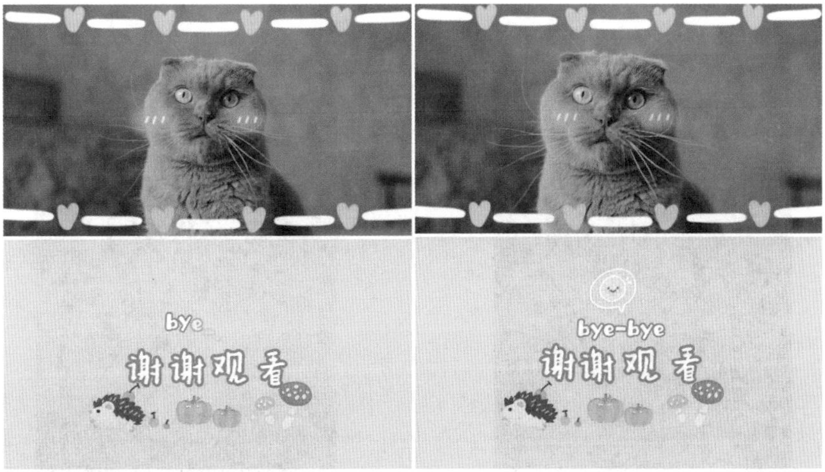

图 1-53

1.6.3　实例：调整视频画面大小

在不同的平台发布视频，需要不同的画面比例。例如，西瓜视频的画面比例通常为 16 ：9，抖音的画面比例通常为 9 ：16。本小节学习如何更改画面比例。

扫一扫，看视频

（1）自定义画面大小，创建文件时，播放器中的文件与素材文件大小相同，如图 1-54 所示。

（2）在“播放器”面板中单击“比例”按钮（目前画面比例为“适合”），如图 1-55 所示。可在弹出的面板中设置合适的比例，如 9 ：16，如图 1-56 所示。

（3）画面比例已变为 9 ：16，如图 1-57 所示。

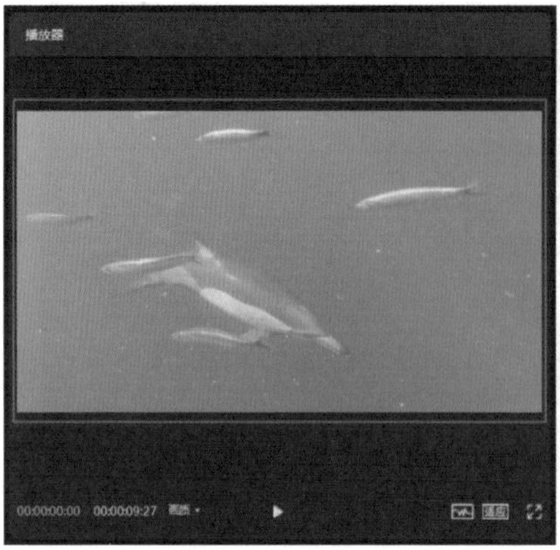

图 1-54

图 1-55

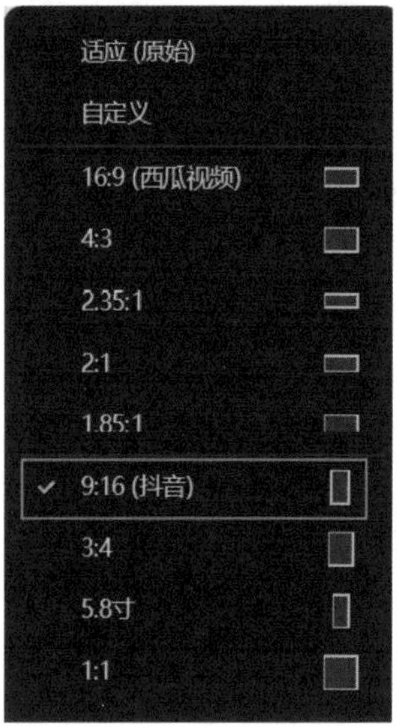

图 1-56

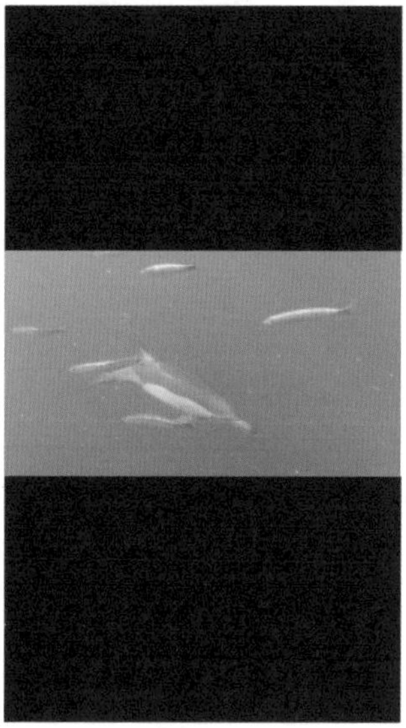

图 1-57

1.6.4 实例：导出视频

扫一扫，看视频

导出视频是在剪映中制作短视频的最后一步，可以将视频导出为不同分辨率、码率、格式的视频文件。

（1）当视频制作完成后，单击“功能”面板上方的“导出”按钮，如图 1-58 所示。

（2）在弹出的“导出”面板中设置合适的“作品名称”，设置“导出至”为合适的导出路径，并设置“分辨率”为 1080P，“帧率”为 30fps，接着单击“导出”按钮，如图 1-59 所示。

图 1-58

图 1-59

（3）此时文件正在导出，如图 1-60 所示。

（4）在设置的导出路径中可以看到刚刚导出的视频文件，如图 1-61 所示。

图 1-60

图 1-61

提示：使用剪映快捷键创作更高效。

在实际使用剪映时，可以熟练应用快捷键，提高创作效率。单击界面上方的“快捷键”按钮快捷键，在弹出的“快捷键”面板中即可查看快捷键，如图 1-62 所示。

可切换为 Premiere Pro，这样更方便 Premiere Pro 的用户使用该软件，如图 1-63 所示。

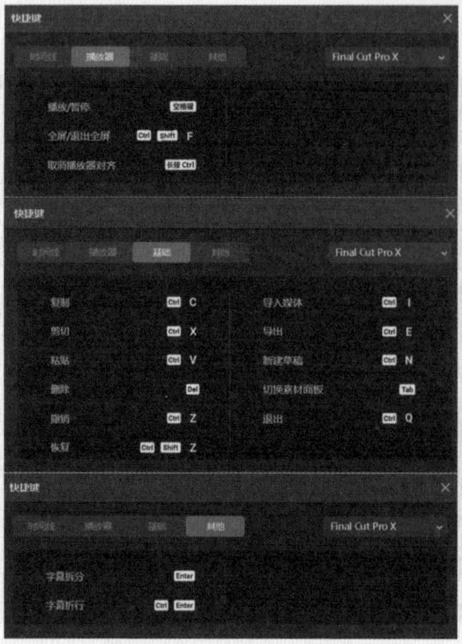

图 1-62

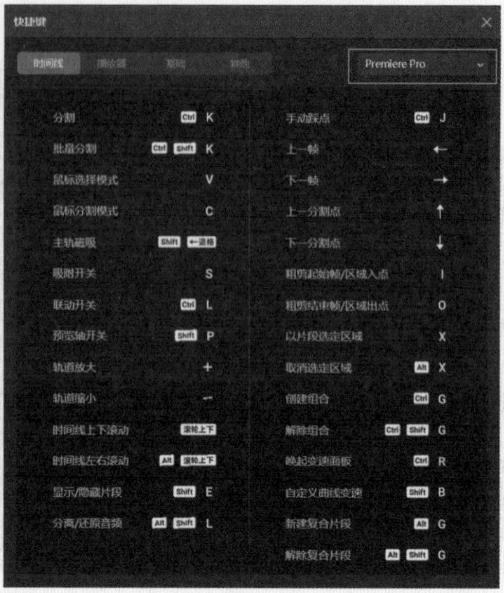

图 1-63

1.6.5 撤销操作

“撤销”用于返回上一步的操作，也可以使用快捷键 Ctrl+Z 进行撤销，如图 1-64 所示。

图 1-64

（1）使用“撤销”工具。将车图片素材文件拖动到“时间线”面板中。此时“播放器”面板如图 1-65 所示。

（2）在“功能”面板中执行“画面”/“基础”命令，在“位置大小”中设置“缩放”为 56%，“旋转”为 -19°，如图 1-66 所示。

图 1-65

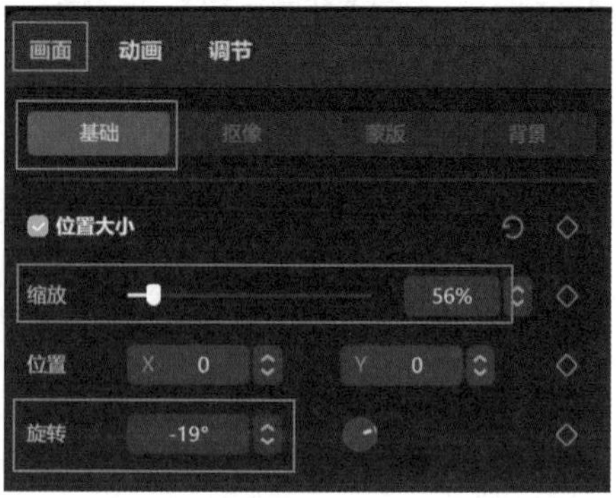

图 1-66

（3）此时“播放器”面板中的素材文件被缩小并旋转，效果如图 1-67 所示。

（4）单击“撤销”按钮或使用快捷键 Ctrl+Z 进行撤销操作。此时画面中的图片旋转已被撤销，效果如图 1-68 所示。

图 1-67

图 1-68

1.6.6　恢复操作

“恢复”用于取消撤销的效果，可以使用快捷键 Ctrl+Shift+Z 进行恢复，如图 1-69 所示。

图 1-69

（1）使用“恢复”工具。将泡沫图片素材文件拖动到“时间线”面板中，此时“播放器”面板如图 1-70 所示。

（2）在“功能”面板中执行“画面”/“基础”命令，在“位置大小”中设置“缩放”为 56%，如图 1-71 所示。

图 1-70

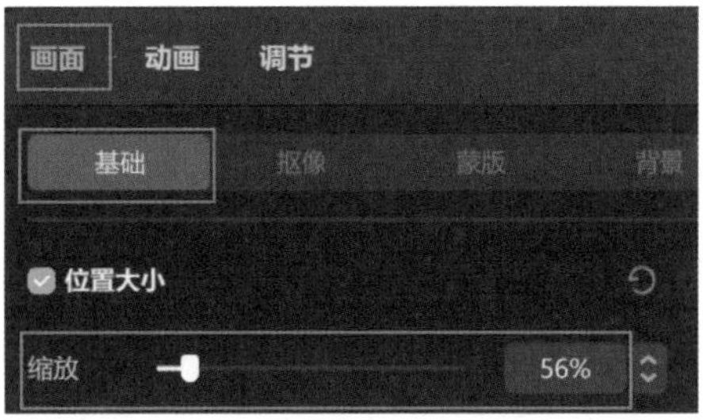

图 1-71

（3）此时“播放器”面板中的素材文件被缩小，如图 1-72 所示。

（4）单击“撤销”按钮或使用快捷键 Ctrl+Z 进行撤销操作。此时画面中的图片缩放已被撤销，效果如图 1-73 所示。

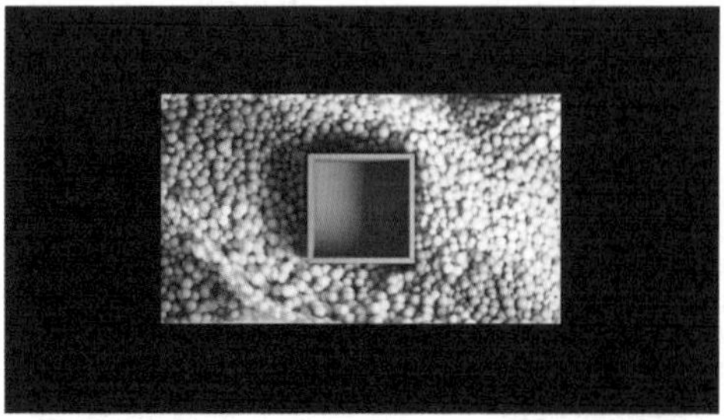

图 1-72

图 1-73

（5）单击“恢复”按钮或使用快捷键 Ctrl+Shift+Z 进行恢复操作。此时画面中撤销的图片缩放已被恢复，效果如图 1-74 所示。

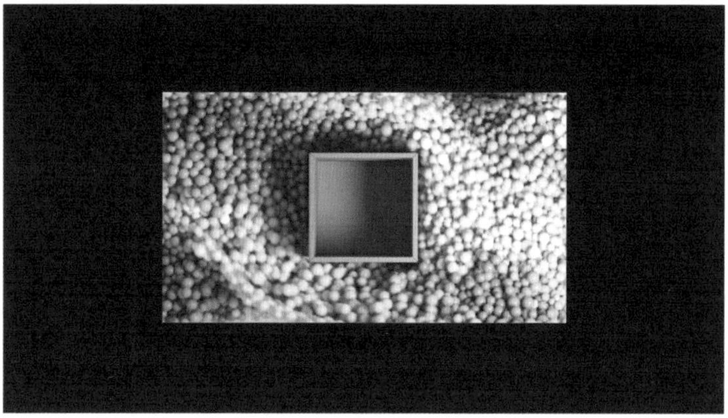

图 1-74

1.7 剪映草稿的相关操作

本节通过几个实例讲解剪映草稿的相关操作，包括修改草稿的存储位置、打开使用其他电脑制作的文件、剪映电脑版和剪映手机版互通的方法。

1.7.1 实例：修改草稿的存储位置

扫一扫，看视频

使用剪映制作视频时，剪映会自动进行存储。本小节讲解修改草稿存储位置的方法。

（1）修改草稿的存储位置。在“素材”面板中执行“菜单”/“全局设置”命令，如图 1-75 所示。

（2）在弹出的“全局设置”面板中单击“草稿位置”后方的“文件夹”按钮，如图 1-76 所示。

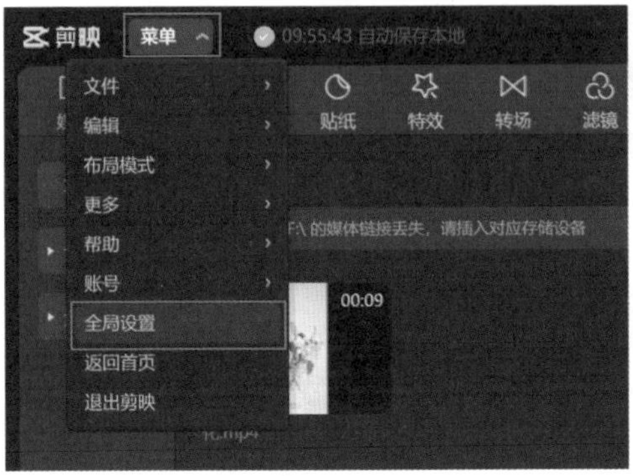

图 1-75

图 1-76

（3）在弹出的“请选择草稿文件的保存位置”窗口中选择合适的保存路径，单击“选择文件夹”按钮，如图 1-77 所示。

（4）单击“保存”按钮，此时素材文件的“草稿位置”已改变，如图 1-78 所示。

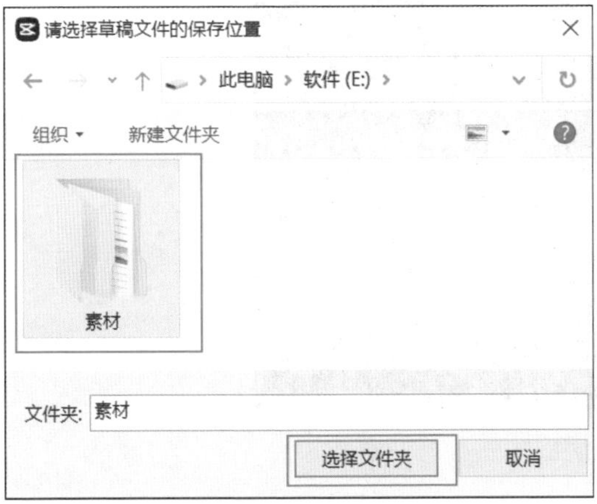

图 1-77

图 1-78

1.7.2　实例：打开使用其他电脑制作的文件

在家里的电脑上制作的剪映文件，怎么在公司的电脑上打开呢？本书提供的剪映实例文件，怎么在自己的电脑上打开呢？本小节学习如何打开使用其他电脑制作的文件。

扫一扫，看视频

（1）在剪映中打开任意文件，在不选择任何素材的情况下，在“功能”面板中即可看到“保存位置”，如图 1-79 所示。

（2）按照路径打开文件夹，将他人的剪映文件复制至此文件夹中，如图 1-80 所示。

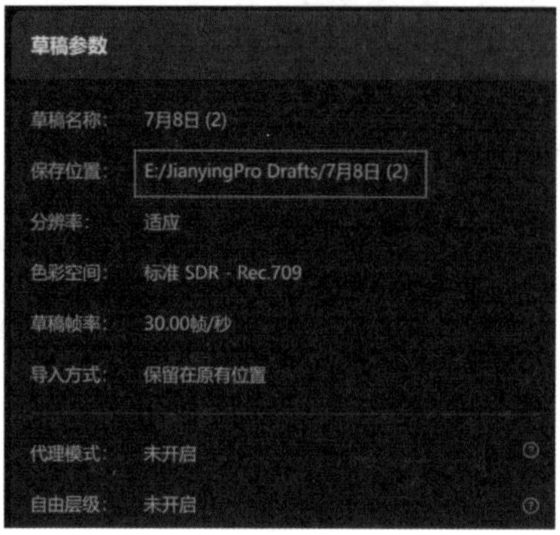

图 1-79

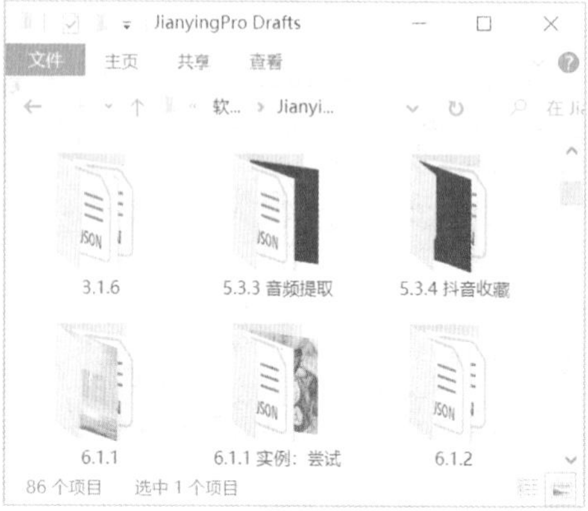

图 1-80

（3）打开剪映，单击“本地草稿”按钮，在“草稿剪辑”面板中找到该文件并单击即可打开，如图 1-81 所示。

图 1-81

1.7.3 实例：将剪映电脑版中的作品同步到剪映手机版

扫一扫，看视频

使用剪映电脑版创作的作品，用剪映手机版也能打开。本小节介绍如何将剪映电脑版创作的作品通过“剪映云”在剪映手机版中打开，并且剪映作品可以继续进行修改、编辑。

（1）剪映视频互通。在电脑端打开剪映，单击“本地草稿”按钮，右击文件。在弹出的快捷菜单中执行“备份至”命令，如图 1-82 所示。

（2）在弹出的面板中选择“我的云空间”，单击“开始备份”按钮，如图 1-83 所示。

图 1-82

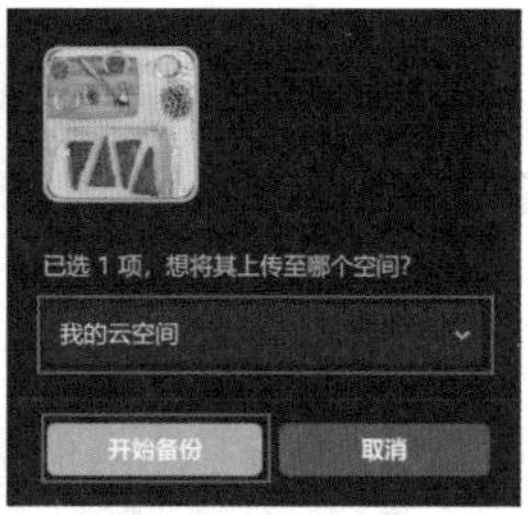

图 1-83

（3）当上传成功后，单击“我的云空间”按钮，即可看到上传的视频文件，如图 1-84 所示。

（4）在手机端打开剪映，点击“剪映云”按钮，选择刚刚上传的视频，点击“下载”按钮，即可在手机端编辑。使用剪映手机版制作视频后，可将视频上传到“剪映云”进行互通，如图 1-85 所示。

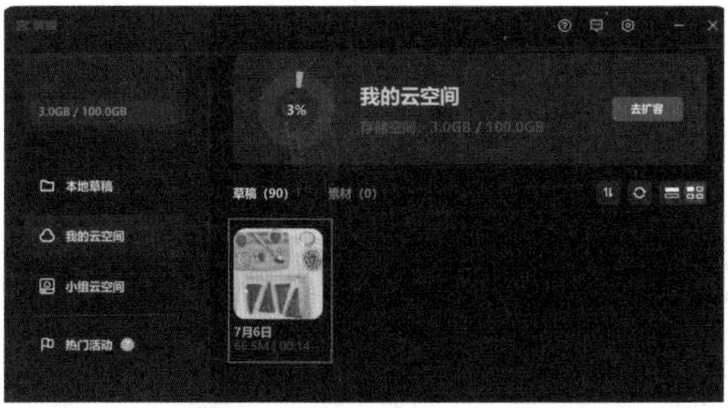

图 1-84

图 1-85

1.7.4　实例：将剪映手机版中的作品同步到剪映电脑版

1.7.3 小节中学习了如何将剪映电脑版中的作品同步到剪映手机版。本小节学习如何将剪映手机版中的作品同步到剪映电脑版。

（1）手机端同步作品。在手机端剪映中制作完视频后，在“草稿箱”中点击“剪映云”按钮，如图 1-86 所示。

（2）在“我的云空间”中点击“云”按钮，点击“上传草稿”按钮，如图 1-87 所示。

扫一扫，看视频

（3）在弹出的面板中选择需要上传的素材文件，点击“立即上传”按钮，如图 1-88 所示。

图 1-86

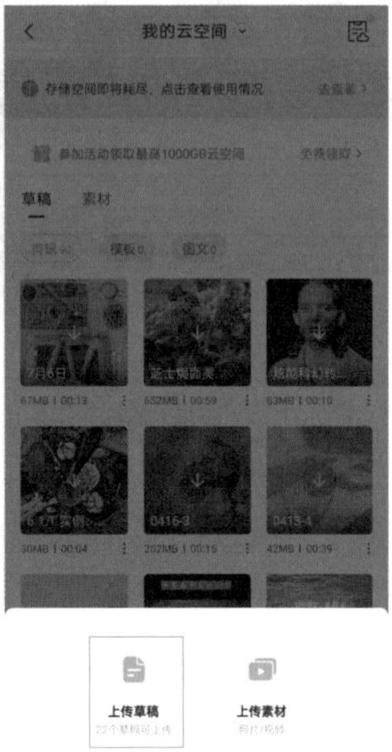

图 1-87

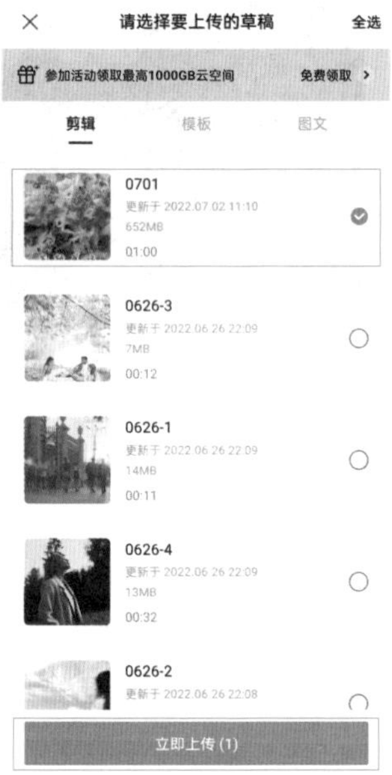

图 1-88

（4）上传完成后，打开电脑端剪映，单击“我的云空间”按钮，选择刚刚上传的素材文件，单击“下载”按钮，如图 1-89 所示。

（5）下载完成后，可在本地草稿中看到该素材文件，单击该文件即可开始编辑，如图 1-90 所示。

图 1-89

图 1-90

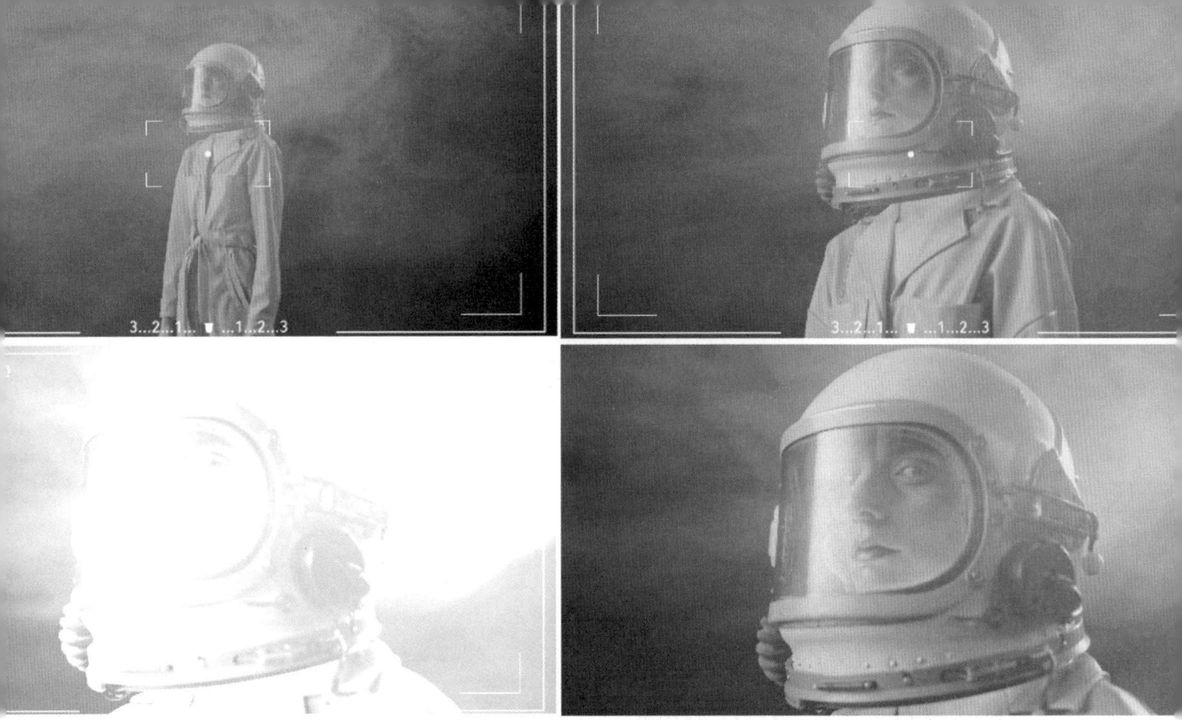

第2章

剪映的基本操作

本章内容简介：

要想熟练地完成短视频制作，掌握基础知识极其重要。本章主要讲解使用剪映进行创作的基本操作，如调整素材的位置大小、镜像、倒放、替换素材等。

重点知识掌握：

剪映的基本操作

2.1 调整素材的位置大小

“位置大小”用于调整素材文件的“缩放”“位置”“旋转”效果，并可以创建关键帧动画，使得这些属性产生动画变化，如图 2-1 和图 2-2 所示。

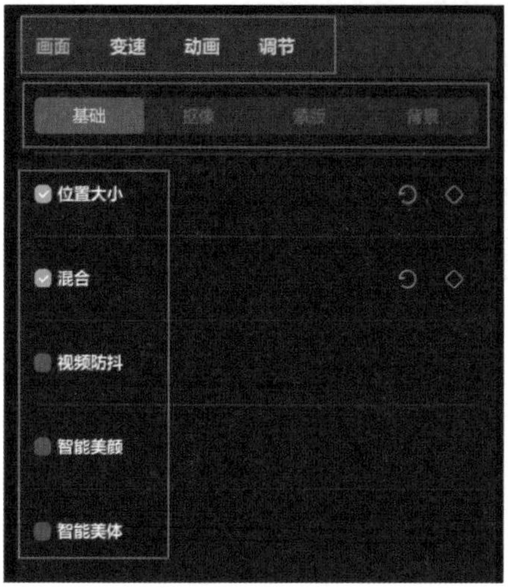

图 2-1

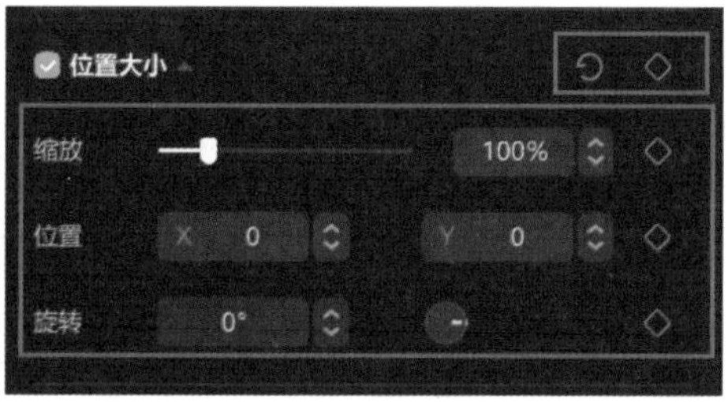

图 2-2

（1）制作旋转效果。在“时间线”面板中单击选中素材，在“功能”面板中执行“画面”/“基础”/“位置大小”命令，如图 2-3 所示。

（2）设置“旋转”为 60°，如图 2-4 所示。此时，“播放器”面板中的素材文件已被旋转 60°，效果如图 2-5 所示。

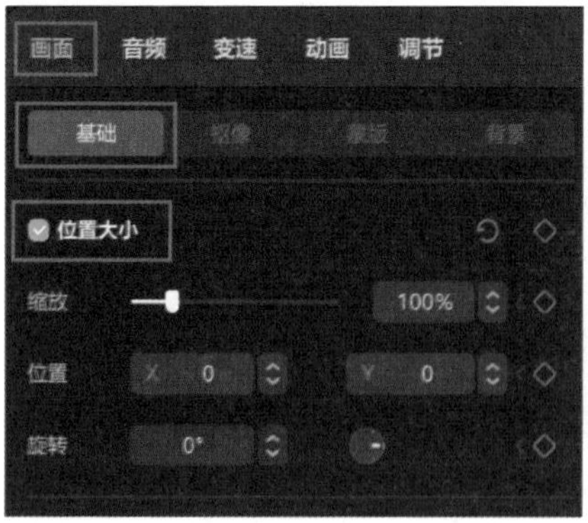

图 2-3

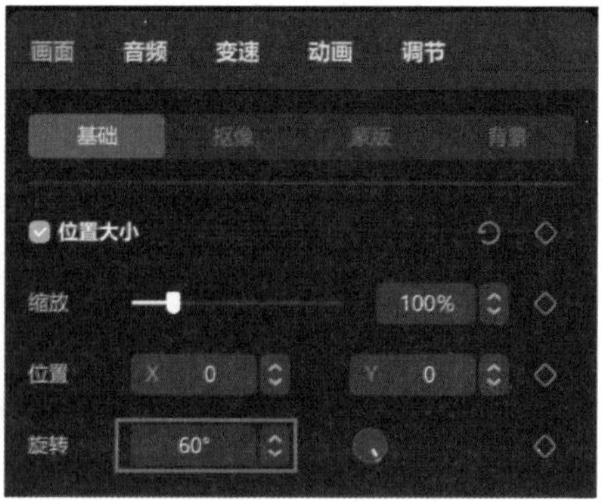

图 2-4

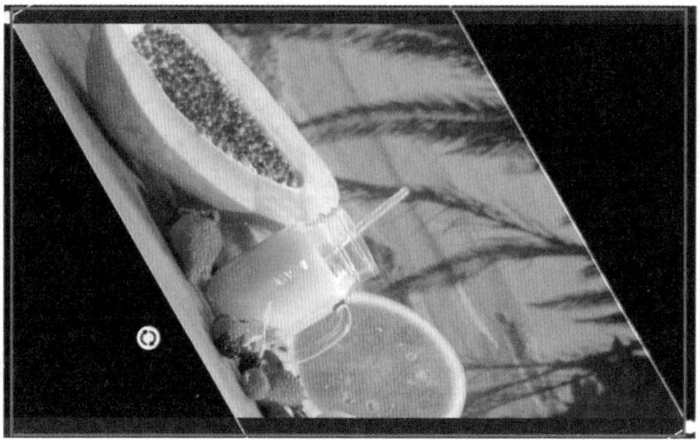

图 2-5

（3）图 2-6 和图 2-7 所示是设置“缩放”为 100% 和 50% 的对比效果。

图 2-6

图 2-7

（4）适当增大 Y 的数值，可以看到素材会向上移动，如图 2-8 和图 2-9 所示。

图 2-8

图 2-9

2.2　实例：旋转视频——制作音乐播放画面

本实例使用“旋转”与“蒙版”工具制作滚动效果，使用“贴纸”与“背景”丰富画面制作音乐播放效果，实例效果如图 2-10 所示。

扫一扫，看视频

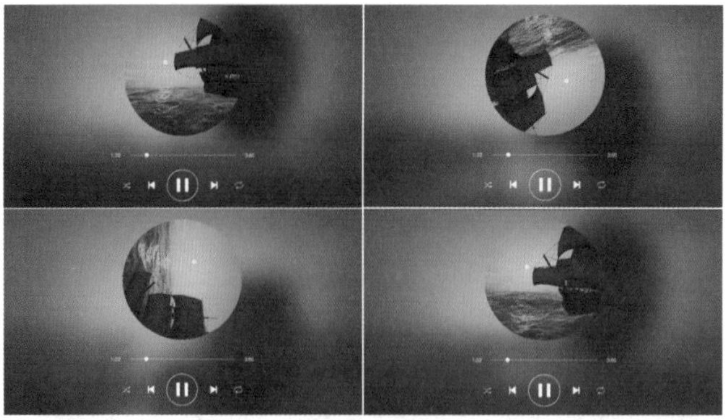

图 2-10

（1）将所有素材文件导入剪映。将帆船视频素材文件拖动到“时间线”面板中，如图 2-11 所示。

（2）滑动时间线，此时画面效果如图 2-12 所示。

图 2-11

图 2-12

（3）制作旋转效果。将时间线滑动至起始时间处，在“时间线”面板中单击帆船视频素材，在“功能”面板中执行“画面”/“基础”/“位置大小”命令，设置“缩放”为 66%，设置“位置”/Y 为 337，“旋转”为 0°，单击“添加关键帧”按钮，接着将时间线滑动至结束时间处，设置“旋转”为 723°，如图 2-13 所示。

（4）使用蒙版制作音乐播放效果。在“功能”面板中执行“画面”/“蒙版”命令，选择“圆形”蒙版，如图 2-14 所示。

（5）在“播放器”面板中为蒙版设置合适的大小，效果如图 2-15 所示。

（6）为画面添加背景。在“功能”面板中执行“画面”/“背景”命令，设置“背景填充”为“模糊”，设置合适的模糊度，如图 2-16 所示。

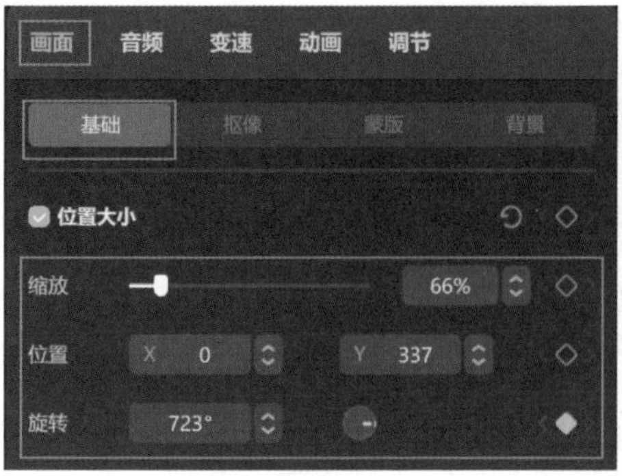

图 2-13

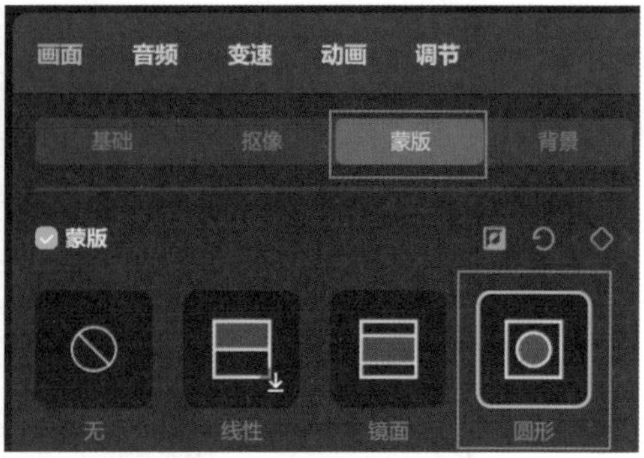

图 2-14

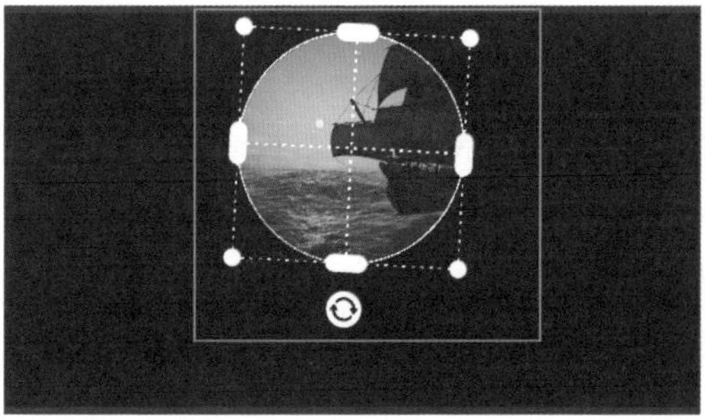

图 2-15

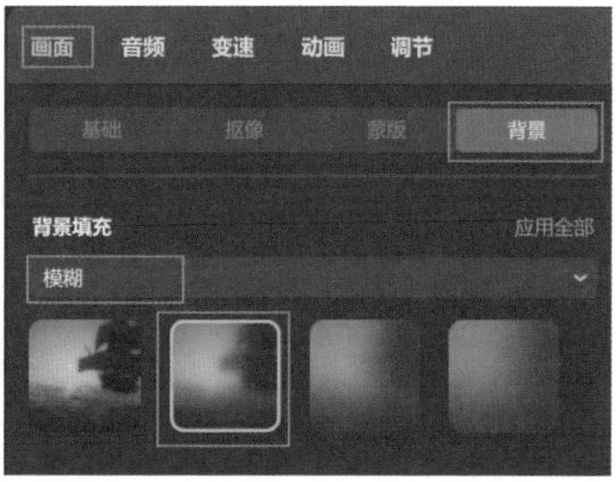

图 2-16

（7）添加贴纸。将时间线滑动至起始时间处，在“素材”面板中执行“贴纸”/“贴纸素材”命令，在“搜索栏”中搜索“播放器”，选择合适的贴纸，如图 2-17 所示。

（8）在“时间线”面板中设置贴纸素材的结束时间与视频的结束时间相同，如图 2-18 所示。

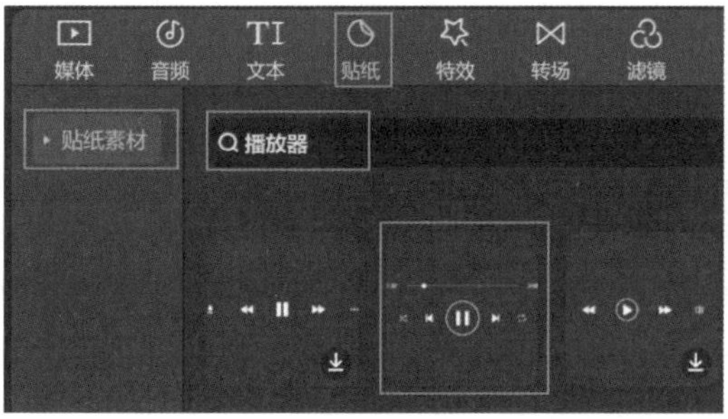

图 2-17

图 2-18

（9）此时本实例制作完成，滑动时间线即可查看实例效果，如图 2-19 所示。

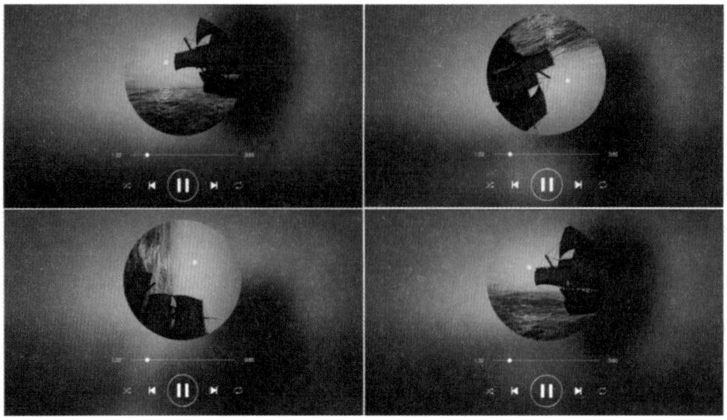

图 2-19

2.3　实例：改变视频播放速度

本实例通过“常规变速”与“曲线变速”两种方法改变视频播放速度。实例效果如图 2-20 所示。

图 2-20

扫一扫，看视频

（1）将所有素材文件导入剪映。将人像视频素材文件拖动到“时间线”面板中，如图 2-21 所示。

（2）滑动时间线，此时画面效果如图 2-22 所示。

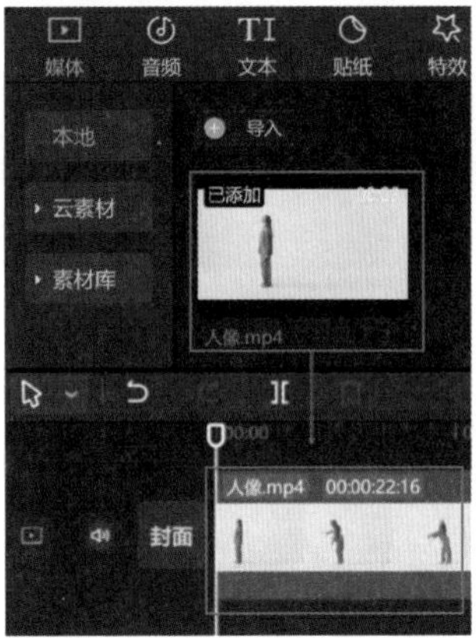

图 2-21

图 2-22

2.3.1　常规变速

常规变速是指速度是成倍均匀变化的，如快 3 倍等。

（1）制作视频常规变速效果。在“时间线”面板中单击人像视频素材，在“功能”面板中执行“变速”/“常规变速”命令，设置“倍数”为 2.0x，如图 2-23 所示。

（2）滑动时间线，此时视频画面已变成 2 倍效果，如图 2-24 所示。

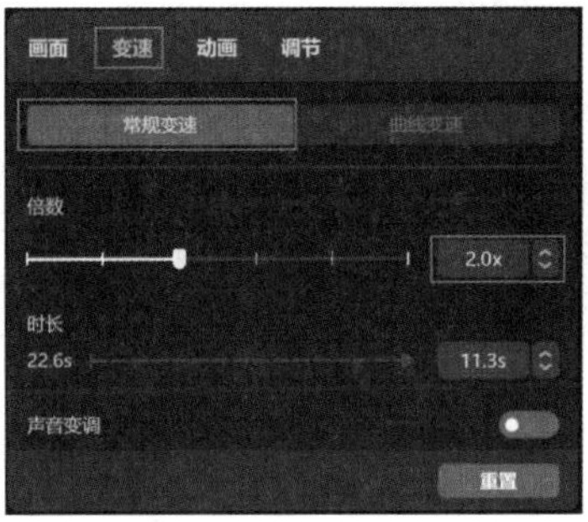

图 2-23

图 2-24

2.3.2　曲线变速

曲线变速是指速度是不规律变化的，如突然变快、突然变慢。

（1）制作视频曲线变速效果。在“时间线”面板中单击人像视频素材文件，在“功能”面板中执行“变速”/“曲线变速”命令，选择“英雄时刻”变速效果，如图 2-25 所示。

（2）滑动时间线，此时画面中的素材文件的变速效果，如图 2-26 所示。

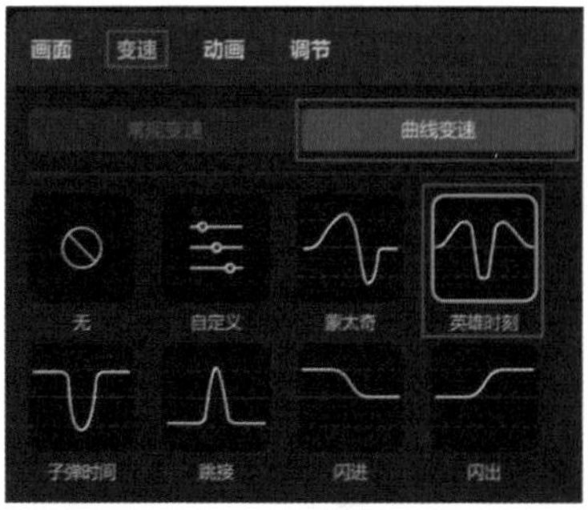

图 2-25

图 2-26

（3）将时间线滑动至起始时间处，在“素材”面板中执行“音频”/“音乐素材”/VLOG 命令，选择合适的音频文件，单击“添加到轨道”按钮，如图 2-27 所示。

（4）在“时间线”面板中将音频素材的结束时间拖动到与视频结束时间相同的位置，如图 2-28 所示。

图 2-27

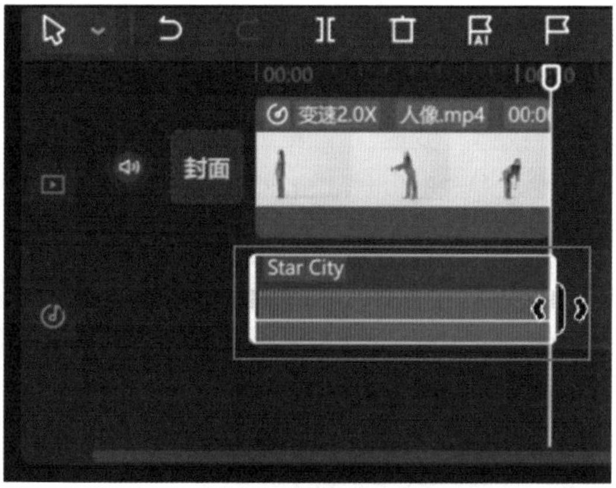

图 2-28

（5）此时本实例制作完成，滑动时间线即可查看实例效果，如图 2-29 所示。

图 2-29

2.4　实例：镜像视频——制作海天一色效果

本实例使用“镜像”与“滤镜”工具制作海天一色效果。实例效果如图 2-30 所示。

扫一扫，看视频

图 2-30

（1）将所有素材文件导入剪映。将风景视频素材文件拖动到“时间线”面板中，如图 2-31 所示。

（2）滑动时间线，此时画面效果如图 2-32 所示。

图 2-31

图 2-32

（3）制作镜像效果。在“播放器”面板中单击“比例”按钮，在弹出的面板中单击选择 1 ：1，如图 2-33 所示。

（4）在“时间线”面板中单击选择主轨道上的风景素材，接着在“功能”面板中执行“画面”/“基础”/“位置大小”命令，设置“缩放”为 110%，设置“位置”/Y 为 840，如图 2-34 所示。

图 2-33

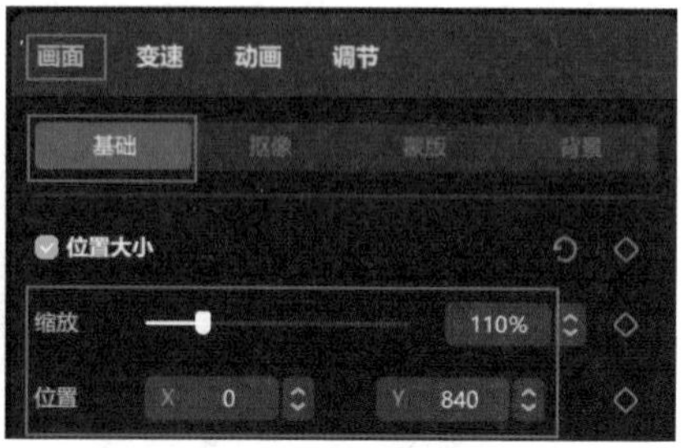

图 2-34

（5）在“时间线”面板中单击第 1 轨道上的风景素材，在“功能”面板中执行“画面”/“基础”/“位置大小”命令，设置“缩放”为 110%，设置“位置”/Y 为 -732，“旋转”为 180°，如图 2-35 所示。

（6）在“混合”中设置“不透明度”为 82%，如图 2-36 所示。

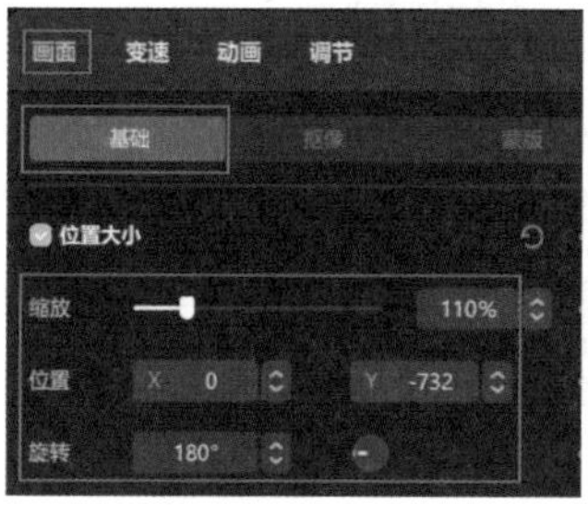

图 2-35

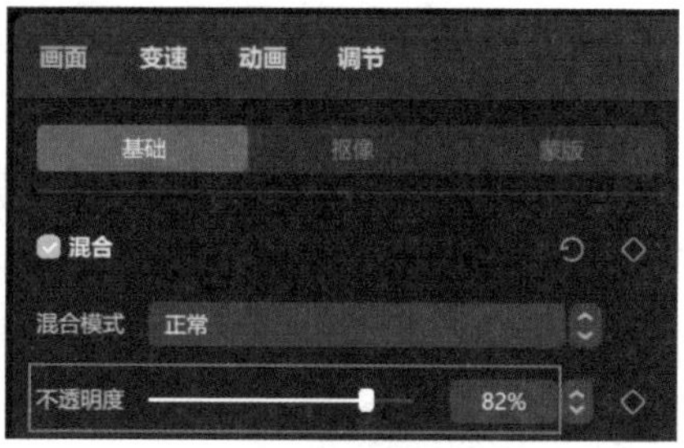

图 2-36

（7）在“时间线”面板中单击第 1 轨道上的风景素材，接着单击“镜像”按钮，如图 2-37 所示。

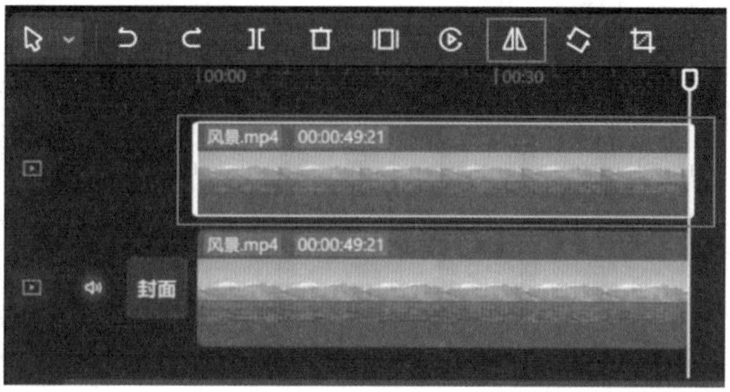

图 2-37

（8）将时间线滑动至起始时间处，在“素材”面板中执行“滤镜”/“滤镜库”/“风景”命令，单击选择“古都”滤镜，单击“添加到轨道”按钮，如图 2-38 所示。在“时间线”面板中设置滤镜的结束时间与视频的结束时间相同。

（9）将时间线滑动至起始时间处，在“素材”面板中执行“贴纸”/“贴纸素材”/“线条风”命令，单击选择合适的贴纸，如图 2-39 所示。

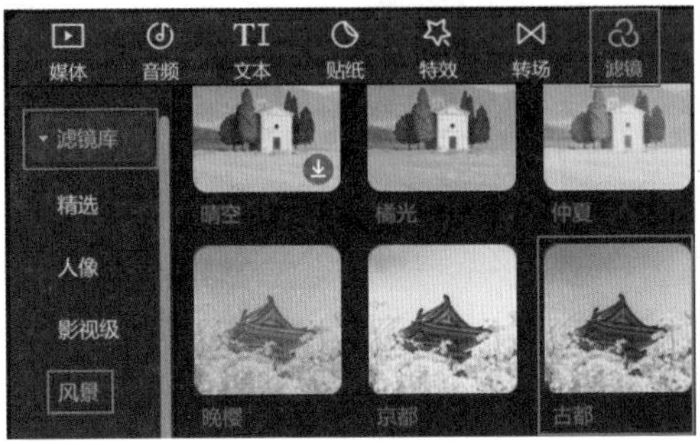

图 2-38

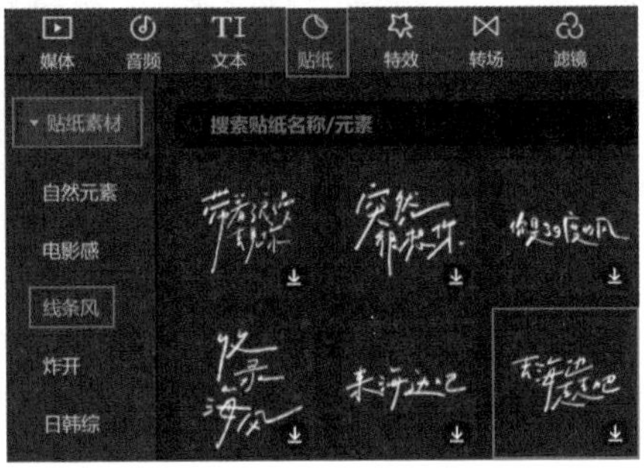

图 2-39

（10）此时本实例制作完成，滑动时间线即可查看实例效果，如图 2-40 所示。

图 2-40

2.5　实例：倒放视频——制作时光倒流效果

本实例使用“倒放”工具与“特效”工具制作播放器倒放效果。实例效果如图 2-41 所示。

扫一扫，看视频

图 2-41

（1）将所有素材文件导入剪映。将人像视频素材文件拖动到“时间线”面板中，如图 2-42 所示。

（2）滑动时间线，此时画面效果如图 2-43 所示。

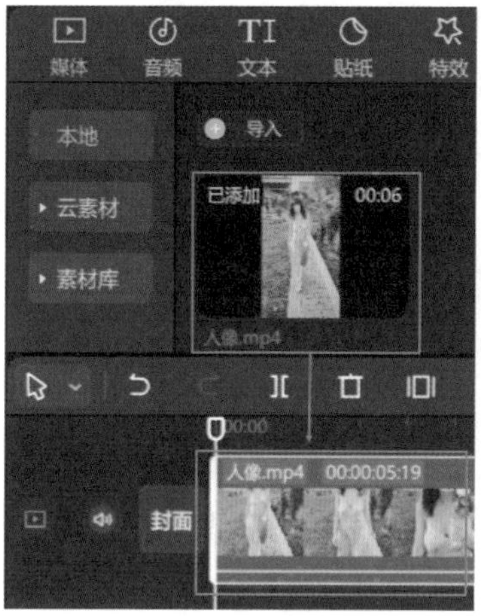

图 2-42

图 2-43

（3）在“时间线”面板中设置人像视频素材文件的结束时间为 3 秒 23 帧，如图 2-44 所示。

（4）在“时间线”面板中单击人像视频素材文件，使用快捷键 Ctrl+C 进行复制，接着使用快捷键 Ctrl+V 进行粘贴，并拖动到之前视频后方的位置，如图 2-45 所示。

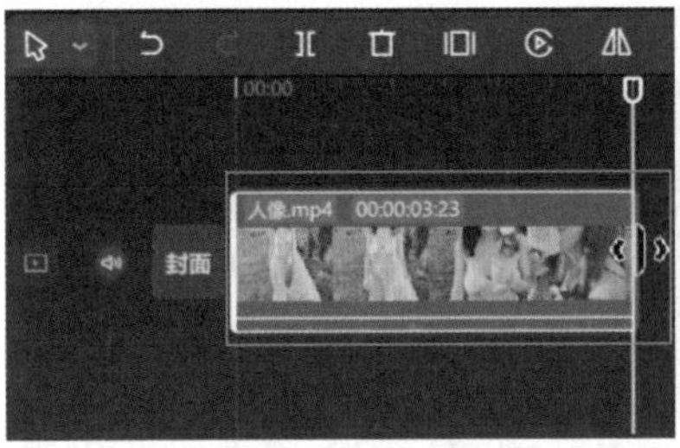

图 2-44

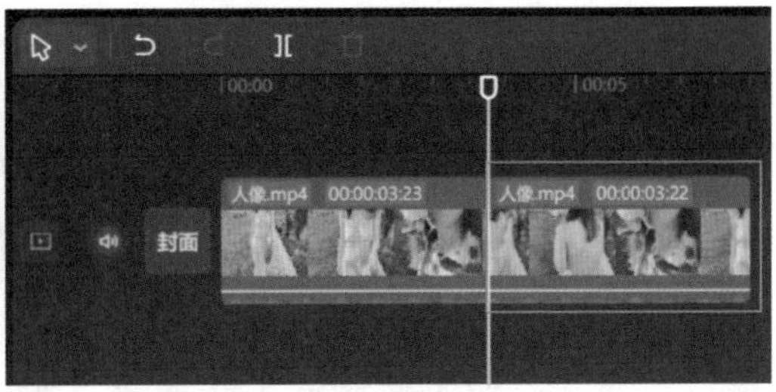

图 2-45

（5）选择刚刚复制的素材文件，单击“倒放”按钮，如图 2-46 所示。

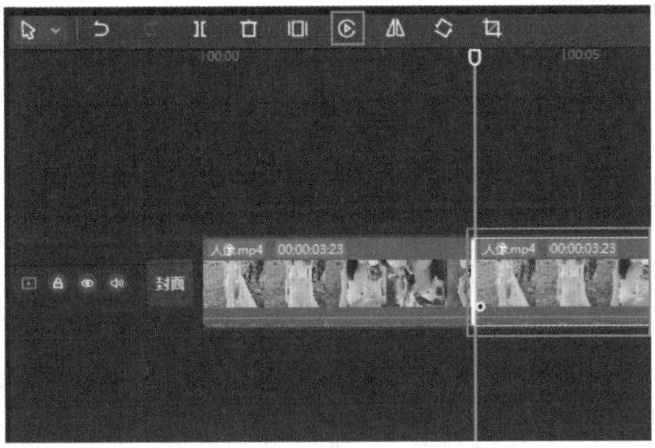

图 2-46

（6）在“时间线”面板中执行“变速”/“常规变速”命令，设置“倍数”为 2.0x，如图 2-47 所示。

（7）在“素材”面板中执行“转场”/“转场效果”/“特效转场”命令，选择“雪花故障”特效转场，单击“添加到轨道”按钮，如图 2-48 所示。

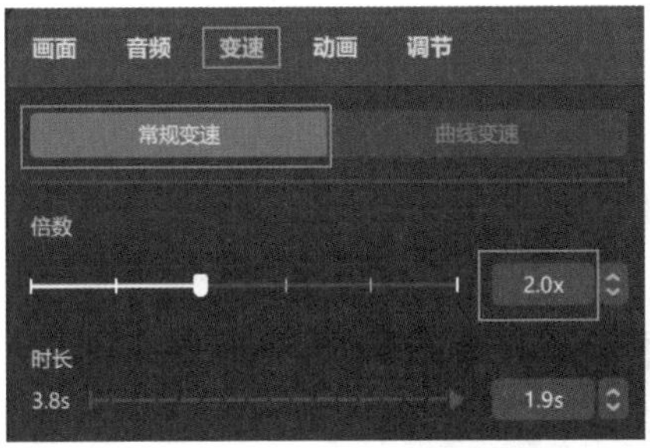

图 2-47

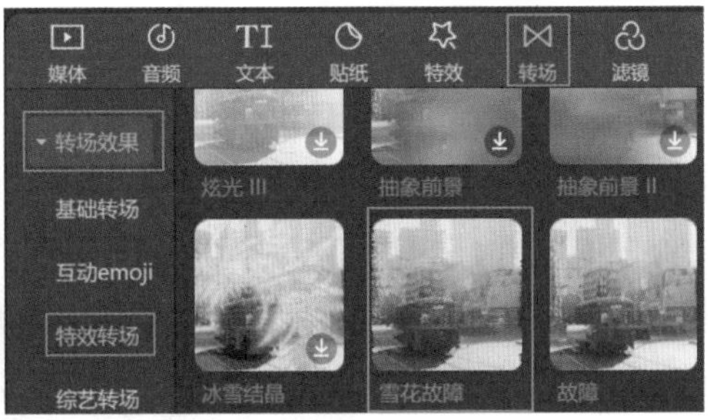

图 2-48

（8）将时间线滑动至起始时间处，在“素材”面板中执行“特效效果”/“边框”/“边框”命令，选择“录制边框”特效，单击“添加到轨道”按钮，如图 2-49 所示。

（9）在“时间线”面板中设置特效轨道的结束时间与视频的结束时间相同，如图 2-50 所示。

图 2-49

图 2-50

（10）此时本实例制作完成，滑动时间线即可查看实例效果，如图 2-51 所示。

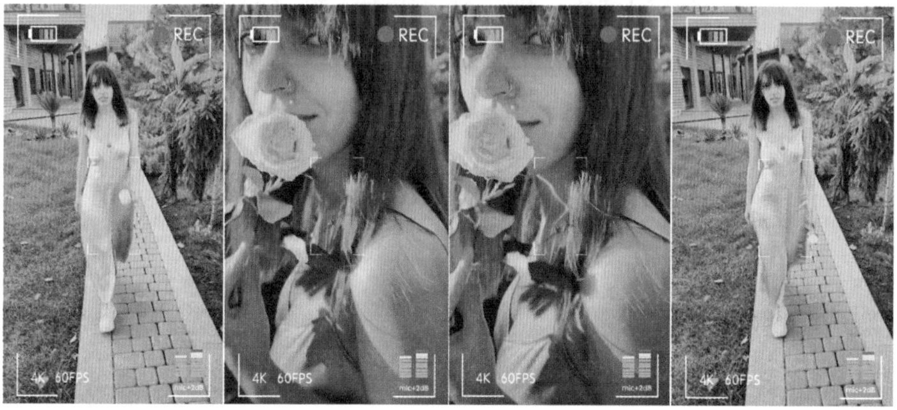

图 2-51

2.6 素材混合真奇妙

“混合”用于调整素材的“混合模式”和“不透明度”。当时间轴中包含两个不同轨道的素材时，设置“混合模式”可以制作两个画面的混合叠加效果。“混合模式”和“不透明度”所在的面板如图 2-52 所示。

图 2-52

（1）制作视频混合效果。将两个视频素材文件（一个为人像视频，一个为黑色背景的烟花视频）拖动到“时间线”面板中，此时“播放器”面板如图 2-53 所示。

（2）在“时间线”面板中选中视频轨道上的烟花视频素材。在“功能”面板中执行“画面”/“基础”/“混合”命令，并将“混合模式”设置为“颜色减淡”，将“不透明度”设置为 80%，如图 2-54 所示。

图 2-53

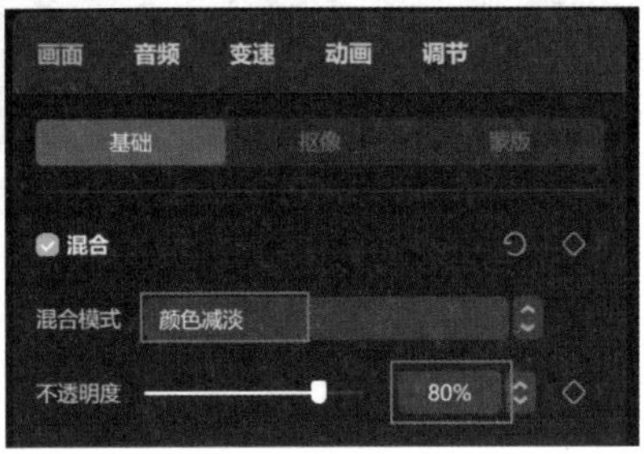

图 2-54

（3）此时“播放器”面板中的两段素材文件已混合完成，效果如图 2-55 所示。

图 2-55

2.7　视频不再“抖”

“视频防抖”用于对视频拍摄时产生的抖动进行消除。可通过设置“防抖等级”调整防抖效果，其中包括“推荐”“裁切最少”“最稳定”3 种，如图 2-56 所示。

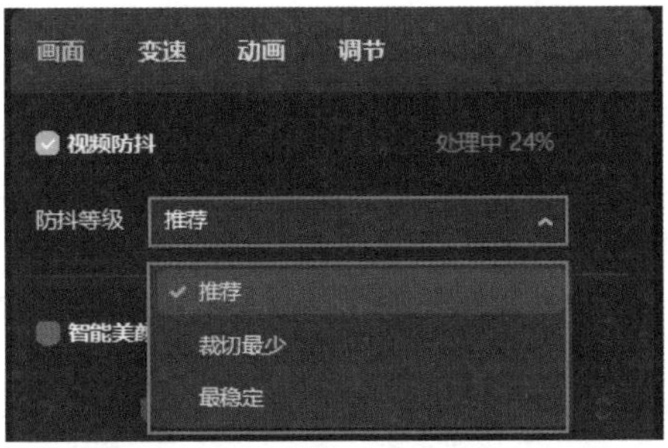

图 2-56

（1）在“时间线”面板中单击视频轨道上的素材文件。在“功能”面板中执行“画面”/“基础”/“视频防抖”命令，如图 2-57 所示。

（2）设置“防抖等级”为“最稳定”，如图 2-58 所示。

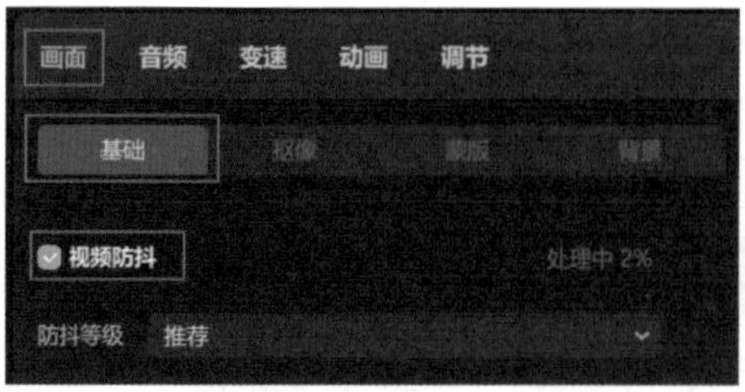

图 2-57

图 2-58

2.8 实例：定格视频——制作定格精彩瞬间

本实例使用“定格”工具制作视频突然停止的效果，并添加特效制作拍照效果。实例效果如图 2-59 所示。

扫一扫，看视频

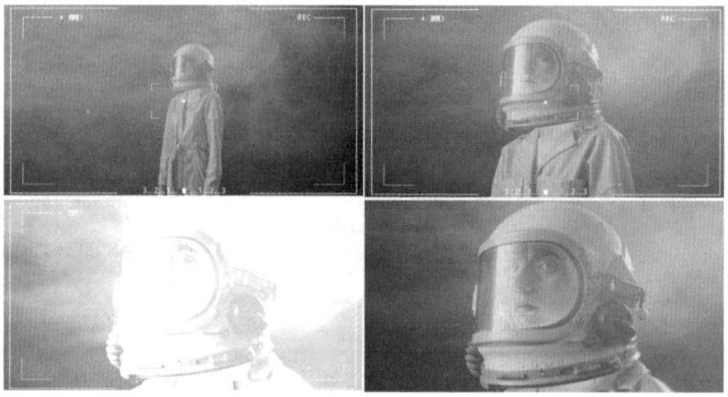

图 2-59

（1）将所有素材文件导入剪映。将人像视频素材文件拖动到“时间线”面板中，如图 2-60 所示。

（2）滑动时间线，此时画面效果如图 2-61 所示。

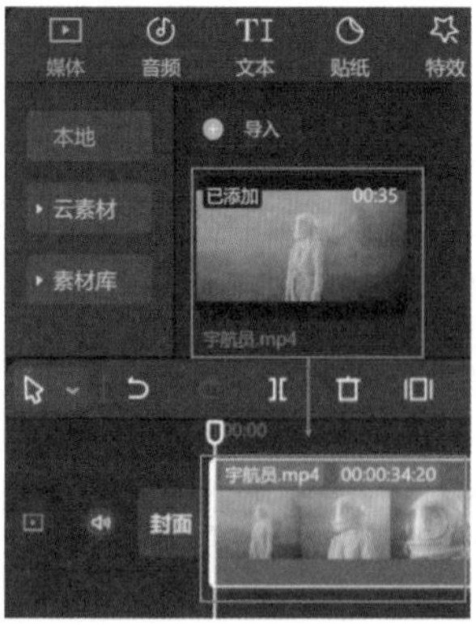

图 2-60

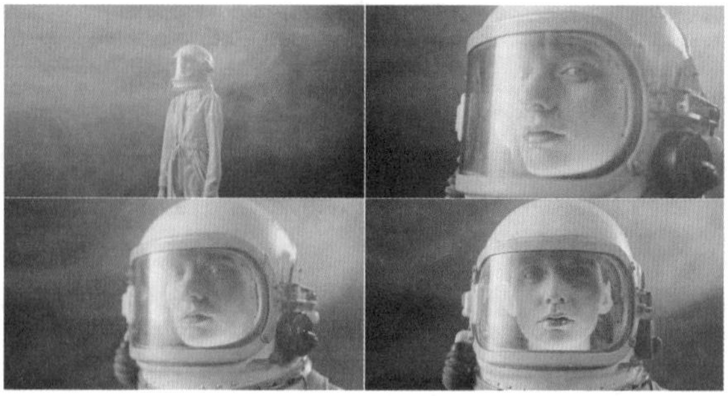

图 2-61

（3）制作视频定格效果。将时间线滑动至 8 秒 13 帧处，在“时间线”面板中单击“定格”按钮，如图 2-62 所示。

（4）在“时间线”面板中单击选择定格后方的视频素材，单击“删除”按钮，如图 2-63 所示。

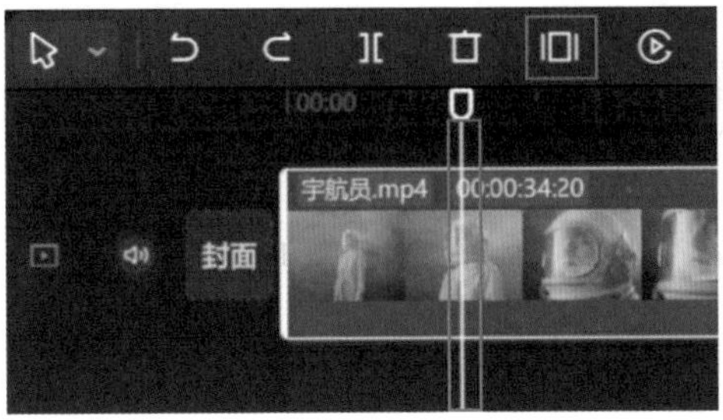

图 2-62

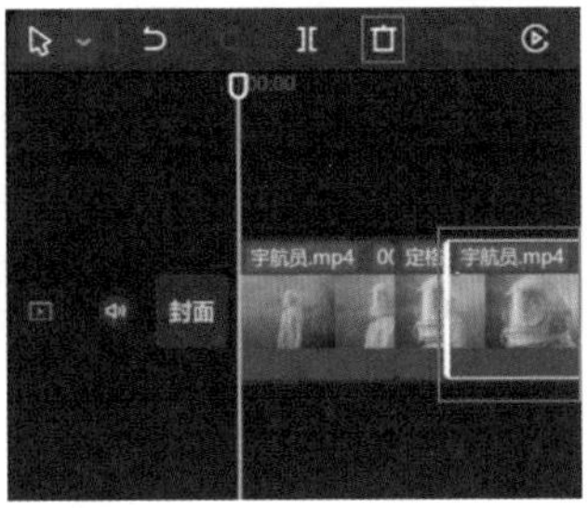

图 2-63

（5）在“素材”面板中执行“转场”/“转场效果”/“基础转场”命令，选择“闪光灯”转场，单击“添加到轨道”按钮，如图 2-64 所示。

（6）制作拍照效果。将时间线滑动至起始时间处，在“素材”面板中执行“特效”/“特效效果”/“边框”命令，选择“录制边框 IIII”，单击“添加到轨道”按钮，如图 2-65 所示。

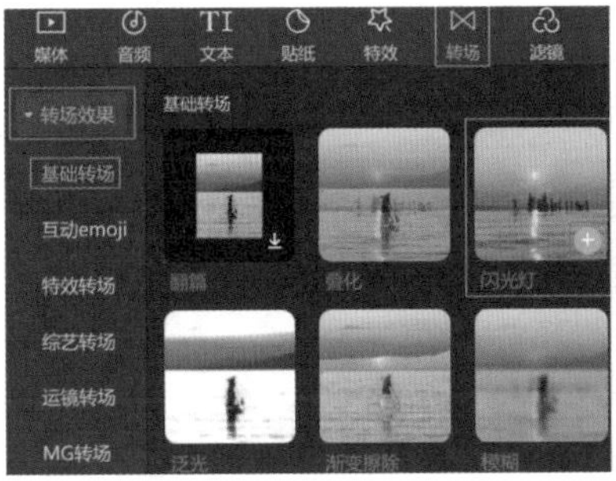

图 2-64

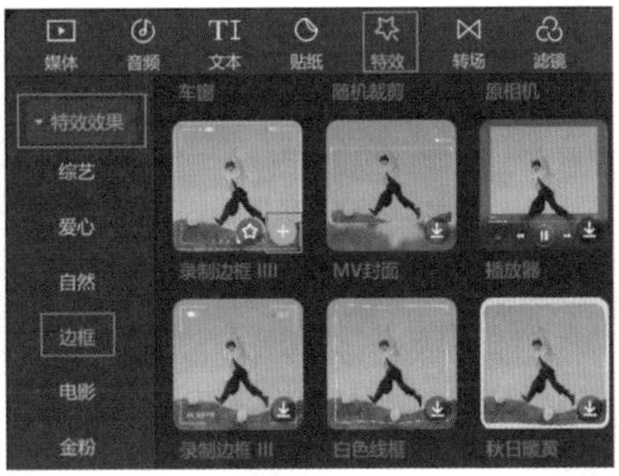

图 2-65

（7）在“时间线”面板中设置“特效”的结束时间为 8 秒 17 帧，如图 2-66 所示。

（8）此时本实例制作完成，滑动时间线即可查看实例效果，如图 2-67 所示。

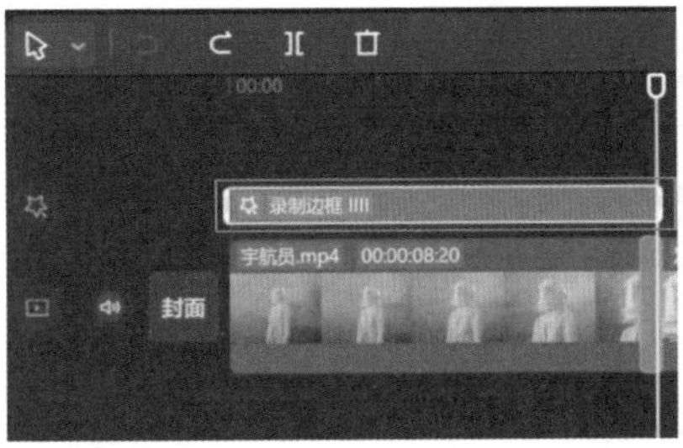

图 2-66

图 2-67

2.9 实例：添加视频封面——制作旅行效果

添加视频封面是剪映中的常用功能，在刷短视频时，不难发现很多短视频在刚开始的那一瞬间有突然闪现的封面效果。本实例学习如何快速添加视频封面，从而制作旅行效果。实例效果如图 2-68 所示。

扫一扫，看视频

图 2-68

（1）将所有素材文件导入剪映。并将滑板视频素材文件拖动到“时间线”面板中，如图 2-69 所示。

（2）滑动时间线，此时画面效果如图 2-70 所示。

图 2-69

图 2-70

（3）制作封面。在“时间线”面板中单击“封面”按钮，如图 2-71 所示。

（4）在弹出的“封面选择”面板中单击“视频帧”按钮，将时间线滑动至合适的位置，单击“去编辑”按钮，如图 2-72 所示。

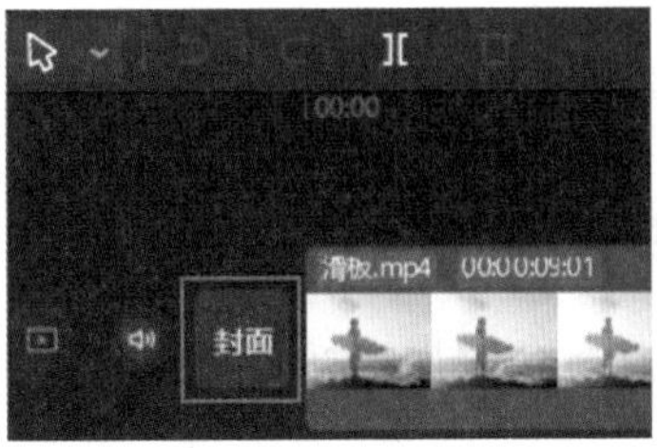

图 2-71

图 2-72

（5）在弹出的“封面设计”面板中执行“模板”/“生活”命令，选择合适的封面模板，接着单击“完成设置”按钮，如图 2-73 所示。

图 2-73

（6）此时本实例制作完成，滑动时间线即可查看实例效果，如图 2-74 所示。

图 2-74

2.10 为视频添加背景

“背景”工具可以为素材添加背景，“背景”工具包括“模糊”“颜色”“样式”，其中最为常用的是“模糊”。如图 2-75 所示。

在“模糊”工具中有多种模糊程度可供选择，如图 2-76 所示。

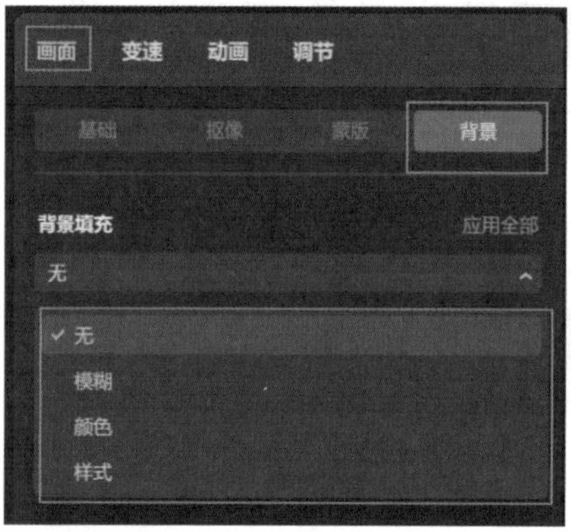

图 2-75

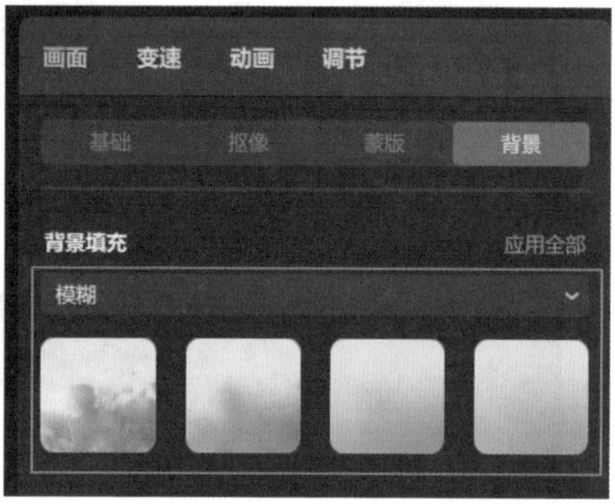

图 2-76

注意：背景效果需将素材文件进行适当缩小后方可显示。

添加“模糊”效果前后的对比效果如图 2-77 所示。

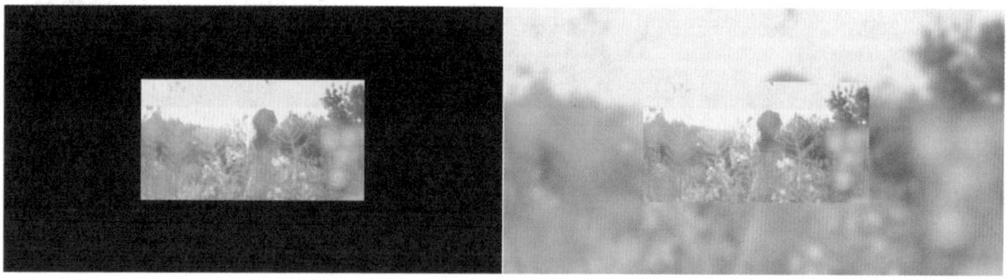

图 2-77

“颜色”可以为素材文件背景添加颜色，“颜色”中有多种颜色可供选择，如图 2-78 所示。添加“颜色”前后的对比效果如图 2-79 所示。

“样式”可以为素材文件背景添加画面样式，“样式”中有多种图片可供选择，如图 2-80 所示。添加“样式”前后的对比效果如图 2-81 所示。

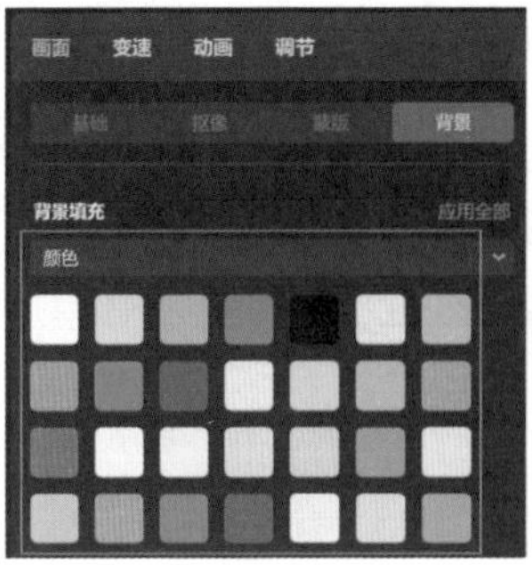

图 2-78

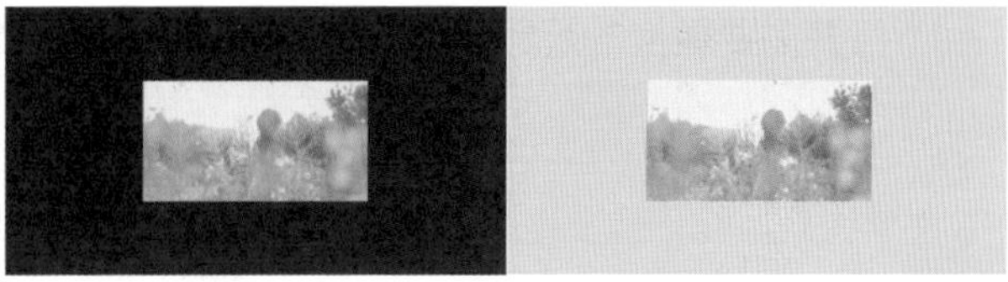

图 2-79

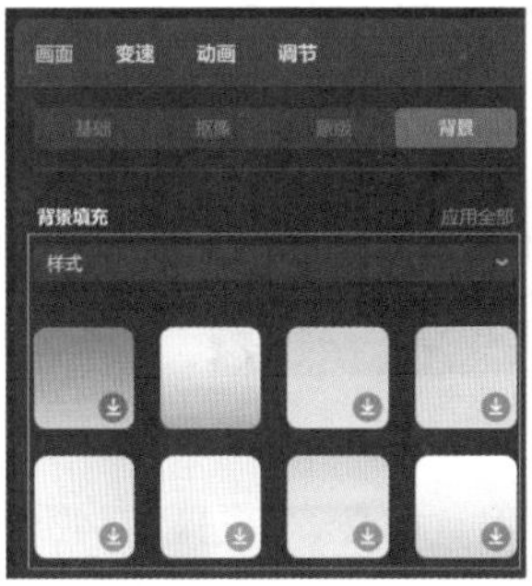

图 2-80

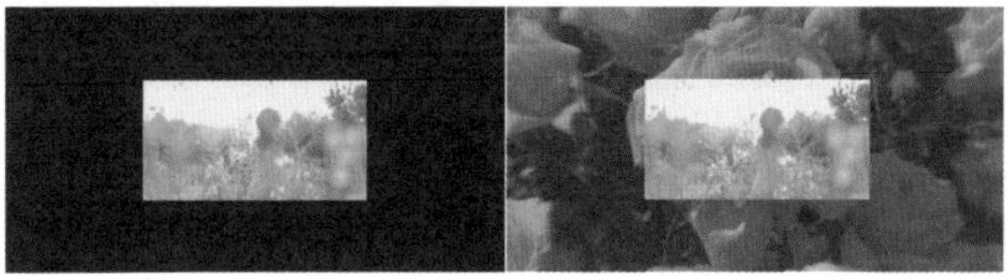

图 2-81

2.11 实例：替换素材

在使用剪映创作作品时，可能需要更换多个视频素材，才能找到最适合的那一个。本实例通过两种方法学习如何替换素材（请注意两种方法的区别）。实例效果如图 2-82 所示。

扫一扫，看视频

图 2-82

2.11.1 使用拖动覆盖的方法替换素材

需要特别注意，如果被替换的素材进行过剪辑（如剪辑掉了前 2 秒），在替换为新的素材后，新的素材不会保留剪辑效果，只会从 0 秒开始。

（1）打开需要替换的视频素材文件。滑动时间线，此时画面效果如图 2-83 所示。

图 2-83

（2）在“素材”面板中执行“媒体”/“本地”/“导入”命令，如图 2-84 所示。

（3）在弹出的“请选择媒体资源”窗口中选择学习 .mp4，单击“打开”按钮，如图 2-85 所示。

图 2-84

图 2-85

（4）在“素材”面板中执行“媒体”/“本地”命令，选择刚刚导入的学习视频素材并拖动到需要替换的视频处。在弹出的“替换”面板中选择合适的视频片段，然后单击“替换片段”按钮，如图 2-86 所示。

（5）滑动时间线，画面中的视频素材已经被替换，效果如图 2-87 所示。

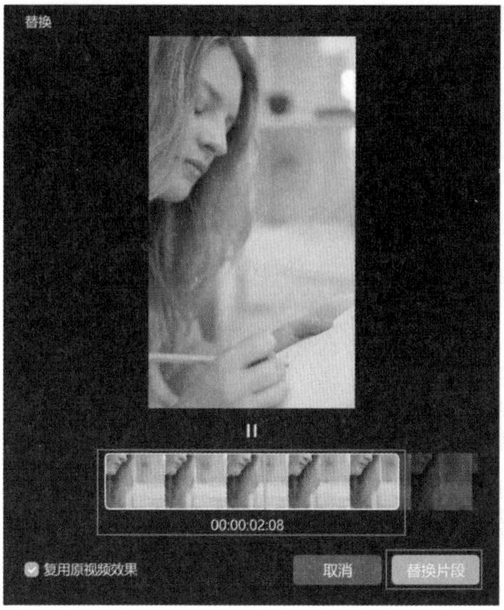

图 2-86

图 2-87

2.11.2 使用替换片段的方法替换素材

（1）在“时间线”面板中右击需要替换的视频素材，在弹出的快捷菜单中执行“替换片段”命令，如图 2-88 所示。

（2）在弹出的“请选择媒体资源”窗口中选择学习 .mp4，单击“打开”按钮，如图 2-89 所示。

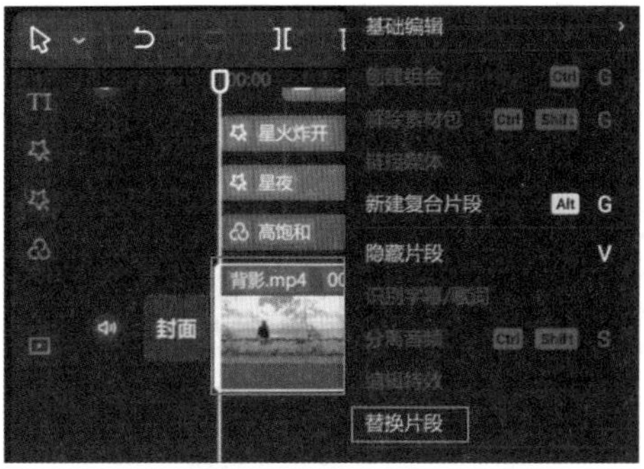

图 2-88

图 2-89

（3）在弹出的“替换”面板中选择合适的视频片段，然后单击“替换片段”按钮，如图 2-90 所示。

（4）滑动时间线，此时画面中的视频素材已经被替换，效果如图 2-91 所示。

图 2-90

图 2-91

2.12 实例：重新链接素材

扫一扫，看视频

当用剪映创作的作品中的素材位置更换、素材丢失时，在打开剪映文件后会显示“媒体丢失”，此时需要对素材进行重新链接。本实例介绍如何重新链接素材，实例效果如图 2-92 所示。

图 2-92

（1）当打开剪映，显示视频文件丢失时，画面效果如图 2-93 所示。

（2）在“素材”面板中执行“媒体”/“本地”命令，右击丢失的视频素材，在弹出的快捷菜单中执行“链接媒体”命令，如图 2-94 所示。

图 2-93

图 2-94

（3）在弹出的“查找雨伞 .mp4”窗口中选择需要链接的素材文件，单击“打开”按钮，如图 2-95 所示。

（4）此时视频文件已重新链接，效果如图 2-96 所示。

图 2-95

图 2-96

（5）滑动时间线即可查看实例效果，如图 2-97 所示。

图 2-97

第3章

短视频剪辑很简单

■ **本章内容简介：**

在剪辑过程中可通过将加入的图片、配乐、特效等素材与视频进行重新组合，以分割、合并等方式生成一个更加精彩的、更加全新的视频。本章主要讲解如何使用剪映中常用的剪辑工具，以及如何进行短视频剪辑。

■ **重点知识掌握：**

- 剪辑工具的使用
- 使用剪辑工具剪辑短视频

3.1　短视频剪辑的基本操作

本节学习剪辑过程中几个常用工具的使用方法。

3.1.1　“分割”工具

“分割”工具用于对素材文件进行分割，从而调整素材片段的前后顺序或删除素材片段，如图 3-1 所示。使用快捷键 Ctrl+B 也可以进行分割。

图 3-1

（1）分割视频效果。将时间线滑动至 5 秒处，单击“分割”按钮或使用快捷键 Ctrl+B 进行分割，如图 3-2 所示。

（2）此时可以看到“时间线”面板中的视频已经被分割为两个部分，如图 3-3 所示。

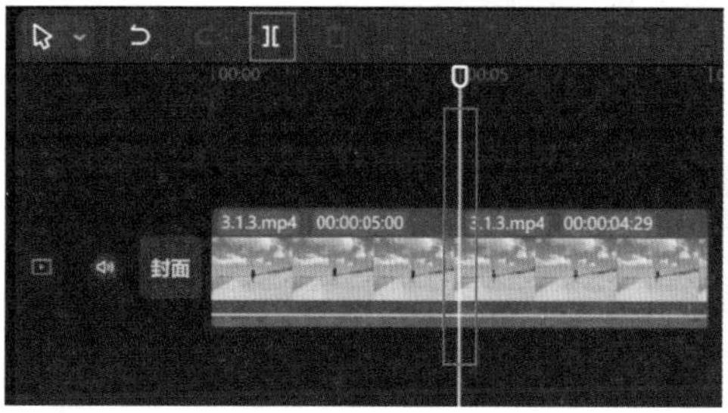

图 3-2

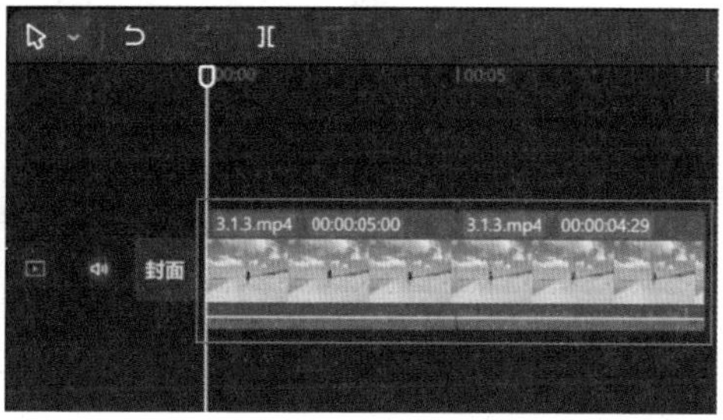

图 3-3

3.1.2　“删除”工具

“删除”工具用于删除素材或素材片段，如图 3-4 所示。使用快捷键 Delete 也可以进行删除。

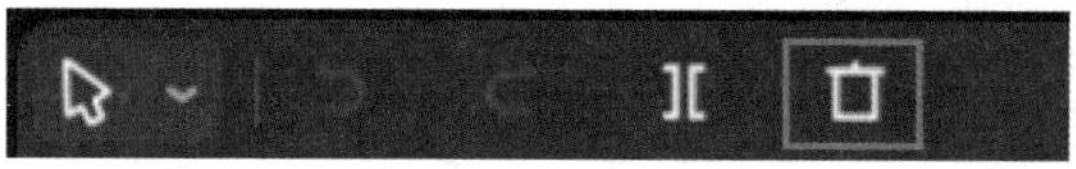

图 3-4

（1）在时间线上单击 5 秒之后的素材文件，单击“删除”按钮或使用快捷键 Delete 键进行删除，如图 3-5 所示。

（2）此时可以在“时间线”面板中看到视频素材只保留了前一段，如图 3-6 所示。

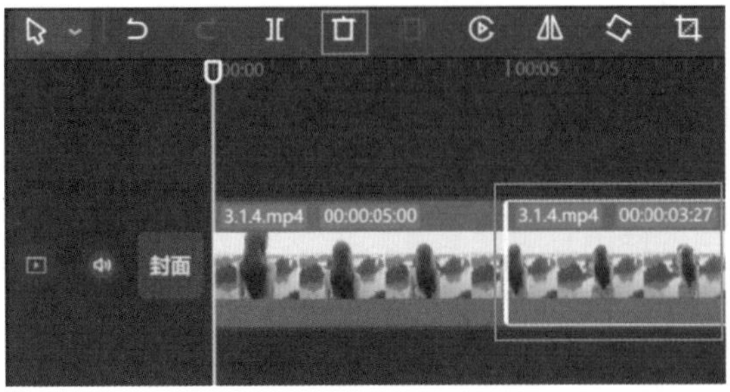

图 3-5

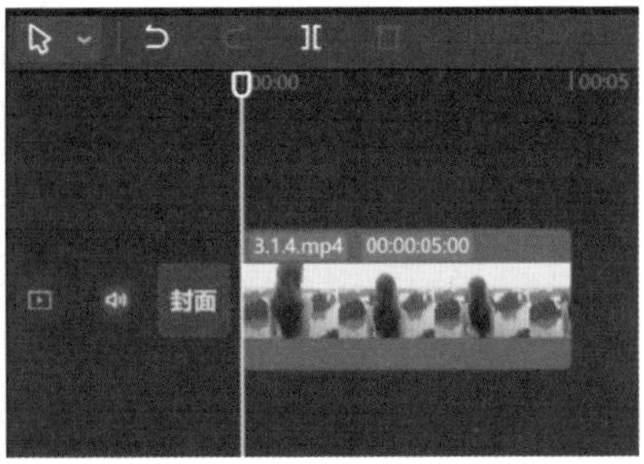

图 3-6

3.1.3 实例：使用拖动的方法调整视频时长

除了使用“分割”工具剪辑视频外，还可以通过拖动改变素材的起始时间和结束时间，如图 3-7 所示。

扫一扫，看视频

图 3-7

（1）将所有素材文件导入剪映，并将 01.mp4 ~ 03.mp4 素材文件拖动到“时间线”面板中，如图 3-8 所示。

（2）滑动时间线，此时画面效果如图 3-9 所示。

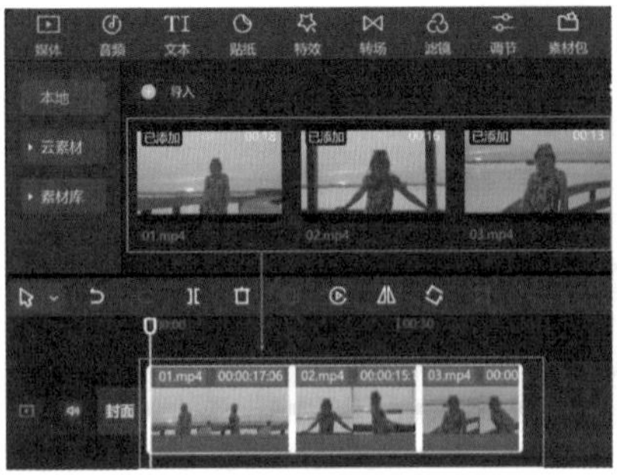

图 3-8

图 3-9

（3）在“时间线”面板中将 01.mp4 素材文件的起始时间向后拖动，如图 3-10

所示，设置其持续时间为 4 秒 29 帧。在“时间线”面板中可以看到 01.mp4 素材文件的持续时间为 4 秒 29 帧，如图 3-11 所示。

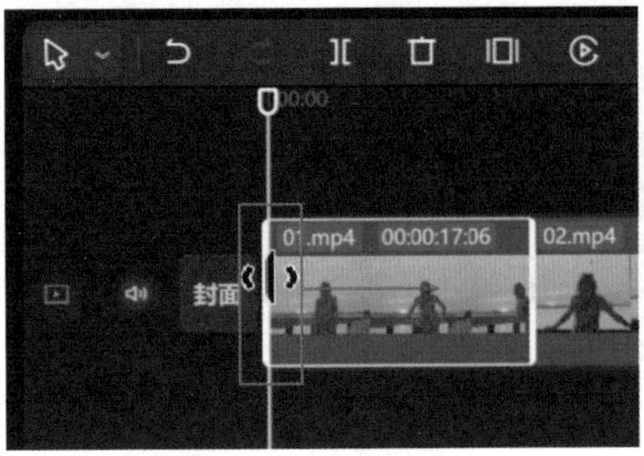

图 3-10

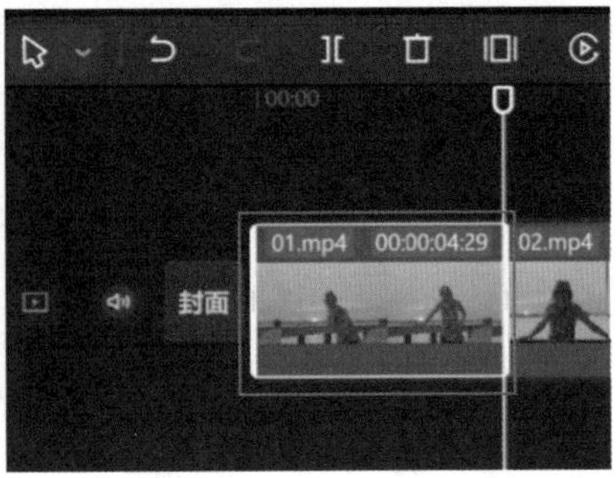

图 3-11

（4）在“时间线”面板中将 02.mp4 素材文件的结束时间向前拖动，如图 3-12 所示，设置其持续时间为 4 秒 11 帧。在“时间线”面板中可以看到 02.mp4 素材文件的持续时间为 4 秒 11 帧，如图 3-13 所示。

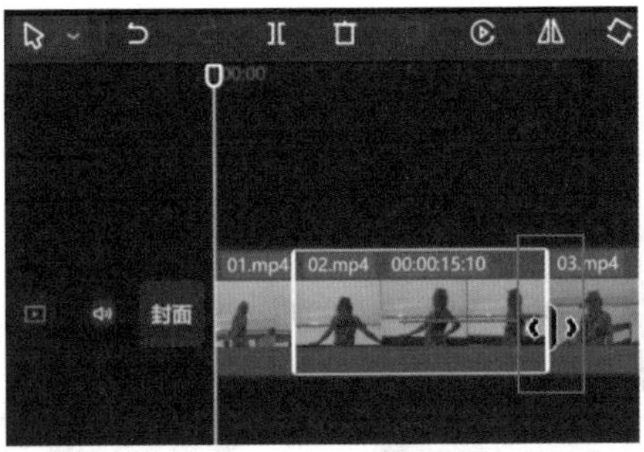

图 3-12

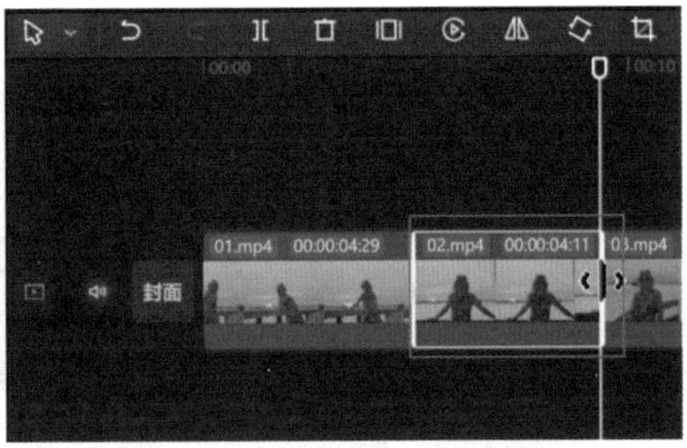

图 3-13

（5）在“时间线”面板中将 03.mp4 素材文件的起始时间拖动至 13 秒 04 帧处，如图 3-14 所示。

（6）在“时间线”面板中将 03.mp4 素材文件的结束时间拖动至 13 秒 20 帧处，如图 3-15 所示。

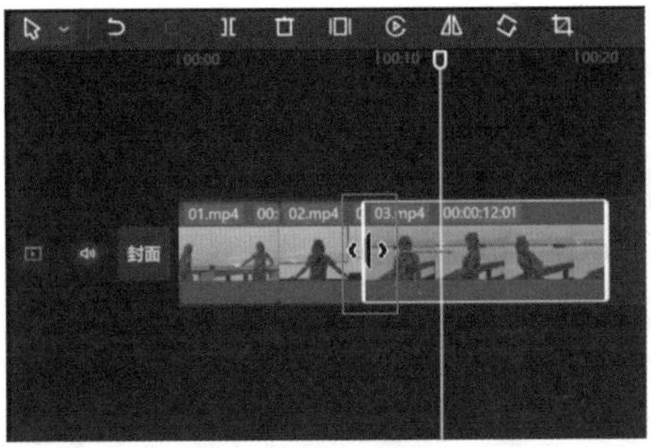

图 3-14

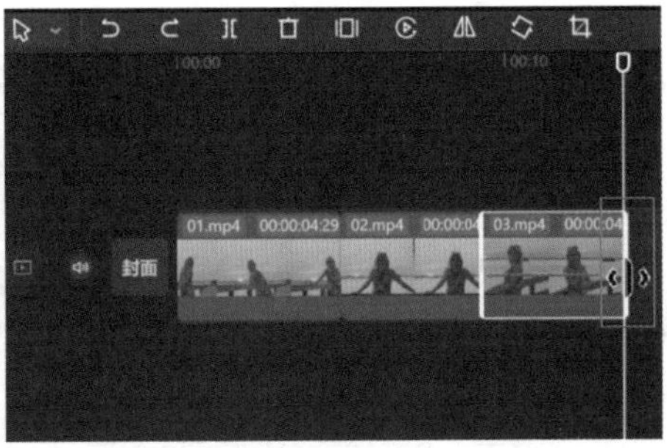

图 3-15

（7）滑动时间线，此时画面中的视频已被裁剪为合适的时间，如图 3-16 所示。

（8）将时间线滑动至 01.mp4 与 02.mp4 素材文件的中间位置，在“素材”面板中执行“转场”/“转场特效”/“基础转场”命令，选择“叠化”转场，单击“添加到轨道”按钮，如图 3-17 所示。

图 3-16

图 3-17

（9）将时间线滑动至 02.mp4 与 03.mp4 素材文件的中间位置，在“素材”面板中选择“叠化”转场，单击“添加到轨道”按钮，如图 3-18 所示。

（10）将时间线滑动至起始时间处，在“素材”面板中执行“音频”/“音乐素材”/VLOG 命令，选择合适的音频文件，单击“添加到轨道”按钮，如图 3-19 所示。

图 3-18

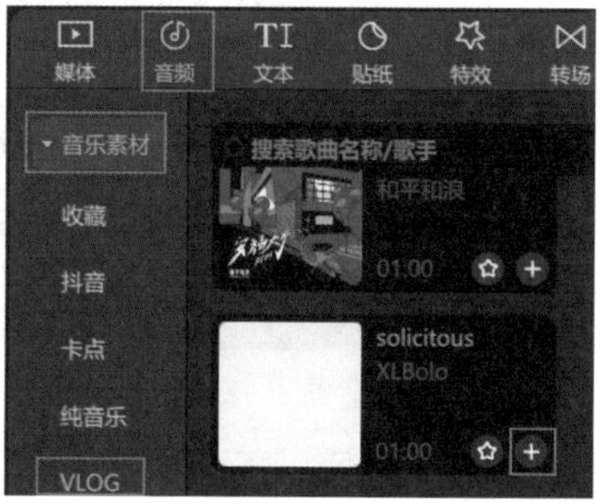

图 3-19

（11）在“时间线”面板中将音频素材的结束时间拖动到与视频的结束时间相同的位置，如图 3-20 所示。

（12）此时本实例制作完成，滑动时间线即可查看实例效果，如图 3-21 所示。

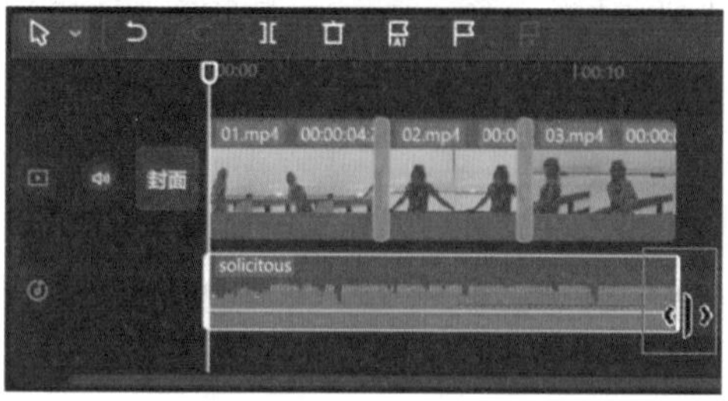

图 3-20

图 3-21

3.1.4　调整素材在轨道上的顺序

在“时间线”面板中可以通过拖动视频素材，调整素材在同一或不同轨道上的位置，如图 3-22 所示。

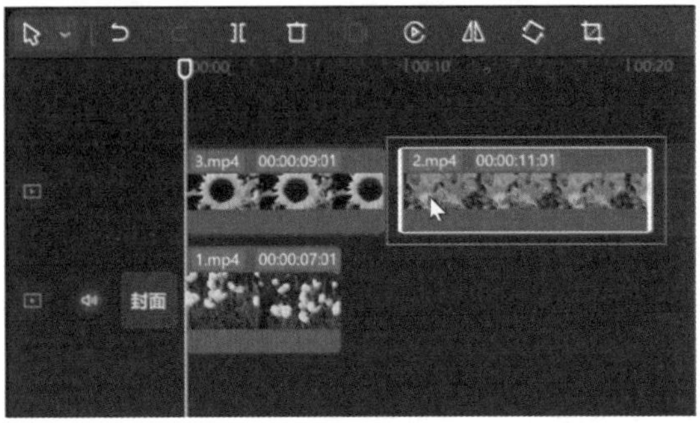

图 3-22

（1）调整素材在视频轨道上的顺序。调整前，素材顺序为白色花朵、红色花朵、黄色花朵，如图 3-23 所示。

（2）此时“播放器”面板如图 3-24 所示。

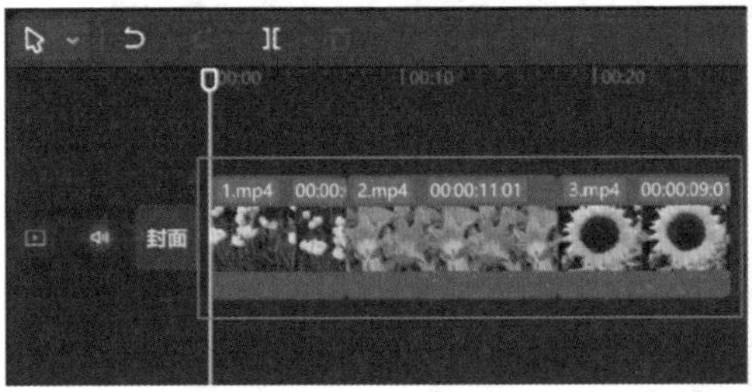

图 3-23

图 3-24

（3）在“时间线”面板中将黄色花朵视频素材拖动到上方的第 2 轨道上，如图 3-25 所示。

（4）此时“播放器”面板中的画面已变为黄色花朵，如图 3-26 所示。

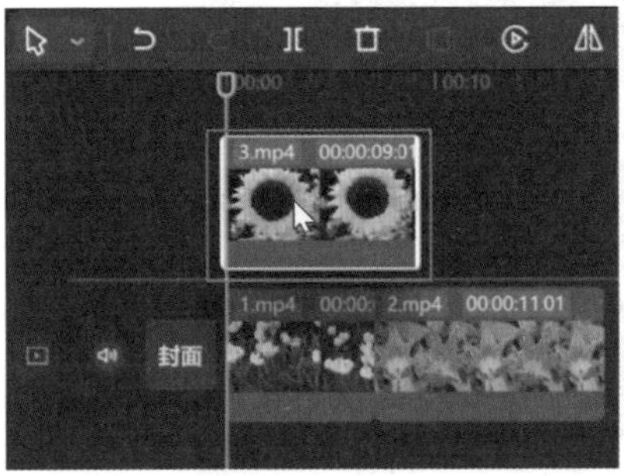

图 3-25

图 3-26

3.2　实例：你好夏天 Vlog

扫一扫，看视频

本实例通过添加滤镜与调色调整后半段素材的颜色，从而模拟视频突然变色的效果，使用“特效”与“贴纸”工具制作氛围感。你好夏天 Vlog（Video blog，视频记录）的效果如图 3-27 所示。

图 3-27

（1）将所有素材文件导入剪映。将儿童视频素材文件拖动到“时间线”面板中，如图 3-28 所示。

（2）滑动时间线，此时画面效果如图 3-29 所示。

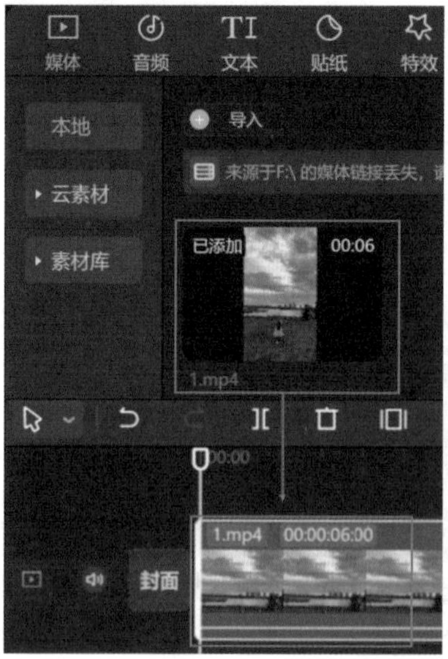

图 3-28

图 3-29

（3）调整画面颜色。将时间线滑动至 3 秒 06 帧处，在“素材”面板中执行“调节”/“调节”/“自定义”命令，单击“添加到轨道”按钮，如图 3-30 所示。

（4）在“功能”面板中执行“调节”/“基础”命令，设置“色温”为 22，“饱和度”为 30，“亮度”为 6，“对比度”为 21，“高光”为 -26，“阴影”为 10，“光感”为 5，“锐化”为 9，如图 3-31 所示。

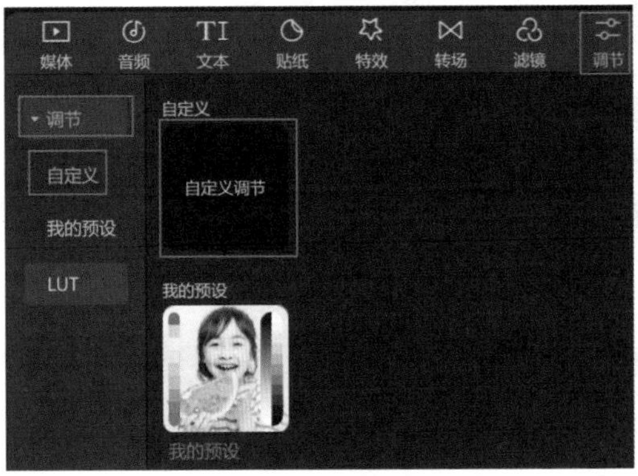

图 3-30

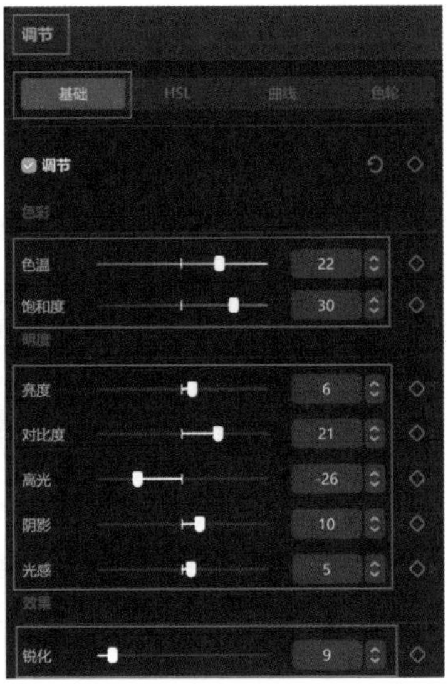

图 3-31

提示：为片段调整颜色的方法。

为素材文件的某一片段调整颜色时，可以使用“分割”工具对素材文件进行分割后再在“功能”面板中执行“调节”命令进行调色，如图 3-32 所示。

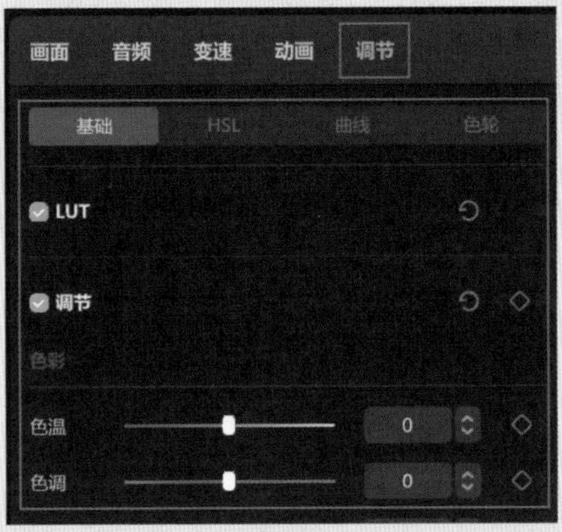

图 3-32

（5）在“时间线”面板中设置“调节”图层的结束时间与视频的结束时间相同，如图 3-33 所示。

（6）添加爱心特效。将时间线滑动至 3 秒 28 帧处，在“素材”面板中执行“特效”/“特效效果”/“爱心”命令，选择“怦然心动”特效，单击“添加到轨道”按钮，如图 3-34 所示。

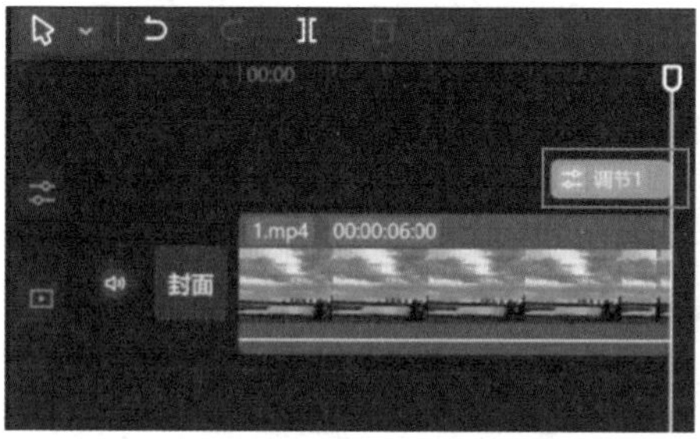

图 3-33

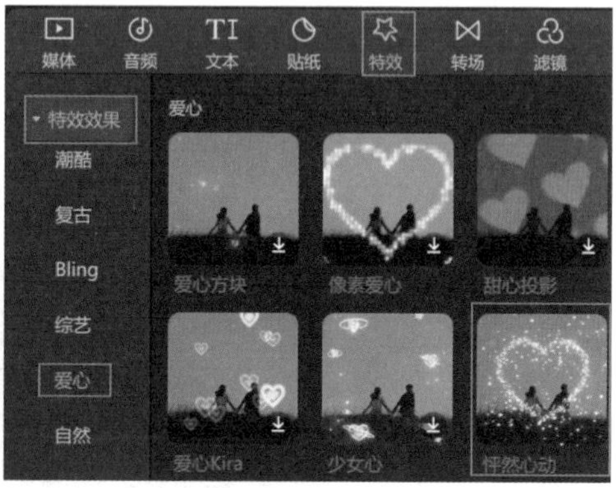

图 3-34

（7）滑动时间线，此时素材后半部分的颜色变得有童话感，并添加了爱心特效，如图 3-35 所示。

图 3-35

（8）在“时间线”面板中设置“特效”的结束时间与视频的结束时间相同，如图 3-36 所示。

（9）为画面添加贴纸。将时间线滑动至 4 秒 27 帧处，在“素材”面板中执行“贴纸”/“贴纸素材”命令，在“搜索栏”中搜索“你好夏天”，选择合适的贴纸素材，如图 3-37 所示。

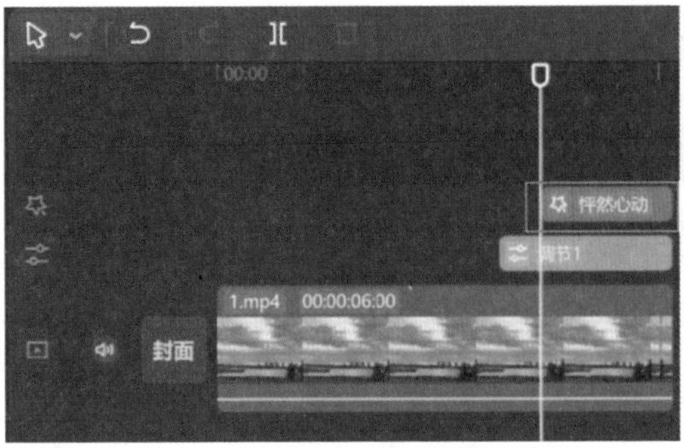

图 3-36

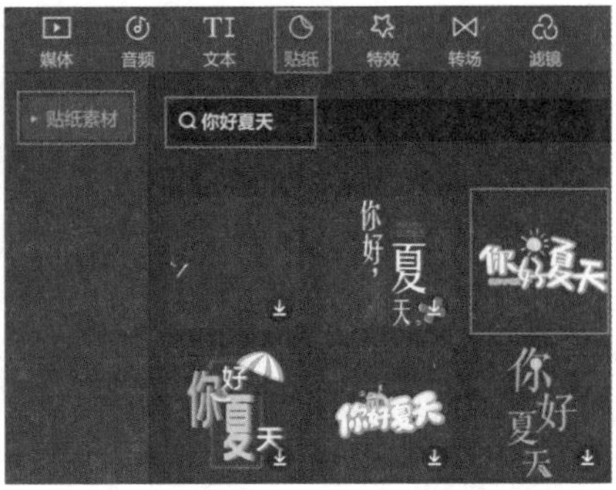

图 3-37

（10）在“时间线”面板中设置贴纸的结束时间与视频的结束时间相同，如图 3-38 所示。

（11）调整画面颜色。将时间线滑动至起始时间处，在“素材”面板中执行“滤镜”/“滤镜库”/“室内”命令，选择“日系奶油”滤镜，单击“添加到轨道”按钮，如图 3-39 所示。

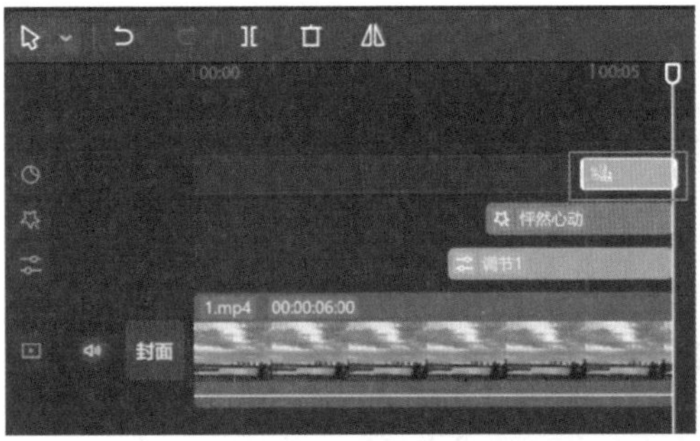

图 3-38

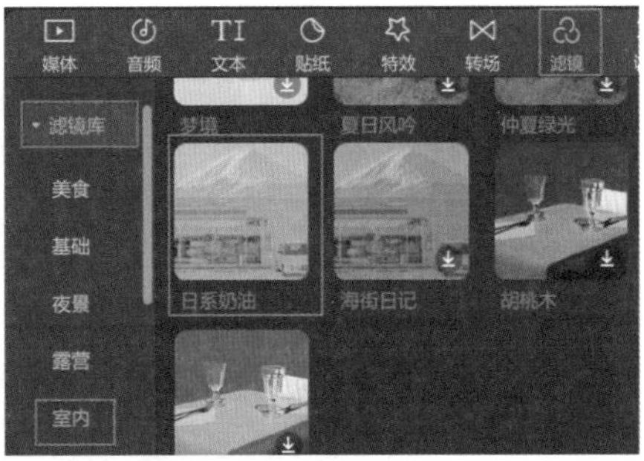

图 3-39

（12）添加音乐。在“时间线”面板中设置滤镜的结束时间为 3 秒 05 帧，如图 3-40 所示。

（13）将时间线滑动至起始时间处，在“素材”面板中执行“音频”/“音乐素材”命令，选择合适的音频文件，单击“添加到轨道”按钮，如图 3-41 所示。

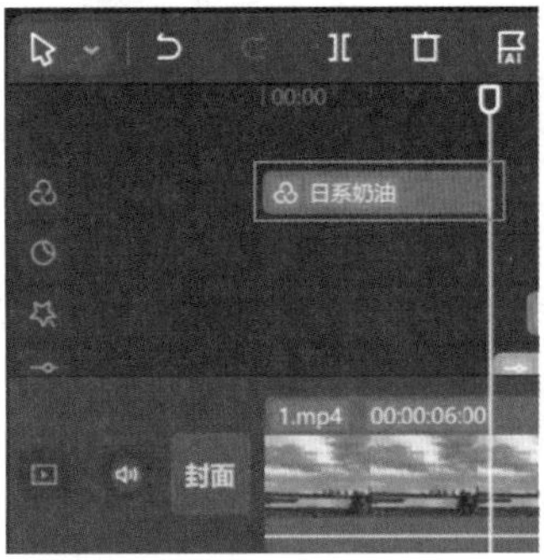

图 3-40

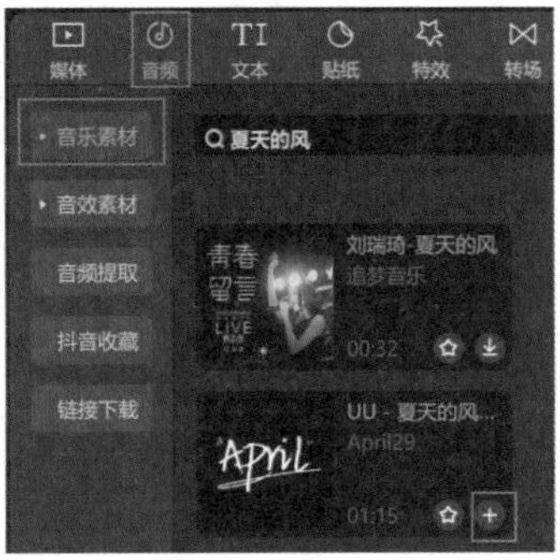

图 3-41

（14）将时间线滑动至结束时间处，在“时间线”面板中单击音频文件，接着单击“分割”按钮或使用快捷键 Ctrl+B 进行分割，如图 3-42 所示。在“时间线”面板中框选时间线后方的素材，单击“删除”按钮或按 Delete 键进行删除。

（15）此时本实例制作完成，滑动时间线即可查看实例效果，如图 3-43 所示。

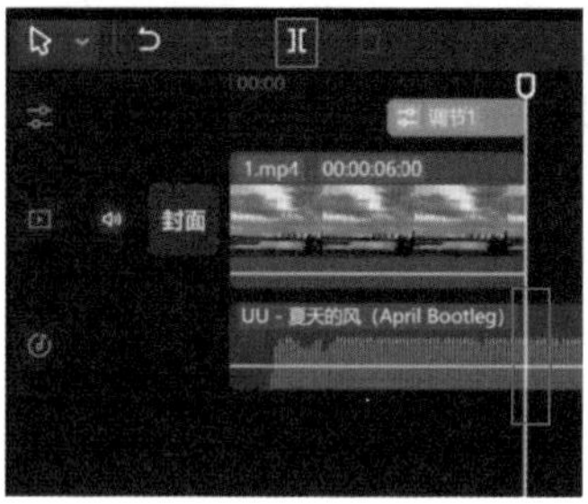

图 3-42

图 3-43

3.3 实例：烘焙 Vlog

本实例使用“分割”工具剪辑视频，并使用“文字模板”工具添加文字，最终完成烘焙 Vlog 片头的制作。实例效果如图 3-44 所示。

扫一扫，看视频

图 3-44

（1）将所有素材文件导入剪映。将所有视频素材文件拖动到“时间线”面板中，如图 3-45 所示。

（2）滑动时间线，此时画面效果如图 3-46 所示。

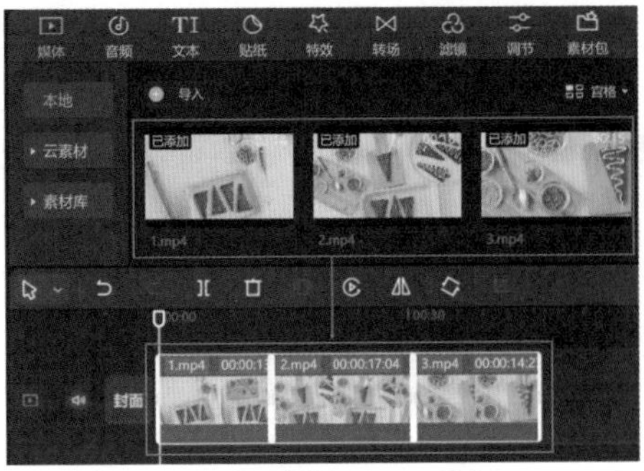

图 3-45

图 3-46

（3）修改视频的持续时间。将时间线滑动至 10 秒 08 帧处，在“时间线”面板中选择 1.mp4 素材文件，单击“分割”按钮或使用快捷键 Ctrl+B 进行分割，如图 3-47 所示。

（4）在“时间线”面板中框选时间线前方的素材，单击“删除”按钮或按 Delete 键进行删除，如图 3-48 所示。

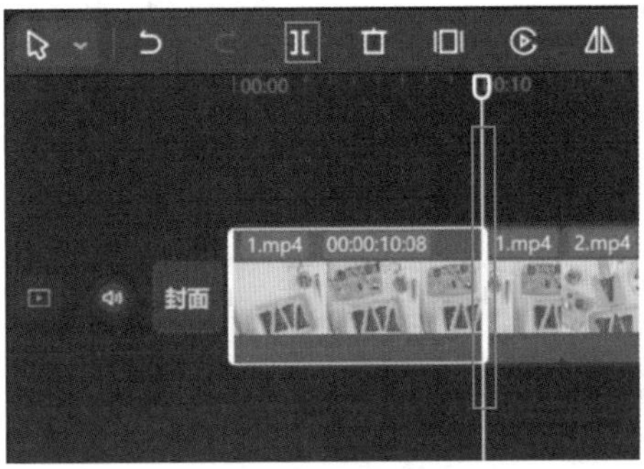

图 3-47

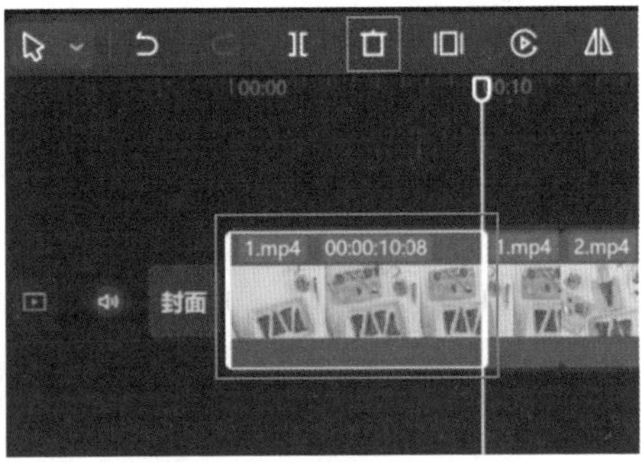

图 3-48

（5）将时间线滑动至 8 秒 05 帧处，在“时间线”面板中选择 2.mp4 素材文件，单击“分割”按钮或使用快捷键 Ctrl+B 进行分割，如图 3-49 所示。

（6）在“时间线”面板中框选时间线后方的素材，单击“删除”按钮或按 Delete 键进行删除，如图 3-50 所示。

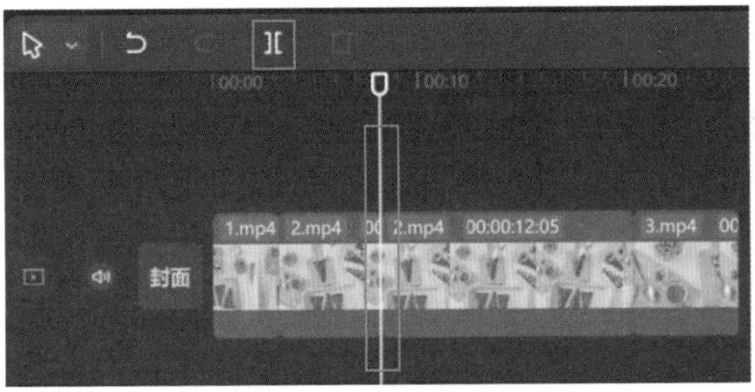

图 3-49

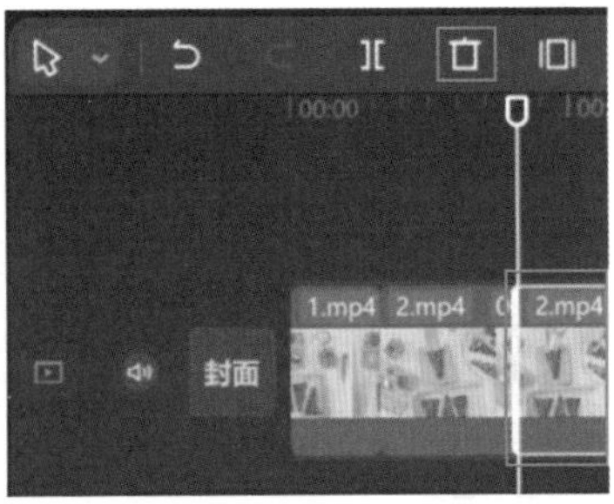

图 3-50

（7）将时间线滑动至 13 秒 06 帧处，在“时间线”面板中选择 3.mp4 素材文件，单击“分割”按钮或使用快捷键 Ctrl+B 进行分割，如图 3-51 所示。在“时间线”面板中框选时间线后方的素材，单击“删除”按钮或按 Delete 键进行删除。

（8）添加文字。将时间线滑动至起始时间处，在“素材”面板中执行“文本”/“文字模板”/“美食”命令，选择合适的文字模板，单击“添加到轨道”按钮，如图 3-52 所示。

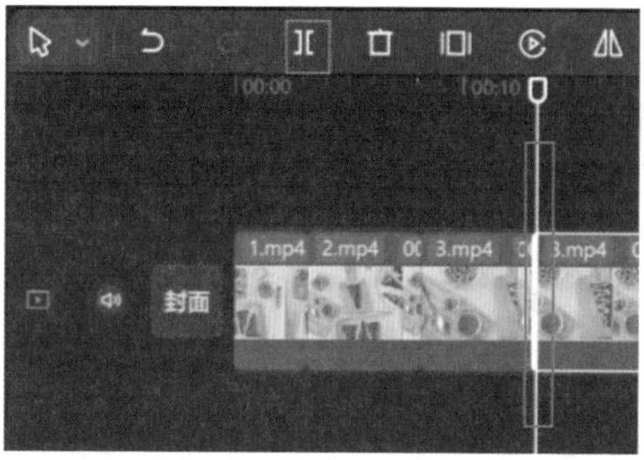

图 3-51

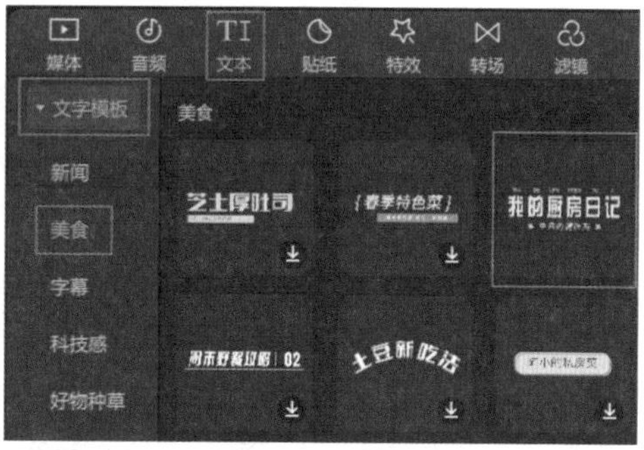

图 3-52

（9）此时本实例制作完成，滑动时间线即可查看实例效果，如图 3-53 所示。

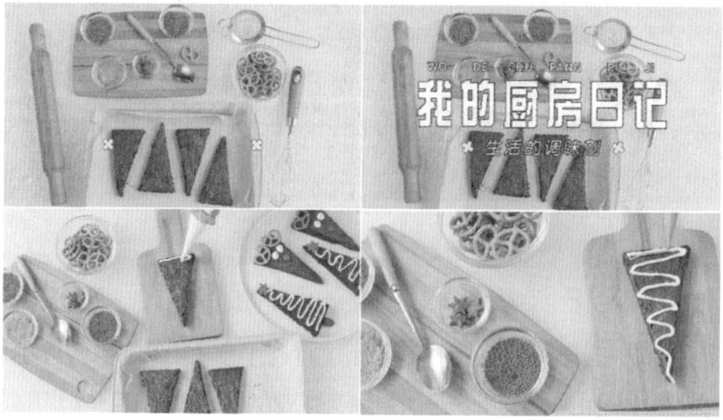

图 3-53

3.4　实例：日常的一天 Vlog

扫一扫，看视频

本实例通过剪辑与“变速”工具制作视频效果，使用“文本”工具创建文字并制作花字效果，接着使用“贴纸”工具丰富画面，使用“滤镜”工具调整画面颜色，并添加合适的音频文件，实例效果如图 3-54 所示。

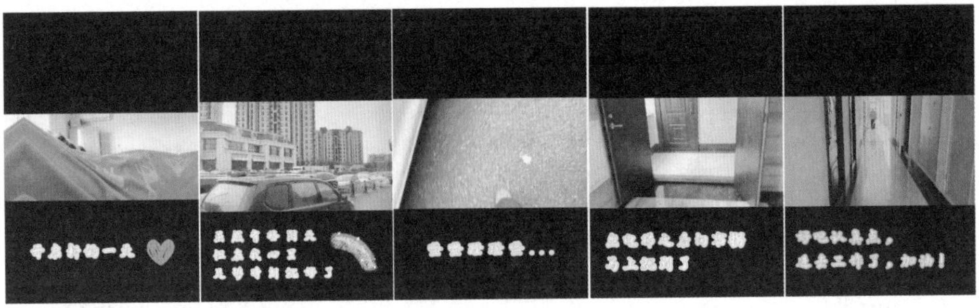

图 3-54

3.4.1　修剪视频

（1）将所有素材文件导入剪映。将黑色图片素材文件拖动到“时间线”面板中并设置其结束时间为 39 秒 02 帧，如图 3-55 所示。此时画面效果如图 3-56 所示。

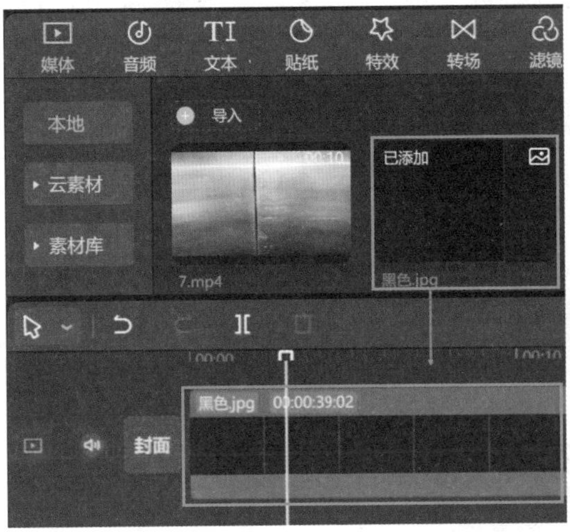

图 3-55

图 3-56

（2）修剪视频。在“素材”面板中选择剩余的视频素材，将时间线滑动至 0 秒处，接着将剩余素材按照 1.mp4 ～ 7.mp4 素材文件的顺序拖动到“时间线”面板中的第 2 轨道上，如图 3-57 所示。

（3）将时间线滑动至 2 秒处，在“时间线”面板中单击 1.mp4 素材文件，单击“分割”按钮或使用快捷键 Ctrl+B 进行分割，如图 3-58 所示。在“时间线”面板中框选时间线后方的素材，单击“删除”按钮或按 Delete 键进行删除。

图 3-57

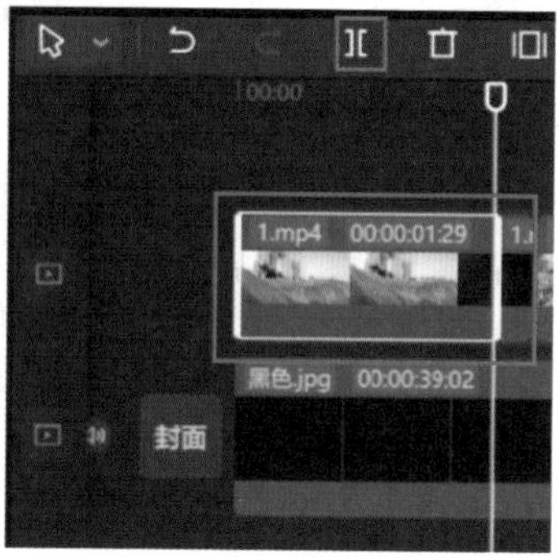

图 3-58

提示：快速将素材添加到轨道上。

（1）快速拖动素材，在“素材”面板中单击 1.mp4 素材文件，按住 Shift 键并单击 7.mp4 素材文件，接着向“时间线”面板中的第 2 轨道上拖动，如图 3-59 所示。

（2）将第 2 轨道上的素材文件分割并删除，然后手动将剩余文件向前拖动到片尾处，如图 3-60 所示。

图 3-59

图 3-60

（4）制作视频动画效果。在“时间线”面板中单击 1.mp4 素材文件，在“功能”面板中执行“动画”/“入场”/“动感放大”命令，接着设置“动画时长”为 1.0s，如图 3-61 所示。

（5）将时间线滑动至 5 秒 27 帧处，在“时间线”面板中单击 2.mp4 素材文件，接着单击“分割”按钮或使用快捷键 Ctrl+B 进行分割，如图 3-62 所示。在“时间线”面板中框选时间线后方的素材，单击“删除”按钮或按 Delete 键进行删除。

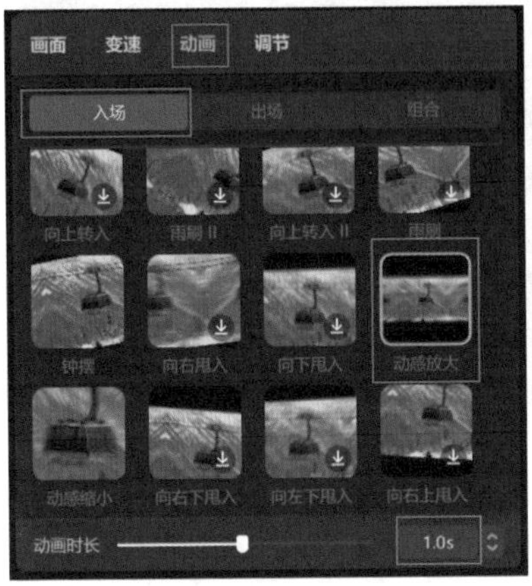

图 3-61

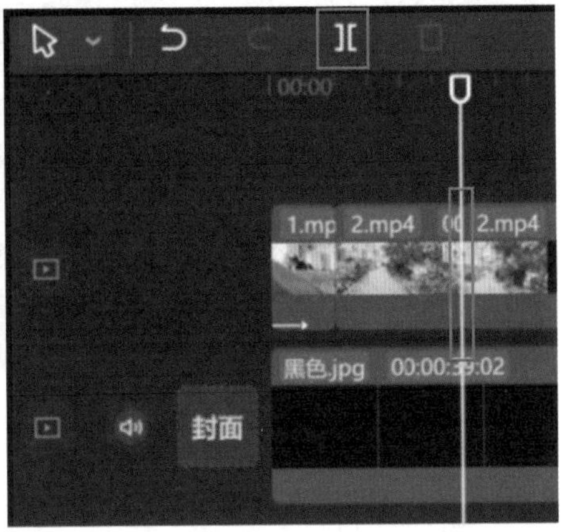

图 3-62

（6）在“时间线”面板中单击 3.mp4 素材文件，在“功能”面板中执行“变速”/“常规变速”命令，设置“倍数”为 2.0x，如图 3-63 所示。

（7）使用同样的方法为剩余的素材文件制作合适的持续时间。滑动时间线，此时画面效果如图 3-64 所示。

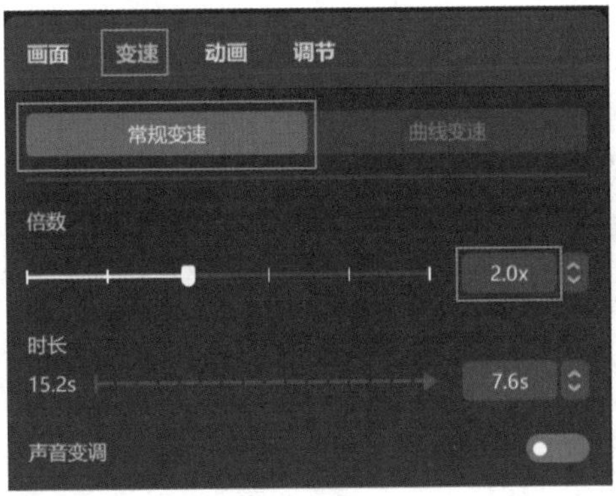

图 3-63

图 3-64

3.4.2 创建文字与贴纸并制作动画与音乐

（1）在“时间线”面板中单击 7.mp4 素材文件，在“功能”面板中执行“动画”/“出场”/“渐隐”命令，如图 3-65 所示。

（2）创建文字并制作文字动画。将时间线滑动至起始时间处，在“素材”面板中执行“文本”/“新建文本”/“默认”命令，接着单击“添加到轨道”按钮，如图 3-66 所示。

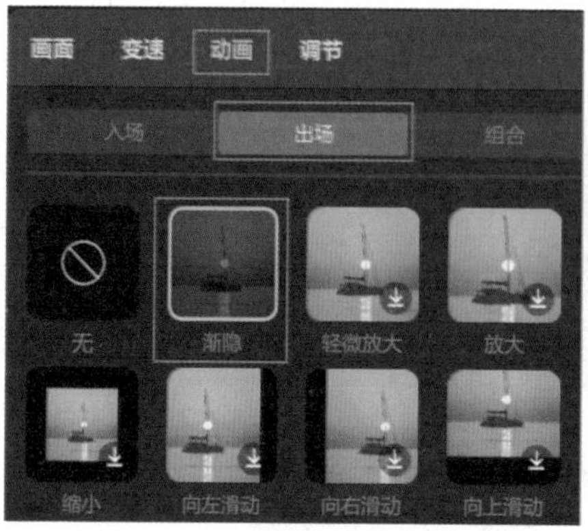

图 3-65

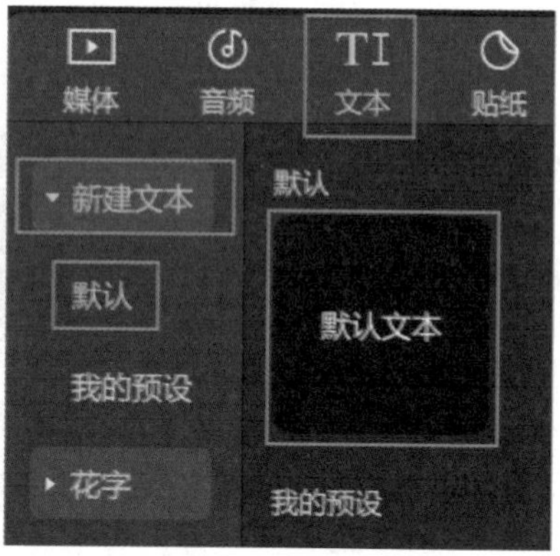

图 3-66

（3）在“时间线”面板中单击文字轨道，在“功能”面板中执行“文本”/“基础”命令，输入合适的文字并设置合适的字体，设置“字号”为 15；在“排列”中，设置“字间距”为 4；在“位置大小”中，设置“位置”/X 为 -258，“位置”/Y 为 -1234；设置完成后的“功能”面板如图 3-67 所示。

（4）单击“花字”按钮，选择合适的花字效果，如图 3-68 所示。

图 3-67

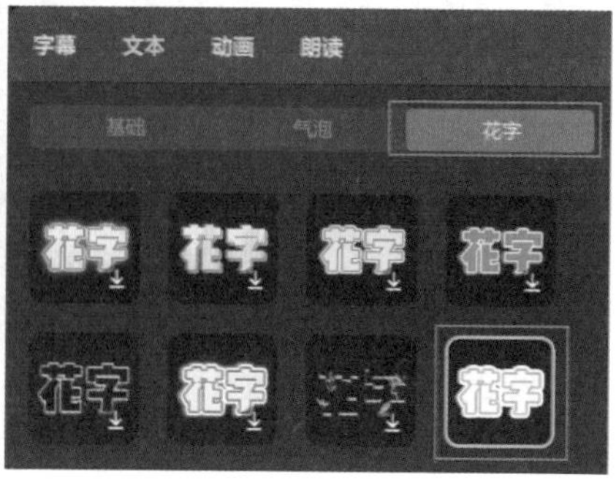

图 3-68

（5）执行“动画”/“入场”命令，选择“右下擦开”动画，如图 3-69 所示。

在“时间线”面板中设置文字的结束时间与 1.mp4 素材文件的结束时间相同。

（6）将时间线滑动至 2 秒处，在“素材”面板中执行“文本”/“新建文本”/“默认”命令，单击“添加到轨道”按钮。在“功能”面板中执行“文本”/“基础”命令，输入合适的文字并设置合适的字体，设置“字号”为 15；在“排列”中，设置“字间距”为 6，“行间距”为 4，“对齐方式”为左对齐；在“位置大小”中，设置“位置”/Y 为 -1263；设置完成后的“功能”面板如图 3-70 所示。

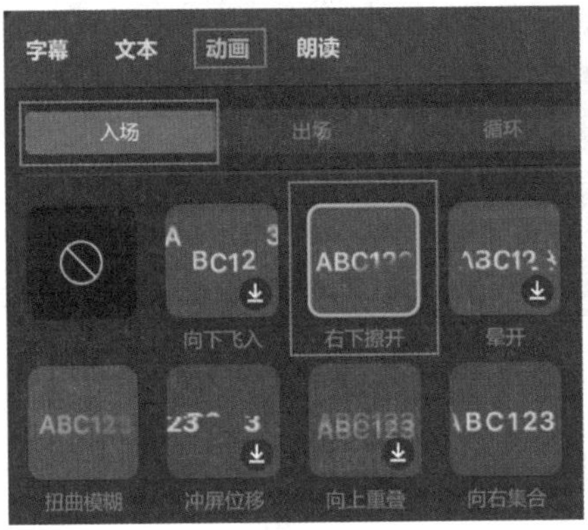

图 3-69

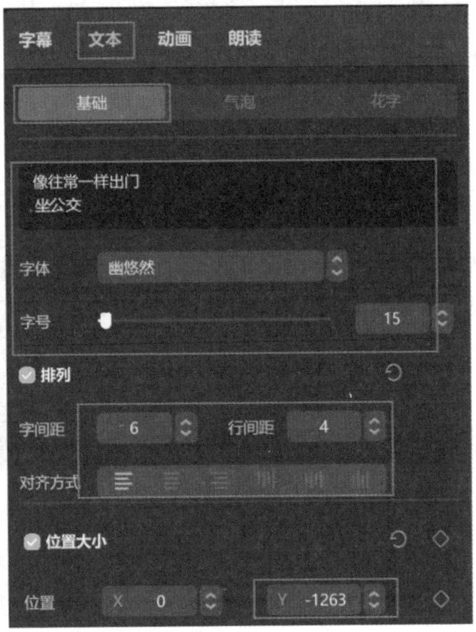

图 3-70

（7）单击“花字”按钮，选择合适的花字效果，如图 3-71 所示。在“时间线”面板中设置文字的结束时间与 2.mp4 素材文件的结束时间相同。

（8）使用同样的方法输入合适的文字并设置合适的位置与大小。滑动时间线，此时画面效果如图 3-72 所示。

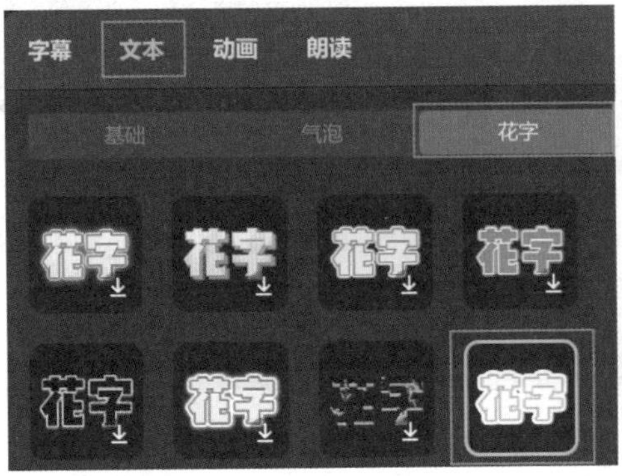

图 3-71

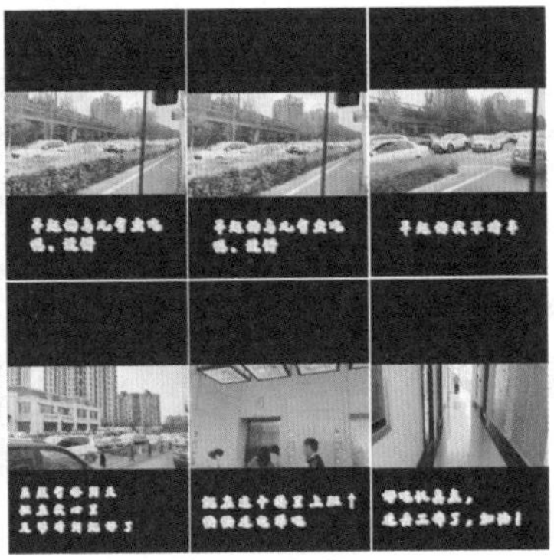

图 3-72

（9）在“时间线”面板中单击结尾文字,在“功能”面板中执行“动画”/“出场”命令，选择“渐隐”动画，如图 3-73 所示。

（10）添加贴纸丰富画面。将时间线滑动至起始时间处，在“素材”面板中执行“贴纸”/“贴纸素材”/“爱心”命令，选择合适的贴纸，单击“添加到轨道”按钮，如图 3-74 所示。

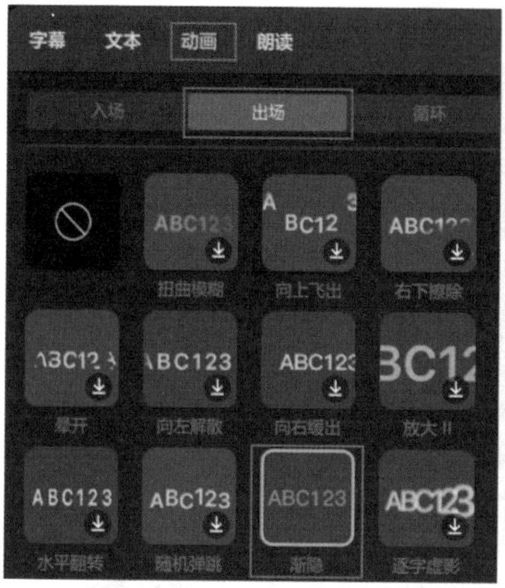

图 3-73

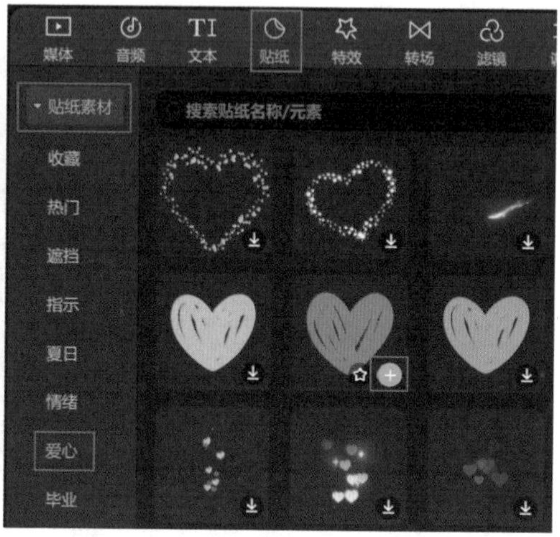

图 3-74

（11）在“时间线”面板中选择刚刚添加的爱心贴纸,在“功能”面板中执行“贴纸”/“位置大小”命令,设置“缩放”为 37%,“位置”/X 为 775,“位置”/Y 为 -1260,如图 3-75 所示。设置贴纸的结束时间与 1.mp4 素材文件的结束时间相同。

（12）将时间线滑动至 15 秒 20 帧处，在“素材”面板中执行“贴纸”/“贴纸素材”/“热门”命令,选择合适的贴纸,单击“添加到轨道”按钮,如图 3-76 所示。

图 3-75

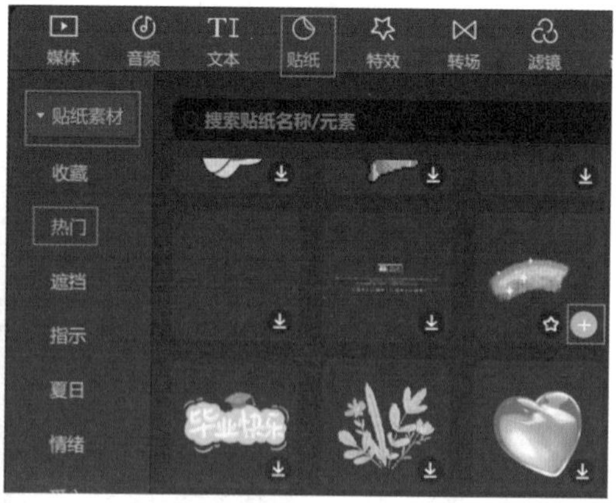

图 3-76

（13）在“时间线”面板中选择刚刚添加的贴纸，在“功能”面板中执行“贴纸”/“位置大小”命令，设置“缩放”为 81%，“位置”/X 为 785，“位置”/Y 为 -1228，“旋转”为 38° ，如图 3-77 所示。设置贴纸的结束时间为 18 秒 27 帧。

（14）调整画面颜色。将时间线滑动至起始时间处，在“素材”面板中执行“滤镜”/“滤镜库”/“风景”命令，选择“绿妍”滤镜，单击“添加到轨道”按钮，如图 3-78 所示。

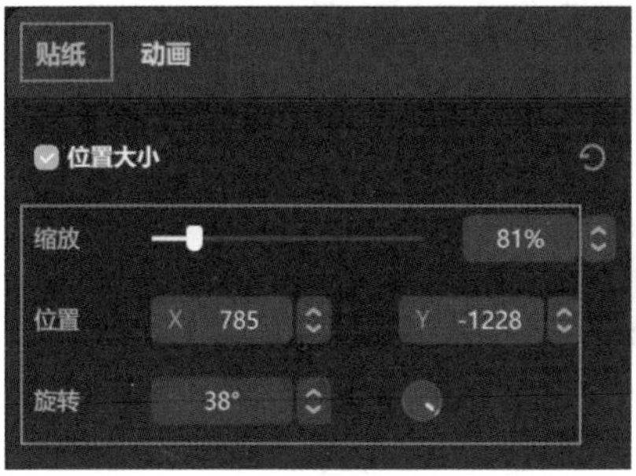

图 3-77

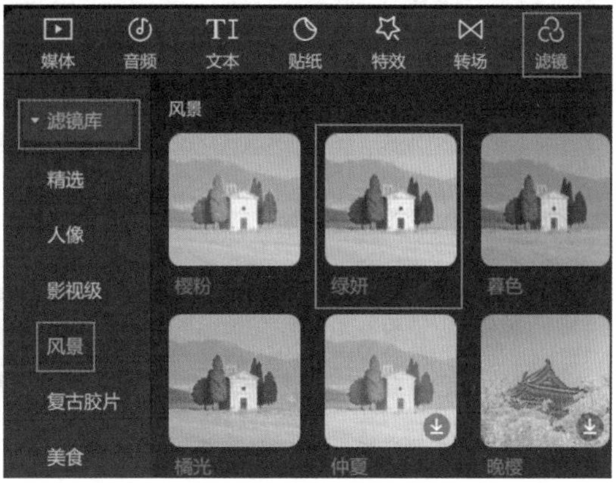

图 3-78

（15）在“时间线”面板中设置“绿妍”滤镜的结束时间与视频的结束时间相同，如图 3-79 所示。

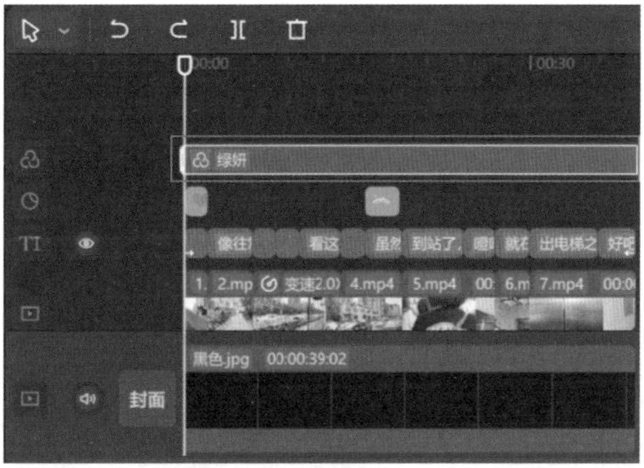

图 3-79

（16）将时间线滑动至起始时间处，在“素材”面板中执行“音频”/“音乐素材”/“抖音”命令，选择合适的音频文件，单击“添加到轨道”按钮，如图 3-80 所示。

（17）将时间线滑至视频结束时间处，在“时间线”面板中单击音频文件，接着单击“分割”按钮或使用快捷键 Ctrl+B 进行分割，如图 3-81 所示。在“时间线”面板中框选时间线后方的素材，单击“删除”按钮或按 Delete 键进行删除。

图 3-80

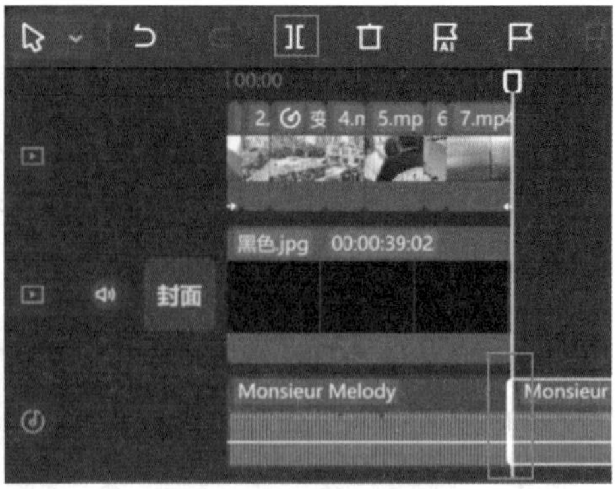

图 3-81

（18）此时本实例制作完成，滑动时间线即可查看实例效果，如图 3-82 所示。

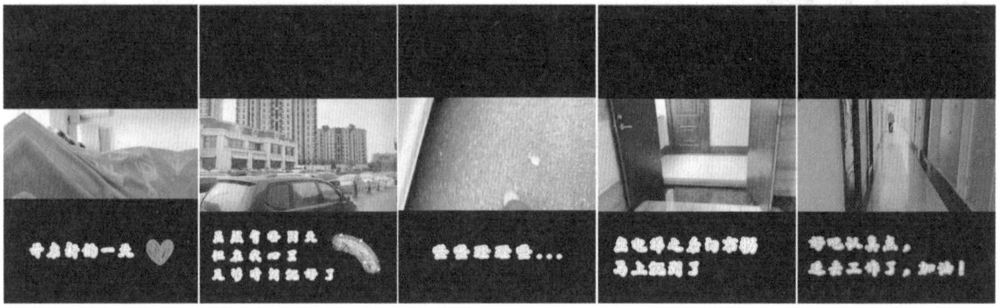

图 3-82

3.5 实例：美甲 Vlog

扫一扫，看视频

本实例首先对每段视频进行剪辑，然后添加转场让视频有更好的过渡效果。使用“滤镜”和“调节”工具进行调色，并添加“素材包”制作 Vlog 的视频风格效果。实例效果如图 3-83 所示。

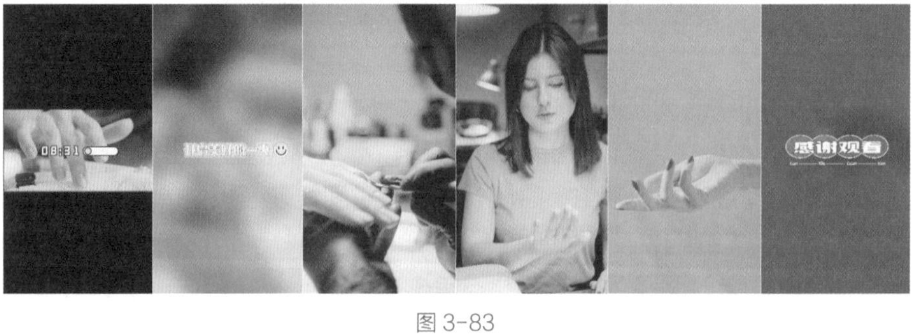

图 3-83

3.5.1　修剪视频片段并制作过渡效果

（1）将所有素材文件导入剪映。将所有美甲素材文件按照顺序拖动到“时间线”面板中，如图 3-84 所示。

（2）滑动时间线，此时画面效果如图 3-85 所示。

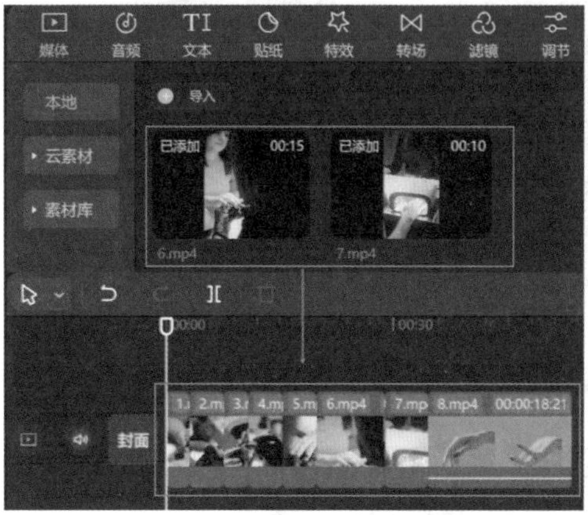

图 3-84

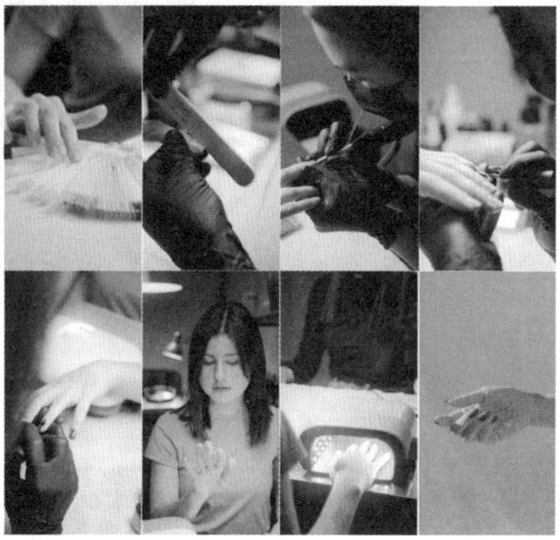

图 3-85

（3）制作视频的持续时间。在“时间线”面板中将 1.mp4 素材文件的结束时间向左拖动到 3 秒处，如图 3-86 所示。

（4）在“时间线”面板中将 2.mp4 素材文件的结束时间向左拖动到 7 秒 16 帧处，如图 3-87 所示。

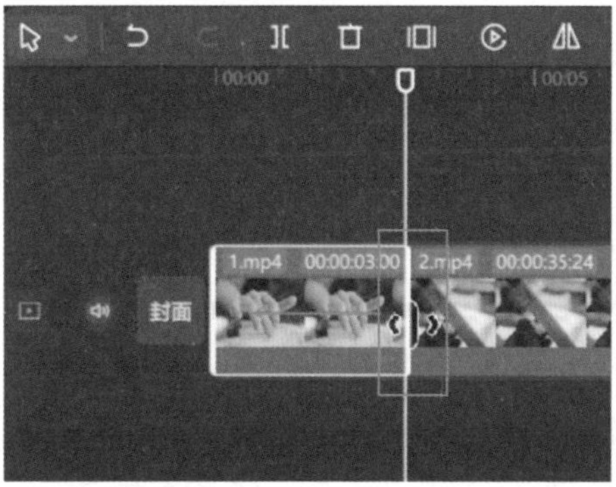

图 3-86

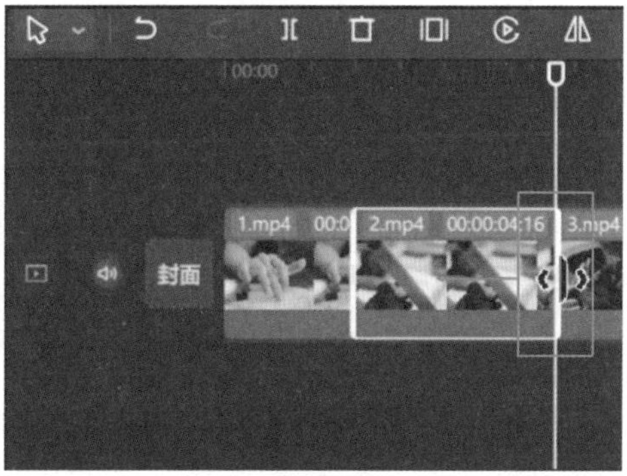

图 3-87

（5）在“时间线”面板中将 3.mp4 素材文件的结束时间向左拖动到 11 秒 02 帧处，如图 3-88 所示。

（6）将 4.mp4 在 14 秒 22 帧和 19 秒 09 帧处剪切，并删除两侧的视频，只保留中间的视频。将 5.mp4 在 15 秒 26 帧和 20 秒 05 帧处剪切，并删除两侧的视频，只保留中间的视频。依次拖动 6.mp4、7.mp4、8.mp4 的结束时间，使其时长分别为 8 秒 29 帧、5 秒 19 帧、18 秒 21 帧。滑动时间线，此时画面效果如图 3-89 所示。

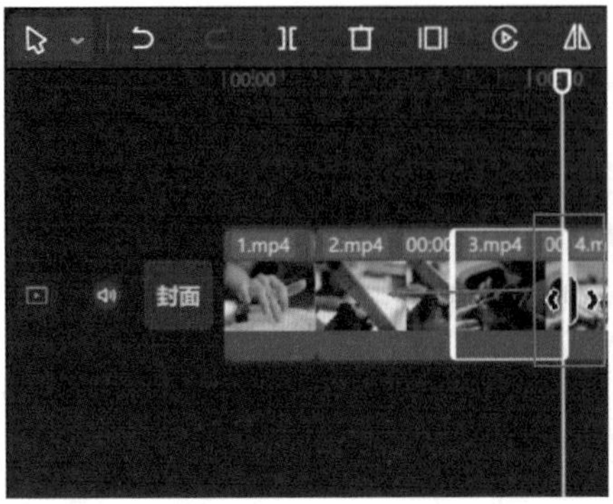

图 3-88

图 3-89

（7）在“时间线”面板中单击“关闭原声”按钮，关闭原声后的效果如图 3-90 所示。

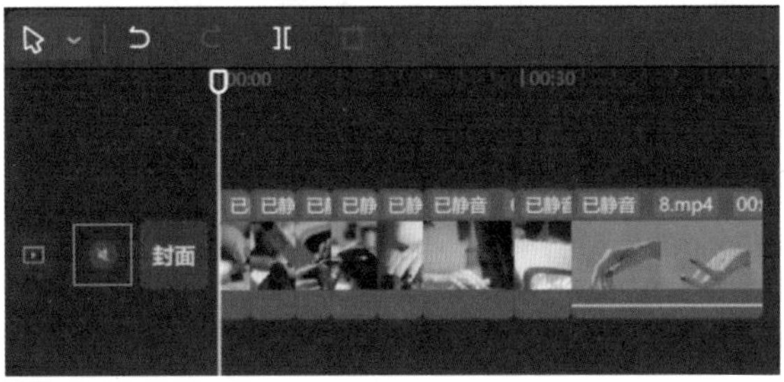

图 3-90

（8）制作视频过渡效果。将时间线滑动至 1.mp4 素材文件与 2.mp4 素材文件中间的位置，在“素材”面板中执行“转场”/“转场特效”/“基础转场”命令，选择“模糊”转场，单击“添加到轨道”按钮，如图 3-91 所示。

（9）将时间线滑动至 2.mp4 素材文件与 3.mp4 素材文件中间的位置，在“素材”面板中执行“转场”/“转场特效”/“基础转场”命令，选择“模糊”转场，单击“添加到轨道”按钮，如图 3-92 所示。

图 3-91

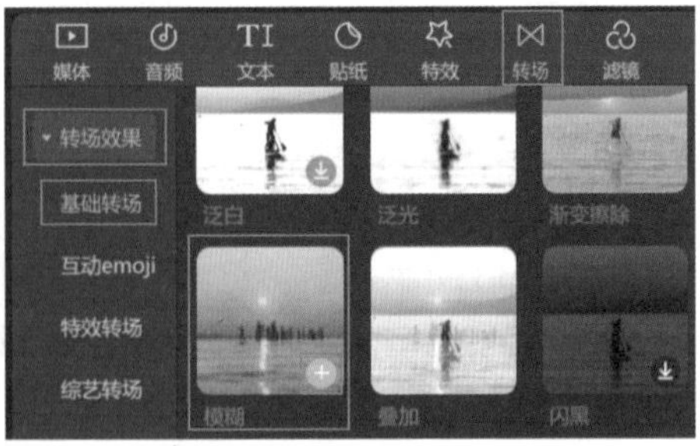

图 3-92

（10）使用同样的方法制作其他素材文件的过渡效果，如图 3-93 所示。

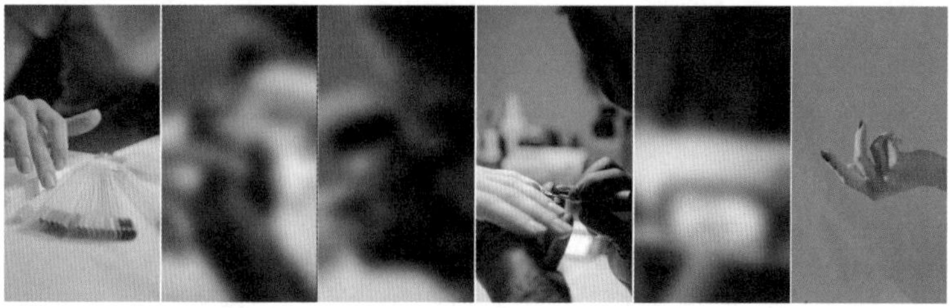

图 3-93

3.5.2　调整画面颜色并制作画面片头效果

（1）调整画面颜色。将时间线滑动至起始时间处，在“素材”面板中执行“滤镜”/“滤镜库”/“人像”命令，选择“裸粉”滤镜，单击“添加到轨道”按钮，如图 3-94 所示。

（2）在“时间线”面板中将“裸粉”滤镜的结束时间拖动到与视频的结束时间相同的位置，如图 3-95 所示。

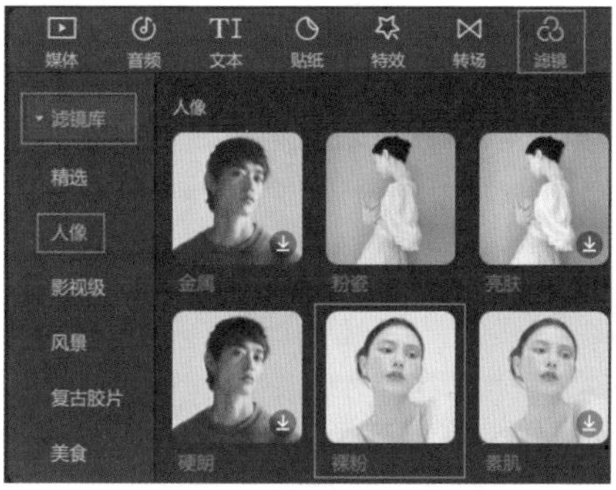

图 3-94

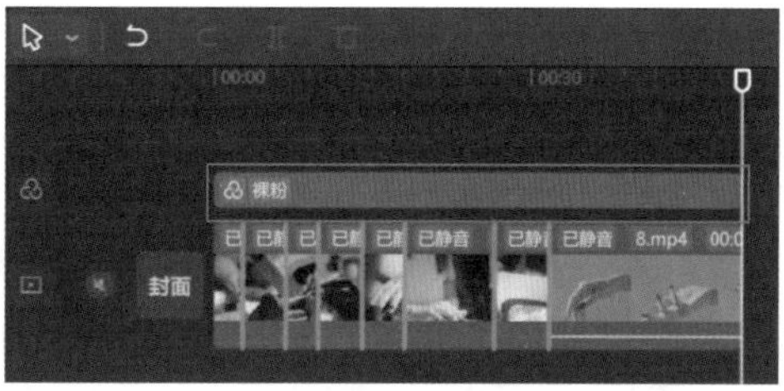

图 3-95

（3）将时间线滑动至起始时间处，在“素材”面板中执行“调节”/“调节”/“自定义”命令，单击“添加到轨道”按钮，如图 3-96 所示。

（4）在“时间线”面板中单击刚刚添加的调节，在“功能”面板中执行“调节”/“基础”/“调节”命令，设置“亮度”为 15，“高光”为 -20，如图 3-97 所示。

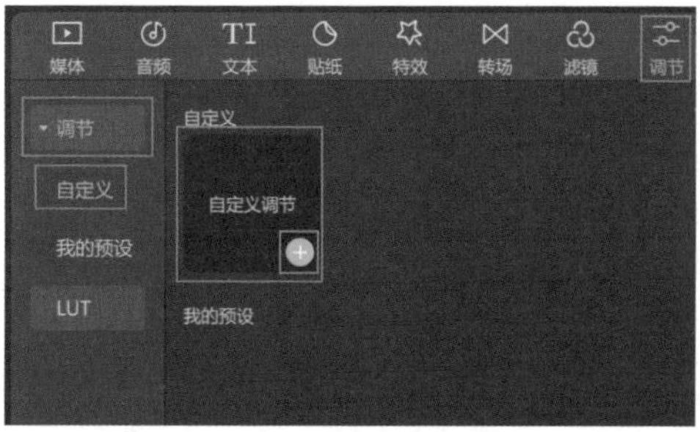

图 3-96

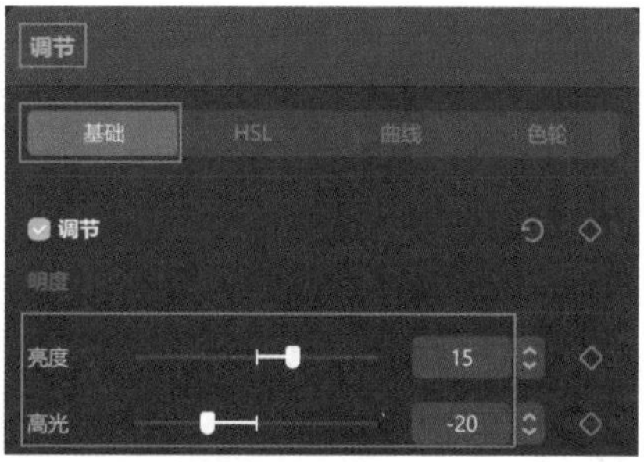

图 3-97

（5）在“时间线”面板中将调节的结束时间拖动到与视频的结束时间相同的位置，如图 3-98 所示。

（6）为画面添加音乐。在“素材”面板中执行“音频”/“音乐素材”/“纯音乐”命令，选择合适的音频文件，单击“添加到轨道”按钮，如图 3-99 所示。

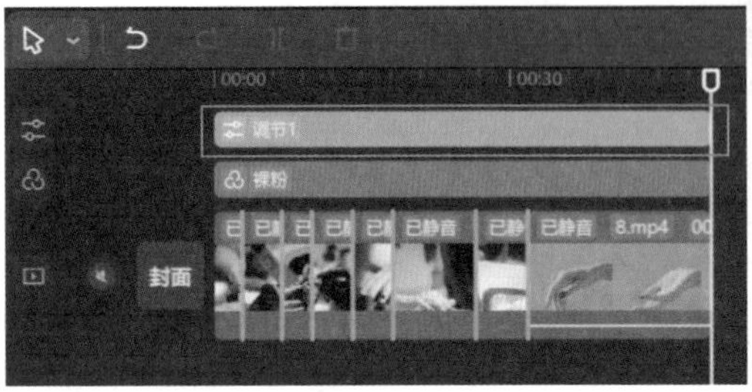

图 3-98

图 3-99

（7）将时间线滑动至视频的结束时间处，在“时间线”面板中单击音频文件，接着单击“分割”按钮或使用快捷键 Ctrl+B 进行分割，如图 3-100 所示。在“时间线”面板中框选时间线后方的素材，单击“删除”按钮或按 Delete 键进行删除。

（8）滑动时间线，此时画面中的颜色已变亮，如图 3-101 所示。

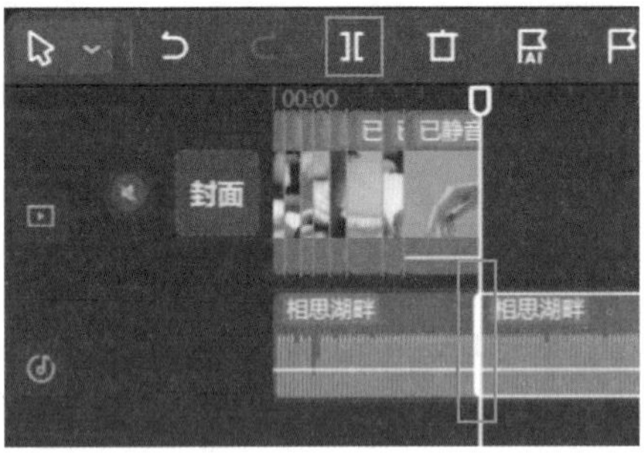

图 3-100

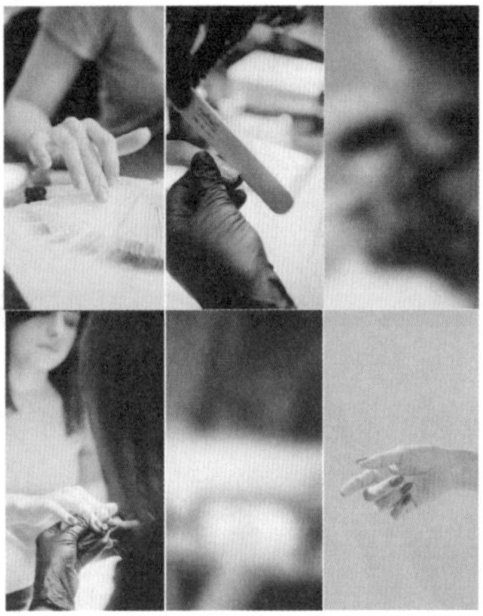

图 3-101

（9）添加片头与片尾效果。将时间线滑动至起始时间处，在“素材”面板中执行“素材包”/“素材包”/VLOG 命令，选择合适的素材包，单击“添加到轨道”按钮，如图 3-102 所示。

（10）在“时间线”面板中设置素材包的结束时间为 3 秒，在“播放器”面板中设置文字的摆放位置与大小，效果如图 3-103 所示。

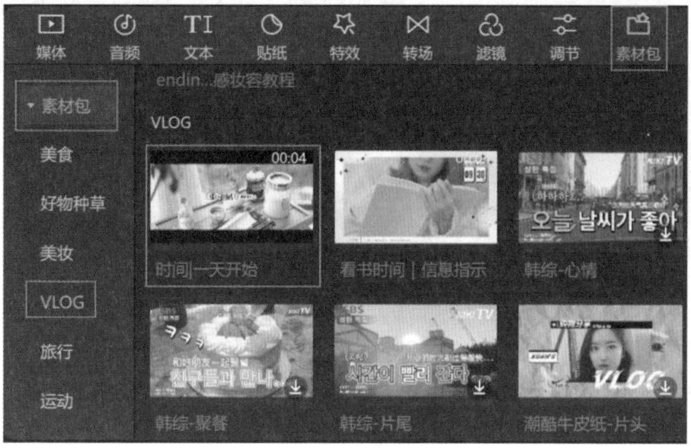

图 3-102

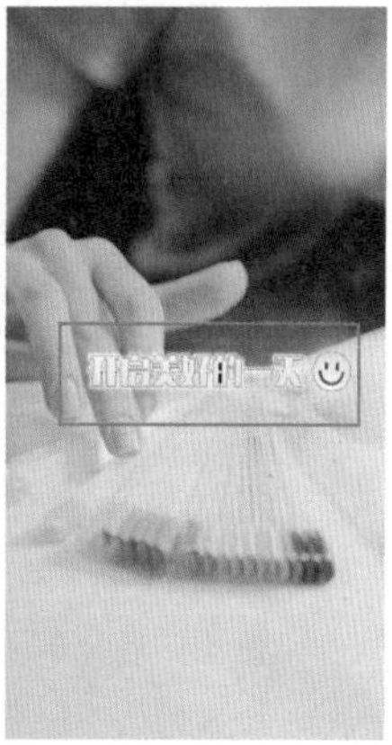

图 3-103

（11）将时间线滑动至 48 秒 03 帧处，在“素材”面板中执行“素材包”/“素材包”/“片尾”命令，选择合适的素材包，单击将其添加到轨道上，如图 3-104 所示。

图 3-104

（12）此时本实例制作完成，滑动时间线即可查看实例效果，如图 3-105 所示。

图 3-105

第4章

美颜（美体）、抠像、蒙版

本章内容简介：

美颜（美体）、抠像、蒙版是剪映中3个独立的功能，可以通过美颜快速磨皮、瘦脸、美白、瘦身、长腿、瘦腰等；也可以快速一键抠除背景，更换背景；还可以通过为视频添加蒙版，制作部分区域被遮挡的有趣效果。

重点知识掌握：

- 美颜（美体）
- 抠像
- 蒙版

4.1 美颜（美体）超简单

“爱美之心，人皆有之”，照片可以轻松美颜，而现如今视频美颜也变得非常简单、快捷。本节主要讲解人像视频中最常用的美颜（美体）功能。

4.1.1 智能美颜

“智能美颜”用于对视频中人像的面部进行调整美化。“智能美颜”包括“磨皮”“瘦脸”“大眼”“瘦鼻”“美白”“美牙”，可以通过拖动滑块或者在后方输入框中输入数值快速调整，如图 4-1 所示。

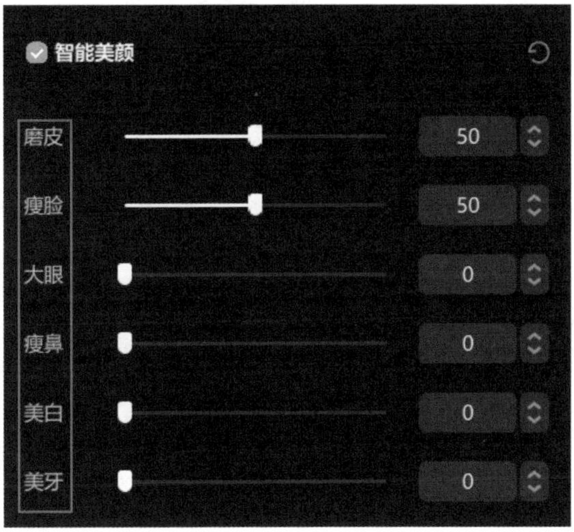

图 4-1

（1）在轨道上选中人像视频素材。在“功能”面板中执行“画面”/“基础”命令，勾选“智能美颜”复选框，如图 4-2 所示。勾选“智能美颜”复选框前后的画面对比效果如图 4-3 所示。

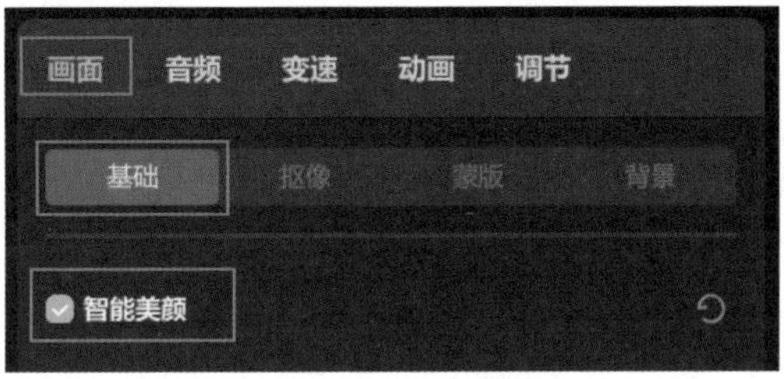

图 4-2

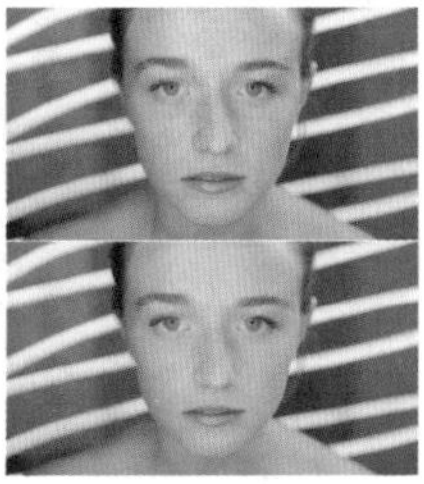

图 4-3

（2）展开“智能美颜”，设置“磨皮”为 80，调整前后的对比效果如图 4-4 所示。

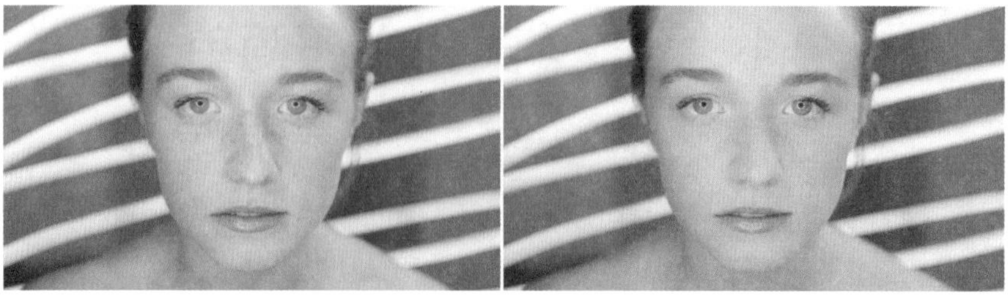

图 4-4

（3）展开“智能美颜”，设置“瘦脸”为 80，调整前后的对比效果如图 4-5 所示。

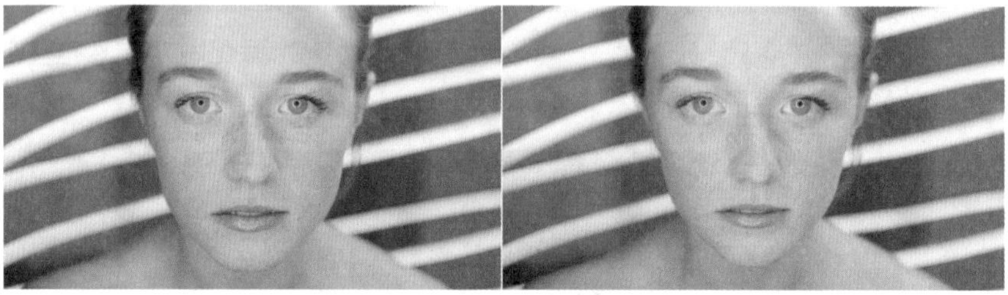

图 4-5

（4）展开“智能美颜”，设置“大眼”为 100，调整前后的对比效果如图 4-6 所示。

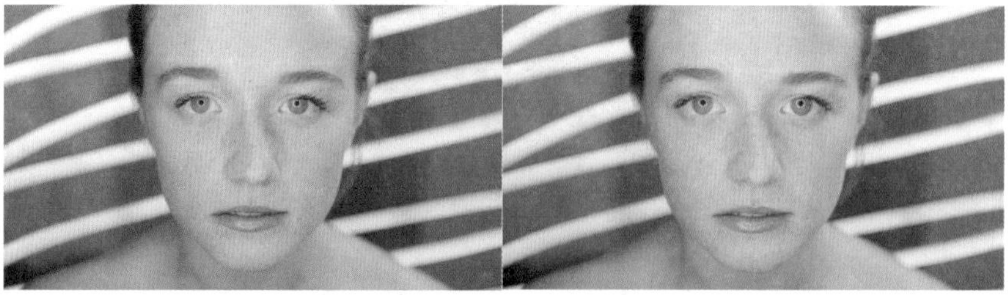

图 4-6

（5）展开“智能美颜”，设置“瘦鼻”为 80，调整前后的对比效果如图 4-7 所示。

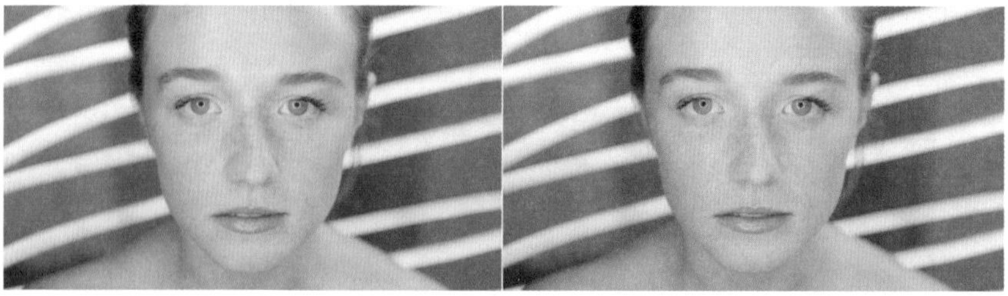

图 4-7

（6）展开“智能美颜”，设置“美白”为 80，调整前后的对比效果如图 4-8 所示。

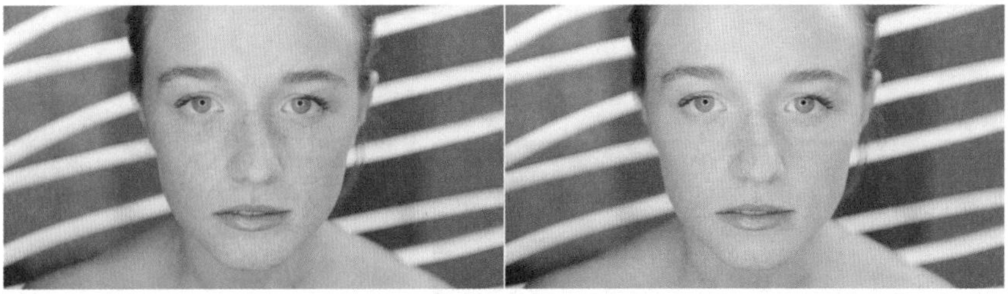

图 4-8

（7）展开“智能美颜”，设置“美牙”为 100，调整前后的对比效果如图 4-9 所示。

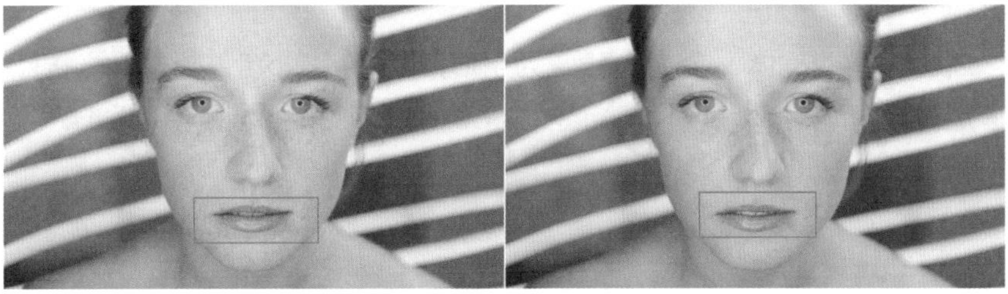

图 4-9

4.1.2　智能美体

“智能美体”用于对人像的身体进行调整美化。“智能美体”包括“瘦身”“长腿”“瘦腰”“小头”，可以通过拖动滑块或者在后方输入框中输入数值对人物的比例进行调整，如图 4-10 所示。

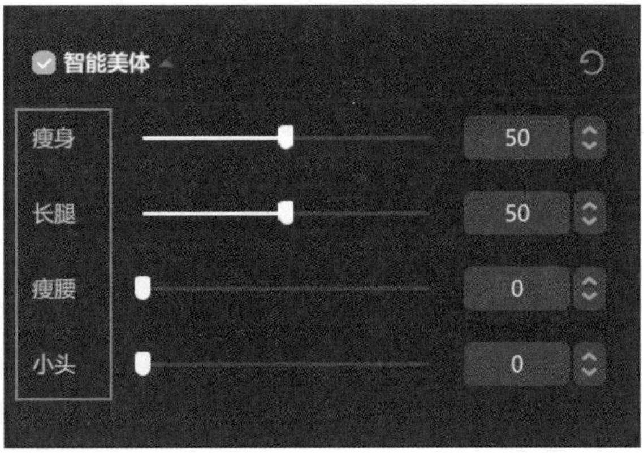

图 4-10

（1）在轨道上选中人像视频素材。在“功能”面板中执行“画面”/“基础”命令，勾选“智能美体”复选框，如图 4-11 所示，调整前后的对比效果如图 4-12 所示。

图 4-11

图 4-12

（2）展开“智能美体”，设置“瘦身”为 100，调整前后的对比效果如图 4-13 所示。

（3）展开“智能美体”，设置“长腿”为 80，调整前后的对比效果如图 4-14 所示。

图 4-13

图 4-14

（4）展开“智能美体”，设置“瘦腰”为 100，调整前后的对比效果如图 4-15 所示。

（5）展开“智能美体”，设置“小头”为 65，调整前后的对比效果如图 4-16 所示。

图 4-15

图 4-16

4.1.3　实例：使用“智能美体”工具制作瑜伽宣传短视频

本实例使用“智能美体”工具实现人物身材修长效果，使用“调节”工具调整画面颜色与亮度，添加“变彩色”“金粉闪闪”特效制作画面特效，并使用“文字模板”工具创建文字、制作文字动画。实例效果如图 4-17 所示。

扫一扫，看视频

图 4-17

（1）制作美颜效果。将美体素材文件导入剪映，单击“时间线”面板中第 1 个轨道上的美体素材 .mp4，在“功能”面板执行“画面”/“基础”命令，勾选“智能美体”复选框，设置“瘦身”为 70，“长腿”为 50，“瘦腰”为 60，“小头”为 80，如图 4-18 所示。

（2）将时间线滑动至 1 秒 21 帧处，单击“时间线”面板中第 1 个轨道上的美体素材 .mp4，单击“分割”按钮或使用快捷键 Ctrl+B 进行分割，如图 4-19 所示。

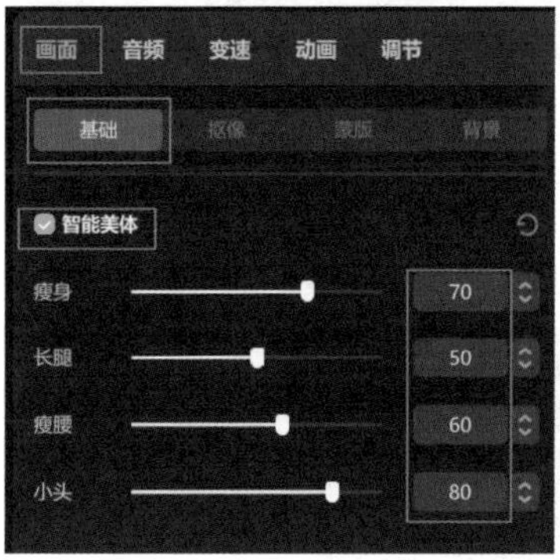

图 4-18

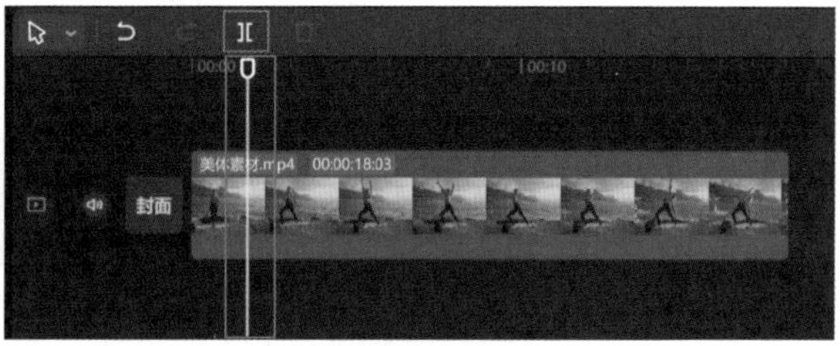

图 4-19

（3）制作转场与特效效果。在“素材”面板中单击“转场”按钮，执行“转场效果”/“运镜转场”/“推近”命令，如图 4-20 所示。

（4）单击“时间线”面板中时间线前方的美体素材 .mp4，在“素材”面板中单击“特效”按钮，执行“特效效果”/“基础”/“变彩色”命令，如图 4-21 所示。

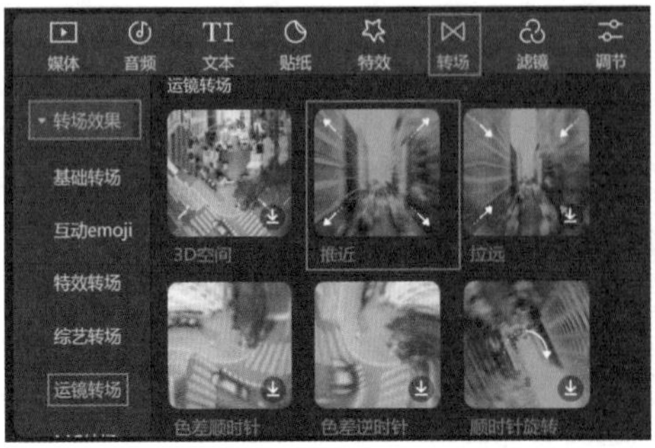

图 4-20

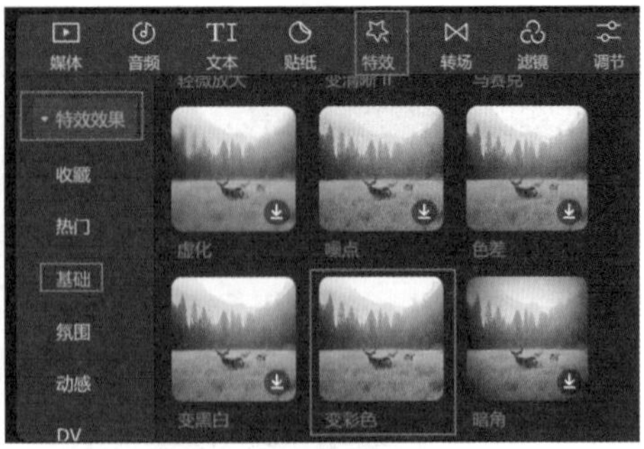

图 4-21

（5）单击“时间线”面板中第 1 个轨道上 1 秒 21 帧处的美体素材 .mp4，在“功能”面板中执行“调节”/“基础”命令，设置“色温”为 -16，“色调”为 11，“饱和度”为 20，“亮度”为 25，“对比度”为 10，“阴影”为 10，如图 4-22 所示。

（6）添加音频。将时间线滑动至视频开始的位置，在“素材”面板中单击“音频”按钮，执行“音乐素材”/“卡点”命令，选择合适的音频文件，单击“添加到轨道”按钮，如图 4-23 所示。

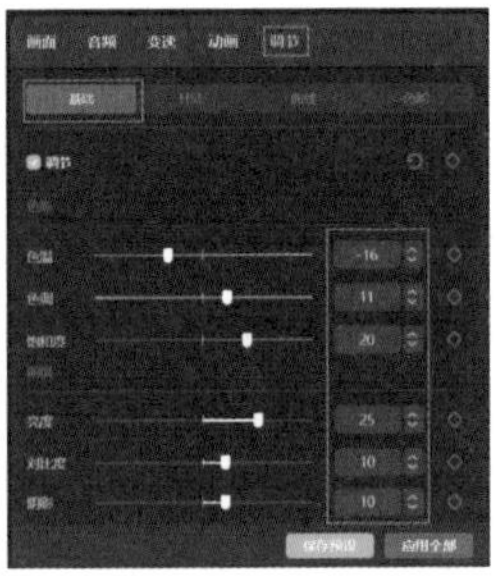

图 4-22

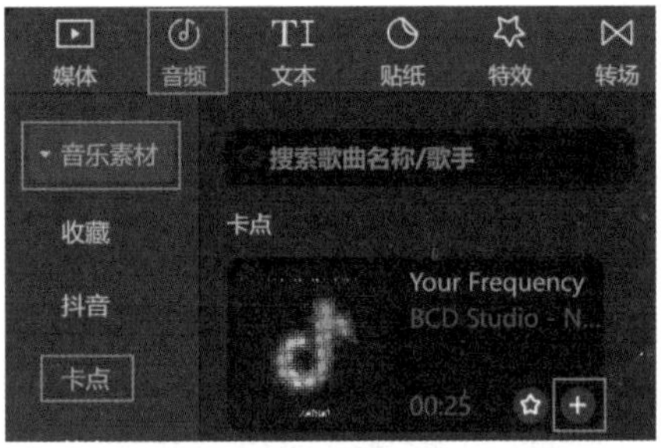

图 4-23

（7）将时间线滑动至视频结束的位置，单击“时间线”面板中的音频文件，接着单击“分割”按钮或使用快捷键 Ctrl+B 进行分割，如图 4-24 所示。

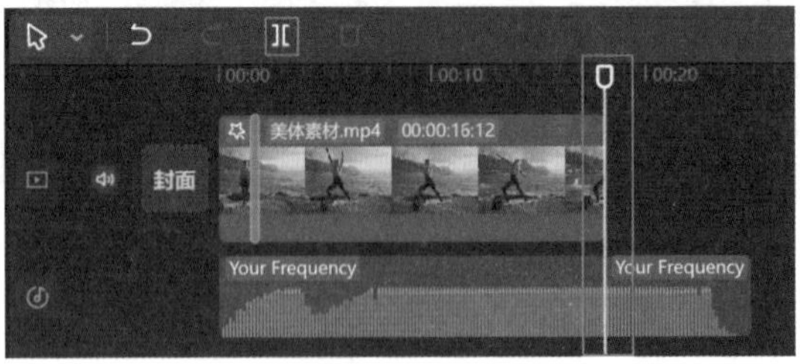

图 4-24

（8）选择时间线后方的音频文件，接着单击“删除”按钮或按 Delete 键进行删除，如图 4-25 所示。

（9）添加金粉效果。将时间线滑动至 1 秒 28 帧处，在“素材”面板中单击“特效”

按钮，展开“特效效果”，单击“金粉”按钮，选择“金粉闪闪”特效，如图 4-26 所示。

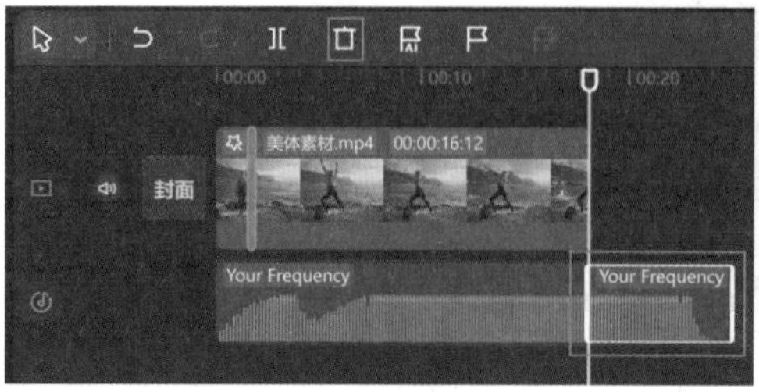

图 4-25

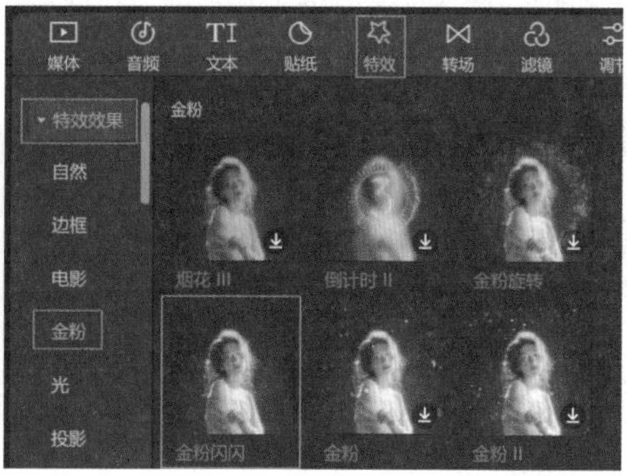

图 4-26

（10）在“时间线”面板中选择特效轨道上的“金粉闪闪”特效，将“金粉闪闪”特效的结束时间向后拖动到与视频的结束时间的相同位置，如图 4-27 所示。

（11）滑动时间线，可以看到画面已被添加音乐和“金粉闪闪”特效，如图 4-28 所示。

图 4-27

图 4-28

（12）为画面添加文字。在“素材”面板中单击“文本”按钮，执行“文字模板”/“手写字”命令，选择并添加一款合适的文字模板，如图 4-29 所示。

（13）选择文字轨道上的“文字模板”，在“文本”面板中单击“基础”按钮，设置“第 1 段文本”为瑜，“第 2 段文本”为伽，“第 3 段文本”为 YOGA，如图 4-30 所示。

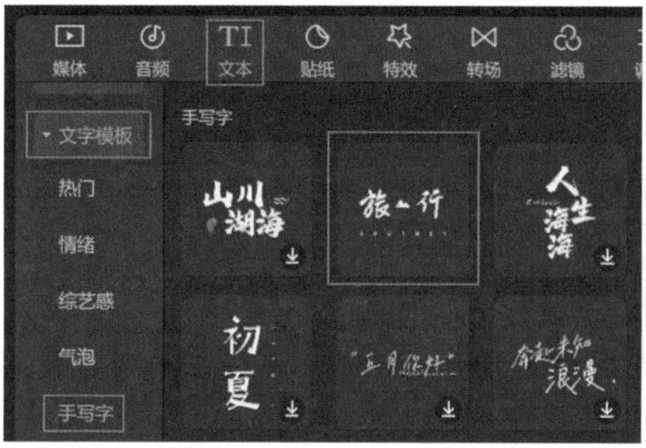

图 4-29

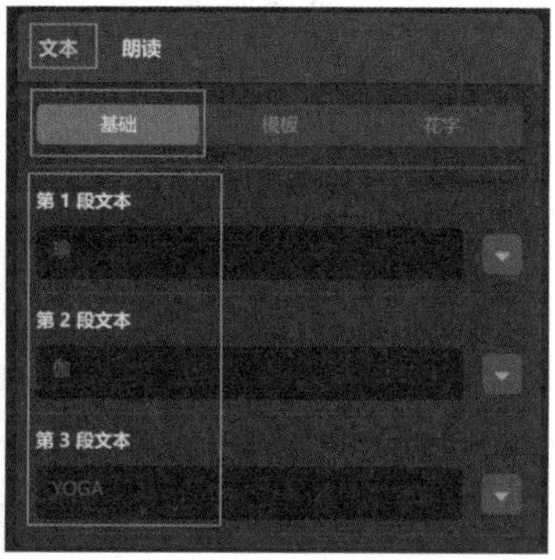

图 4-30

（14）选择文字轨道上的“文字模板”，将“文字模板”的结束时间向后拖动到与视频的结束时间相同的位置，如图 4-31 所示。

（15）此时本实例制作完成，滑动时间线即可查看实例效果，如图 4-32 所示。

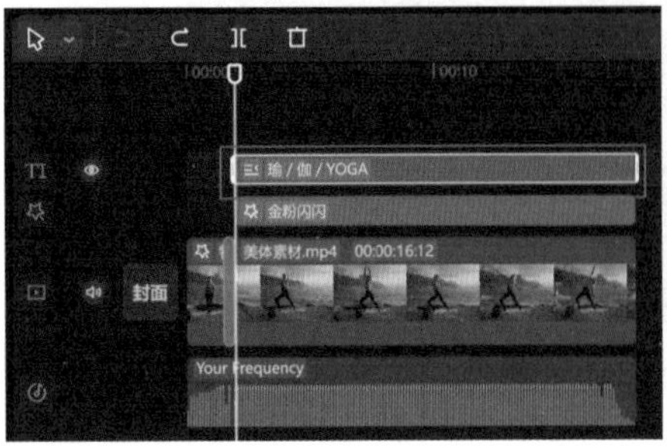

图 4-31

图 4-32

4.1.4 实例：快速美颜嫩肤

本实例使用“智能美颜”工具进行人物面部的磨皮、瘦脸、大眼、瘦鼻、美白。实例效果如图 4-33 所示。

扫一扫，看视频

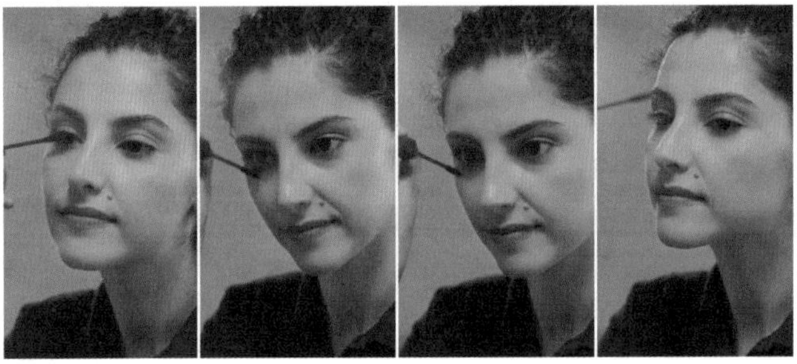

图 4-33

（1）制作美颜效果。将美颜素材文件导入剪映。选择“时间线”面板中的素材，在“功能”面板中执行“画面”/“基础”命令，勾选“智能美颜”复选框，如图 4-34 所示。画面中人像皮肤美颜前后对比效果如图 4-35 所示。

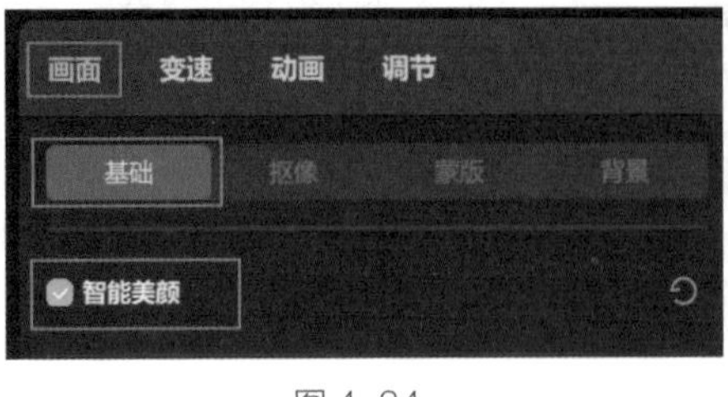

图 4-34

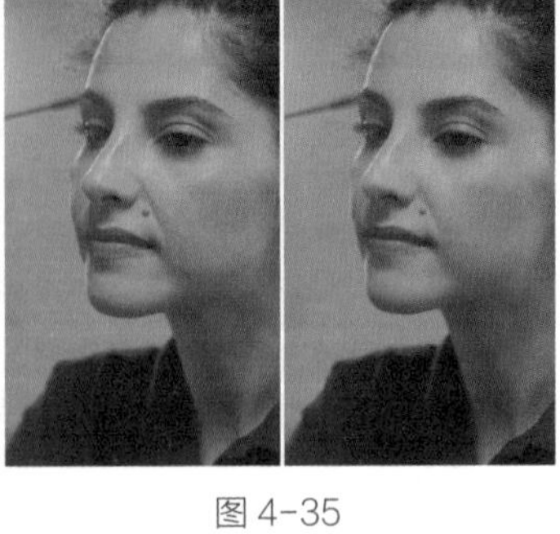

图 4-35

（2）在“功能”面板中展开“智能美颜”，设置“磨皮”为 40，“瘦脸”为 50，如图 4-36 所示。

（3）在“功能”面板中展开“智能美颜”，设置“大眼”为 50，如图 4-37 所示。与之前的画面对比，皮肤明显更细腻了，如图 4-38 所示。

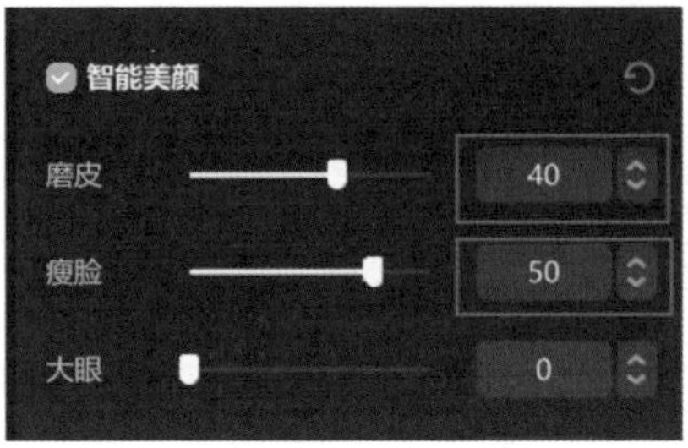

图 4-36

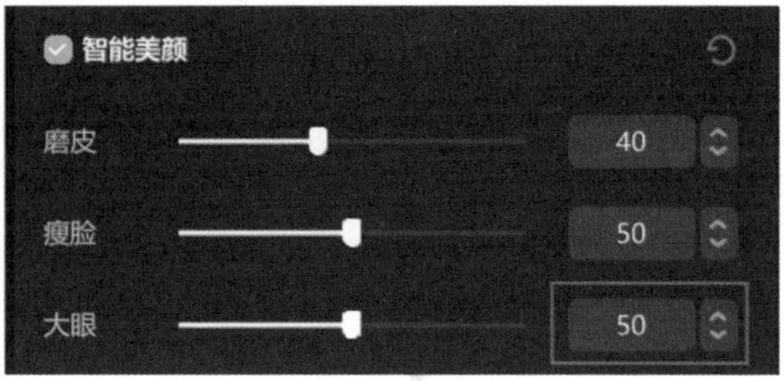

图 4-37

（4）在“功能”面板中展开“智能美颜”，设置“瘦鼻”为 40，如图 4-39 所示。

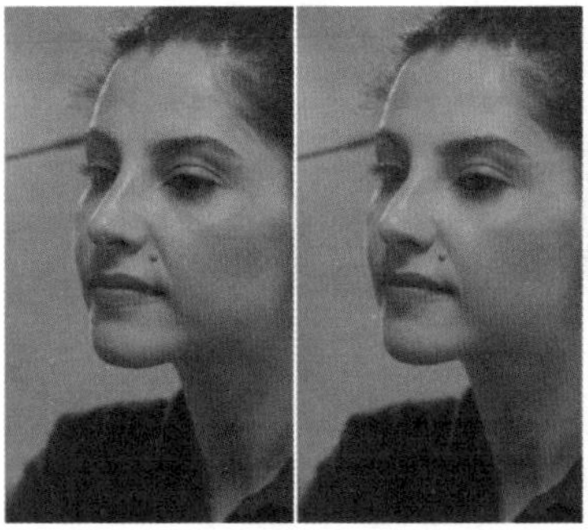

图 4-38

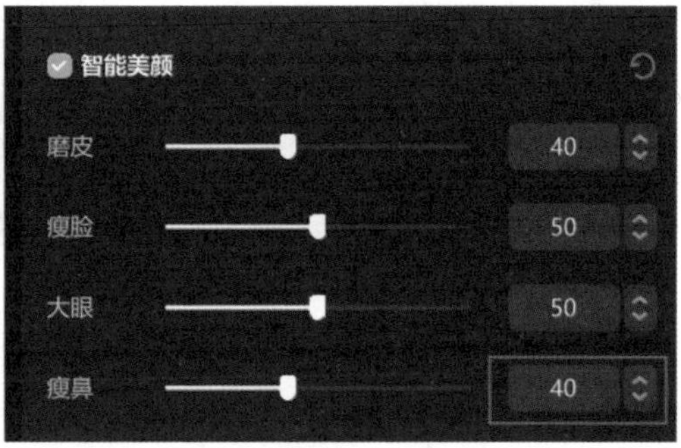

图 4-39

（5）在“功能”面板中展开“智能美颜”，设置“美白”为 80，如图 4-40 所示。

（6）此时本实例制作完成，滑动时间线即可查看实例效果，如图 4-41 所示。

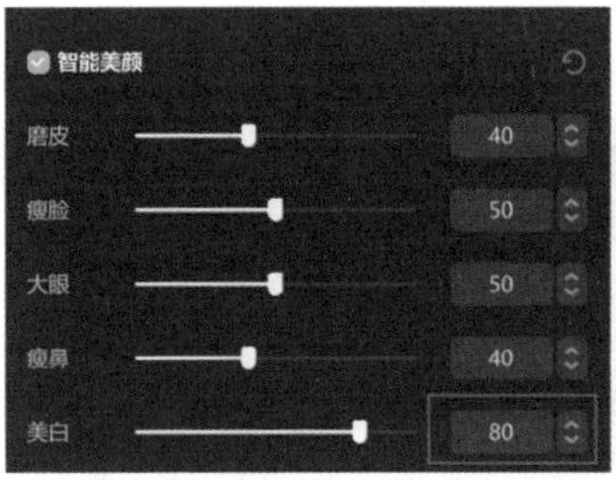

图 4-40

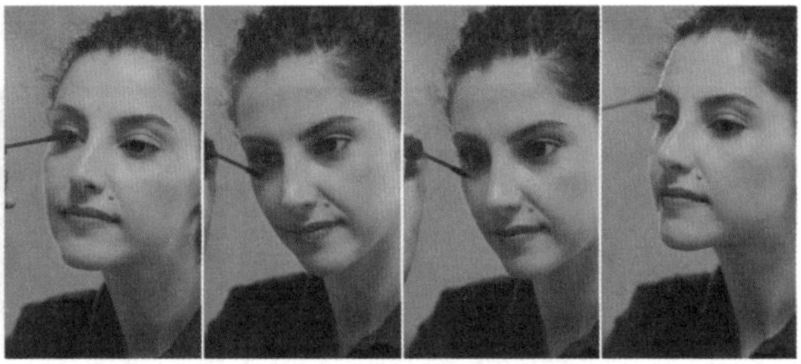

图 4-41

4.2 一键抠像换背景

“抠像”是将画面中的某一种颜色抠除并转换为透明色，抠像是影视领域较为常见的技术手段。在影片花絮中可以看到演员在绿色或蓝色的背景前表演，而在影片中却看不到这些背景，这就是运用抠像技术手段抠除了背景。“抠像”面板包含“色度抠像”“智能抠像”。图 4-42 和图 4-43 所示为抠像前后和合成前后的对比效果。

抠像前 **抠像后**

图 4-42

合成前 **合成后**

图 4-43

4.2.1 色度抠像

“色度抠像”用于抠除画面中的单色背景，从而只保留主体，抠除单色背景后即可在该视频下方导入新的素材，从而更换新的背景。“色度抠像”包含“取色器”“强度”“阴影”。操作很简单，只需要单击“取色器”按钮，并在画面中吸取需要抠除的颜色，设置其他参数即可。“抠像”面板如图 4-44 和图 4-45 所示。

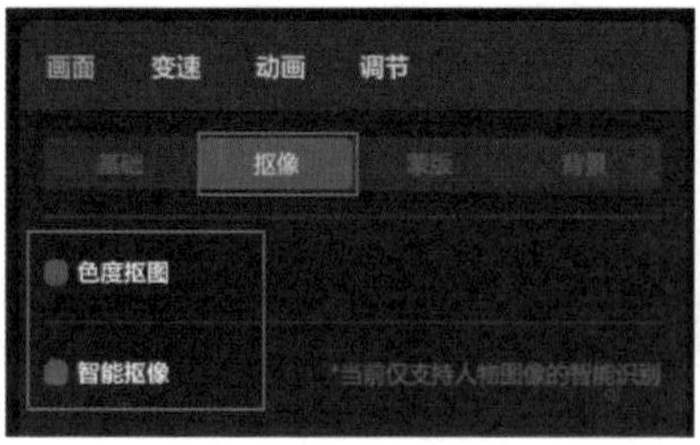

图 4-44

图 4-45

（1）制作视频抠像效果。将两段视频素材（一段视频素材的背景为蓝色）文件拖动到“时间线”面板中，此时“播放器”面板如图 4-46 所示。

（2）在轨道上单击蓝色的视频素材。在“功能”面板中选择“画面”面板，单击“抠像”按钮，勾选“色度抠像”复选框，如图 4-47 所示。

图 4-46

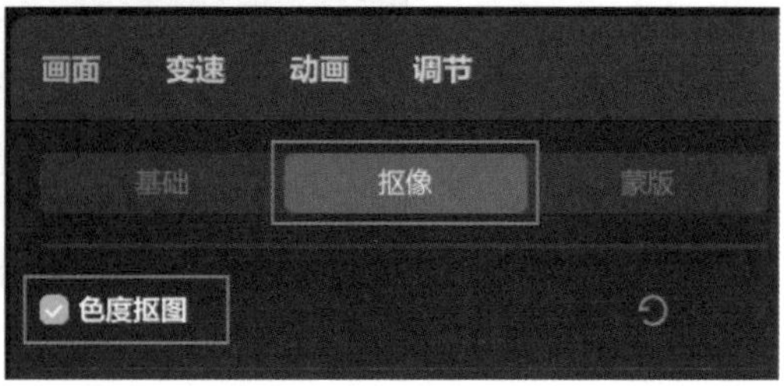

图 4-47

（3）展开“色度抠像”，单击“取色器”按钮，如图 4-48 所示。

（4）在“播放器”面板中吸取画面中的背景颜色，如图 4-49 所示。

图 4-48

图 4-49

（5）设置合适的参数，如图 4-50 所示。注意：视频素材不同，需要的参数也会不同。

（6）此时蓝色背景已经被抠除了，效果如图 4-51 所示。

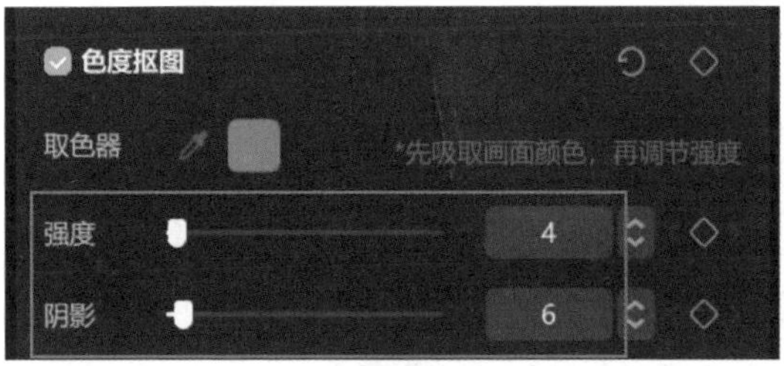

图 4-50

图 4-51

4.2.2　智能抠像

“智能抠像”用于对人像视频进行自动智能抠像，勾选后即可开启智能抠像。“抠像”面板如图 4-52 所示。

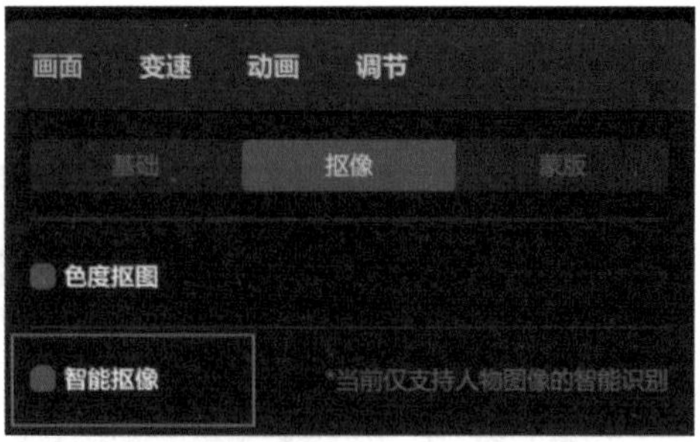

图 4-52

（1）制作人像抠像效果。将背景视频和人像视频拖动到“时间线”面板中，此时“播放器”面板如图 4-53 所示。

（2）选择人像视频素材。在“功能”面板中选择“画面”面板，单击“抠像”按钮，勾选“智能抠像”复选框，如图 4-54 所示。

图 4-53

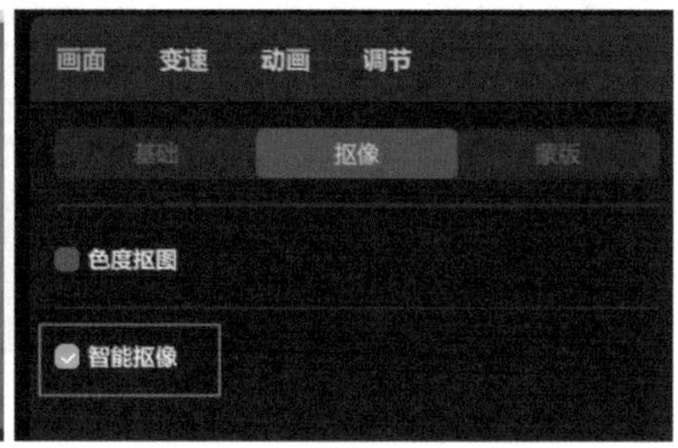

图 4-54

（3）等待一会儿，剪映就自动将人像的背景抠除了，效果如图 4-55 所示。

图 4-55

提示：某些素材在抠像后边缘很粗糙。

注意在拍摄抠像视频素材时，尽量做到规范，这样不仅会给剪映抠像工作节省很多时间，而且会取得更好的画面质量。

拍摄时需注意：

（1）在拍摄素材之前，尽量选择颜色均匀、平整的绿色或蓝色背景进行拍摄。

（2）拍摄时的灯光照射方向应与最终合成的背景的光线一致，避免合成较假。灯光照射要均匀，避免太暗或太亮。

（3）拍摄视频前设置设备参数，视频尽量高清。

（4）调整拍摄的角度，以便合成效果更加真实。

（5）尽量避免人物穿戴与背景同色的绿色或蓝色衣服和饰品，因为这些颜色的衣服和饰品在后期抠像时会被一并抠除。

4.2.3　实例：视频抠像合成“变天”魔术

本实例使用“智能抠像”工具抠除灰色天空，只保留手，从而制作出魔术般更换天空背景的效果。实例效果如图 4-56 所示。

扫一扫，看视频

图 4-56

（1）将所有素材文件导入剪映。将夕阳素材文件拖动到“时间线”面板中的第 1 轨道上，将手势素材文件拖动到“时间线”面板中的第 2 轨道上，如图 4-57 所示。滑动时间线，此时画面效果如图 4-58 所示。

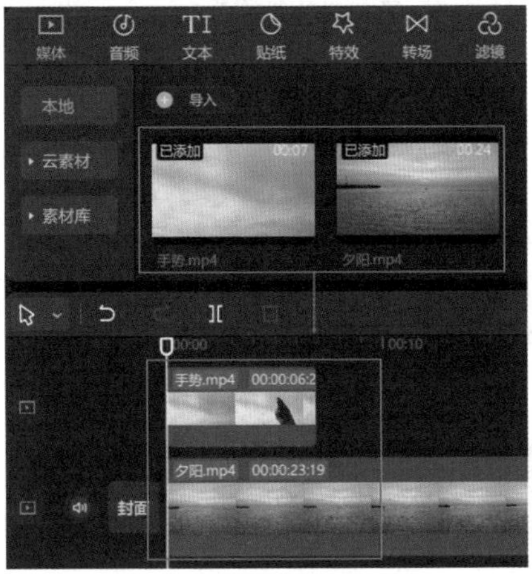

图 4-57

图 4-58

（2）在“时间线”面板中框选所有素材，将时间线滑动至 4 秒 18 帧处，单击“分割”按钮或使用快捷键 Ctrl+B 进行分割，如图 4-59 所示。

（3）在“时间线”面板中框选时间线后方的所有素材，单击“删除”按钮或按 Delete 键进行删除，如图 4-60 所示。

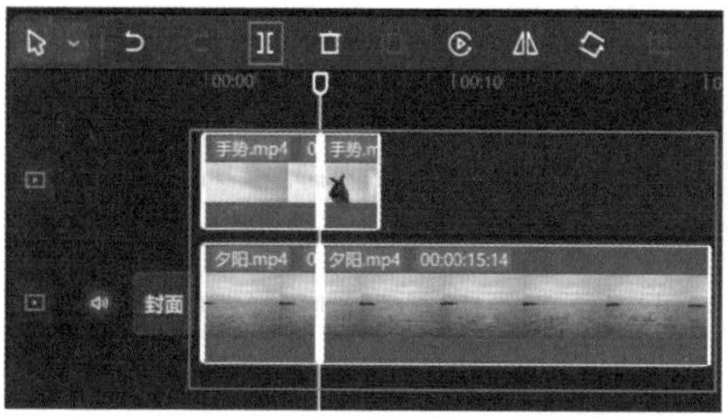

图 4-59

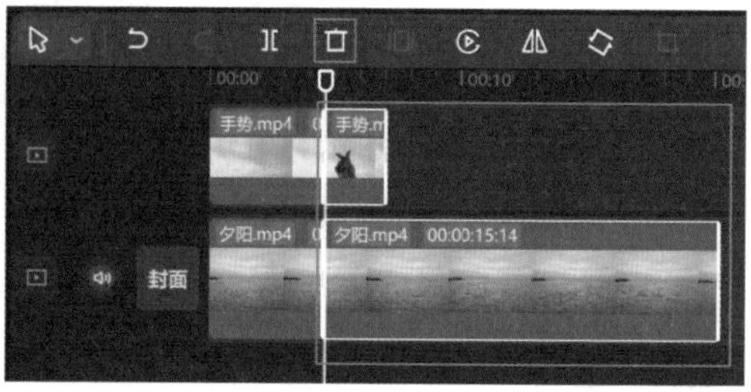

图 4-60

（4）将时间线滑动至 3 秒 06 帧处，在“时间线”面板中选择手势 .mp4 素材文件，单击“分割”按钮或使用快捷键 Ctrl+B 进行分割，如图 4-61 所示。

（5）在“时间线”面板中选择时间线后方的手势 .mp4 素材文件。在“功能”面板中选择“画面”面板，单击“抠像”按钮，并勾选“智能抠像”复选框，如图 4-62 所示。

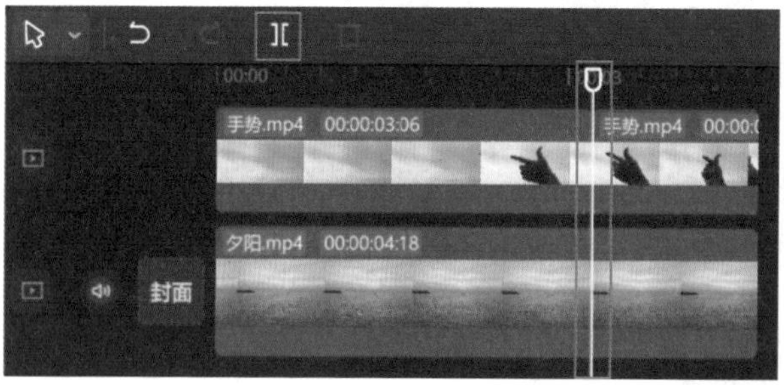

图 4-61

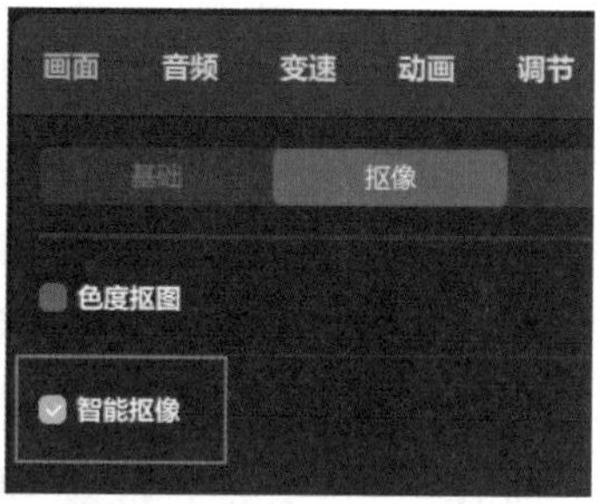

图 4-62

（6）此时本实例制作完成，滑动时间线即可查看实例效果，如图 4-63 所示。

图 4-63

4.3　蒙版：遮住部分画面

“蒙版”是指可以在素材上绘制一个形状的“视觉窗口”，进而使素材只显示需要显示的区域，而其他区域将被隐藏。由此可见，蒙版在后期制作中是一个很重要的操作工具，可用于合成或制作其他特殊效果等。蒙版包括“线性”“镜面”“圆形”“矩形”“爱心”“星形”6 种形状，如图 4-64 所示。

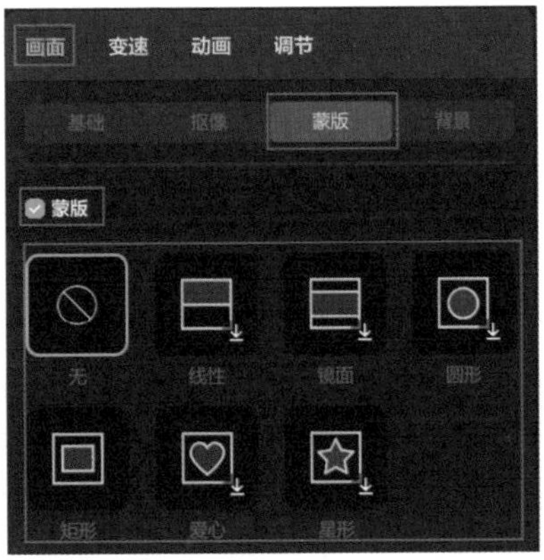

图 4-64

（1）制作蒙版效果。将一个植物视频素材拖动到“时间线”面板中，此时“播放器”面板如图 4-65 所示。

（2）选择植物视频素材，在“功能”面板中选择“画面”面板，单击“蒙版”按钮，并选择“圆形”蒙版，如图 4-66 所示。

图 4-65

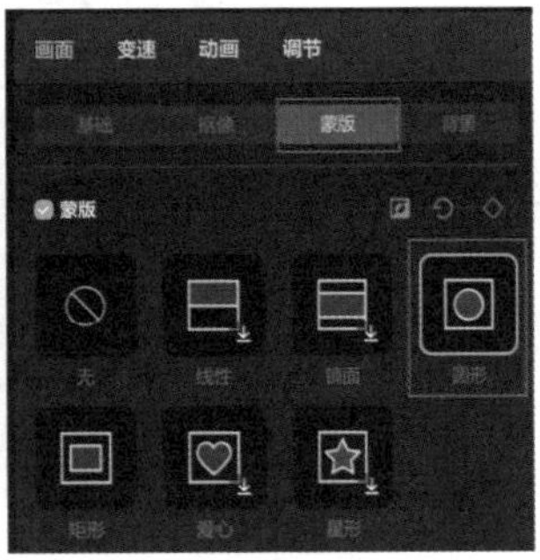

图 4-66

（3）在“背景”面板中添加一个合适的背景。在“播放器”面板中将蒙版放大到合适的大小，效果如图 4-67 所示。

（4）在“功能”面板中执行“画面”/“蒙版”命令，设置“位置”/X 为 91，“羽化”为 7，如图 4-68 所示。

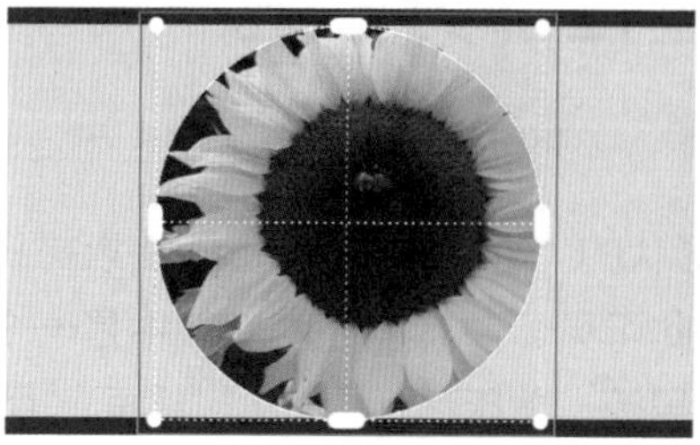

图 4-67

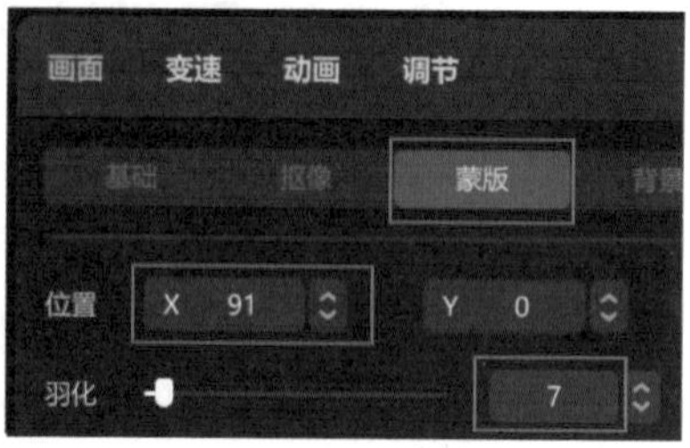

图 4-68

（5）此时画面中的向日葵这一圆形之外的区域已被抠除，效果如图 4-69 所示。

图 4-69

4.3.1 实例：使用“蒙版”工具制作奇幻动态照片

本实例使用“蒙版”工具将大海视频与照片融合，接着使用“调节”工具调整素材的“饱和度”制作复古照片效果。实例效果如图 4-70 所示。

扫一扫，看视频

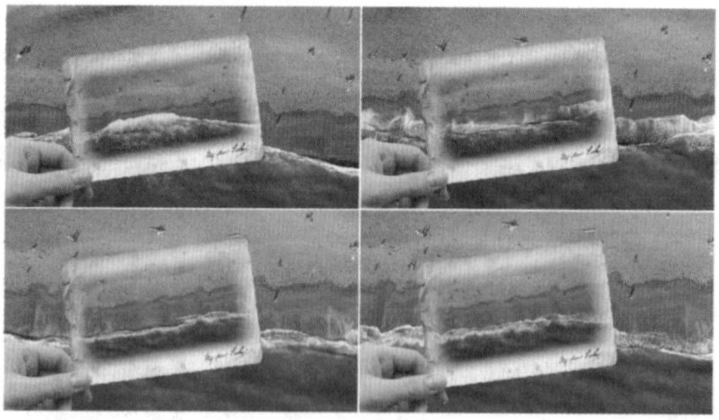

图 4-70

（1）将所有素材文件导入剪映。将 01.mp4 素材文件拖动到“时间线”面板中的第 1 轨道上，将手 .png 素材文件拖动到“时间线”面板中的第 2 轨道上，如图 4-71 所示。滑动时间线，此时画面效果如图 4-72 所示。

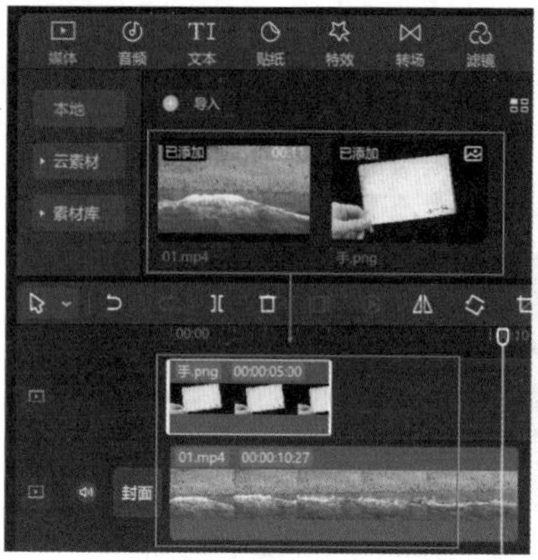

图 4-71

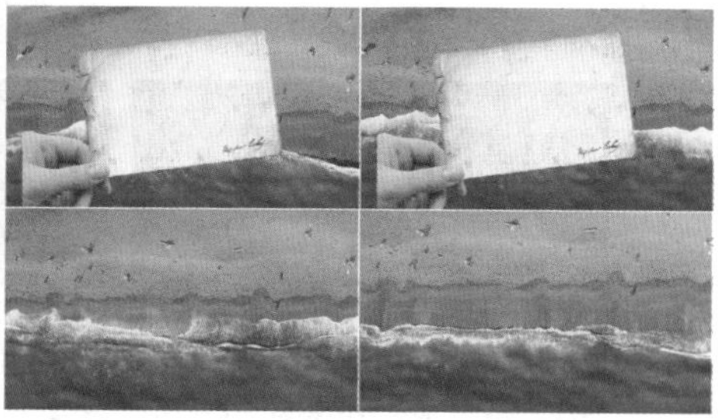

图 4-72

（2）为素材设置合适的摆放位置与持续时间。在“时间线”面板中设置手 .png 素材文件的持续时间为 10 秒 27 帧，如图 4-73 所示。

（3）在“功能”面板中执行“画面”/“基础”命令，展开“位置大小”，设置“位置”/X 为 -171，“位置”/Y 为 -53，如图 4-74 所示。滑动时间线，此时画面效果如图 4-75 所示。

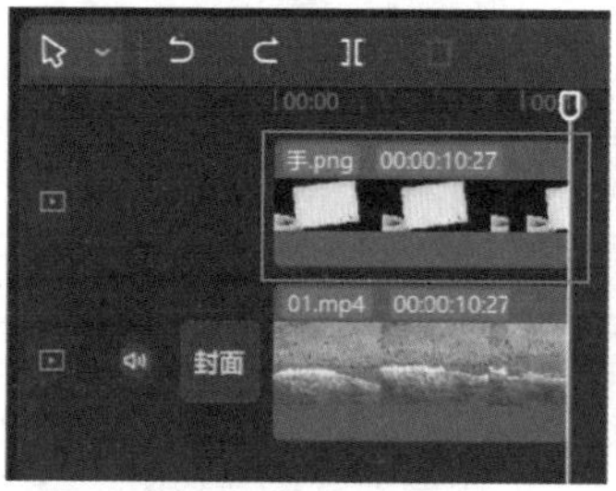

图 4-73

图 4-74

（4）在“素材”面板中将 01.mp4 素材文件拖动到“时间线”面板中的第 3 轨道上，如图 4-76 所示。

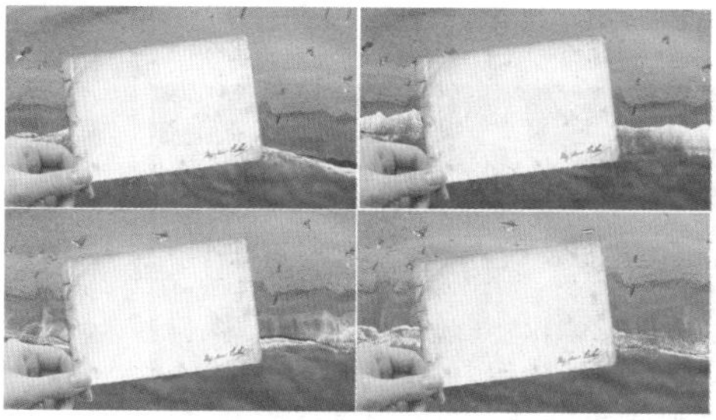

图 4-75

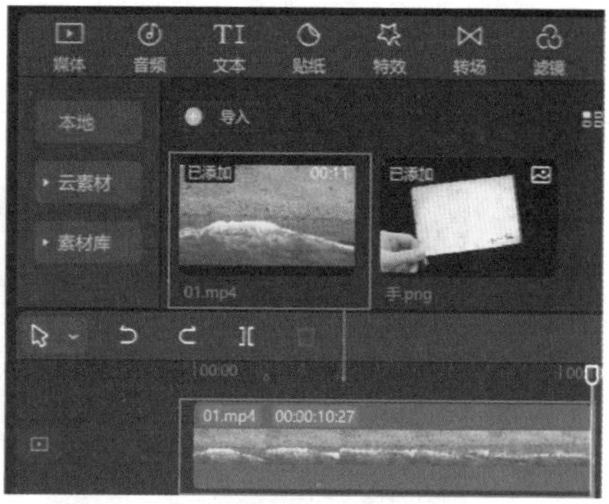

图 4-76

（5）在“功能”面板中执行“画面”/“基础”命令，展开“位置大小”，设置“缩放”

为 51%，“位置”/X 为 -199，“位置”/Y 为 0，“旋转”为 -8°，如图 4-77 所示。

（6）混合素材。在“功能”面板中执行“画面”/“基础”命令，勾选“混合”复选框，设置“混合模式”为“正片叠底”，如图 4-78 所示。滑动时间线，此时画面效果如图 4-79 所示。

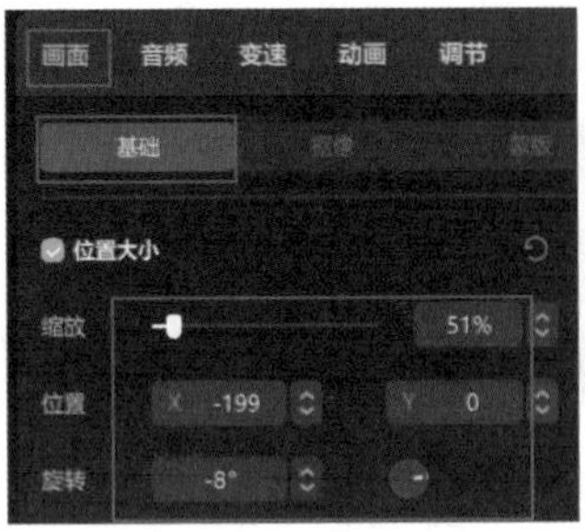

图 4-77

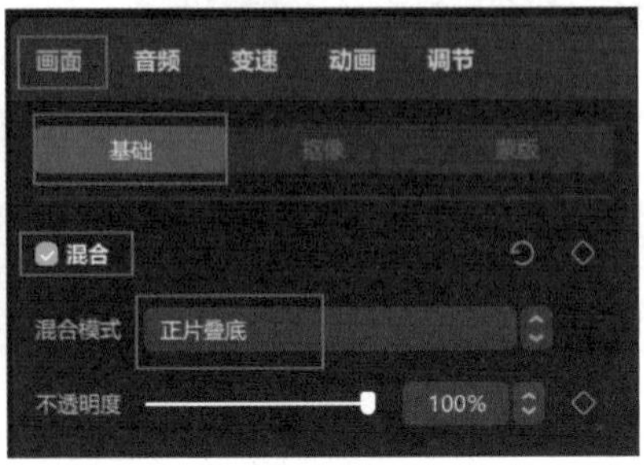

图 4-78

（7）在“功能”面板中执行“画面”/“蒙版”命令，勾选“蒙版”复选框，选择“矩形”蒙版，如图 4-80 所示。

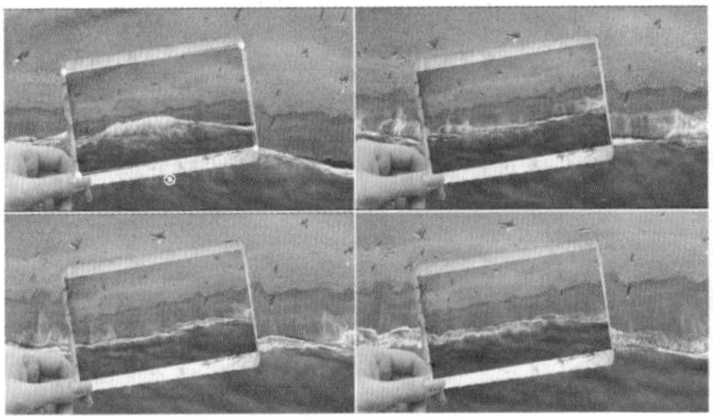

图 4-79

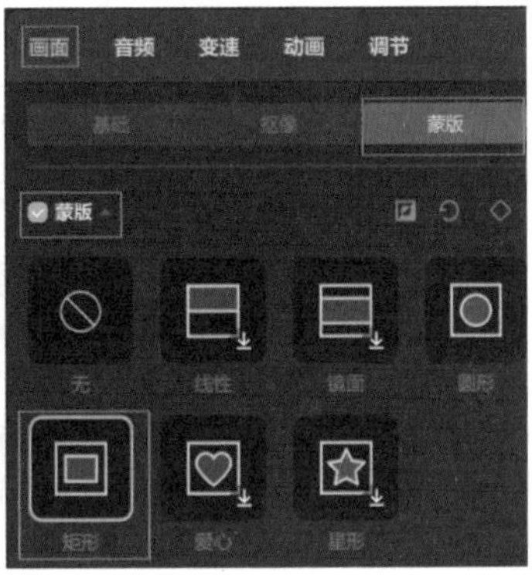

图 4-80

（8）设置“位置”/X 为 -5，“位置”/Y 为 -2，“大小”/“长”为 1760，“大小”/“宽”为 908，“羽化”为 3，“圆角”为 38，如图 4-81 所示。

（9）在“功能”面板中执行“调节”/“基础”命令，勾选“调节”复选框，设置“饱和度”为 -50，如图 4-82 所示。

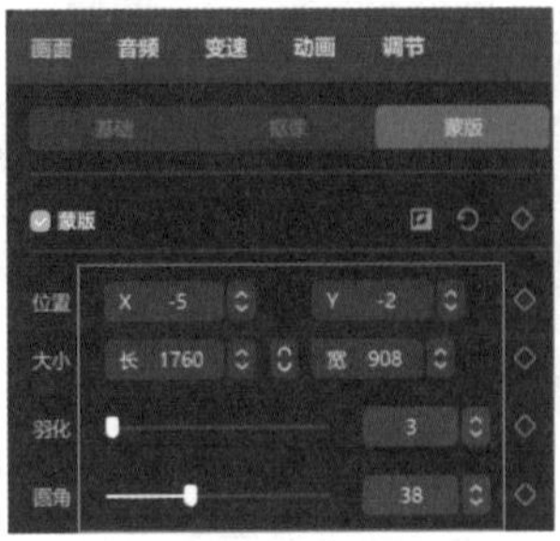

图 4-81

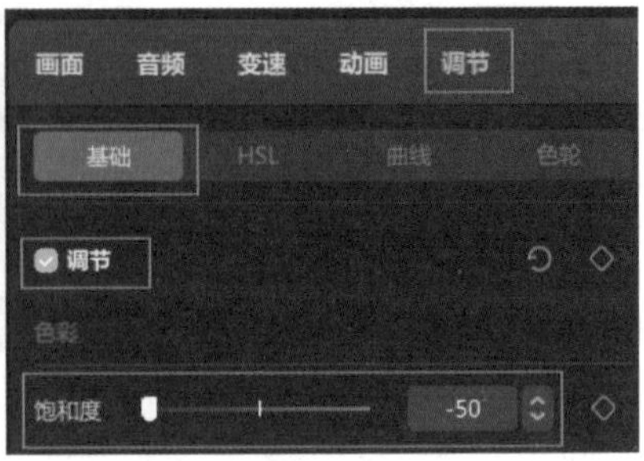

图 4-82

（10）此时本实例制作完成，滑动时间线即可查看实例效果，如图 4-83 所示。

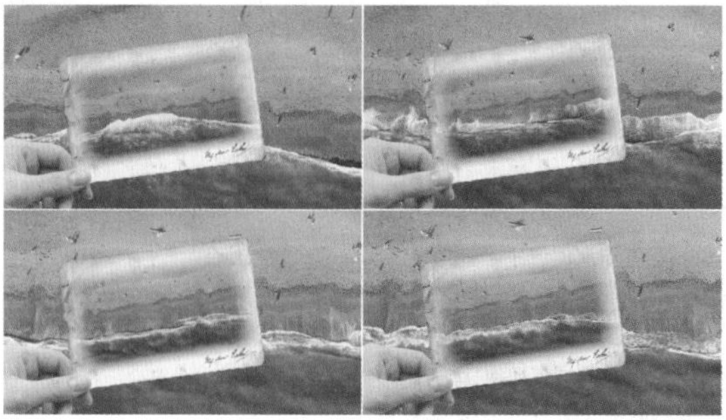

图 4-83

4.3.2 实例：制作睁眼效果

本实例在剪映中使用蒙版与关键帧制作睁眼效果，并使用“滤镜”工具调整画面颜色，使用“音频”工具为视频添加配乐。实例效果如图 4-84 所示。

图 4-84

扫一扫，看视频

（1）将所有素材文件导入剪映。将车 .mp4 素材文件拖动到“时间线”面板中的第 1 轨道上，如图 4-85 所示。滑动时间线，此时画面效果如图 4-86 所示。

图 4-85

图 4-86

（2）制作睁眼效果。在“功能”面板中执行“画面”/“蒙版”命令，勾选“蒙版”复选框，选择“矩形”蒙版，如图 4-87 所示。

（3）将时间线滑动至开始时间处。设置“大小”/“长”为 1915，“大小”/“宽”为 1，单击“添加关键帧”按钮，如图 4-88 所示。

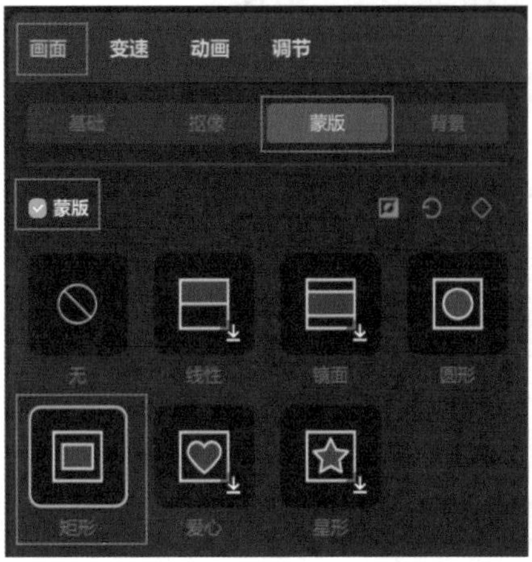

图 4-87

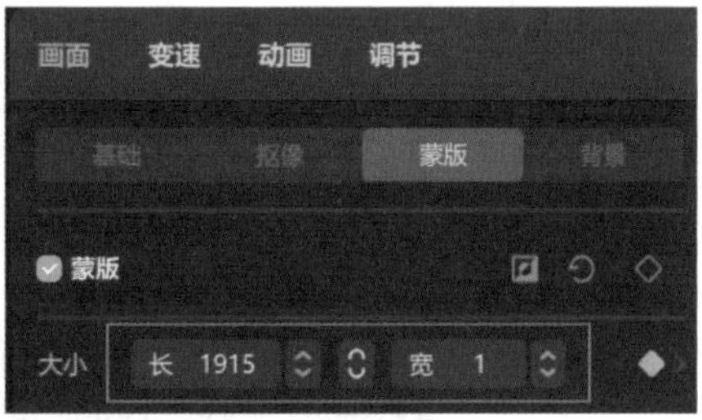

图 4-88

（4）将时间线滑动至 3 秒处，接着设置“大小”/“长”为 1915，“大小”/“宽”为 1085，如图 4-89 所示。滑动时间线，此时画面效果如图 4-90 所示。

图 4-89

图 4-90

（5）调整画面颜色。将时间线滑动至起始时间处，在“素材”面板中单击“滤镜”按钮，展开“滤镜库”，单击“影视级”按钮，选择“高饱和”滤镜，并单击“添加到轨道”按钮，如图 4-91 所示。

（6）在“时间线”面板中设置“高饱和”滤镜的结束时间与视频的结束时间相同，如图 4-92 所示。

（7）在“素材”面板中单击“音频”按钮，展开“音乐素材”，单击“旅行”按钮，选择合适的音频文件，并单击“添加到轨道”按钮，如图 4-93 所示。

（8）将时间线滑动至视频结束时间处，在“时间线”面板中单击音频文件，接着单击“分割”按钮或使用快捷键 Ctrl+B 进行分割，如图 4-94 所示。

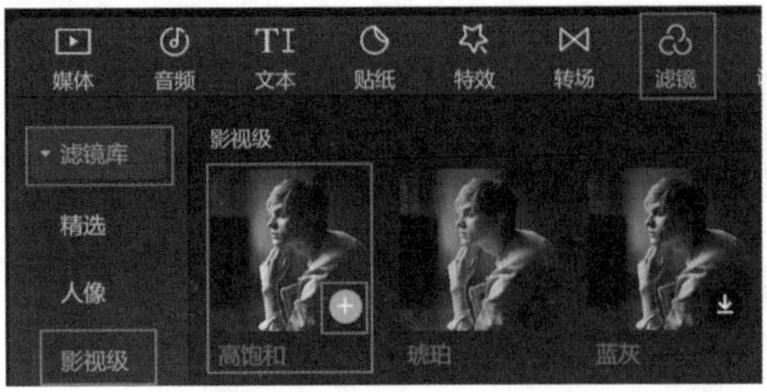

图 4-91

图 4-92

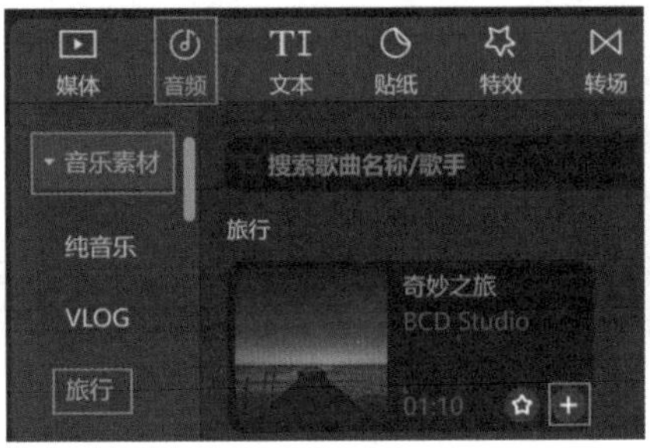

图 4-93

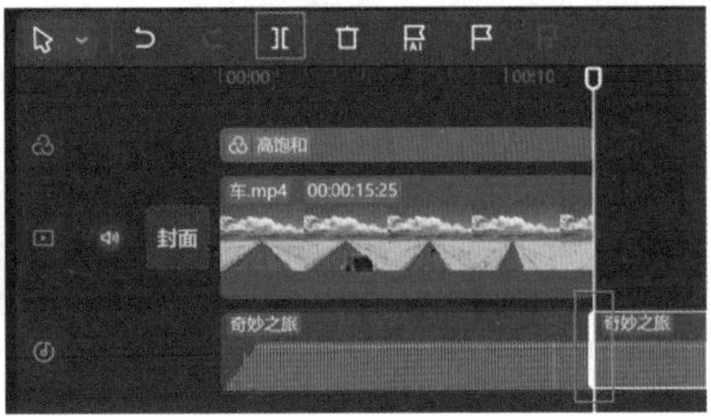

图 4-94

（9）在“时间线”面板中单击时间线后方的音频文件，接着单击“删除”按钮或使用 Delete 键进行删除，如图 4-95 所示。

（10）此时本实例制作完成，滑动时间线即可查看实例效果，如图 4-96 所示。

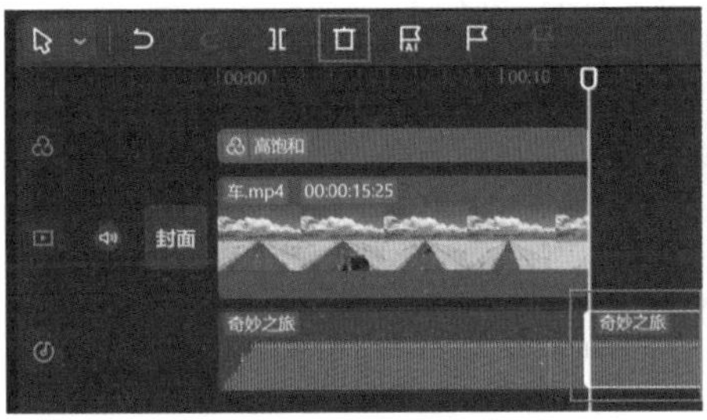

图 4-95

图 4-96

第 5 章

音频，使作品更完整

本章内容简介：

在剪映中不仅可以导入音频、调整音频的音量，而且可以加载各种音乐、音效，还可以进行变声、踩点、文字转语音等，从而辅助视频画面模拟出不同的剧情、情感和氛围。

重点知识掌握：

- 音频的基本应用（基础、音频降噪、变声）
- 音频变速
- 音乐素材、音效素材、音频提取、抖音收藏、链接下载
- 音频踩点

5.1　音频的基本操作

在“时间线”面板中添加音频素材后，选择音频素材，在“功能”面板中可以看到“基本”和“变速”面板。

在“基本”面板中可以对音频文件的音量、淡入时长、淡出时长、音频降噪、变声进行调整，如图 5-1 所示。

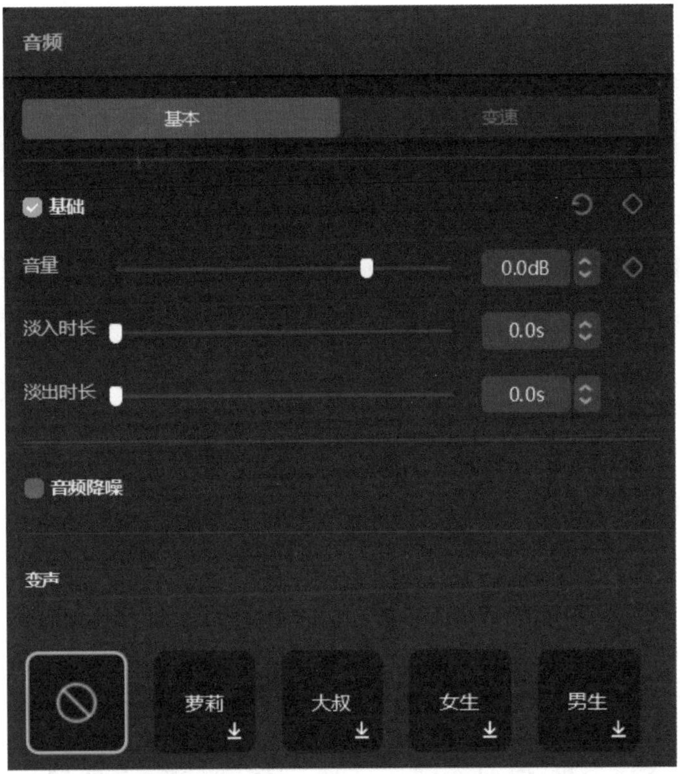

图 5-1

5.1.1　调整音量

拖动“音量”滑块或设置后方的数值可以增大或减小音量。“音量”数值大于 0dB 时增大音量，数值小于 0dB 时减小音量。图 5-2 和图 5-3 所示为设置不同音量时，音频上显示的曲线高低效果。

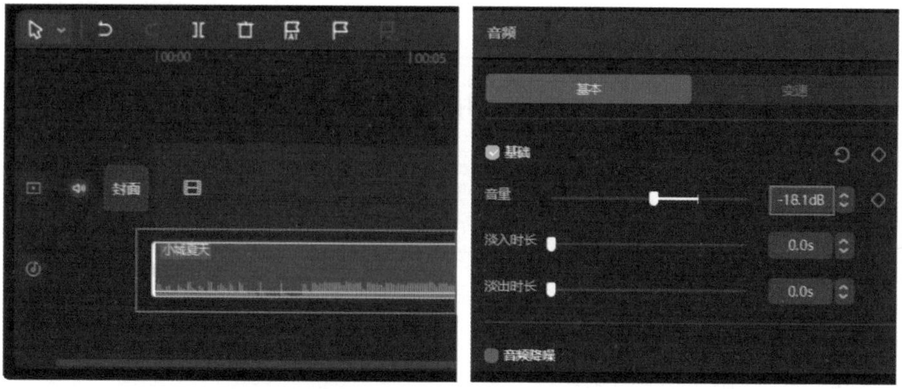

图 5-2

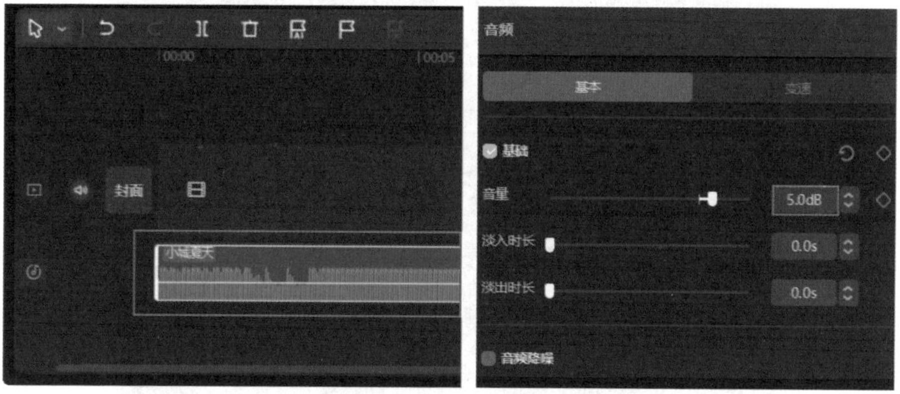

图 5-3

5.1.2　声音的淡入淡出

声音的淡入淡出是指逐渐由没有声音变到正常声音大小以及逐渐由正常声音大小变到没有声音。通过设置“淡入时长”和“淡出时长”可以调整声音的淡入与淡出的持续时间，从而模拟出声音快速或慢速淡入、快速或慢速淡出的激烈或唯美的声音质感。图 5-4 所示为未设置“淡入时长”和“淡出时长”的音频。

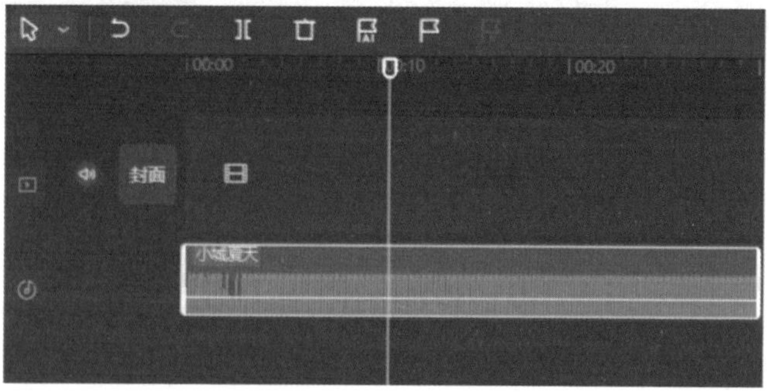

图 5-4

图 5-5 所示是设置“淡入时长”为 2s、“淡出时长”为 5s 的音频。

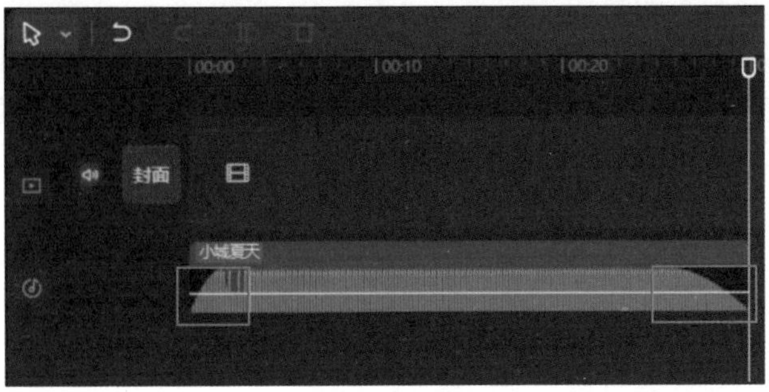

图 5-5

5.1.3　为音频降噪

“音频降噪”功能用于降低或消除声音中的杂音，从而使得主音更清晰、干净、透彻。操作很简单，只需要选中轨道上的音频素材，勾选“音频降噪”复选框即可，如图 5-6 所示。

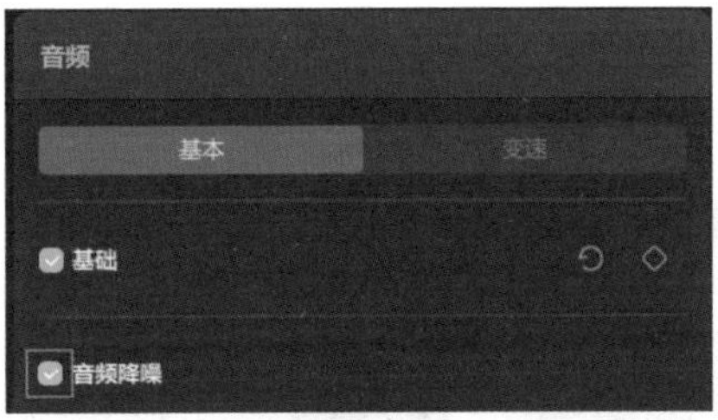

图 5-6

5.1.4　一键变声

“变声”功能主要用于对真人声音进行变声，从而制作出与原声不同的音色效果，如偏男生的声音、偏女生的声音、像机器人的声音等，如图 5-7 所示。

图 5-7

5.1.5 实例：变声打造趣味声音

扫一扫，看视频

本实例使用“文字模板”工具快速创建手写字，并使用“朗读”功能制作文字转语音效果，使用“变声”功能将女声音频变为男声音频。最终添加合适的音频与音效。实例效果如图 5-8 所示。

图 5-8

（1）将猫咪素材文件导入剪映。并将猫咪素材文件拖动到“时间线”面板中，如图 5-9 所示。滑动时间线，此时画面效果如图 5-10 所示。

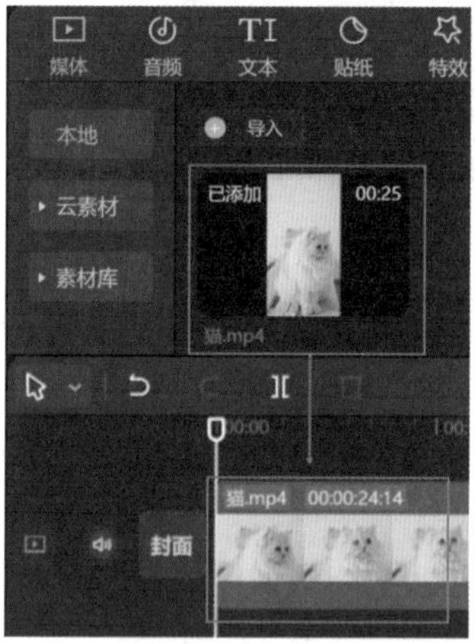

图 5-9

图 5-10

（2）为画面添加文字。将时间线滑动至起始时间处，在“素材”面板中执行“文本”/“文字模板”/“手写字”命令，选择合适的文字模板，如图 5-11 所示。

（3）在“时间线”面板中单击文字模板，在“功能”面板中执行“文本”/“基础”/“位置大小”命令，设置“缩放”为 120%，“位置”/X 为 267，“位置”/Y 为 941，“平面旋转”为 −15°，如图 5-12 所示。

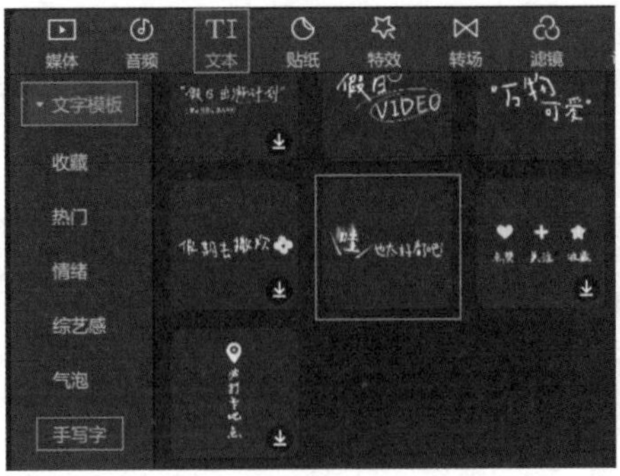

图 5-11

图 5-12

（4）制作变声效果。在“功能”面板中执行“朗读”/“小姐姐”命令，接着单击“开始朗读”按钮，如图 5-13 所示。

（5）在“时间线”面板中单击音频文件，在“功能”面板中执行“音频”/“基本”命令，设置“变声”为“男生”，如图 5-14 所示。滑动时间线，此时画面中已添加文字模板，朗读文字的声音由女声变为男声，画面效果如图 5-15 所示。

图 5-13

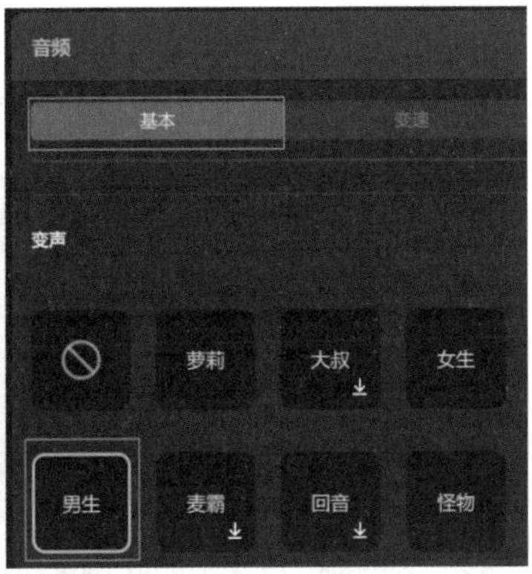

图 5-14

图 5-15

（6）添加音效与音乐。将时间线滑动至 9 秒 11 帧处，在“素材”面板中执行“音频”/“音效素材”命令，接着在“搜索栏”中搜索“猫叫”，选择合适的音效文件，单击“添加到轨道”按钮，如图 5-16 所示。

（7）在“时间线”面板中单击刚刚导入的音频文件，在“功能”面板中执行“音频”/“变速”命令，设置“倍数”为 0.7x，如图 5-17 所示。

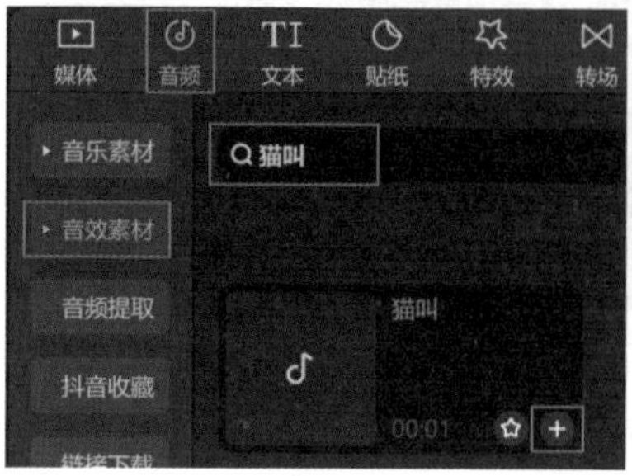

图 5-16

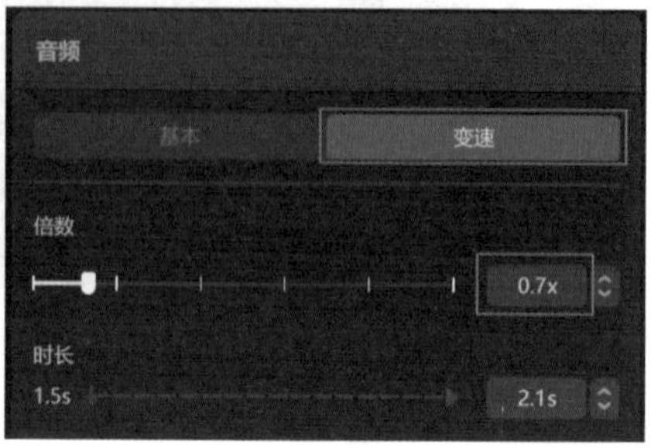

图 5-17

（8）将时间线滑动至起始时间处，在“素材”面板中执行“音频”/“音乐素材”/“萌宠”命令，选择合适的素材文件，单击“添加到轨道”按钮，如图 5-18 所示。

（9）将时间线滑动至视频的结束时间处，在“时间线”面板中单击音频文件，单击“分割”按钮或使用快捷键 Ctrl+B 进行分割，如图 5-19 所示。在“时间线”面板中框选时间线后方的素材，单击“删除”按钮或按 Delete 键进行删除。

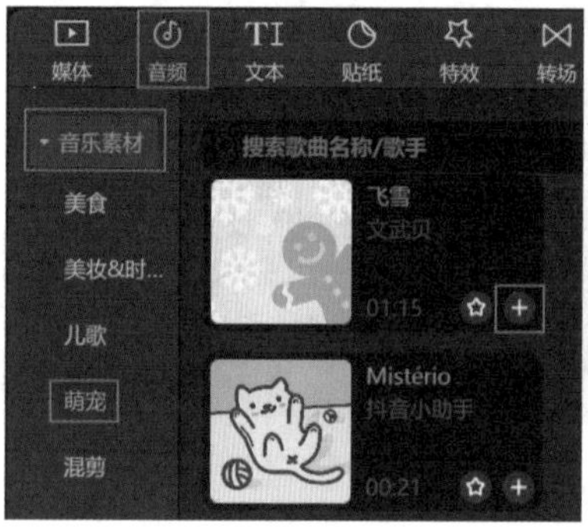

图 5-18

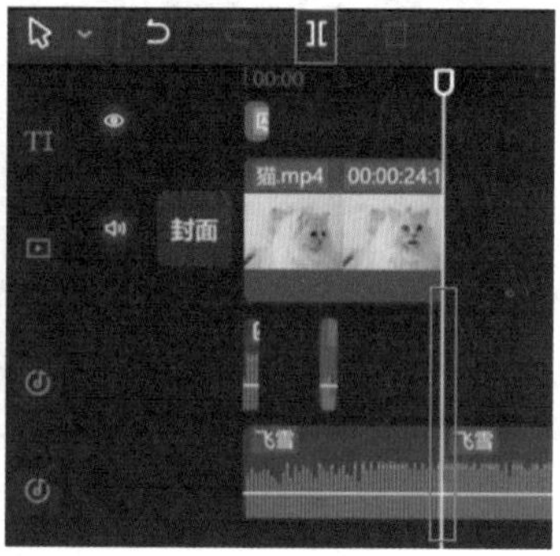

图 5-19

（10）此时本实例制作完成，滑动时间线即可查看实例效果，如图 5-20 所示。

图 5-20

5.1.6　使用“录音”功能为视频配音

使用“录音”功能可以直接在剪映中录制声音，并自动添加到音频轨道上。在“时间线”面板中单击“录音”按钮即可开始录音，如图 5-21 所示。

单击红色的“开始录制”按钮，如图 5-22 所示。

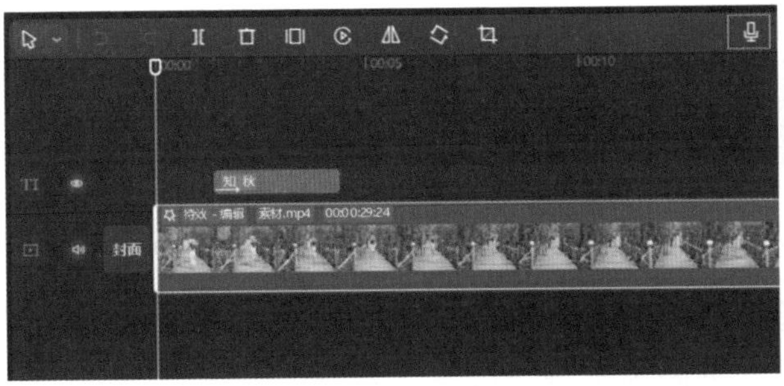

图 5-21

图 5-22

开始录音后对准麦克风说话即可录制声音，录制完成后单击“结束录制”按钮即可，如图 5-23 所示。

此时“时间线”面板中的音频轨道上出现了刚刚录制的声音，如图 5-24 所示。

图 5-23

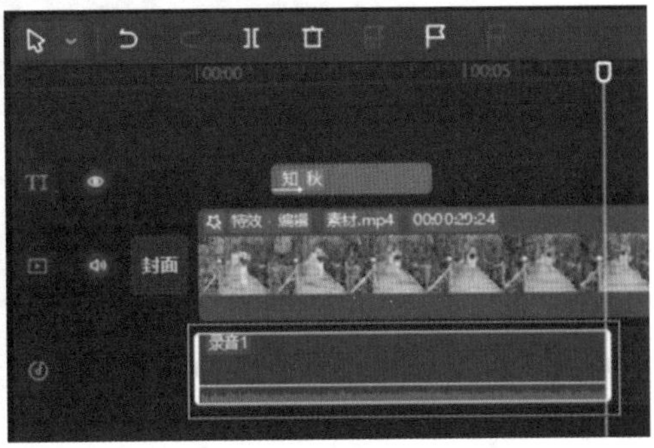

图 5-24

5.1.7　声音的加速和减速

在“变速”面板中不仅可以将音频变快或变慢，而且可以开启“声音变调”制作有趣的声音，如图 5-25 所示。

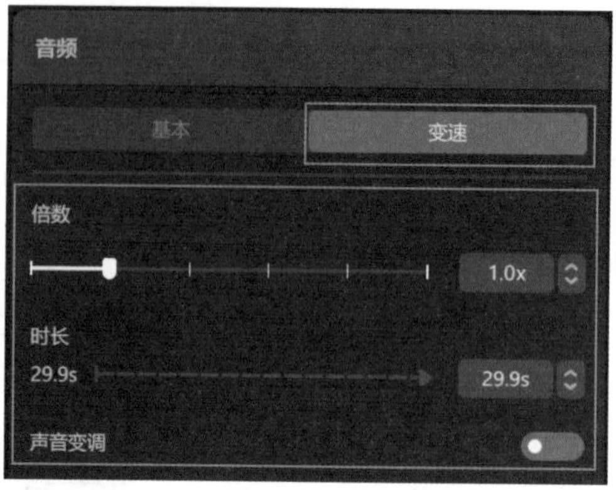

图 5-25

5.2 添加不同类型的音频

在“素材”面板中单击“音频”按钮，可以看到“音乐素材”“音效素材”“音频提取”“抖音收藏”“链接下载”，如图 5-26 所示。

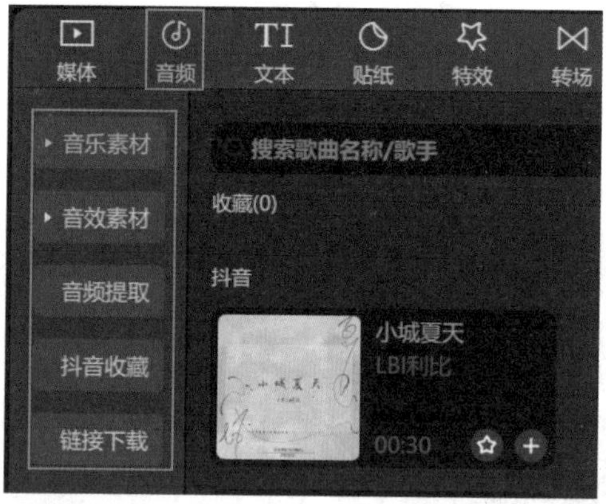

图 5-26

5.2.1 添加音乐素材

“音乐素材”用于为视频添加音乐素材。可在“搜索栏”中搜索歌曲名称或歌手，或者按照分类添加合适的音乐，如“抖音”“卡点”“纯音乐”等，如图 5-27 所示。

图 5-27

找到合适的音乐后，单击音乐即可试听。如果觉得音乐合适，单击音乐后方的“添加到轨道”按钮，即可将该音乐添加到轨道上，如图 5-28 所示。

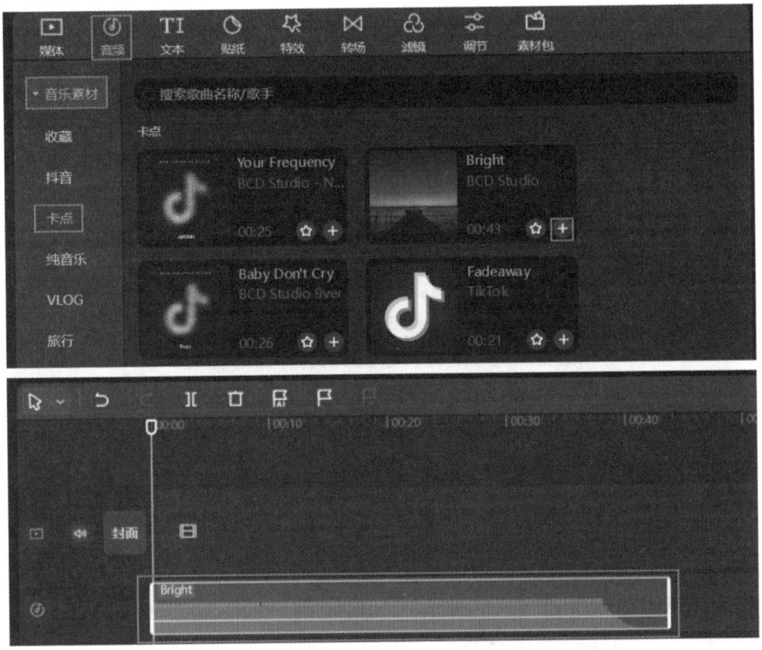

图 5-28

5.2.2　添加音效素材

“音效素材”用于为视频添加音效素材。可在“搜索栏”中搜索音效素材，或者按照分类查找并添加音效，如“笑声”“综艺”“机械”“人声”“转场”等，如图 5-29 所示。

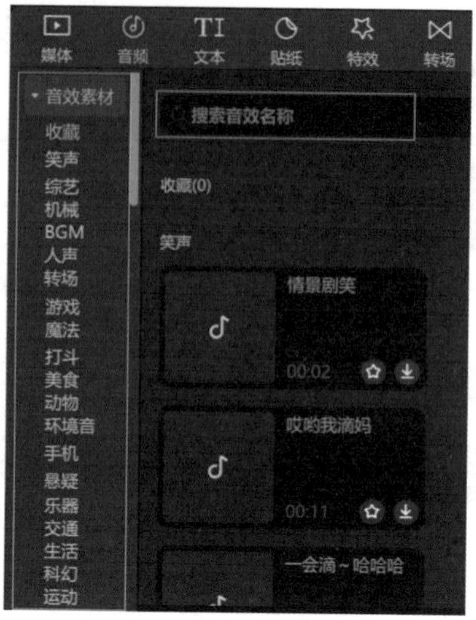

图 5-29

5.2.3 从视频中提取音频

“音频提取”用于将视频中的音频提取出来，如图 5-30 所示。

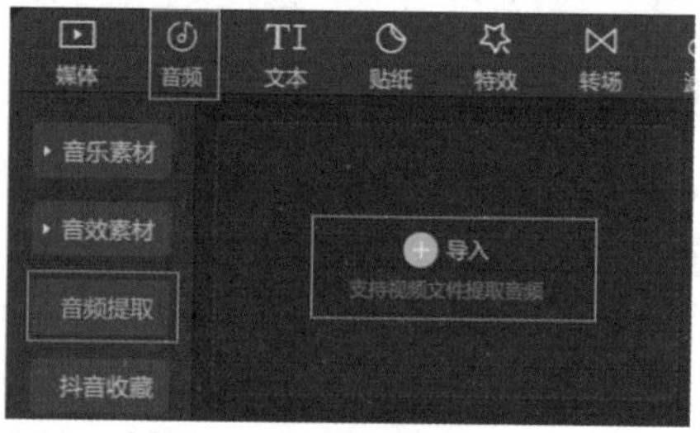

图 5-30

（1）提取视频中的音频。在“素材”面板中执行“音频”/“音频提取”命令，接着单击“导入”按钮。在弹出的“请选择媒体资源”窗口中选择合适的视频文件，接着单击“打开”按钮。“素材”面板和“请选择媒体资源”窗口如图 5-31 所示。

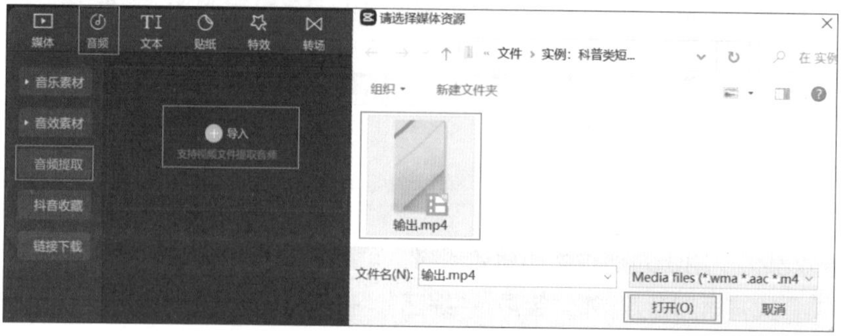

图 5-31

（2）将时间线滑动至起始时间处，选中导入的音频文件，单击“添加到轨道”按钮，如图 5-32 所示。

（3）此时在“时间线”面板中可以看到刚刚导入的音频文件，如图 5-33 所示。

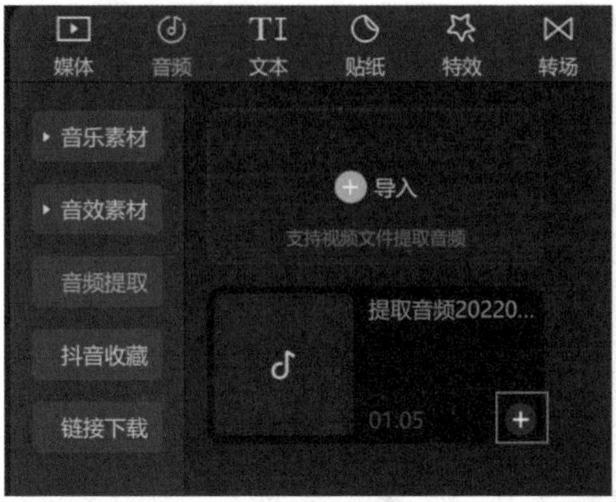

图 5-32

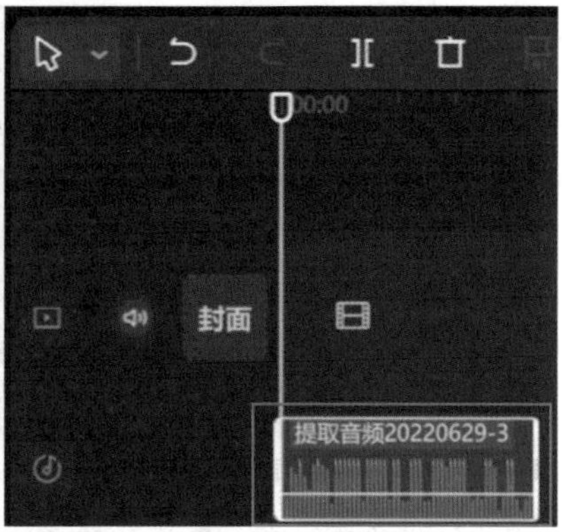

图 5-33

5.2.4　使用抖音中收藏过的音乐

“抖音收藏”可以把在抖音中收藏过的音频文件置入同账号登录的剪映中使用。在抖音中遇到喜欢的音乐并收藏后，可以在抖音中点击“我”/“收藏”/“音乐”进行查看，如图 5-34 所示。在剪映中使用也很方便，只需要单击“音频”中的“抖音收藏”按钮即可试听，或者添加到音乐轨道上，如图 5-35 所示。

图 5-34

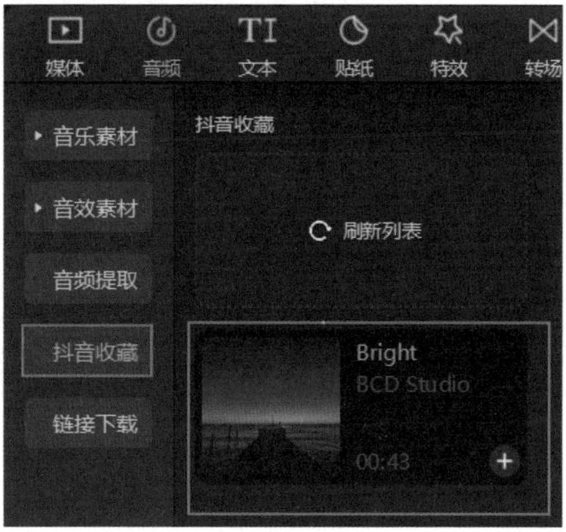

图 5-35

（1）添加“抖音收藏”中的音乐。在剪映中登录抖音账号后，在“素材”面板中执行“音频”/“抖音收藏”命令，选择合适的音频文件，单击“添加到轨道”按钮，如图 5-36 所示。

（2）在“时间线”面板中可以看到“抖音收藏”中的音频文件已被添加，如图 5-37 所示。

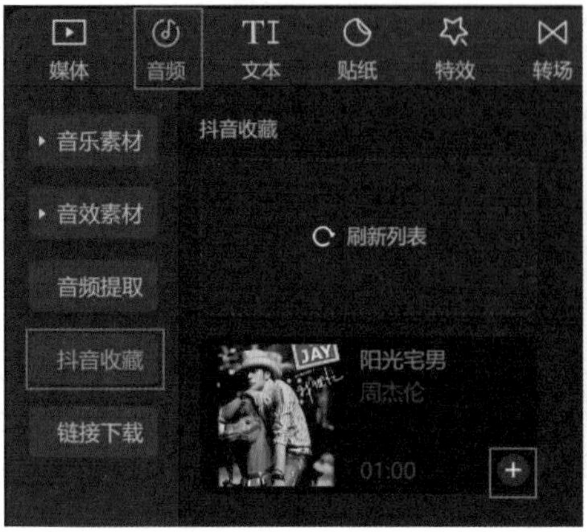

图 5-36

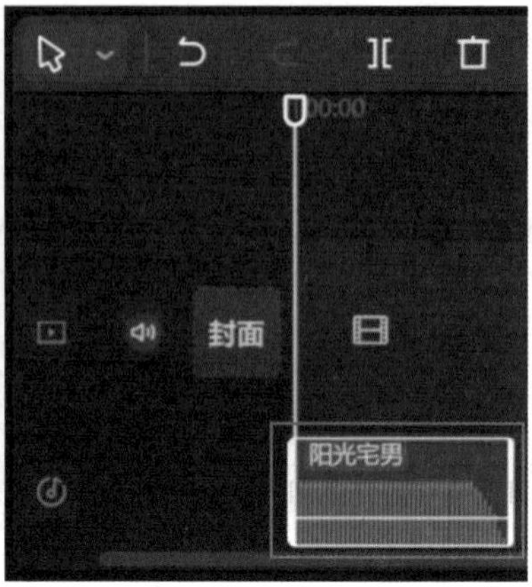

图 5-37

5.2.5 从抖音分享链接中提取音频

“链接下载”用于提取抖音的音频或视频中的音频。

（1）点击抖音视频下方的“转发”按钮，并在下方滑动找到“复制链接”按钮并点击，如图 5-38 所示。

图 5-38

（2）回到剪映中，单击“链接下载”按钮，并在“搜索栏”中右击执行“粘贴”命令，如图 5-39 所示。

图 5-39

（3）粘贴之后，单击右侧的“下载”按钮，如图 5-40 所示。

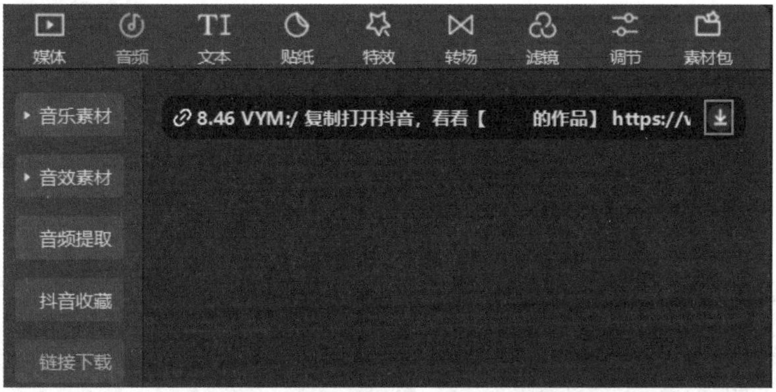

图 5-40

（4）此时音频就成功从链接中自动提取出来了，如图 5-41 所示。

图 5-41

5.3 制作节奏感踩点视频

“踩点”是剪映中很有趣、很实用的功能，可以手动或自动对音乐的节点进行标记，标记后可以对画面进行时长的调整，匹配卡点位置，从而制作音乐和画面匹配的节奏感视频。

5.3.1 音频自动踩点

“自动踩点”功能可以自动为音频节奏感强的位置添加踩点。包括“踩节拍 I ”和“踩节拍 II ”（“踩节拍 II”的点比“踩节拍 I”的点多），如图 5-42 所示。

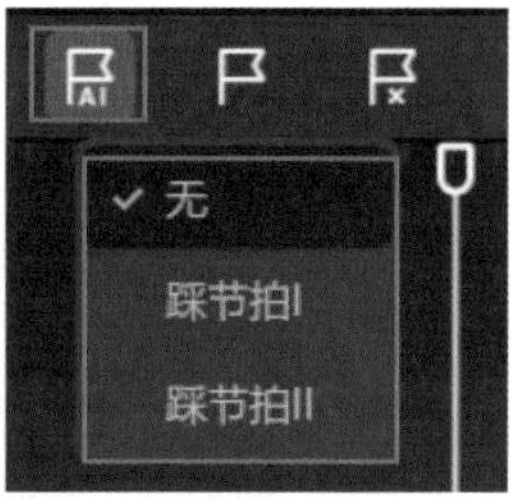

图 5-42

（1）制作自动踩点音效。在“素材”面板中执行“音频”/“音乐素材”/“卡点”命令，单击选择合适的音频文件，接着单击“添加到轨道”按钮，如图 5-43 所示。

（2）在“时间线”面板中单击音频文件，单击“自动踩点”按钮，接着选择“踩节拍 II”，如图 5-44 所示。

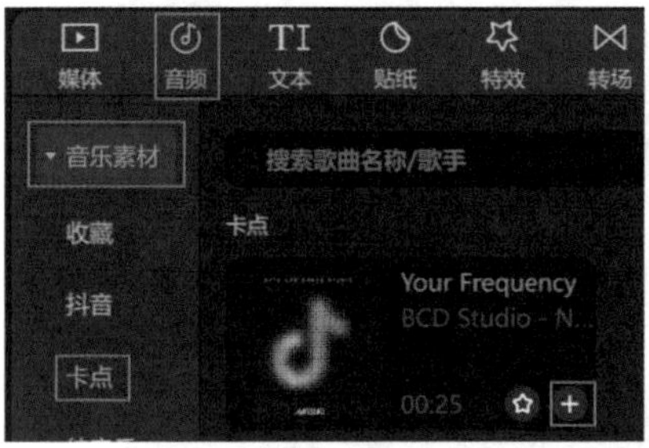

图 5-43

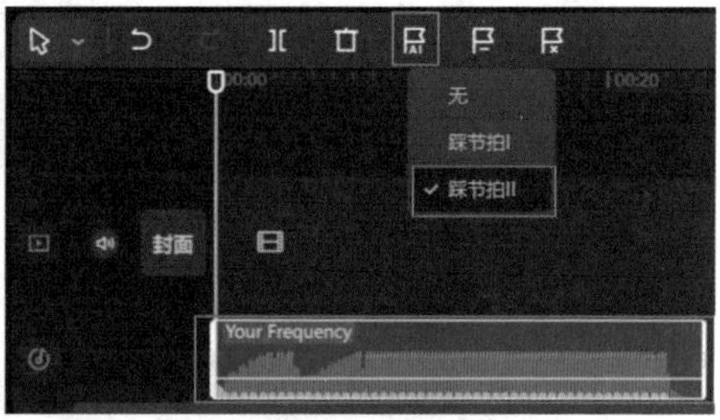

图 5-44

（3）此时在“时间线”面板中可以看到音频文件中出现踩点效果，如图 5-45 所示。

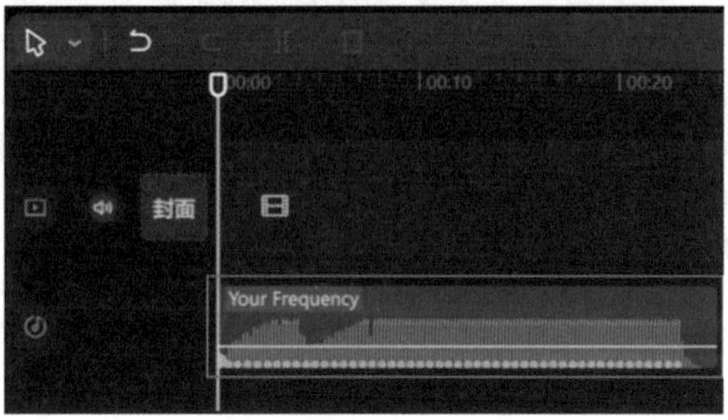

图 5-45

5.3.2　音频手动踩点

“手动踩点”功能用于在聆听音乐时手动添加踩点，也可以使用快捷键 Ctrl+J 添加踩点，如图 5-46 所示。

图 5-46

（1）制作自动踩点音效。在“素材”面板中执行“音频”/“音乐素材”/“卡点”命令，单击选择合适的音频文件，接着单击“添加到轨道”按钮，如图 5-47 所示。

（2）在“时间线”面板中单击音频文件，接着将时间线滑动至合适的位置，单击“手动踩点”按钮或使用快捷键 Ctrl+J 添加踩点，如图 5-48 所示。

图 5-47

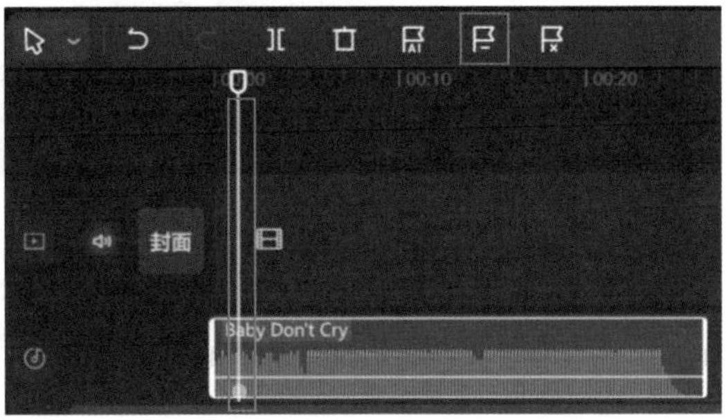

图 5-48

（3）此时在“时间线”面板中可以看到音频文件中出现踩点效果，如图 5-49 所示。

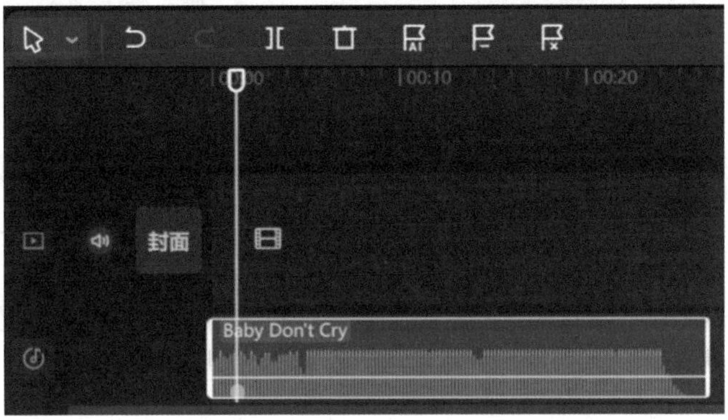

图 5-49

5.3.3　实例：添加音频踩点打造节奏感旅行短视频

本实例使用“自动踩点”“修剪”“变速”功能为音频添加踩点，从而制作卡点视频，使用“转场”“滤镜”工具丰富画面效果，使用“文字模板”工具创建文字、制作文字效果、制作文字动画。实例效果如图 5-50 所示。

扫一扫，看视频

图 5-50

（1）添加音频踩点。将时间线滑动至起始时间处，在“素材”面板中执行“音频”/“音乐素材”/“卡点”命令，选择合适的音频文件，单击“添加到轨道”按钮，如图 5-51 所示。

（2）在“时间线”面板中单击选择音频文件，接着单击“自动踩点”按钮，选择“踩节拍 II”，如图 5-52 所示。

图 5-51

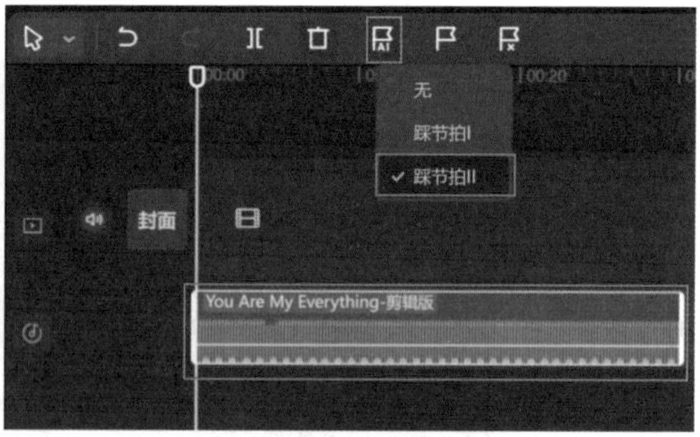

图 5-52

（3）制作卡点视频效果。将所有素材文件导入剪映，并将 1.mp4 ~ 10.mp4 素材文件拖动到“时间线”面板中，如图 5-53 所示。滑动时间线，此时画面效果如图 5-54 所示。

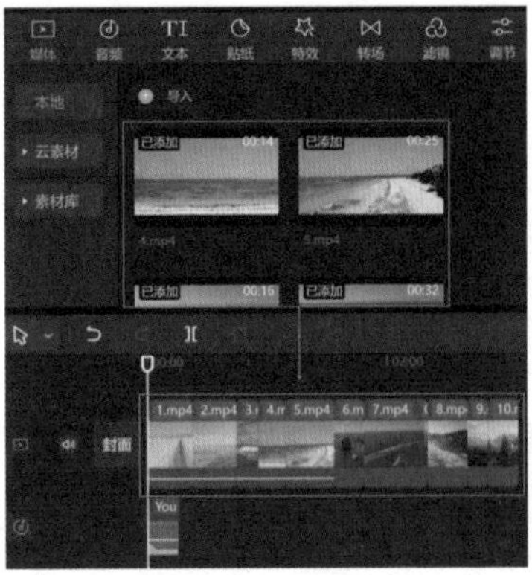

图 5-53

图 5-54

（4）在“时间线”面板中分别单击 4.mp4、5.mp4、9.mp4 素材文件，在“功能”面板中执行“画面”/“基础”/“位置大小”命令，设置“缩放”为 107%，如图 5-55 所示。

（5）在“时间线”面板中将 1.mp4 素材文件的结束时间向后拖动到音频文件的第 3 个踩点处，如图 5-56 所示。

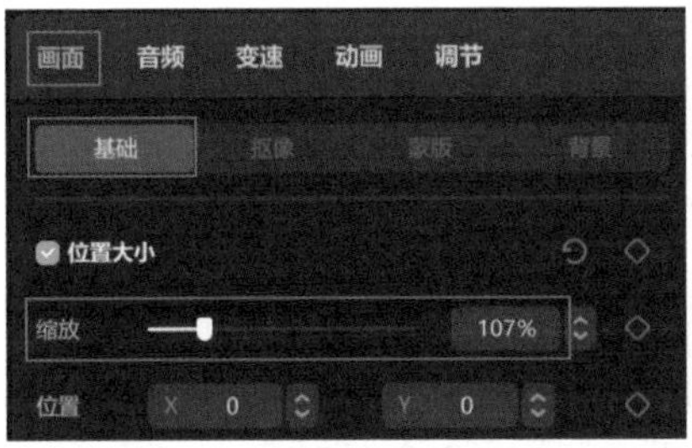

图 5-55

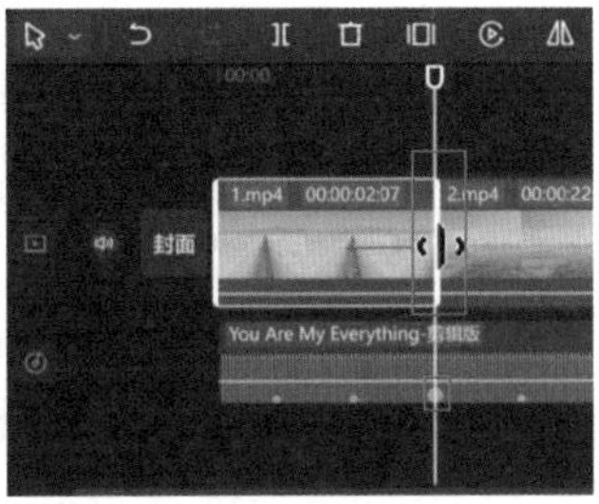

图 5-56

（6）在“时间线”面板中将 2.mp4 素材文件的结束时间向后拖动到音频文件的第 5 个踩点处，如图 5-57 所示。

（7）在“时间线”面板中将 3.mp4 素材文件的结束时间向后拖动到音频文件的第 7 个踩点处，如图 5-58 所示。

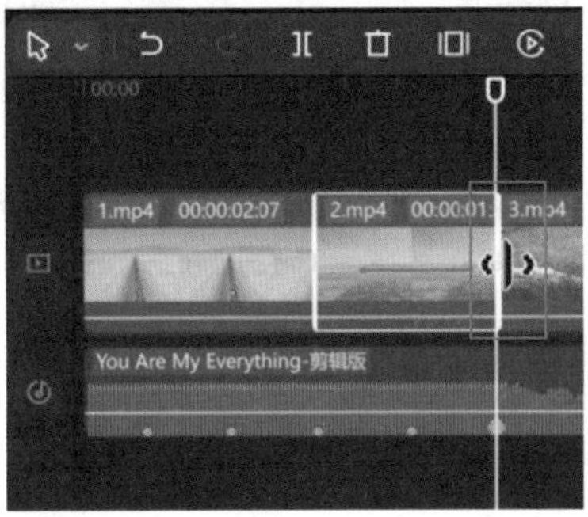

图 5-57

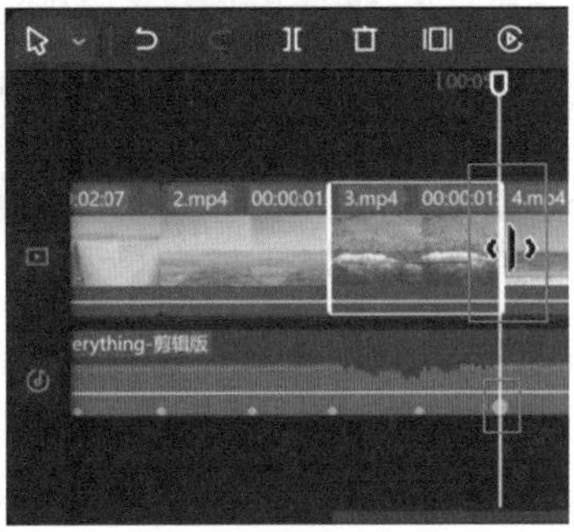

图 5-58

（8）将剩余素材文件的结束时间分别拖动到音频文件中隔两个踩点的位置，如图 5-59 所示。

（9）滑动时间线至视频结束时间处，在“时间线”面板中单击音频文件，单击“分割”按钮或使用快捷键 Ctrl+B 进行分割，如图 5-60 所示。在“时间线”面板中框选时间线后方的音频素材，单击“删除”按钮或按 Delete 键进行删除。

图 5-59

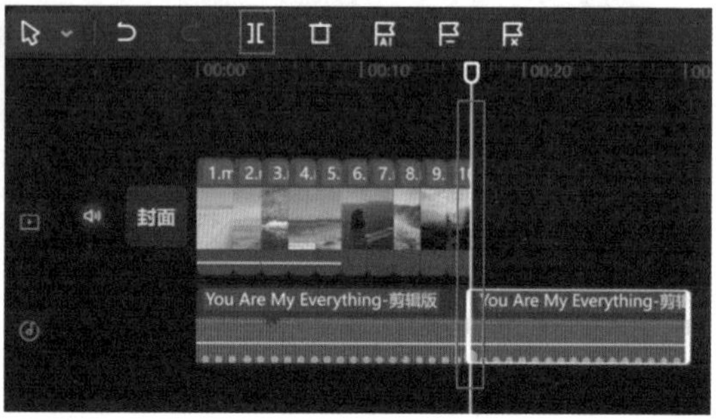

图 5-60

（10）添加转场，制作视频过渡效果。将时间线分别滑动至 1.mp4 与 2.mp4、2.mp4 与 3.mp4、3.mp4 与 4.mp4 素材文件中间的位置，在“素材”面板中执行“转场”/“转场效果”/“基础转场”命令，选择“模糊”转场，接着单击“添加到轨道”按钮，如图 5-61 所示。

（11）将时间线滑动至剩余视频之间的位置，在“素材”面板中执行“转场”/“转场效果”/“基础转场”命令，选择“闪白”转场，接着单击“添加到轨道”按钮，如图 5-62 所示。滑动时间线，此时画面中已被添加转场效果，如图 5-63 所示。

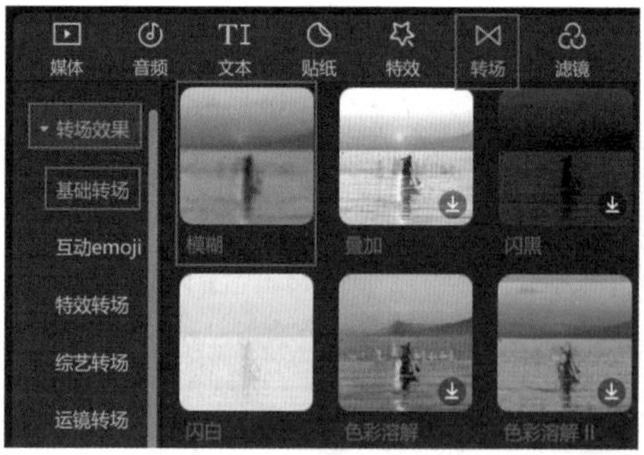

图 5-61

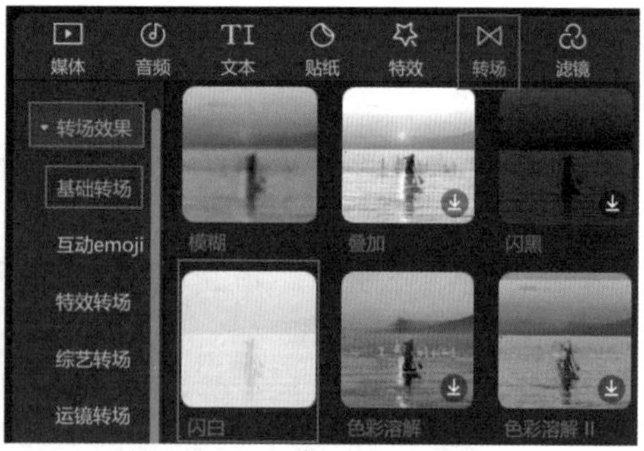

图 5-62

（12）调整画面颜色。将时间线滑动至起始时间处，在“素材”面板中执行“滤镜”/“滤镜库”/“影视级”命令，选择“高饱和”滤镜，接着单击“添加到轨道”按钮，如图 5-64 所示。

图 5-63

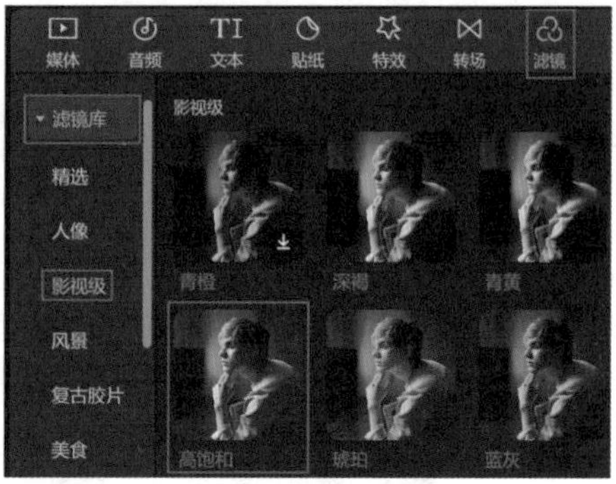

图 5-64

（13）在“时间线”面板中设置“高饱和”滤镜的结束时间与视频的结束时间相同，如图 5-65 所示。

（14）将时间线滑动至起始时间处，在“素材”面板中执行“文本”/“文字模板”/“手写字”命令，选择合适的文字模板，单击“添加到轨道”按钮，如图 5-66 所示。

图 5-65

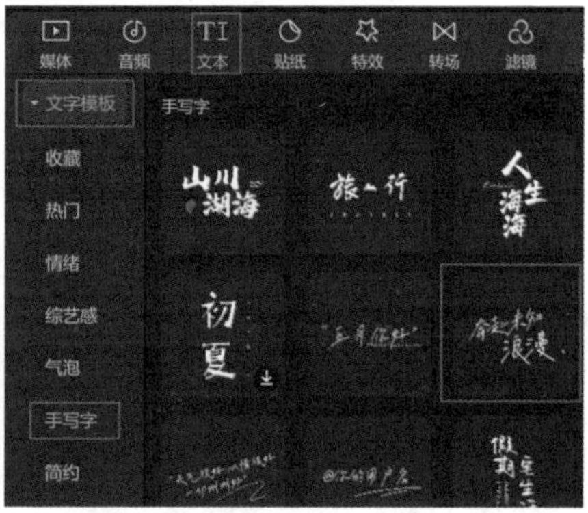

图 5-66

（15）此时本实例制作完成，滑动时间线即可查看实例效果，如图 5-67 所示。

图 5-67

5.4 实例：文字自动转语音，制作唯美感短视频

本实例在剪映中创建文字并使用“朗读”工具制作文字转语音效果，然后添加合适的音频文件，设置合适的音频音量。实例效果如图 5-68 所示。

扫一扫，看视频

图 5-68

（1）将人物素材文件导入剪映。并将人物素材文件拖动到“时间线”面板中，如图 5-69 所示。滑动时间线，此时画面效果如图 5-70 所示。

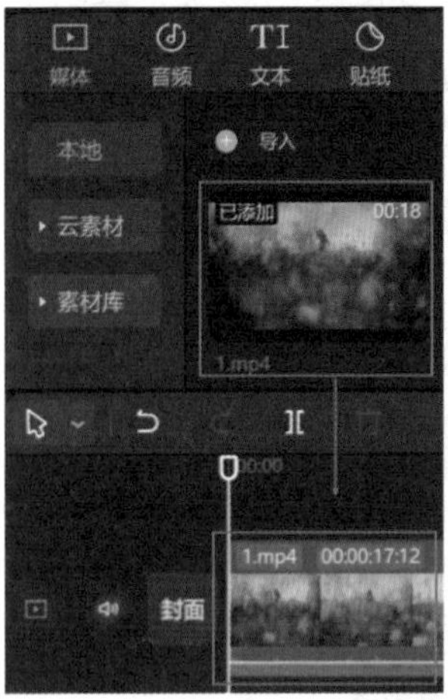

图 5-69

图 5-70

（2）创建文字并制作文字朗读效果。在“时间线”面板中单击“关闭原声”按钮，关闭原声后的“时间线”面板如图 5-71 所示。

（3）滑动时间线至起始时间处，在“素材”文件中执行“文本”/“新建文本”/“默认”命令，接着单击“添加到轨道”按钮，如图 5-72 所示。

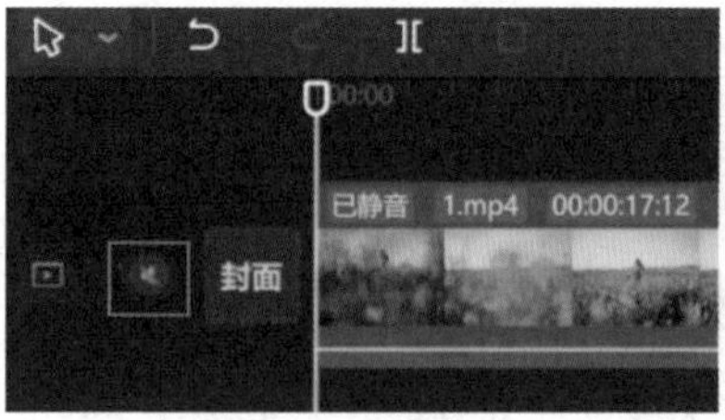

图 5-71

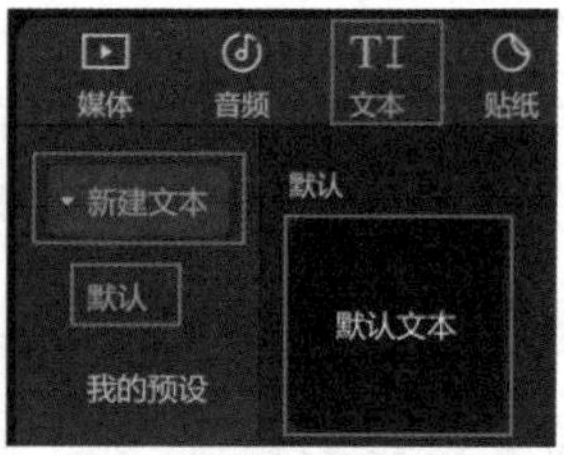

图 5-72

（4）在“时间线”面板中单击文字轨道，在“功能”面板中执行“文本”/“基础”命令，输入合适的文字，设置合适的字体，设置“字号”为 8。在“位置大小”中设置“位置”/Y 为 -884。设置完成后的“功能”面板如图 5-73 所示。

（5）单击“朗读”按钮，选择“心灵鸡汤”，单击“开始朗读”按钮，如图 5-74 所示。设置文字的结束时间与朗读的结束时间相同。

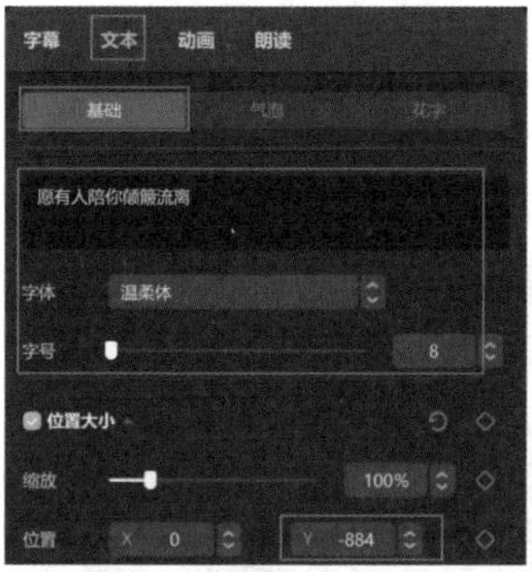

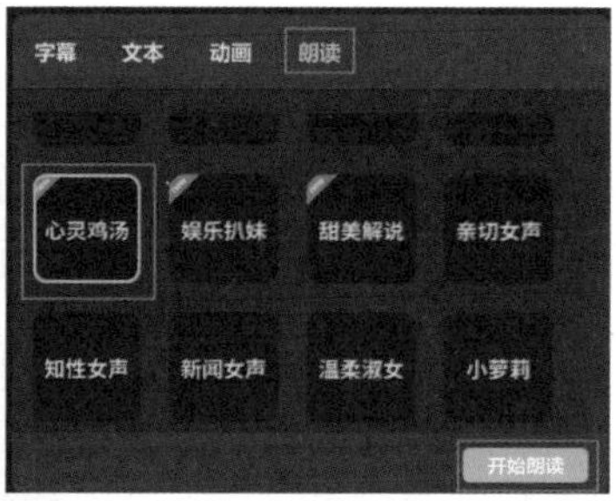

图 5-73　　图 5-74

（6）滑动时间线至 2 秒 15 帧处，在“素材”面板中执行“文本”/“新建文本”/“默认”命令，接着单击“添加到轨道”按钮，如图 5-75 所示。

（7）在“时间线”面板中选择文字轨道，在“功能”面板中执行“文本”/“基础”命令，输入合适的文字，设置合适的字体，设置“字号”为 8。在“位置大小”中设置“位置”/Y 为 -857。设置完成后的“功能”面板如图 5-76 所示。

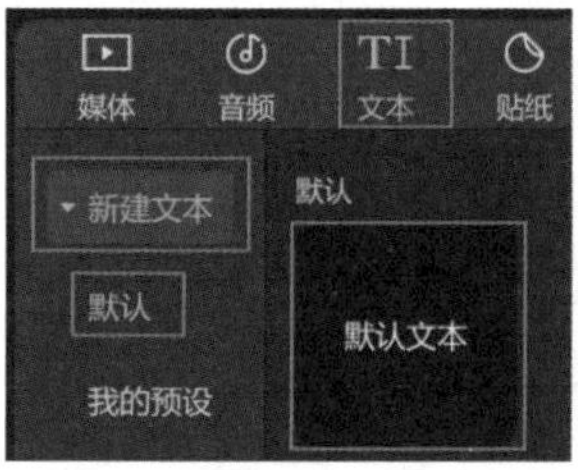

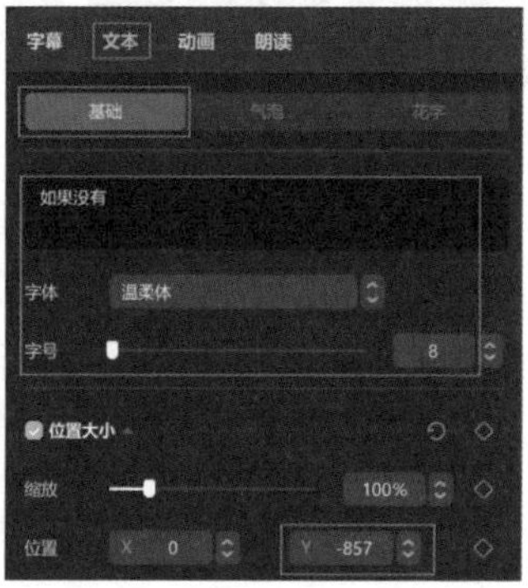

图 5-75　　图 5-76

（8）单击“朗读”按钮，选择“心灵鸡汤”，单击“开始朗读”按钮，如图 5-77 所示。设置文字的结束时间与朗读的结束时间相同。滑动时间线，此时画面中已出现文字与朗读文字效果，如图 5-78 所示。

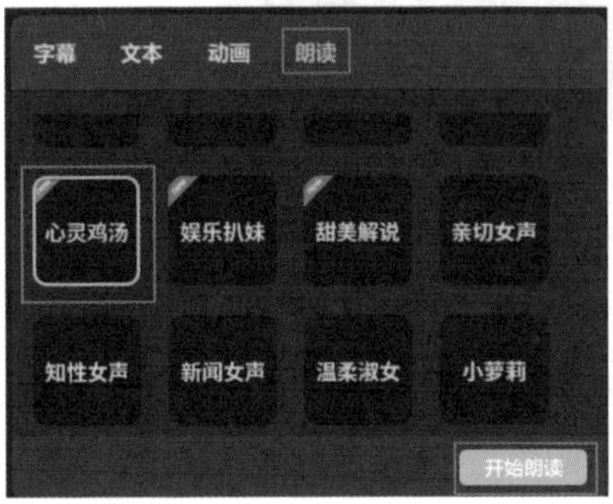

图 5-77

图 5-78

（9）滑动时间线至 3 秒 20 帧处，在“素材”面板中执行“文本”/“新建文本”/“默认”命令，单击“添加到轨道”按钮，如图 5-79 所示。

（10）在“时间线”面板中单击文字轨道，在“功能”面板中执行“文本”/“基础”命令，输入合适的文字，设置合适的字体，设置“字号”为 8。在“位置大小”中设置“位置”/Y 为 -870。设置完成后的“功能”面板如图 5-80 所示。

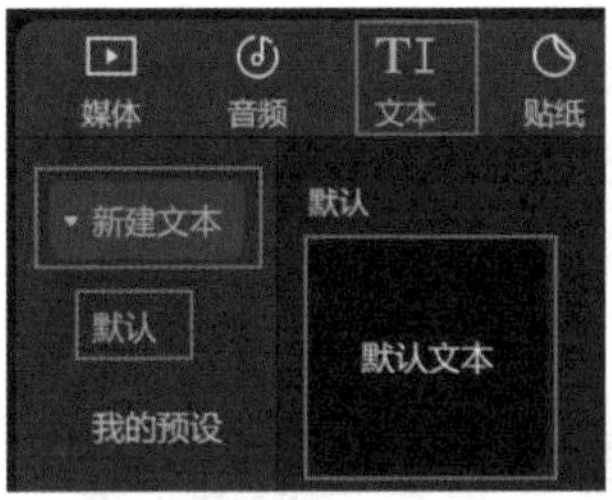

图 5-79

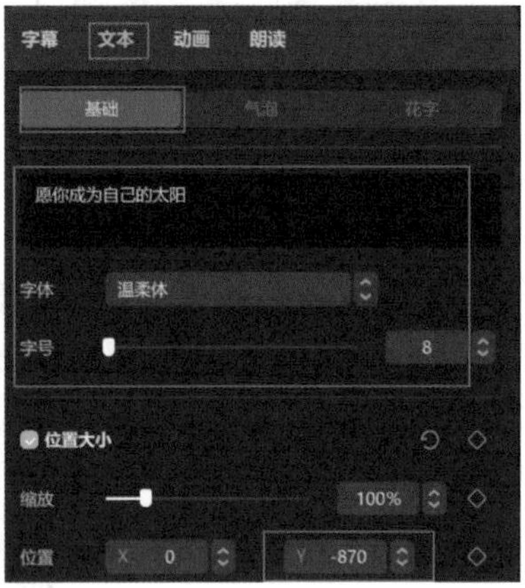

图 5-80

（11）单击“朗读”按钮，选择“心灵鸡汤”，单击“开始朗读”按钮，如图 5-81 所示。设置文字的结束时间与朗读的结束时间相同。

（12）为视频添加音乐。将时间线滑动至起始时间处，在“素材”面板中执行“音频”/“音乐素材”/“纯音乐”命令，选择合适的音频，接着单击“添加到轨道”按钮，如图 5-82 所示。

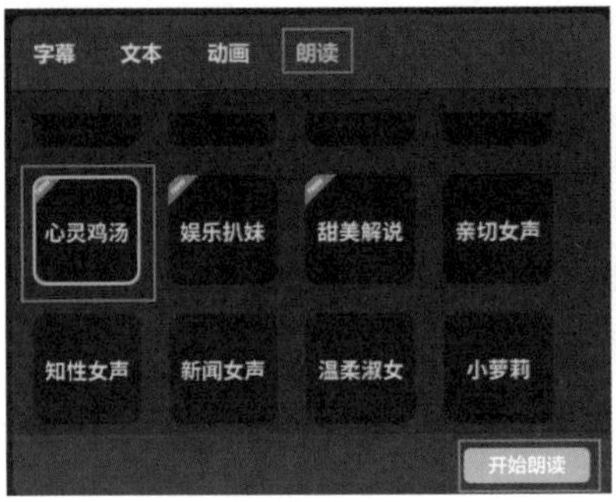

图 5-81

图 5-82

（13）将时间线滑动至视频结束时间处，在“时间线”面板中单击音频文件，接着单击“分割”按钮或使用快捷键 Ctrl+B 进行分割，如图 5-83 所示。在“时间线”面板中框选时间线后方的素材，单击“删除”按钮或按 Delete 键进行删除。

（14）在“功能”面板中执行“音频”/“基本”/“基础”命令，设置“音量”为 -7.1dB，如图 5-84 所示。

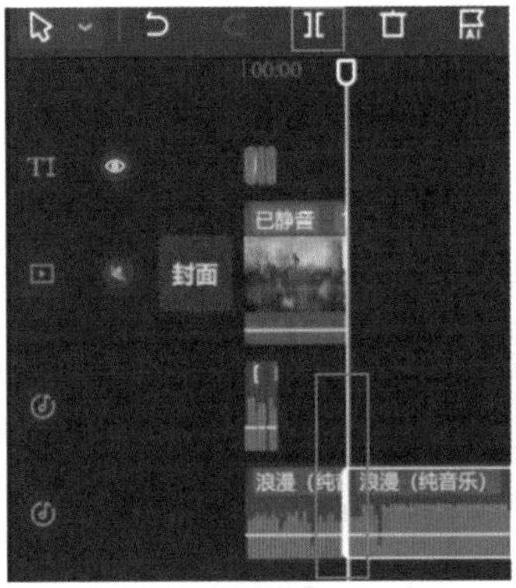

图 5-83

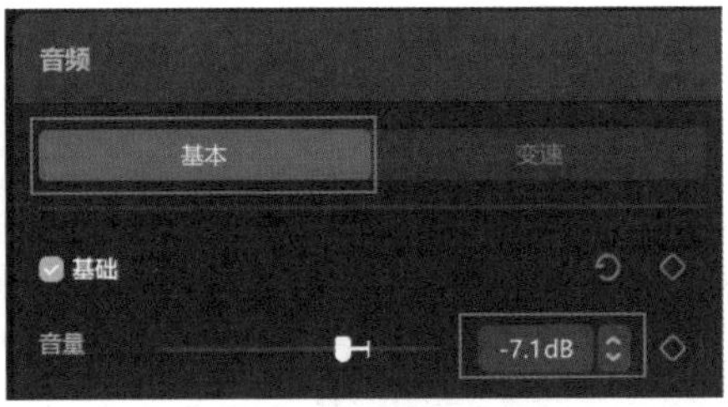

图 5-84

（15）此时本实例制作完成，滑动时间线即可查看实例效果，如图 5-85 所示。

图 5-85

5.5 实例：添加音乐素材和音效素材制作短视频

扫一扫，看视频

本实例使用“文字模板”工具添加文字，并添加合适的音乐素材和音效素材，在“功能”面板中设置合适的“音量”“淡入淡出音效”调整音量与音频过渡效果。实例效果如图 5-86 所示。

图 5-86

（1）将摩托 .mp4 素材文件导入剪映。并将背影素材文件拖动到“时间线”面板中，如图 5-87 所示。滑动时间线，此时画面效果如图 5-88 所示。

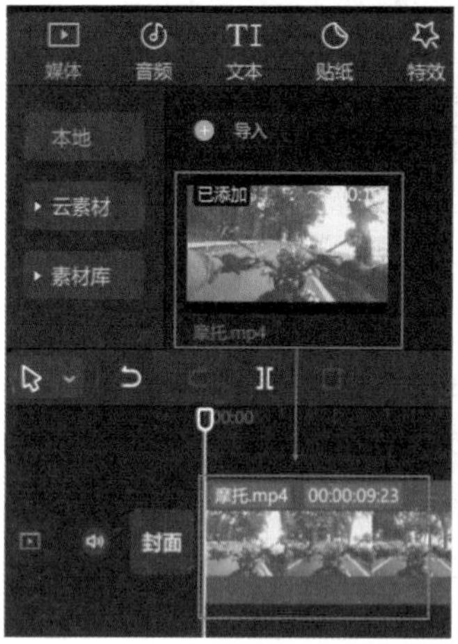

图 5-87

图 5-88

（2）调整画面颜色。将时间线滑动至起始时间处，在“素材”面板中执行“滤镜”/“滤镜库”/“影视级”命令，选择“高饱和”滤镜，单击“添加到轨道”按钮，如图 5-89 所示。

（3）在“时间线”面板中设置“高饱和”滤镜的结束时间与视频的结束时间相同，如图 5-90 所示。

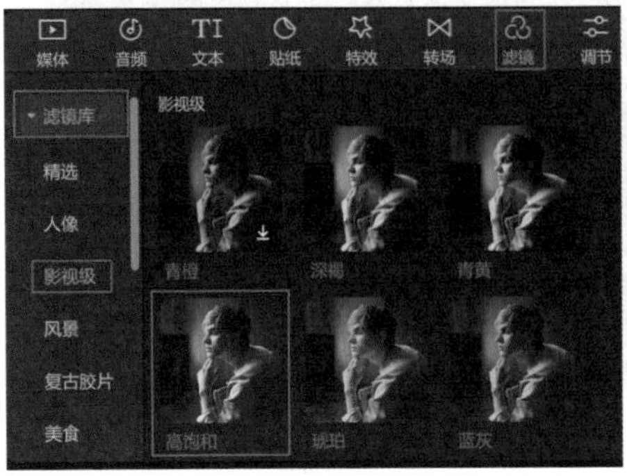

图 5-89

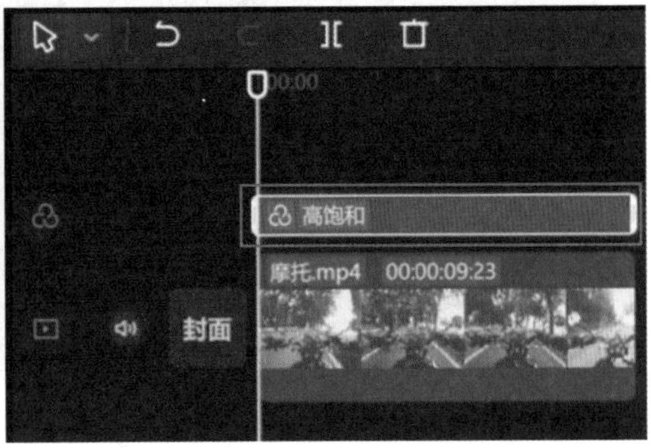

图 5-90

（4）将时间线滑动至起始时间处，在“素材”面板中执行“文本”/“文字模板”/“片头标题”命令，选择合适的文字模板，如图 5-91 所示。

（5）为视频添加音乐。将时间线滑动至起始时间处，在“素材”面板中执行“音频”/“音乐素材”/“动感”命令，选择合适的音频文件，单击“添加到轨道”按钮，如图 5-92 所示。

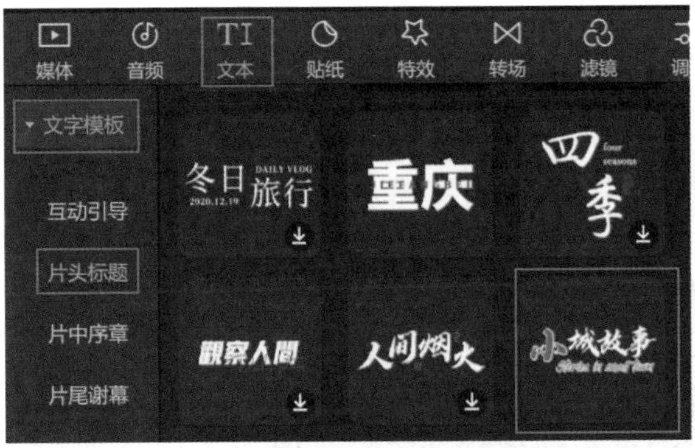

图 5-91

图 5-92

（6）将时间线滑动至视频结束时间处，在“时间线”面板中单击音频文件，接着单击“分割”按钮或使用快捷键 Ctrl+B 进行分割，如图 5-93 所示。在“时间线”面板中框选时间线后方的素材，单击“删除”按钮或按 Delete 键进行删除。

（7）在“时间线”面板中单击刚刚添加的音乐素材，在“功能”面板中执行“音频”/“基本”/“基础”命令，设置“音量”为 -11.8dB，“淡入时长”为 0.5s，“淡出时长”为 0.3s，如图 5-94 所示。

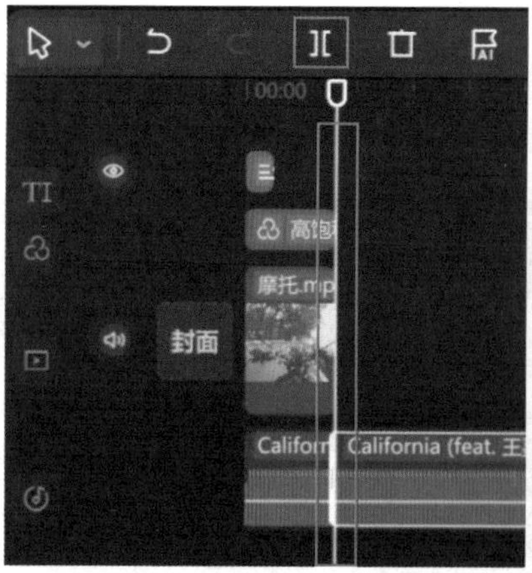

图 5-93

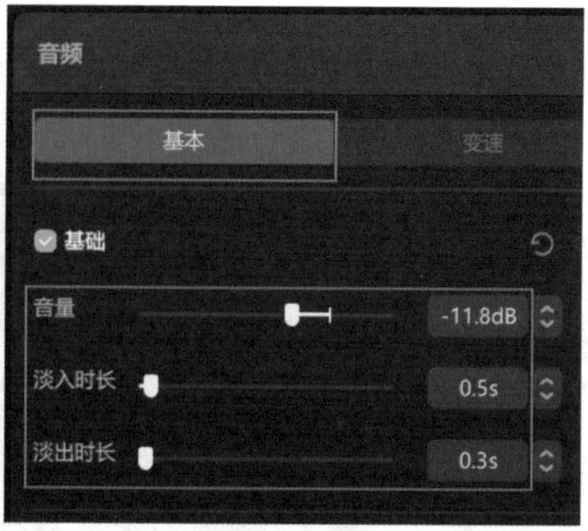

图 5-94

提示：多种方法制作音乐过渡效果。

既可以使用音量关键帧制作淡入淡出效果，也可以通过不断地调整音量与关键帧位置制作音频变调效果。

（8）将时间线滑动至 4 秒 14 帧处，在“素材”面板中执行“音频”/“音效素材”命令，搜索“摩托车加速”，选择合适的音频文件，单击“添加到轨道”按钮，如图 5-95 所示。

（9）将时间线滑动至视频结束时间处，在“时间线”面板中单击音效文件，接着单击“分割”按钮或使用快捷键 Ctrl+B 进行分割，如图 5-96 所示。在“时间线”面板中框选时间线后方的素材，单击“删除”按钮或按 Delete 键进行删除。

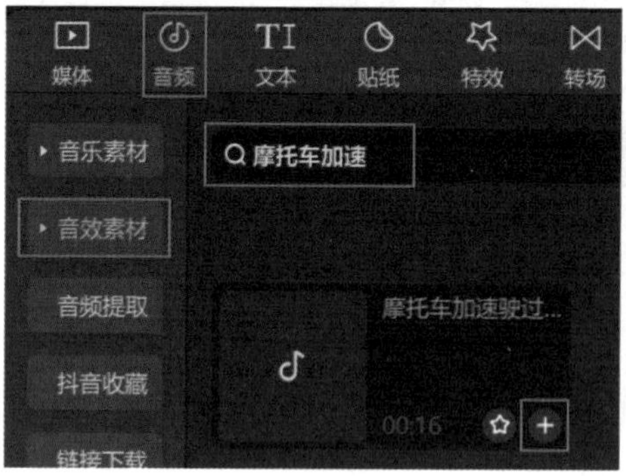

图 5-95

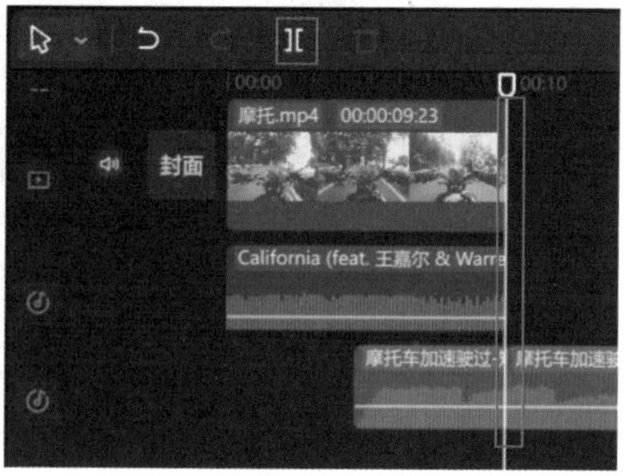

图 5-96

（10）在“时间线”面板中单击音效文件，在“功能”面板中执行“音频”/“基本”/“基础”命令，设置“淡出时长”为 1.5s，如图 5-97 所示。

（11）此时本实例制作完成，滑动时间线即可查看实例效果，如图 5-98 所示。

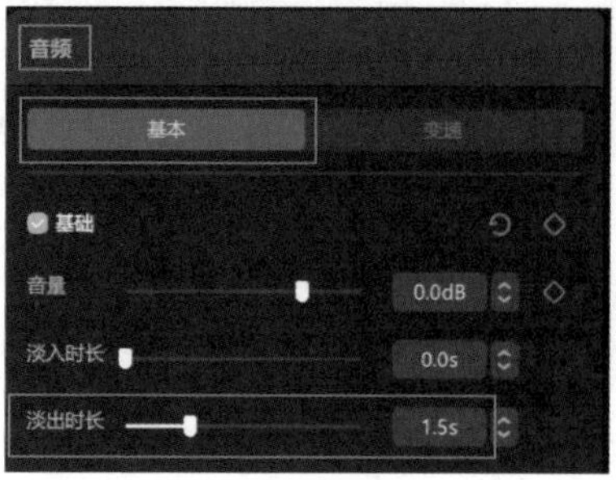

图 5-97

图 5-98

第6章

在画面中添加文字

■ **本章内容简介：**

文字是短视频中的重要元素之一，它不仅可以快速传递作品信息，同时也可以起到美化版面的作用，文字传达的信息更加直观深刻。剪映中有强大的文字创建与编辑功能，用户不仅可以使用多种文字工具添加文字，而且可以使用多种参数设置面板修改文字效果。

■ **重点知识掌握：**

- 新建文本
- 花字
- 文字模板
- 智能字幕
- 识别歌词
- 本地字幕

6.1　在视频中添加文字

在“素材”面板中单击“文本”按钮，可以看到“新建文本”“花字”“文字模板”“智能字幕”“识别歌词”“本地字幕”，如图 6-1 所示。通过本章学习，能掌握手动新建文本及快速调用模板、快速自动识别转化字幕等文字功能。

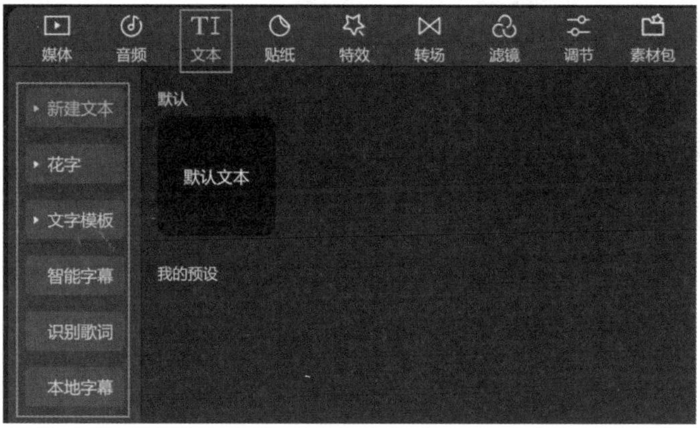

图 6-1

6.1.1　试着新建一组文本

“新建文本”用于创建文字效果，其中包含“默认”与“我的预设”。“默认”用于创建文字、制作文字效果，单击“默认文本”中的“添加到轨道”按钮即可创建文字；“我的预设”用于快速添加文字与文字动画。展开“新建文本”后的“素材”面板如图 6-2 所示。

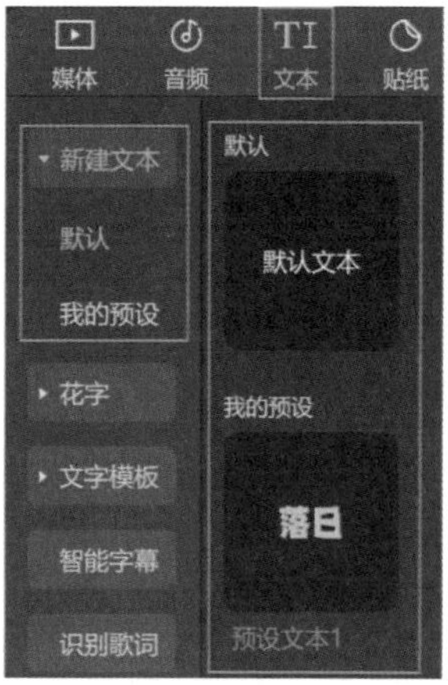

图 6-2

（1）创建文字。将任意视频素材拖动到“时间线”面板中，此时“播放器”面板如图 6-3 所示。

（2）在“素材”面板中执行“文本”/“新建文本”/“默认”命令，单击“添加到轨道”按钮，如图 6-4 所示。

（3）在“时间线”面板中单击文字轨道，在“功能”面板中执行“文本”/“基础”命令，输入合适的文字并设置合适的字体、字号、颜色，如图 6-5 所示。

（4）此时“播放器”面板的画面中已添加文字，如图 6-6 所示。

图 6-3

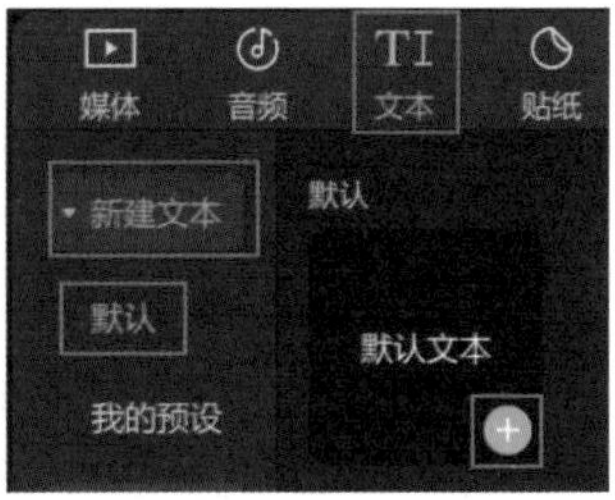

图 6-4

图 6-5

图 6-6

6.1.2　编辑文本

文字创建完成后，可以选择文字，并在“功能”面板中单击“文本”按钮进行参数的修改。参数包括“基础”“气泡”“花字”3 个部分，如图 6-7 所示。

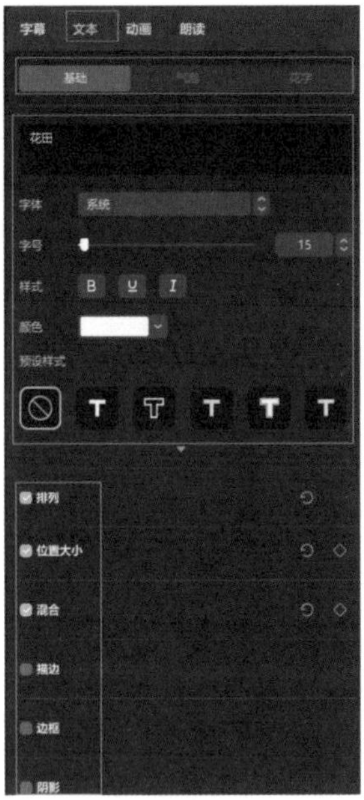

图 6-7

（1）制作文字气泡效果。将花田视频素材文件拖动到“时间线”面板中，此时“播放器”面板如图 6-8 所示。

（2）在“素材”面板中执行“文本”/“新建文本”/“默认”命令，单击“添加到轨道”按钮，如图 6-9 所示。

图 6-8

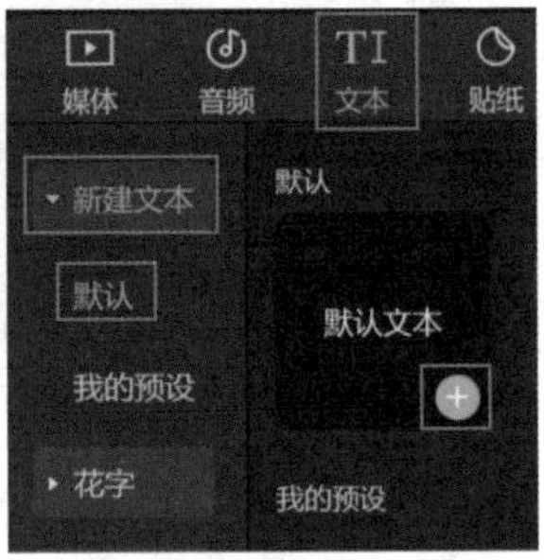

图 6-9

（3）在“时间线”面板中单击文字轨道，在“功能”面板中执行“文本”/“基础”命令，输入合适的文字并设置合适的字体和字号，如图 6-10 所示。

（4）单击“气泡”按钮，选择合适的文字气泡效果，如图 6-11 所示。

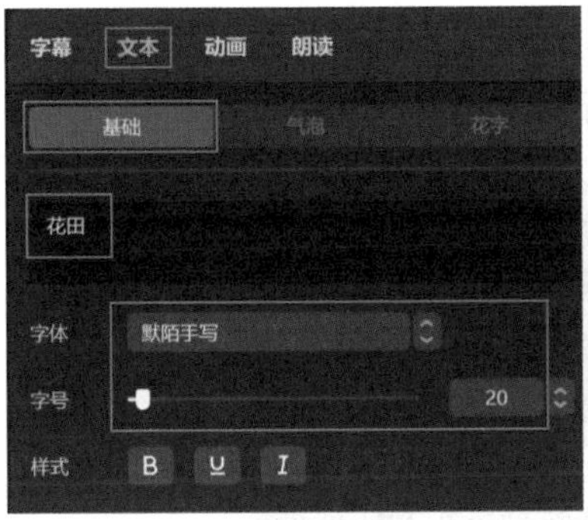

图 6-10

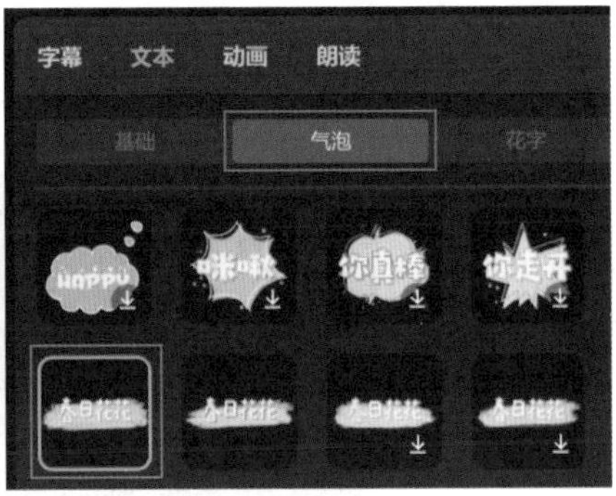

图 6-11

（5）此时“播放器”面板的画面中已添加文字气泡效果，如图 6-12 所示。

图 6-12

也可以在“预设样式”中选择合适的文字预设样式，如图 6-13 所示。此时“播放器”面板的画面中也会出现文字预设样式，如图 6-14 所示。

图 6-13

图 6-14

6.1.3 创建漂亮的“花字”

“花字”用于快速制作花体文字效果。“花字”包括“热门”“发光”“彩色渐变”“黄色”“黑白”“蓝色”等类别，如图 6-15 所示。

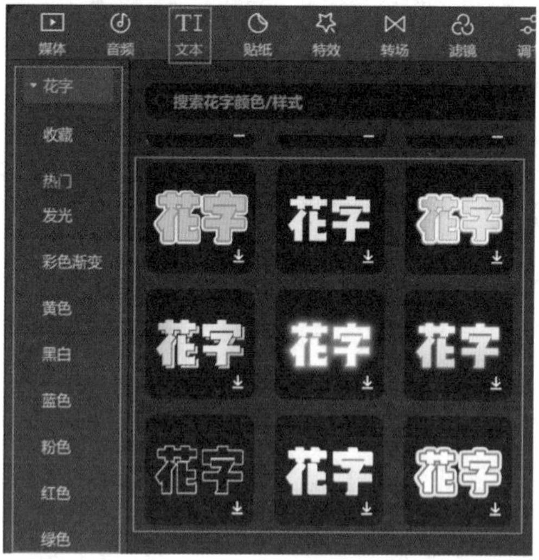

图 6-15

（1）制作花字效果。将旅行视频素材文件拖动到“时间线”面板中，此时“播放器”面板如图 6-16 所示。

（2）在“素材”面板中执行“文本”/“花字”/“热门”命令，选择合适的花字效果，单击“添加到轨道”按钮，如图 6-17 所示。

图 6-16

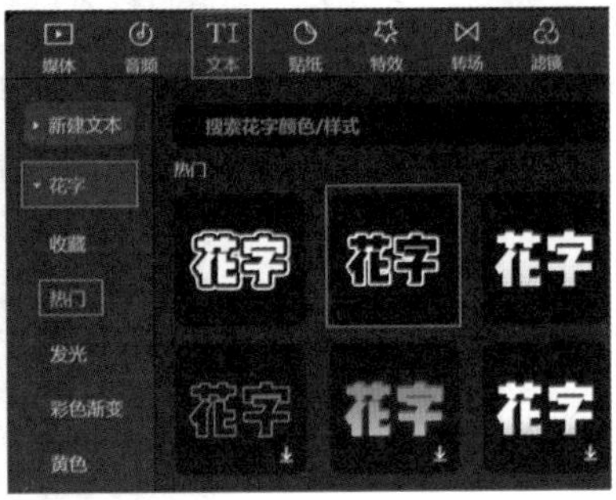

图 6-17

（3）在“时间线”面板中单击文字轨道，在“功能”面板中执行“文本”/“基础”命令，输入合适的文字并设置合适的字体和字号，如图 6-18 所示。

（4）此时“播放器”面板的画面中已添加花字效果，如图 6-19 所示。

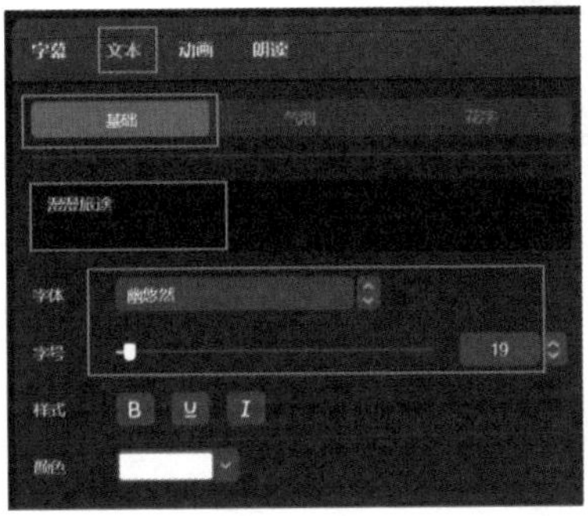

图 6-18

图 6-19

提示：制作花字效果的另一种方法。

除了本实例中制作花字效果的方法外，还有一种制作花字效果的方法，即首先选择文字，然后在“功能”面板中执行“文本”/“花字”命令，选择合适的花字效果。

6.2　文字模板：一键生成高级感文字

“文字模板”工具用于快速套用已经做好的预设文字动画效果，并且文字动画效果还支持更改，是短视频创作中省时省力的好方法。“文字模板”包括“热门”“情绪”“综艺感”“气泡”“手写字”“简约”“互动引导”“片头标题”“片中序章”“片尾谢幕”“新闻”“美食”等类别，如图 6-20 所示。

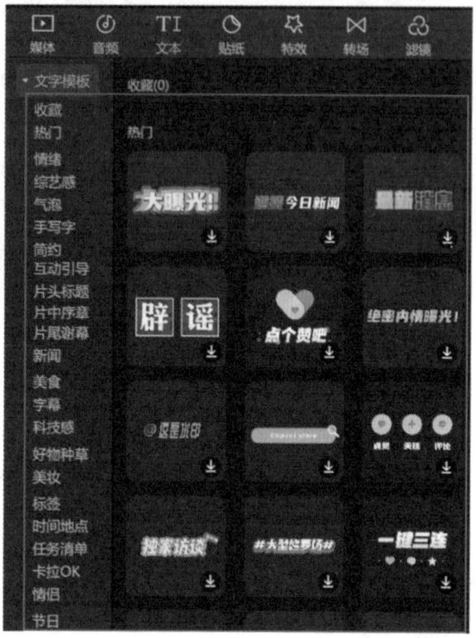

图 6-20

6.2.1 使用文字模板

（1）制作文字模板效果。将花朵视频素材文件拖动到“时间线”面板中，此时“播放器”面板如图 6-21 所示。

（2）在“素材”面板中执行“文本”/“文字模板”/“手写字”命令，选择合适的文字模板，单击“添加到轨道”按钮，如图 6-22 所示。

图 6-21

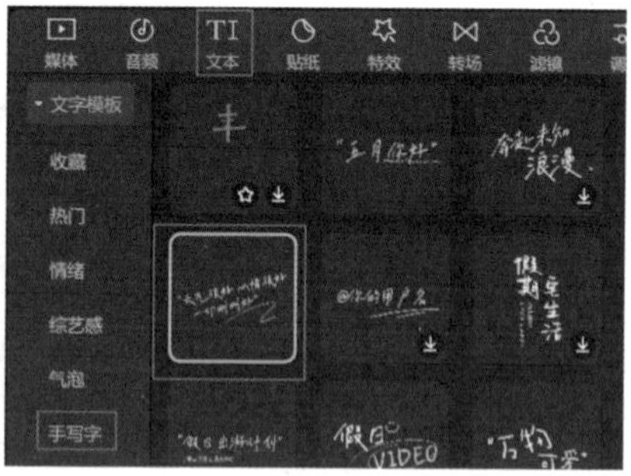

图 6-22

（3）在“时间线”面板中单击文字轨道，在“功能”面板中执行“文本”/“基础”命令，在“位置大小”中设置“缩放”为 120%，如图 6-23 所示。

（4）此时“播放器”面板的画面中已添加文字模板效果，如图 6-24 所示。

图 6-23

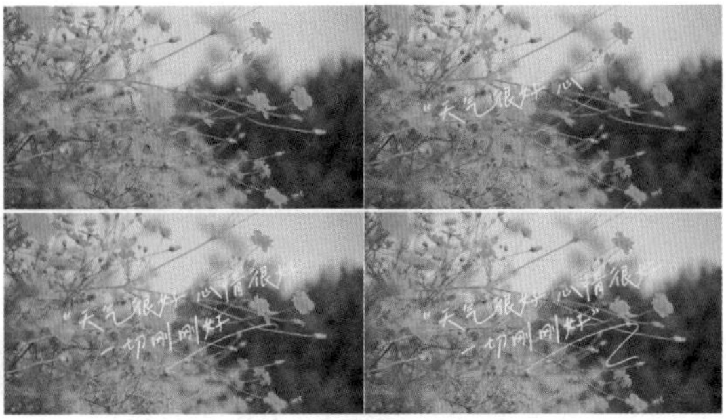

图 6-24

6.2.2 实例：使用“文字模板”工具制作综艺感片头文字

本实例使用“文字模板”工具快速套用文字动画，并修改文字内容，添加合适的音频文字，制作出具有综艺感的视频效果。实例效果如图 6-25 所示。

图 6-25

扫一扫，看视频

（1）将所有素材文件导入剪映。将海边视频素材文件拖动到“时间线”面板中，如图 6-26 所示。滑动时间线，此时画面效果如图 6-27 所示。

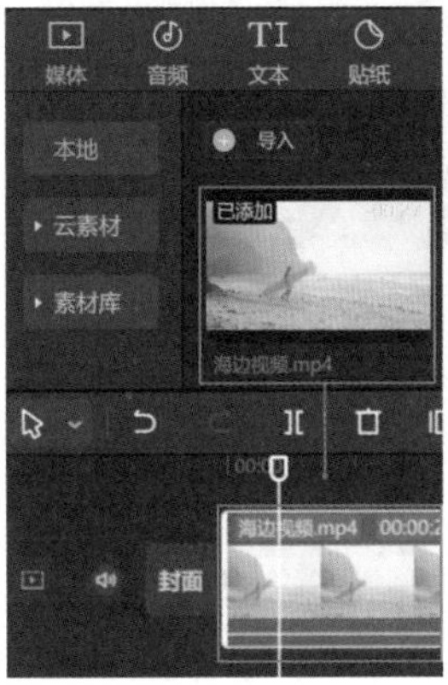

图 6-26

图 6-27

（2）在“功能”面板中执行“变速”/“常规变速”命令，设置“倍数”为3.0x，如图6-28所示。

（3）添加文字模板。将时间线滑动至起始时间处，在“素材”面板中执行“文本”/“文字模板”/“综艺感”命令，选择合适的文字模板，单击“添加到轨道”按钮，如图6-29所示。

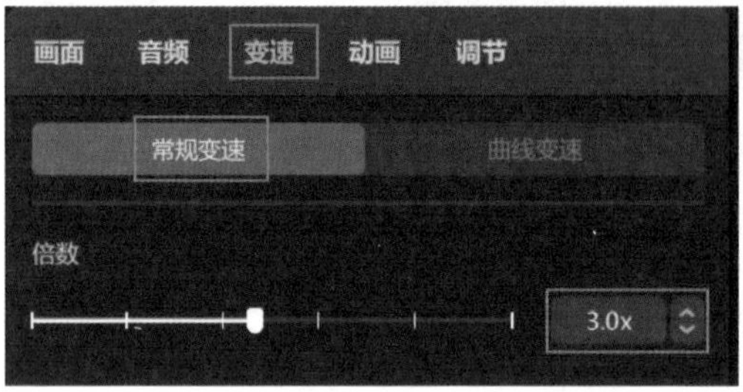

图6-28

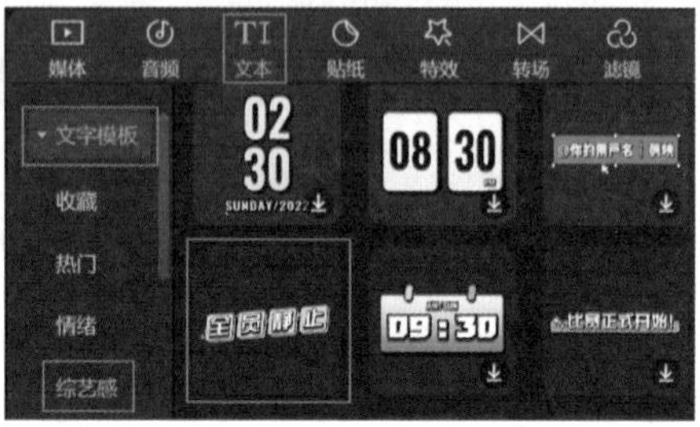

图6-29

（4）在“时间线”面板中单击文字模板，设置其结束时间为1秒19帧。在“功能”面板中执行“文本”/“基础”命令，在“第1段文本”中输入文字“周末去哪”，如图6-30所示。

（5）将时间线滑动至2秒09帧处，在“素材”面板中执行“文本”/“文字模板”/“综艺感”命令，选择合适的文字模板，如图6-31所示。

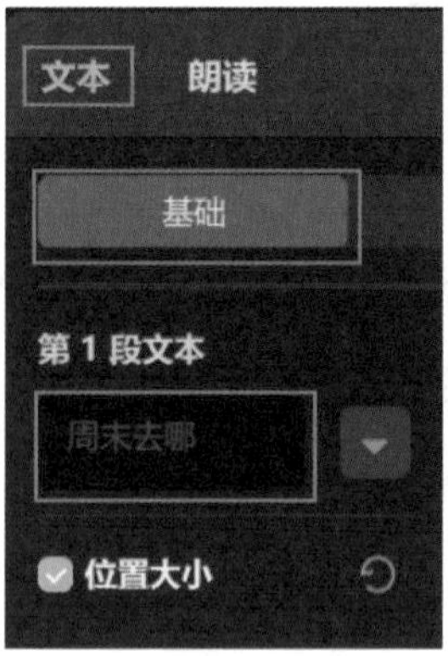

图6-30

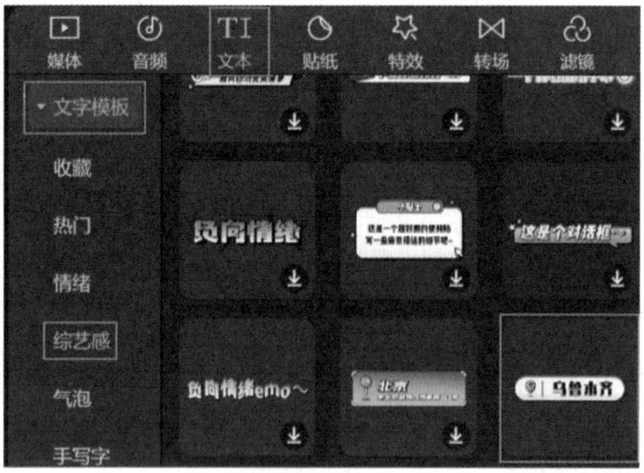

图6-31

（6）在“时间线”面板中单击刚刚添加的文字模板，设置其结束时间为4秒05帧。在“功能”面板中执行“文本”/“基础”命令，在“第1段文本”中输入文字“海滩”，在“位置大小”中设置“缩放”为68%，“位置”/X为1210，“位置”/Y为-601，如图6-32所示。滑动时间线，画面中已添加文字和文字动画，效果如图6-33所示。

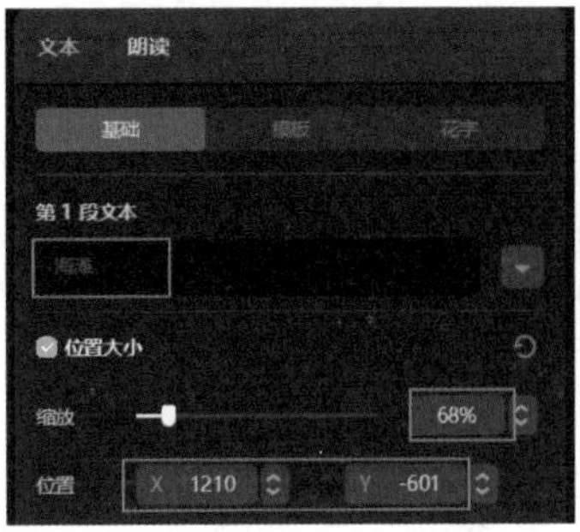

图 6-32

图 6-33

（7）将时间线滑动至 6 秒 29 帧处，在“素材”面板中执行“文本”/“文字模板”/“综艺感”命令，选择合适的文字模板，如图 6-34 所示。

（8）在“时间线”面板中设置刚刚添加的文字模板的结束时间与视频的结束时间相同，如图 6-35 所示。

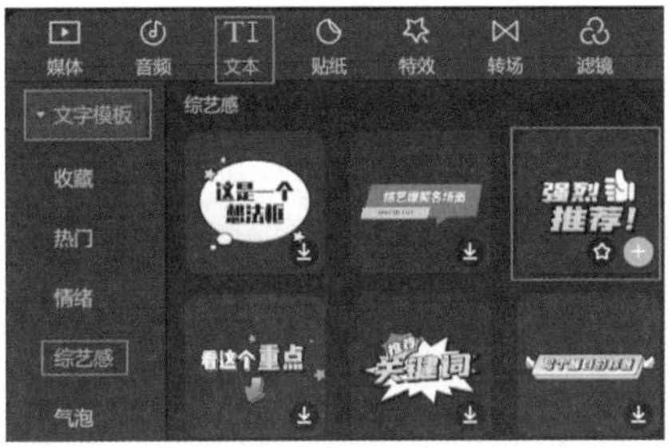

图 6-34

图 6-35

（9）添加音乐。将时间线滑动至起始时间处，在“素材”面板中执行“音频”/“音乐素材”/“旅行”命令，选择合适的音频文件，单击“添加到轨道”按钮，如图 6-36 所示。

（10）将时间线滑动至视频结束时间处，在“时间线”面板中单击音频文件，接着单击“分割”按钮或使用快捷键 Ctrl+B 进行分割，如图 6-37 所示。在“时间线”面板中框选时间线后方的素材，单击“删除”按钮或按 Delete 键进行删除。

图 6-36

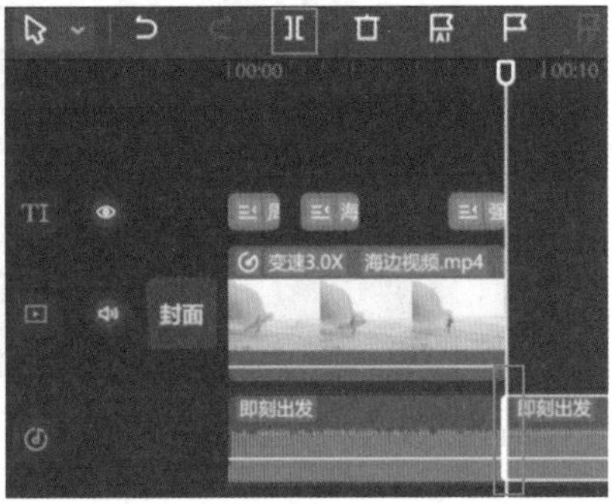

图 6-37

（11）此时本实例制作完成，滑动时间线即可查看实例效果，如图 6-38 所示。

图 6-38

6.3 快速添加字幕的 3 种方式

在剪映中快速添加字幕的方式主要有 3 种：智能字幕、识别歌词、本地字幕。

6.3.1 自动创建视频字幕

“智能字幕”用于批量智能添加音频字幕，其中“识别字幕”用于识别音频中的人声并自动转为字幕，“文稿匹配”用于输入音视频对应的文稿、自动匹配画面，如图 6-39 所示。

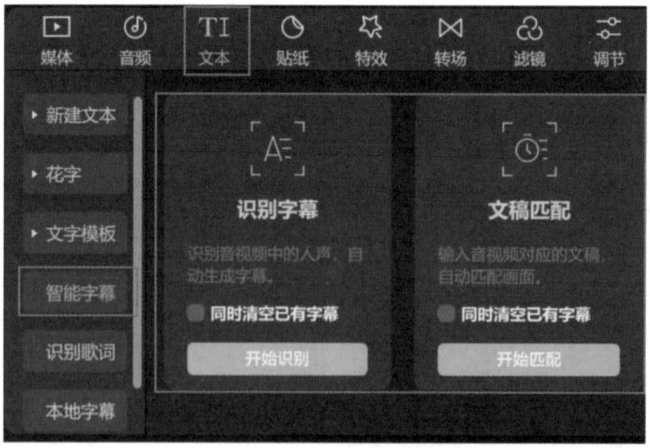

图 6-39

（1）将音频快速转为字幕。将任意带有人声的视频素材拖动到“时间线”面板中，此时“播放器”面板如图 6-40 所示。

（2）在“素材”面板中执行“文本”/“智能字幕”命令，在“识别字幕”中单击“开始识别”按钮，如图 6-41 所示。

图 6-40

图 6-41

（3）在“时间线”面板中单击文字轨道上的任意一段文字，在“功能”面板中执行“文本”/“基础”命令，设置合适的字体和字号，接着设置合适的预设样式，在“位置大小”中设置“位置”/Y 为 -839，如图 6-42 所示。

（4）此时“播放器”面板的画面中已批量添加文字效果，并且每段文字的格式、大小都是一样的，效果如图 6-43 所示。

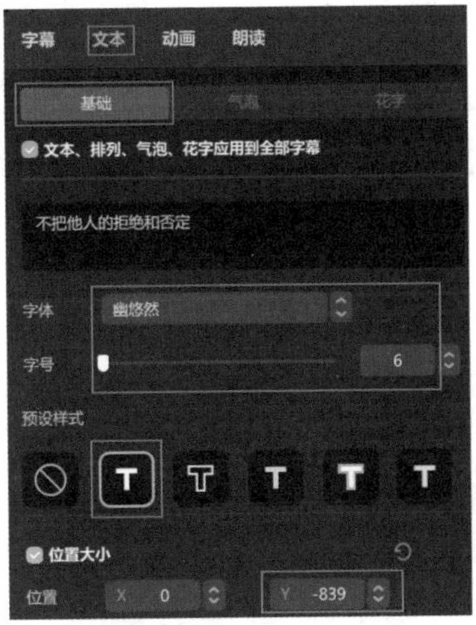

图 6-42

图 6-43

6.3.2 自动识别歌词生成字幕

“识别歌词”用于识别音频中的歌词，从而自动批量生成文字，如图 6-44 所示。

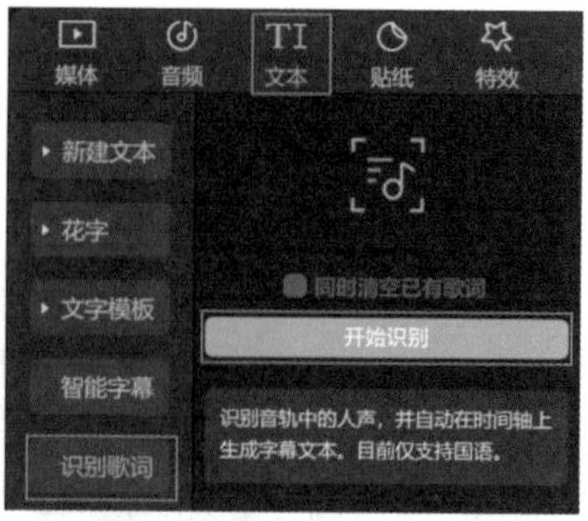

图 6-44

（1）快速生成歌词文字。将任意视频素材拖动到“时间线”面板中，此时“播放器”面板如图 6-45 所示。

（2）将时间线滑动至起始时间处，在“素材”面板中执行“音频”/“音乐素材”/“抖音”命令，选择合适的音频文件，单击“添加到轨道”按钮，如图 6-46 所示。

图 6-45

图 6-46

（3）在“素材”面板中执行“文本”/“识别歌词”命令，单击“开始识别”按钮，如图 6-47 所示。

（4）在“功能”面板中执行“文本”/“基础”命令，设置合适的字体和字号，如图 6-48 所示。

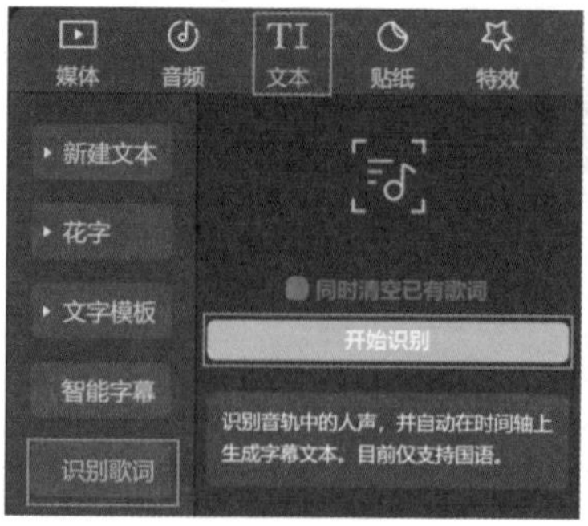

图 6-47

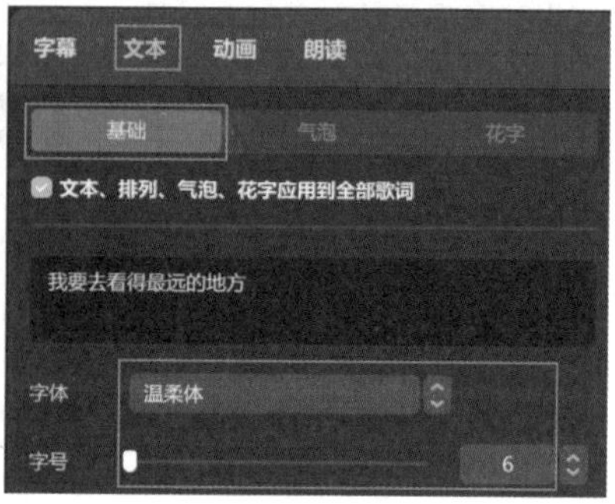

图 6-48

（5）单击“气泡”按钮，选择合适的气泡效果，如图 6-49 所示。

（6）此时“播放器”面板的画面中已批量添加歌词，如图 6-50 所示。

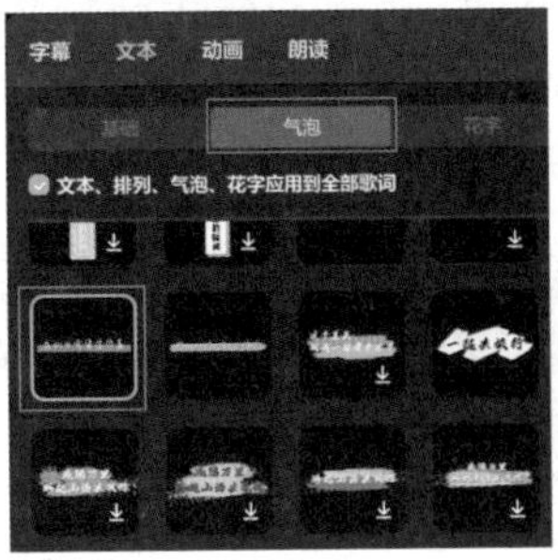

图 6-49

图 6-50

6.3.3 实例：识别歌词制作忧伤感 Vlog

本实例主要为视频添加合适风格的音频，使用“识别歌词”工具快速生成歌词文字，并对文字统一进行格式编辑。实例效果如图 6-51 所示。

图 6-51

扫一扫，看视频

（1）将所有素材文件导入剪映。将背影素材文件拖动到“时间线”面板中，如图 6-52 所示。滑动时间线，此时画面效果如图 6-53 所示。

图 6-52

图 6-53

（2）添加音乐。将时间线滑动至起始时间处，在“素材”面板中执行“音频”/“音乐素材”命令，选择合适的音频文件，如图 6-54 所示。

（3）将时间线滑动至视频结束时间处，在“时间线”面板中单击音频文件，接着单击“分割”按钮或使用快捷键 Ctrl+B 进行分割，如图 6-55 所示。在“时间线”面板中框选时间线后方的素材，单击“删除”按钮或按 Delete 键进行删除。

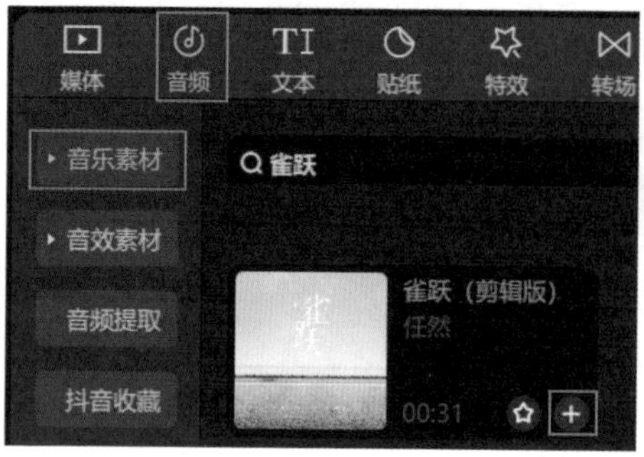

图 6-54

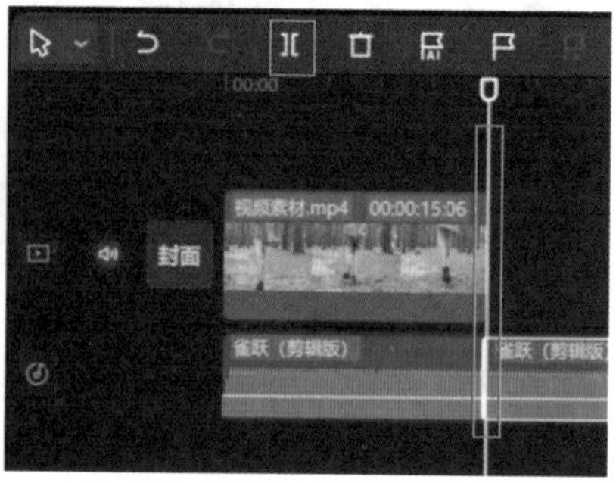

图 6-55

（4）制作歌词字幕。在“素材”面板中执行“文本”/“识别歌词”命令，单击“开始识别”按钮，如图 6-56 所示。滑动时间线，此时画面中已创建歌词字幕，如图 6-57 所示。

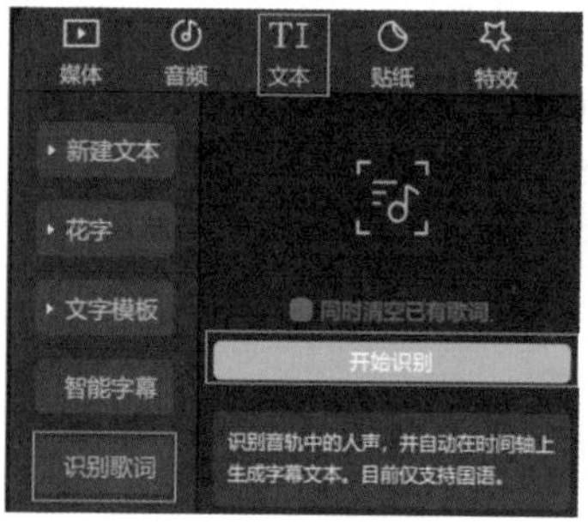

图 6-56

图 6-57

提示：“识别歌词”工具的缺点。

使用“识别歌词”工具识别出的字幕有时会存在错误的文字，需自行在“时间线”面板中单击文字轨道并在“功能”面板中修改文字。

（5）在“时间线”面板中单击文字轨道，在“功能”面板中执行“文本”/“基础”命令，设置合适的字体，设置“字号”为 6，如图 6-58 所示。

（6）在“位置大小”中设置“缩放”为 115%，设置“位置”/Y 为 -788，如图 6-59 所示。

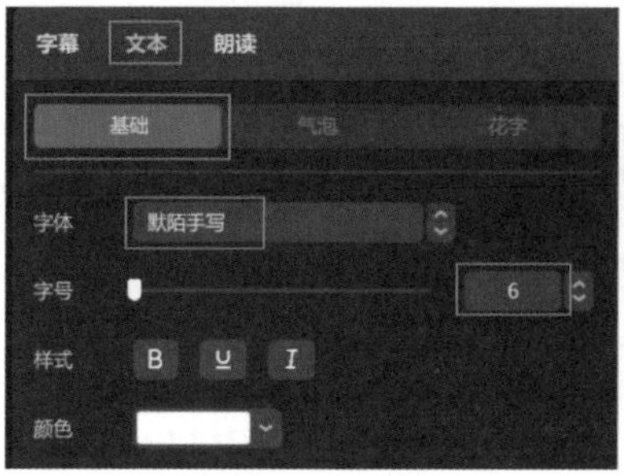

图 6-58

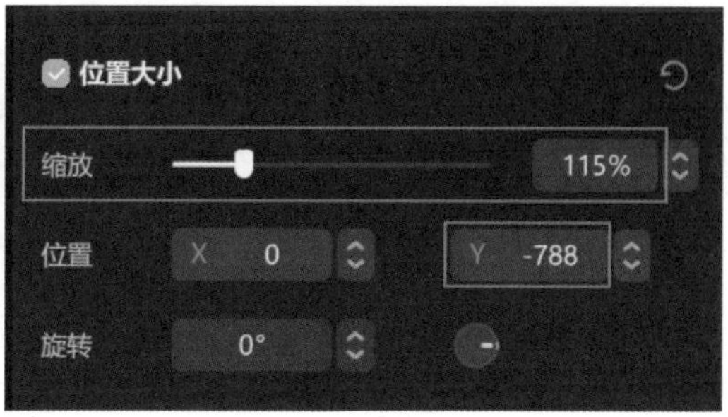

图 6-59

（7）勾选“边框”复选框，设置“颜色”为橘色，“不透明度”为 70%，如图 6-60 所示。

（8）此时本实例制作完成，滑动时间线即可查看实例效果，如图 6-61 所示。

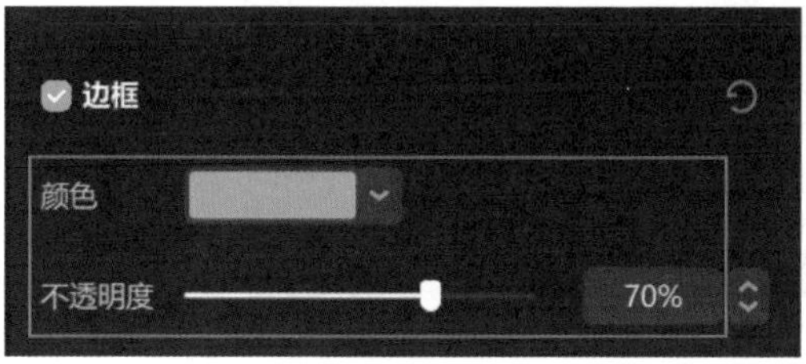

图 6-60

图 6-61

6.3.4　导入本地字幕文件

“本地字幕”用于导入其他软件制作好的字幕格式文件，如 SRT、LRC、ASS 字幕文件，如图 6-62 所示。

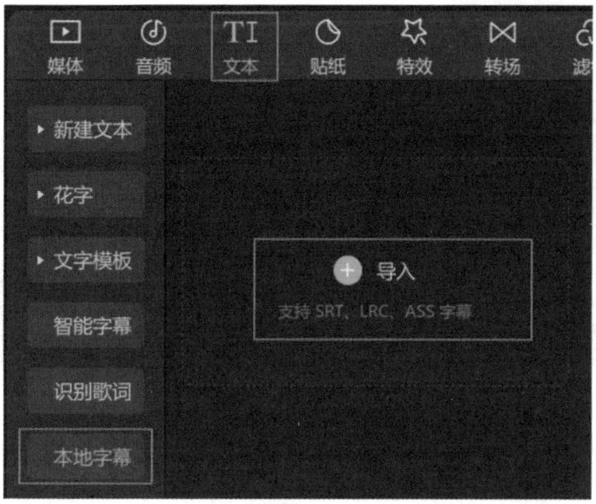

图 6-62

6.4 实例：创建文字并制作文字动画

本实例创建文字并制作文字动画，使用“智能抠像”工具抠除画面背景，使用“特效”功能制作画面故障效果。添加合适的音频文件与音效文件，最终制作出舞者从文字后方跳跃到文字前方的特效效果，如图 6-63 所示。

扫一扫，看视频

图 6-63

（1）将所有素材文件导入剪映。将舞蹈视频素材文件拖动到“时间线”面板中，如图 6-64 所示。滑动时间线，此时画面效果如图 6-65 所示。

图 6-64

图 6-65

（2）将时间线滑动至 37 秒 14 帧处，在“时间线”面板中单击舞蹈视频文件，接着单击“分割”按钮或使用快捷键 Ctrl+B 进行分割，如图 6-66 所示。在“时间线”面板中框选时间线后方的素材，单击“删除”按钮或按 Delete 键进行删除。

（3）创建文字并制作文字动画。将时间线滑动至 12 秒 07 帧处，在“素材”面板中执行“文本”/“新建文本”/“默认”命令，选择“默认文本”，单击“添加到轨道”按钮，如图 6-67 所示。

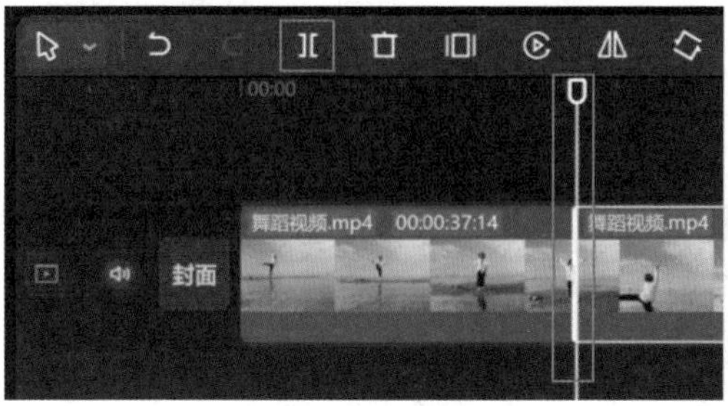

图 6-66

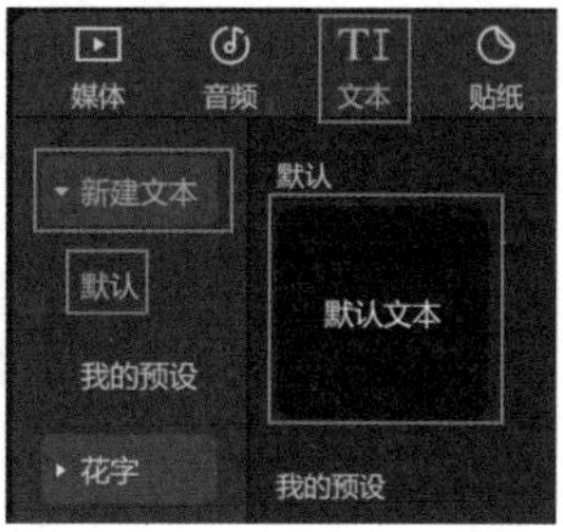

图 6-67

（4）在“时间线”面板中单击文字素材，并设置文字素材的结束时间与视频的结束时间相同。在“功能”面板中执行“文本”/“基础”命令，输入合适的文字并设置合适的字体，设置“字号”为 18，如图 6-68 所示。

（5）在“位置大小”中设置“缩放”为 268%，“位置”/X 为 8，“位置”/Y 为 300，如图 6-69 所示。

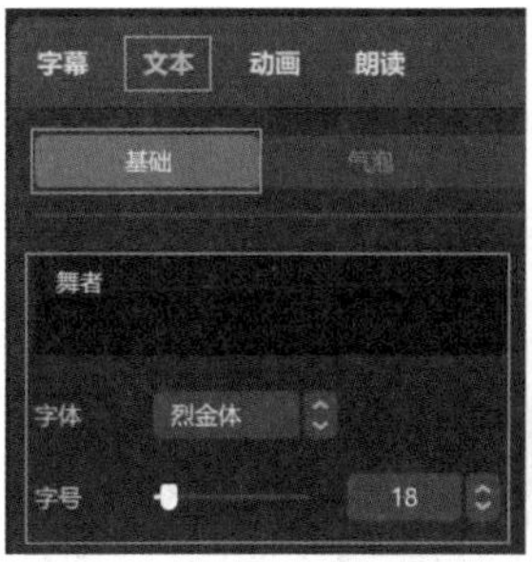

图 6-68

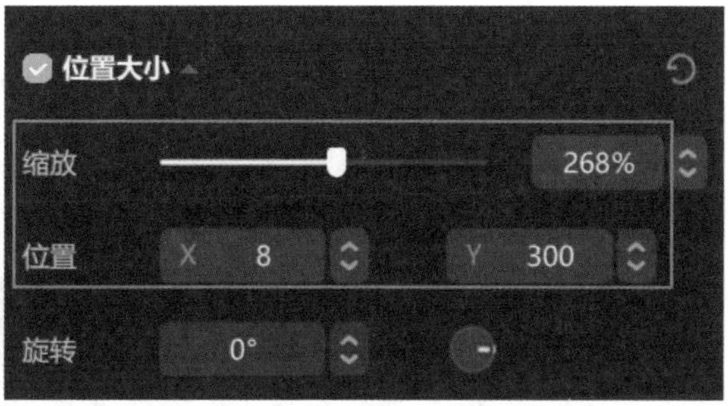

图 6-69

（6）在“功能”面板中执行“动画”/“入场”命令，选择“向右集合”动画，如图 6-70 所示。滑动时间线，此时画面中已出现制作的文字效果，如图 6-71 所示。

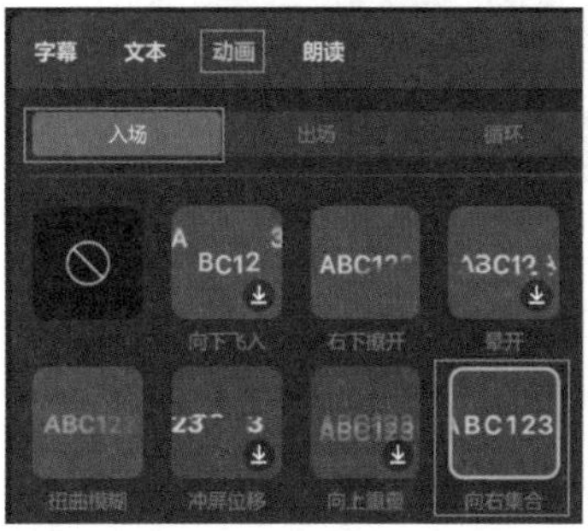

图 6-70

图 6-71

（7）制作抠像效果。在“素材”面板中将舞蹈视频素材文件再次拖动到“时间线”面板中，如图 6-72 所示。

（8）将时间线滑动至 37 秒 14 帧处，在“时间线”面板中单击第 3 轨道上的舞蹈视频文件，接着单击“分割”按钮或使用快捷键 Ctrl+B 进行分割，如图 6-73 所示。在“时间线”面板中框选时间线后方的素材，单击“删除”按钮或按 Delete 键进行删除。

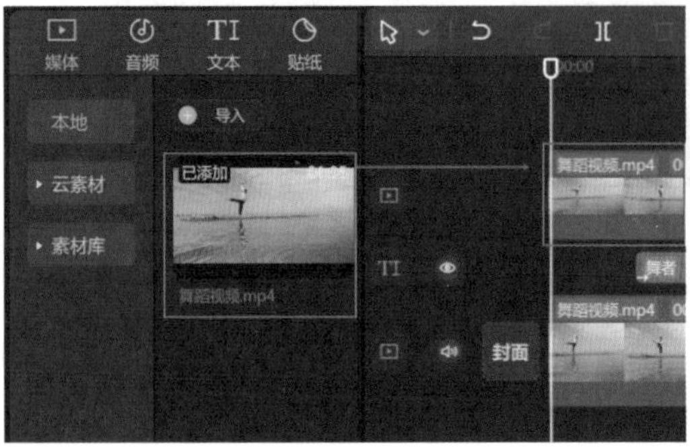

图 6-72

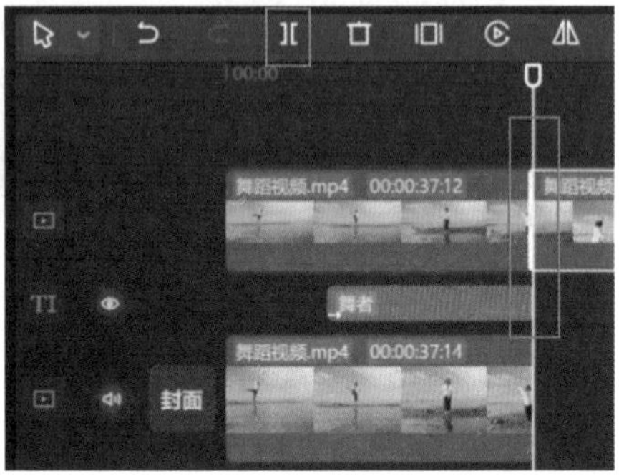

图 6-73

（9）在“功能”面板中执行“画面”/“抠像”命令，勾选“智能抠像”复选框，如图 6-74 所示。

（10）在“时间线”面板中选择文字轨道，使用快捷键 Ctrl+C 进行复制，使用快捷键 Ctrl+V 进行粘贴。将复制得到的文字轨道拖动到第 4 轨道的 12 秒 07 帧处，设置其结束时间为 17 秒 29 帧，如图 6-75 所示。

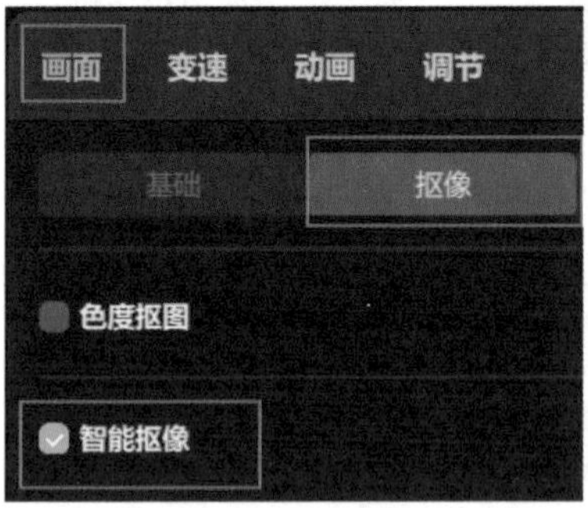

图 6-74

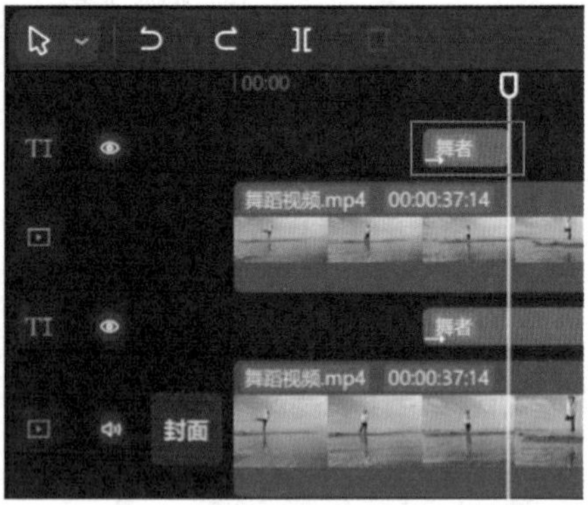

图 6-75

（11）在“素材”面板中执行“媒体”/“素材库”命令，在“搜索栏”中搜索“文字粒子消散素材”，选择合适的素材文件，并将其拖动到“时间线”面板中文字轨道的上方，如图 6-76 所示。

（12）在“时间线”面板中单击粒子素材，在“功能”面板中执行“画面”/“基础”

命令，在“位置大小”中设置“缩放”为 107%，在“混合”中设置“混合模式”为“滤色”，如图 6-77 所示。滑动时间线，此时画面中已出现制作的文字效果，如图 6-78 所示。

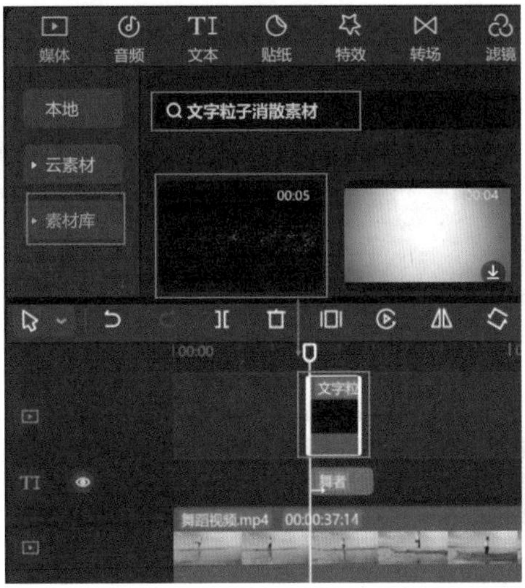

图 6-76

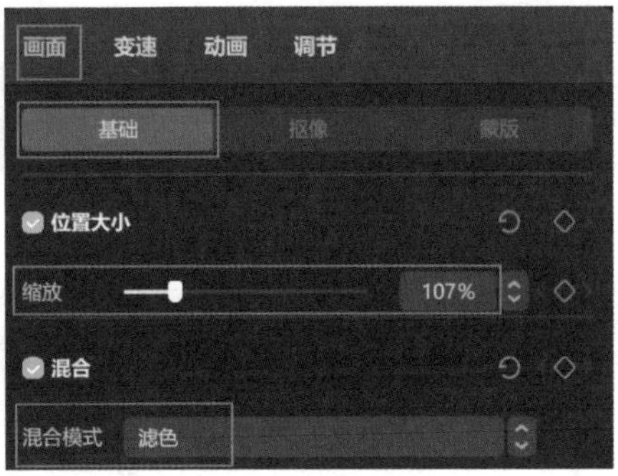

图 6-77

图 6-78

（13）添加特效。将时间线滑动至 15 秒 10 帧处，在“素材”面板中执行“特效”/“特效效果”/“动感”命令，选择“毛刺”特效，单击“添加到轨道”按钮，并设置特效的结束时间为 17 秒 13 帧，如图 6-79 所示。

（14）将时间线滑动至 20 秒 12 帧处，在“素材”面板中执行“特效”/“特效效果”/“动感”命令，选择“边缘 glitch”特效，单击“添加到轨道”按钮，如图 6-80 所示。

（15）为视频添加音乐。将时间线滑动至起始时间处，在“素材”面板中执行“音频”/“音乐素材”/“卡点”命令，选择合适的音频文件，单击“添加到轨道”按钮，如图 6-81 所示。

（16）将时间线滑动至视频结束时间处，在“时间线”面板中单击音频文件，接着单击“分割”按钮或使用快捷键 Ctrl+B 进行分割，如图 6-82 所示。在“时间线”面板中框选时间线后方的素材，单击“删除”按钮或按 Delete 键进行删除。

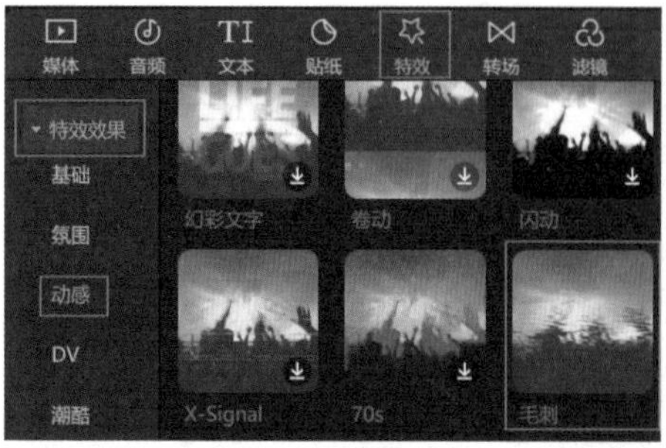

图 6-79

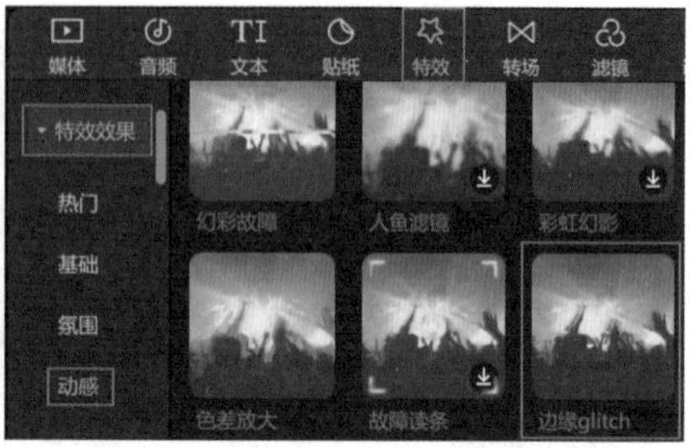

图 6-80

图 6-81

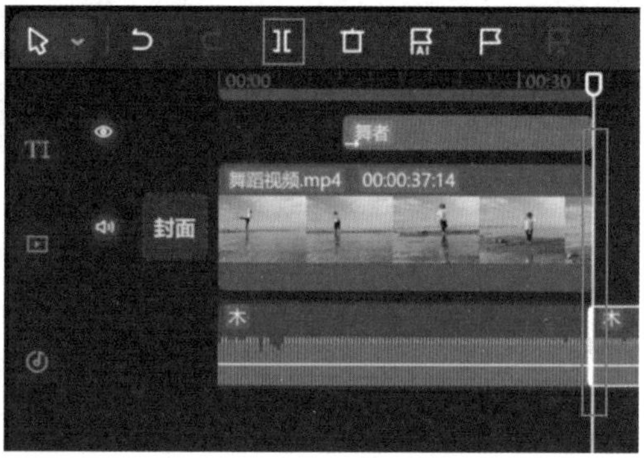

图 6-82

（17）将时间线滑动至 12 秒 19 帧处，在“素材”面板中执行“音频”/“音效素材”/“转场”命令，选择合适的音效文件，单击“添加到轨道”按钮，如图 6-83 所示。

（18）在“时间线”面板中单击音效文件，在“功能”面板中执行“音频”/“基本”命令，设置“音量”为 20.0dB，如图 6-84 所示。

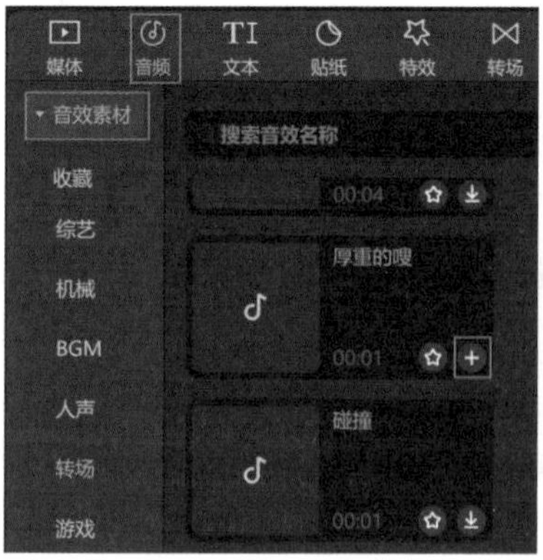

图 6-83

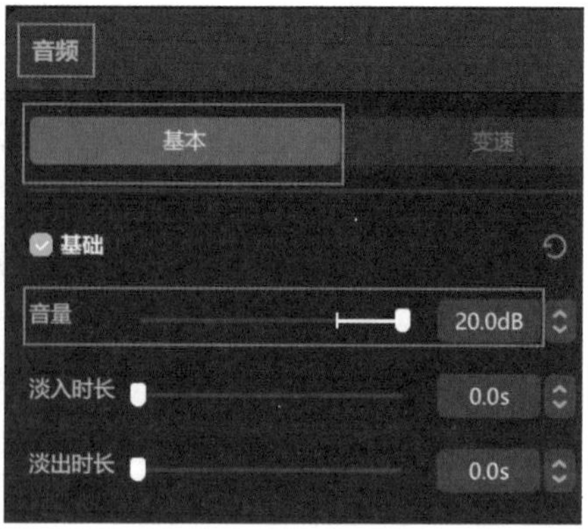

图 6-84

（19）此时本实例制作完成，滑动时间线即可查看实例效果，如图 6-85 所示。

图 6-85

6.5　实例：制作微电影《过年》片头

本实例首先对视频进行剪辑，并拼接出微电影《过年》的故事镜头；然后使用“文本”工具创建文字，并添加入场动画，制作文字进入效果，添加合适的音频与音效；最后添加“滤镜”调整画面颜色，完成微电影创作。实例效果如图 6-86 所示。

扫一扫，看视频

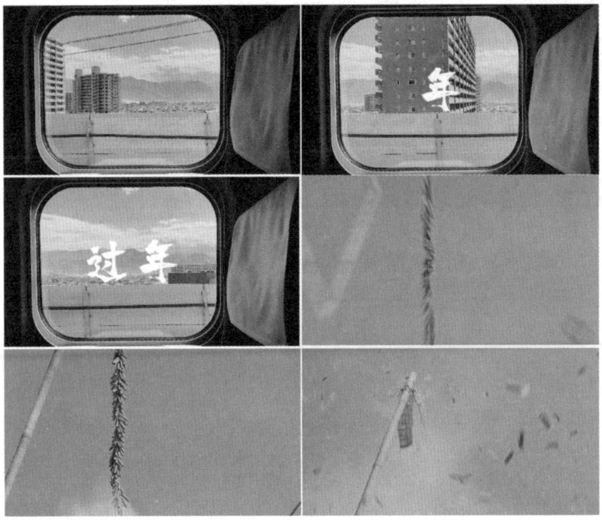

图 6-86

（1）将所有素材文件导入剪映。将所有素材文件拖动到“时间线”面板中，如图 6-87 所示。滑动时间线，此时画面效果如图 6-88 所示。

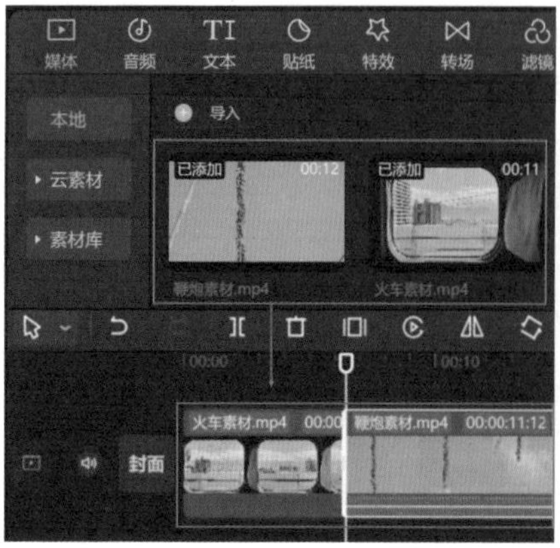

图 6-87

图 6-88

（2）将时间线滑动至 6 秒 13 帧处，在“时间线”面板中单击火车素材文件，接着单击“分割”按钮或使用快捷键 Ctrl+B 进行分割，如图 6-89 所示。在“时间线”面板中框选时间线后方的素材，单击“删除”按钮或按 Delete 键进行删除。

（3）在“素材”面板中执行“转场”/“转场效果”/“运镜转场”命令，选择“推近”转场效果，如图 6-90 所示。在“功能”面板中设置转场效果的时长为 1.2s。

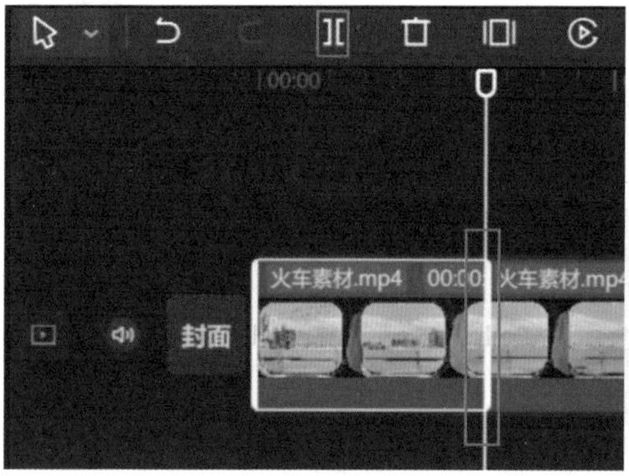

图 6-89

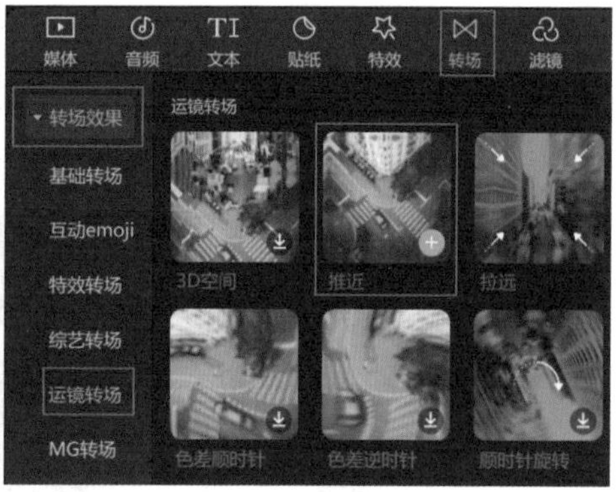

图 6-90

（4）创建文字并制作文字动画。将时间线滑动至 24 帧处，在“素材”面板中执行“文本”/“新建文本”/“默认”命令，单击“默认文本”按钮，单击“添加到轨道”按钮，如图 6-91 所示。

（5）在“时间线”面板中单击文字轨道，在“功能”面板中执行“文本”/“基础”命令，输入合适的文字并设置合适的字体，设置“字号”为 30，如图 6-92 所示。

（6）在“位置大小”中设置“位置”/X 为 -251，如图 6-93 所示。

（7）在“功能”面板中执行“动画”/“入场”命令，选择“向右集合”动画，如图 6-94 所示。滑动时间线，此时画面中已添加文字和文字动画，效果如图 6-95 所示。

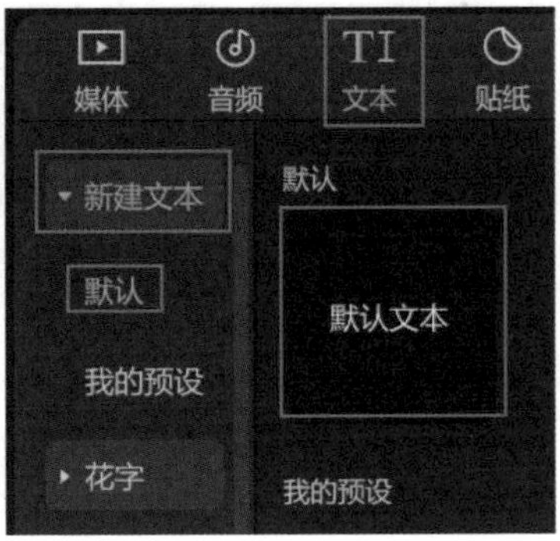

图 6-91

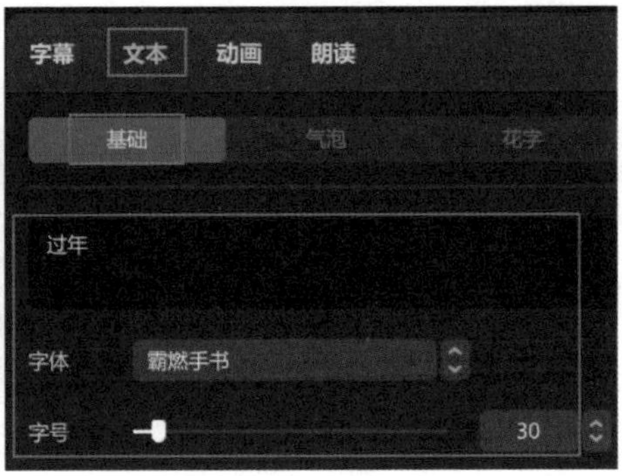

图 6-92

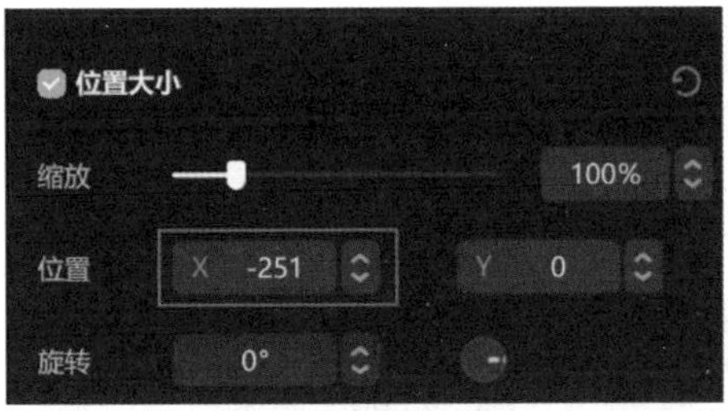

图 6-93

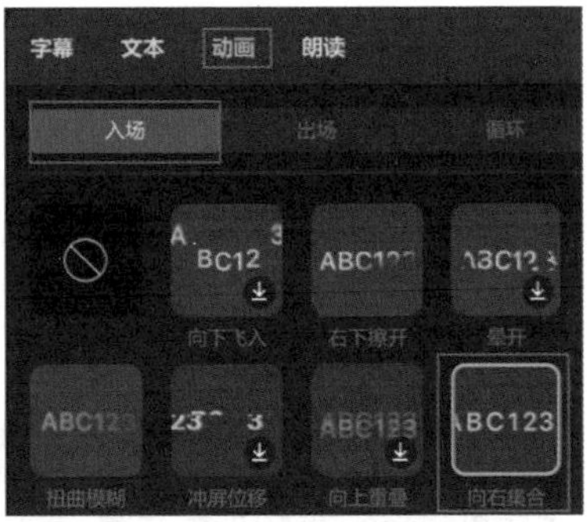

图 6-94

（8）将时间线滑动至起始时间处，在“素材”面板中执行“滤镜”/“滤镜库”/“影视级”命令，选择“琥珀”滤镜，如图 6-96 所示。

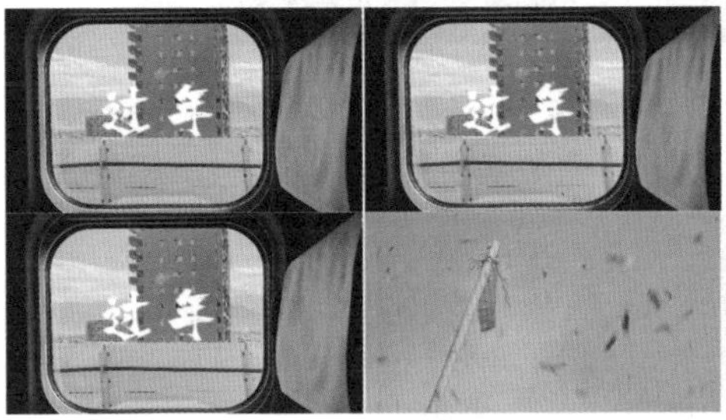

图 6-95

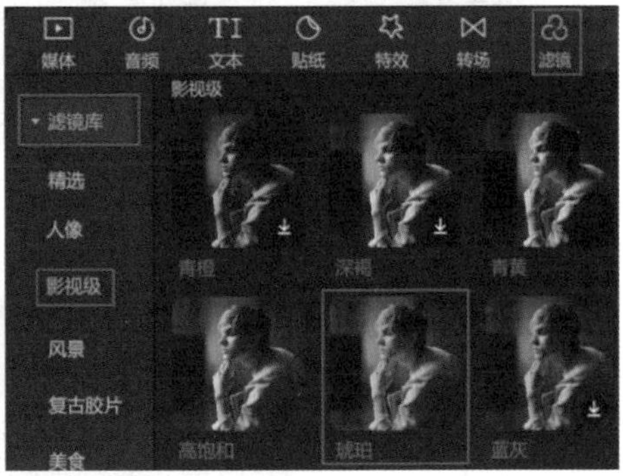

图 6-96

（9）在“时间线”面板中设置“琥珀”滤镜的结束时间与视频的结束时间相同，如图 6-97 所示。

（10）添加音乐与音频。将时间线滑动至起始时间处，在“素材”面板中执行“音频”/“音乐素材”命令，在“搜索栏”中搜索“过年”，接着选择合适的音频文件，单击“添加到轨道”按钮，如图 6-98 所示。

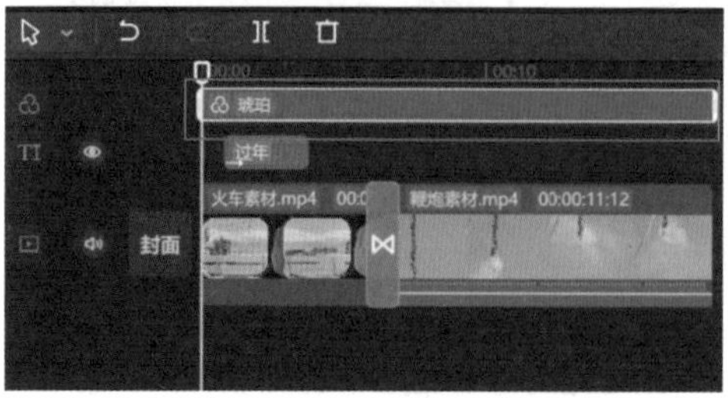

图 6-97

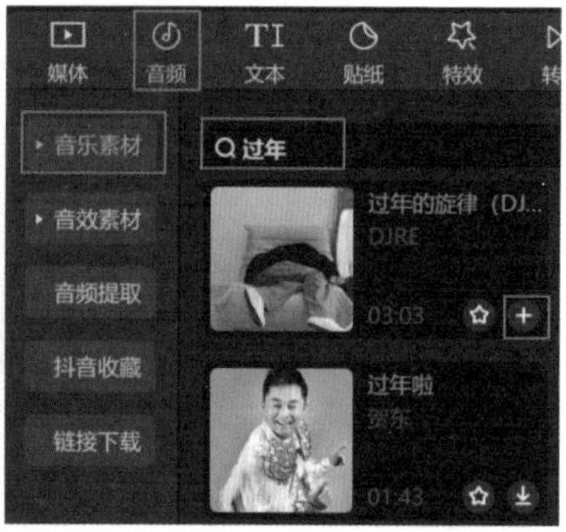

图 6-98

（11）将时间线滑动至视频的结束时间处，在“时间线”面板中单击音频文件，接着单击“分割”按钮或使用快捷键 Ctrl+B 进行分割，如图 6-99 所示。在“时间线”面板中框选时间线后方的素材，单击“删除”按钮或按 Delete 键进行删除。

（12）将时间线滑动至 5 秒 25 帧处，在“素材”面板中执行“音频”/“音效材”命令，在“搜索栏”中搜索“鞭炮声”，选择合适的音效文件，单击“添加到轨道”按钮，如图 6-100 所示。

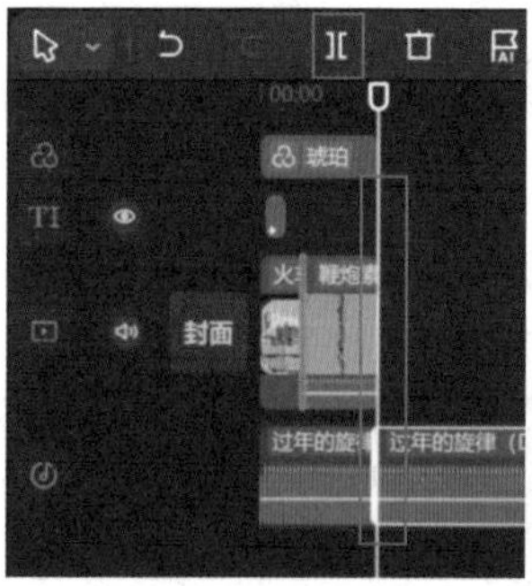

图 6-99

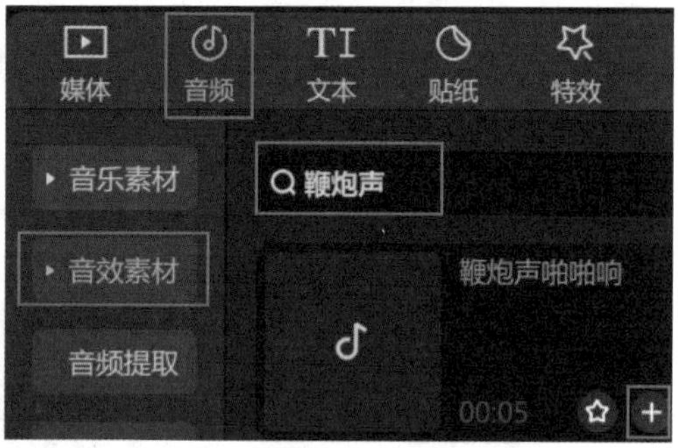

图 6-100

（13）此时本实例制作完成，滑动时间线即可查看实例效果，如图 6-101 所示。

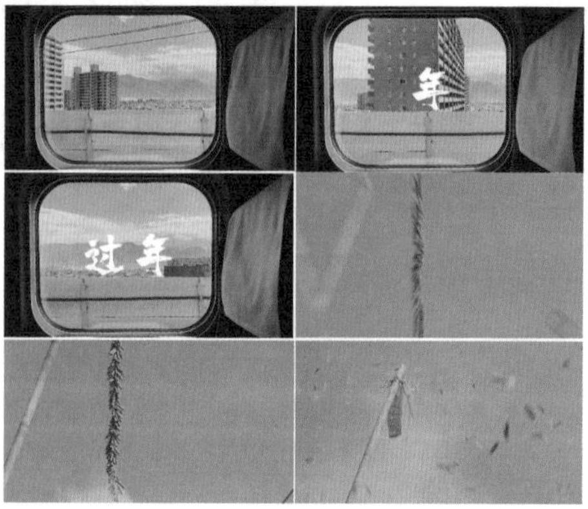

图 6-101

第 7 章

调色，让短视频更出彩

■ **本章内容简介：**

调色是剪映中非常重要的功能，在很大程度上能够决定作品的“好坏”。通常情况下，不同的颜色往往带有不同的情感倾向，在制作视频时也是一样，只有与视频主题相匹配的色彩才能正确地传达视频的主旨内涵，因此正确地使用调色效果对制作视频而言是一个重要环节。

■ **重点知识掌握：**

- 使用调节手动调色
- 使用滤镜自动调色

7.1 基 础

本节将学习在剪映中调节基本调色参数的方法，如色温、色调、饱和度、亮度、对比度等。

7.1.1 两种不同的调色方式

剪映中有两种调色方式，使用“功能”面板中的“调节”功能可以对所选的视频片段进行调色，不会影响其他片段，如图 7-1 和图 7-2 所示。

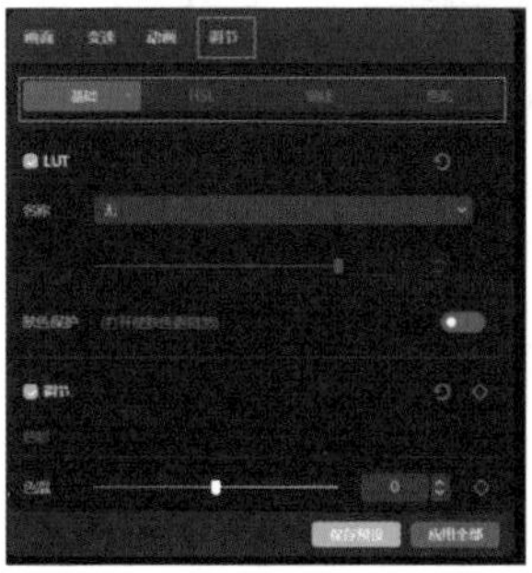

图 7-1

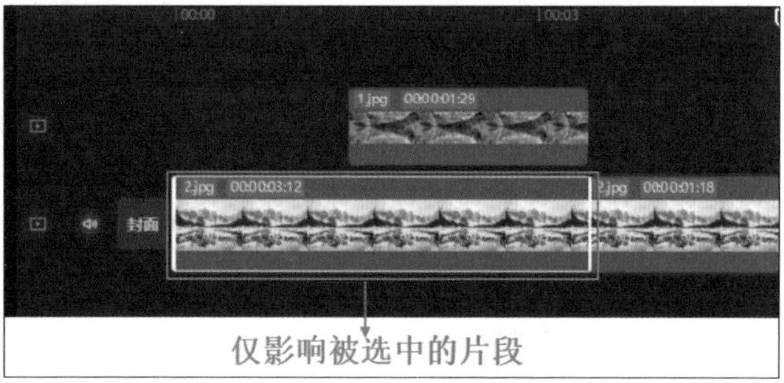

图 7-2

而使用“素材”面板中的“调节”功能则可以在轨道上生成一段可调整时长的调色轨道，覆盖在该调色轨道下方的画面都会产生调色效果，而其他部分不受影响。也就是说，想要对部分时间区域内的画面进行调色可以使用此方法，如图 7-3 和图 7-4 所示。

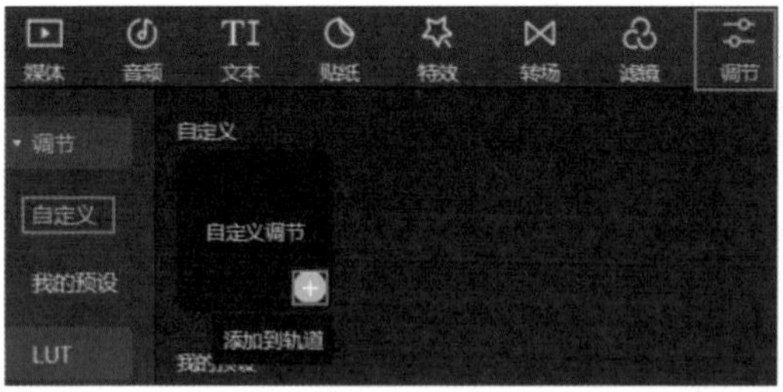

图 7-3

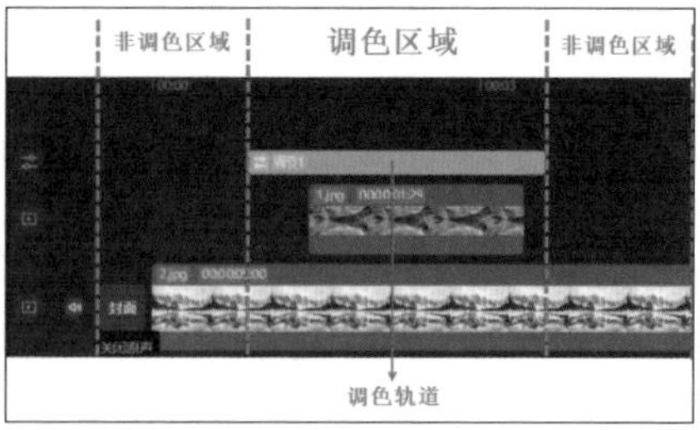

图 7-4

在“功能”面板的“调节”/“基础”中可以使用“调节”选项组对色彩进行精细化调整，如色温、色调、对比度等，如图 7-5 所示。

“调节”包含“色彩”“明度”“效果”3 个部分。调整合适的画面效果后可单击

“保存预设”按钮进行保存，以便再次使用，或者单击“应用全部”按钮将颜色应用到全部图层上，如图 7-6 所示。

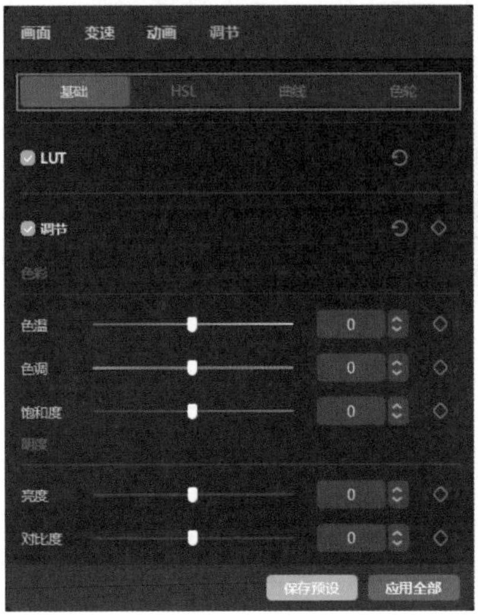

图 7-5

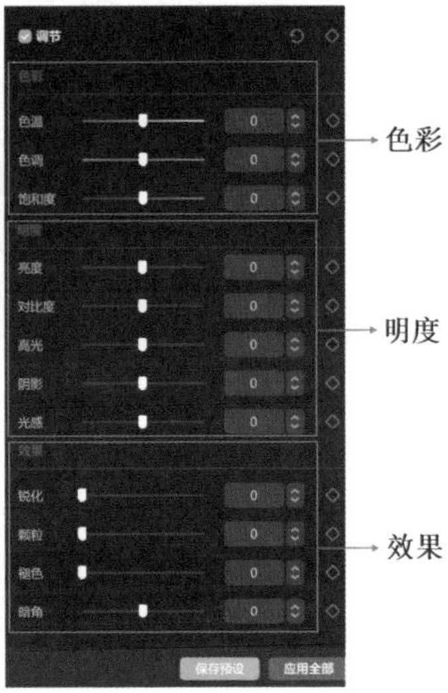

图 7-6

1. 色彩

“色彩”用于调整画面中的颜色，“色彩”包括“色温”“色调”“饱和度”。“色温”与“色调”用于调整画面的色调，“饱和度”用于调整色彩的鲜艳程度，如图 7-7 所示。

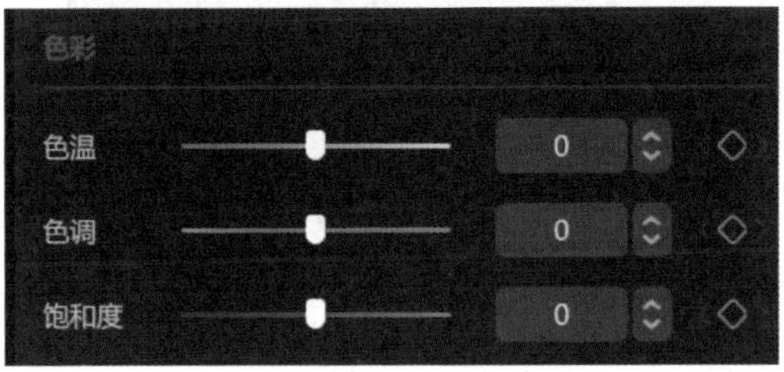

图 7-7

- 色温：人眼对发光体或白色反光体的感觉。在实际拍摄照片时，如果光线色温偏低或偏高，则可以通过调整“色温”来校正作品。当设置“色温”为 0、-50、50 时的对比效果如图 7-8 所示。

图 7-8

- 色调：改变色彩的颜色倾向。当设置“色调”为 -30 和 30 时的对比效果如图 7-9 所示。
- 饱和度：控制画面颜色的鲜艳程度，数值越大，画面色感越强烈。当设置“饱和度”为 -50 和 50 时的对比效果如图 7-10 所示。

图 7-9

图 7-10

2. 明度

“明度”用于调整画面的明亮程度，“明度”包括“亮度”“对比度”“高光”“阴影”“光感”。通过调整“亮度”“高光”“光感”可以调整画面的亮度，通过调整“对比度”可以调整画面的明暗对比，通过调整“阴影”可以调整画面的暗部，如图 7-11 所示。

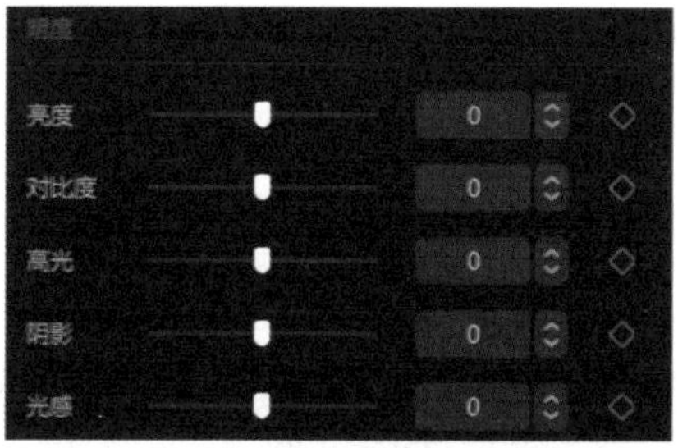

图 7-11

- 亮度：可以提高或降低画面的亮度，数值小则暗，数值大则亮。当设置“亮度”为 -50 和 50 时的对比效果如图 7-12 所示。
- 对比度：可以增加或减少画面的对比度，主要影响中间色调。当设置“对比度”为 -50 和 50 时的对比效果如图 7-13 所示。

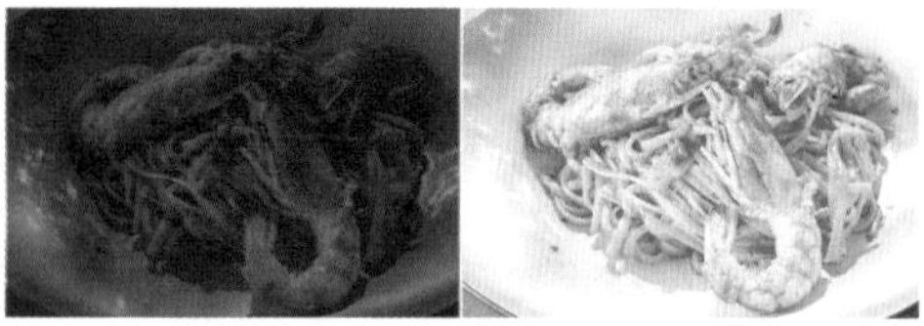

图 7-12

图 7-13

- 高光：用于控制画面中高光区域的明暗，数值越大，画面亮部就越亮。当设置“高光”为 -50 和 50 时的对比效果如图 7-14 所示。
- 阴影：用于控制画面中阴影区域的明暗，数值越大，画面暗部就越亮。当设置“阴影”为 -50 和 50 时的对比效果如图 7-15 所示。

图 7-14

图 7-15

- 光感：用于控制画面中光源的强弱。当设置“光感”为 -50 和 50 时的对比效果如图 7-16 所示。

图 7-16

3. 效果

“效果”用于调整画面的特殊显示效果，“效果”包括“锐化”“颗粒”“褪色”“暗角”，如图 7-17 所示。

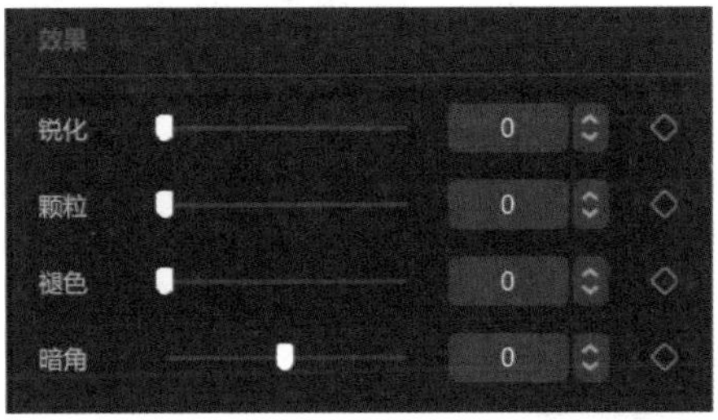

图 7-17

- 锐化：用于控制画面细节的锐利、清晰程度，数值越大，画面就越锐利。当设置“锐化”为 0 和 100 时的对比效果如图 7-18 所示。
- 颗粒：用于控制画面中的颗粒点，为画面制作做旧效果，数值越大，画面中的颗粒就越多。当设置“颗粒”为 0 和 100 时的对比效果如图 7-19 所示。

图 7-18

图 7-19

- 褪色：用于控制画面中颜色的对比度，数值越大，画面就越灰。当设置“褪色”为 0 和 100 时的对比效果如图 7-20 所示。
- 暗角：用于控制画面中四角的明暗，数值越大，四周的黑色暗角就越明显。当设置“暗角”为 -50 和 50 时的对比效果如图 7-21 所示。

图 7-20

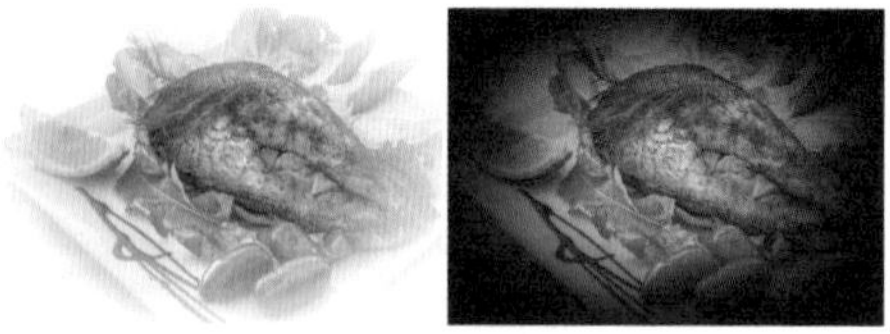

图 7-21

7.1.2 实例：打造清晰饱和的色调

本实例使用“调节”工具调整画面的色温、色调、饱和度、亮度、对比度、高光、阴影、锐化，从而制作清晰明亮的色调。实例效果如图 7-22 所示。

扫一扫，看视频

图 7-22

（1）将素材文件导入剪映。将风景素材文件拖动到“时间线”面板中，如图 7-23 所示。此时画面效果如图 7-24 所示。

图 7-23

图 7-24

（2）在“时间线”面板中单击风景素材文件。在“功能”面板中执行“调节”/“基础”/“调节”命令，在“色彩”中设置“色温”为 -11，“色调”为 -5，“饱和度”

为 31，如图 7-25 所示。

（3）在“明度”中设置“亮度”为 2，“对比度”为 15，“高光”为 -15，“阴影”为 -20，如图 7-26 所示。此时画面的色彩变得更加鲜艳，图 7-27 所示为操作前后的对比效果。

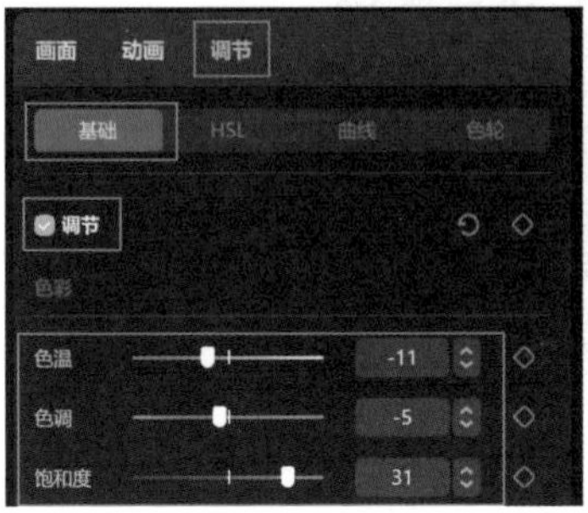

图 7-25

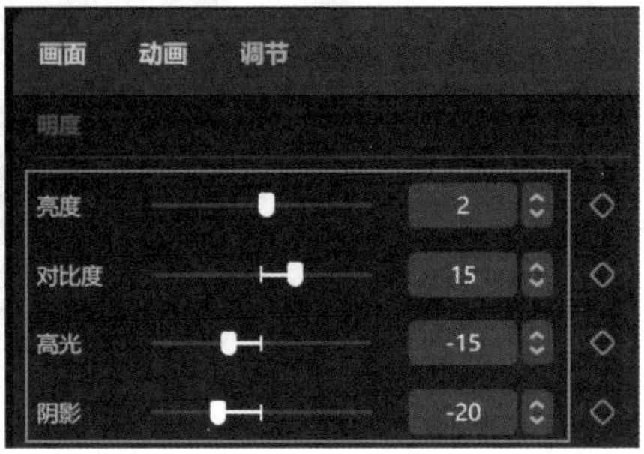

图 7-26

图 7-27

（4）在“效果”中设置“锐化”为 23，使画面更清晰，如图 7-28 所示。最终效果如图 7-22 所示。

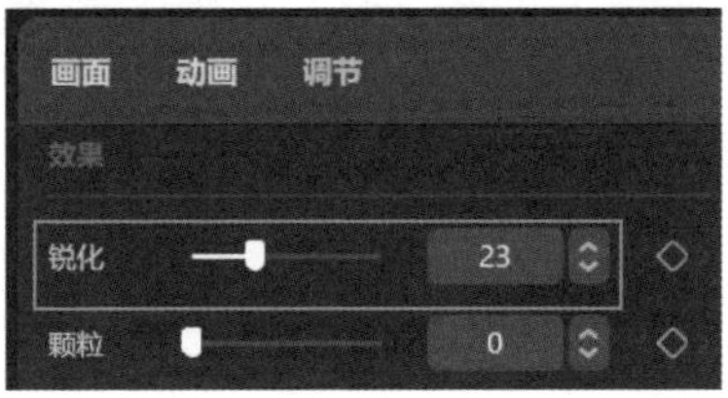

图 7-28

7.2　HSL

HSL 是一种颜色模式，H 是指“色相”，S 是指“饱和度”，L 是指“亮度”。通过调整通道中的“色相”“饱和度”“亮度”对画面中某一颜色进行精细化调整，从而使得画面色彩产生变化。在“功能”面板中执行“调节”/HSL 命令，如图 7-29 所示。

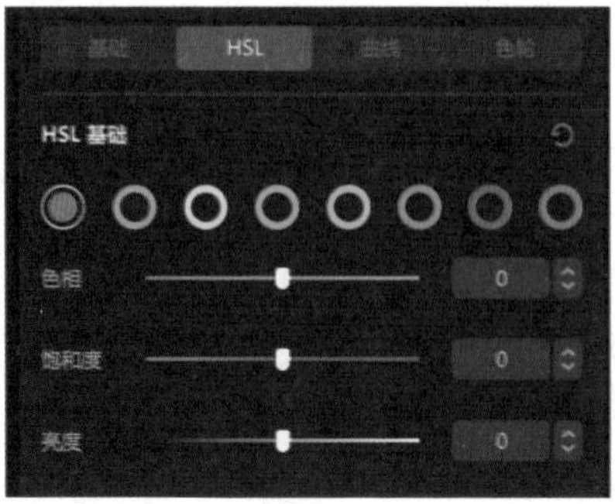

图 7-29

（1）制作画面偏红效果。将任意美食图片素材文件拖动到“时间线”面板中，此时“播放器”面板如图 7-30 所示。

（2）在“时间线”面板中单击视频轨道上的美食图片素材。在“功能”面板中执行“调节”/HSL 命令，单击“橘红色轨道”按钮，设置“色相”为 -100，“饱和度”为 100，“亮度”为 -20，如图 7-31 所示。

图 7-30

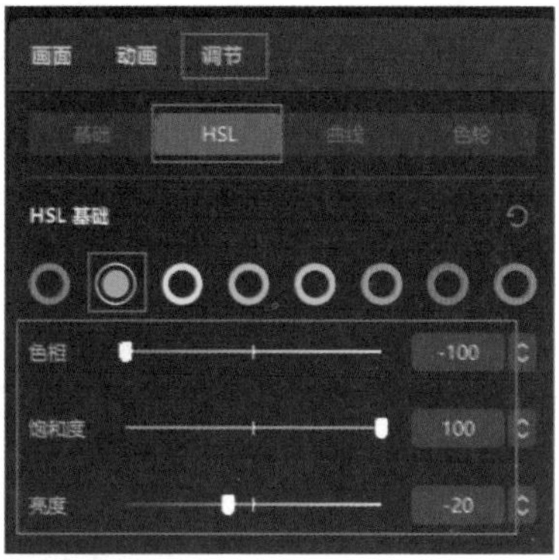

图 7-31

（3）制作红色色调，调整“橘红色通道”前后的对比效果如图 7-32 所示。

图 7-32

（4）单击“黄色轨道”按钮，设置“色相”为 -45，“饱和度”为 14，“亮度”为 20，如图 7-33 所示。

（5）增加红色对比度，调整“黄色通道”前后的对比效果如图 7-34 所示。

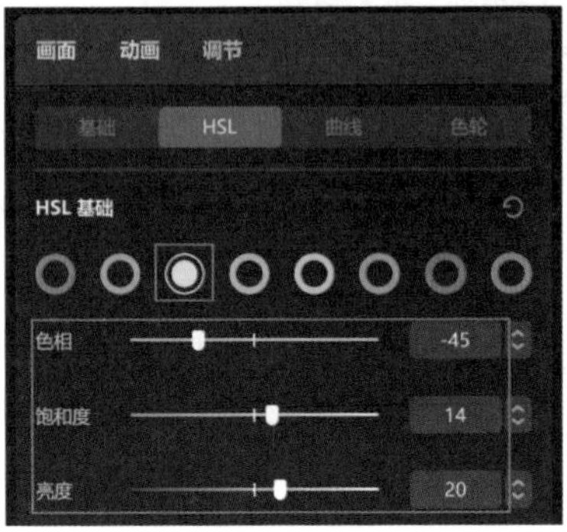

图 7-33

图 7-34

实例：只保留人的色彩

本实例在剪映中使用“调节”工具调整视频亮度，接着使用 HSL 工具去除画面中的绿色，使用“音频”工具添加音频，使用“文字模板”工具创建文字、制作文字动画。实例效果如图 7-35 所示。

扫一扫，看视频

图 7-35

（1）将所有素材文件导入剪映。将人物视频素材文件拖动到“时间线”面板中，如图 7-36 所示。滑动时间线，此时画面效果如图 7-37 所示。

（2）调整画面颜色。在“时间线”面板中单击人物视频素材。在“功能”面板中执行“调节”/“基础”/“调节”命令，设置“色温”为 -16，如图 7-38 所示。

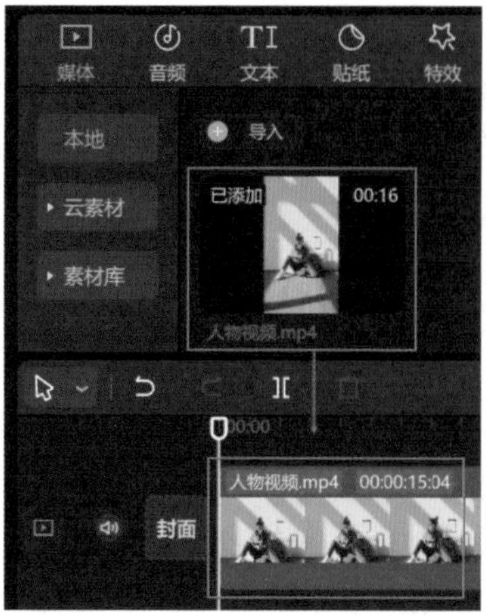

图 7-36

图 7-37

（3）设置“亮度”为 20，“高光”为 -10，如图 7-39 所示。此时画面与之前画面的对比效果如图 7-40 所示。

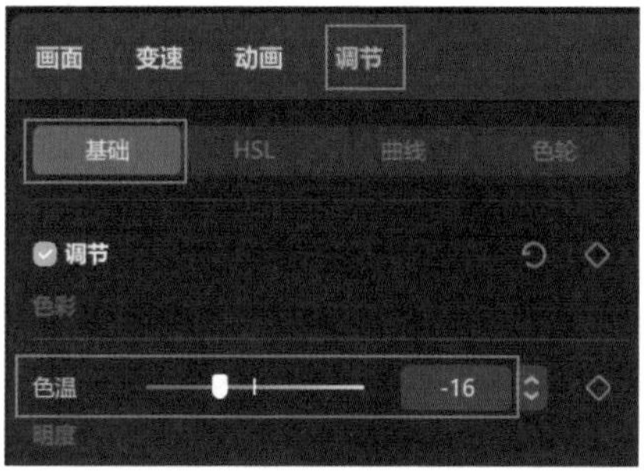

图 7-38

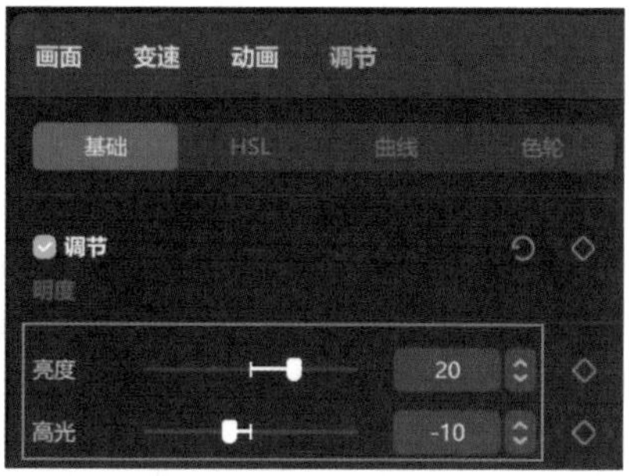

图 7-39

（4）在“功能”面板中执行“调节”/HSL 命令。单击“绿色通道”按钮，设置“饱和度”为 -100，如图 7-41 所示。

图 7-40

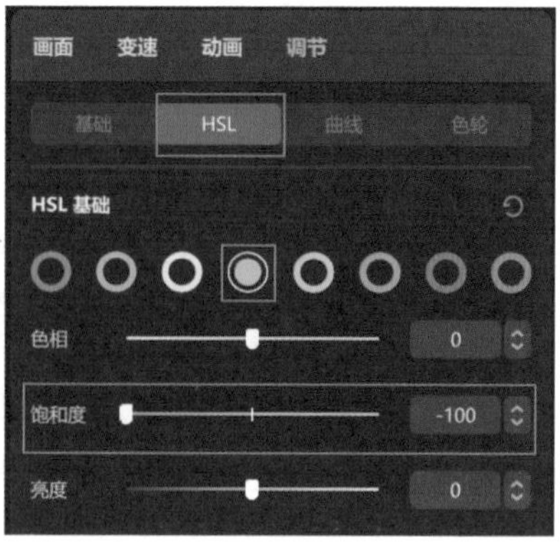

图 7-41

提示：HSL 的作用。

HSL 可通过调整某一通道的“色相”“饱和度”“亮度”参数调整画面的颜色。

（5）单击“青色通道”按钮，设置“饱和度”为 -100，如图 7-42 所示。此时画面与之前画面的对比效果如图 7-43 所示，此时的画面中除人像之外的区域已变为灰色。

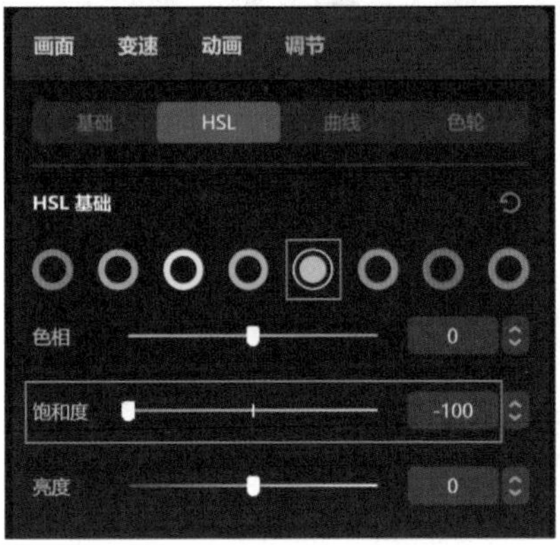

图 7-42

图 7-43

（6）添加音乐。在“素材”面板中执行“音频”/“音乐素材”/“伤感”命令，选择合适的音频文件，单击“添加到轨道”按钮，如图 7-44 所示。

（7）将时间线滑动至视频结束时间处，在“时间线”面板中单击音频文件，单击“分割”按钮或使用快捷键 Ctrl+B 进行分割，如图 7-45 所示。

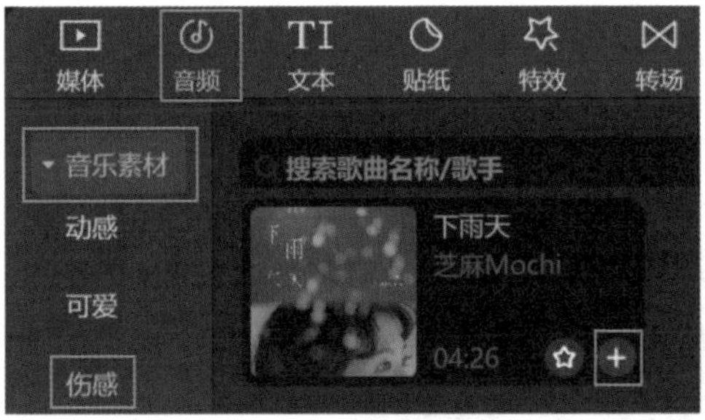

图 7-44

图 7-45

（8）在“时间线”面板中单击时间线后方的音频素材，单击“删除”按钮或按 Delete 键进行删除，如图 7-46 所示。

（9）添加文字预设效果。将时间线滑动至 7 秒 14 帧处，在“素材”面板中执行“文本”/“文字模板”/“气泡”命令，选择合适的文字模板，单击“添加到轨道”按钮，如图 7-47 所示。

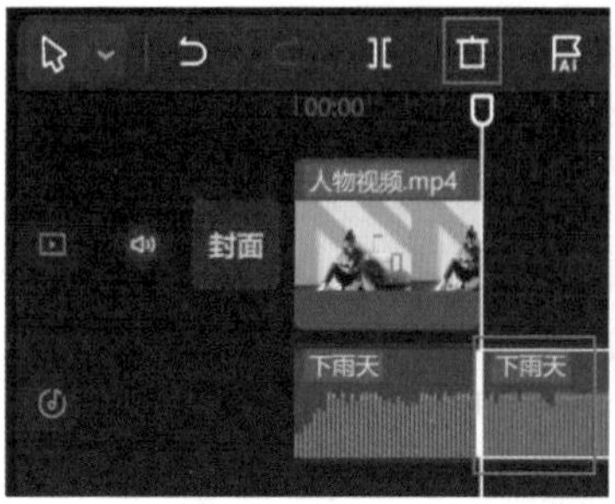

图 7-46

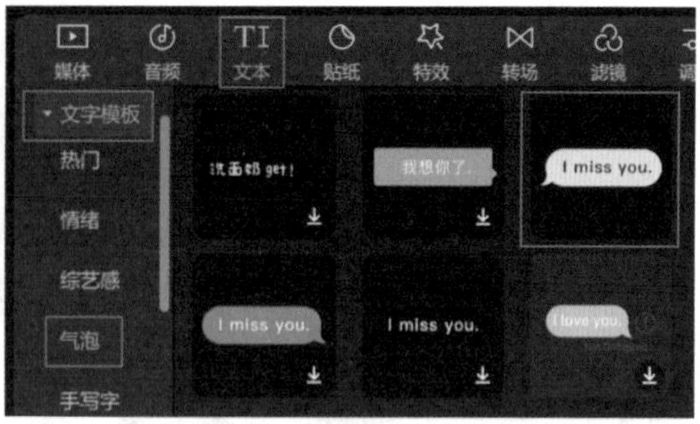

图 7-47

（10）在“功能”面板中执行“文本”/“基础”/“位置大小”命令，设置“位置”/X 为 495，“位置”/Y 为 -198，如图 7-48 所示。

（11）此时本实例制作完成，滑动时间线即可查看实例效果，如图 7-49 所示。

图 7-48

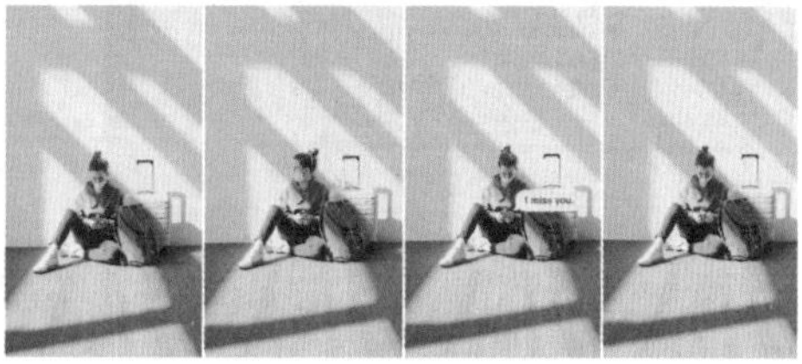

图 7-49

7.3 曲 线

“曲线”适用于对画面中的明暗程度进行曲线化调整。“曲线”中包括“亮度”“红色通道”“绿色通道”“蓝色通道”。“亮度”曲线用于调整画面整体明暗（不改变色相），而“红色通道”“绿色通道”与“蓝色通道”曲线用于调整画面中的红色、绿色、蓝色部分的色相（改变色相）。“曲线”面板如图 7-50 所示。

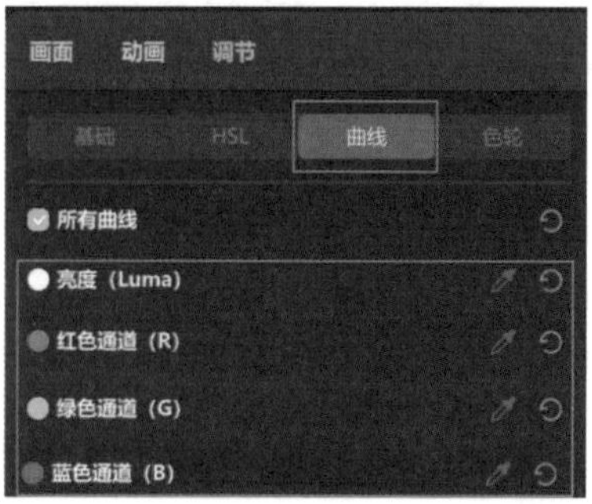

图 7-50

（1）制作画面偏紫效果。将任意素材文件拖动到“时间线”面板中，此时“播放器”面板如图 7-51 所示。

（2）在“时间线”面板中单击视频轨道上的背影图片素材。在“功能”面板中执行“调节”/“曲线”命令，在“亮度”曲线上单击添加一个锚点，并向左上方进行拖动，如图 7-52 所示。

图 7-51

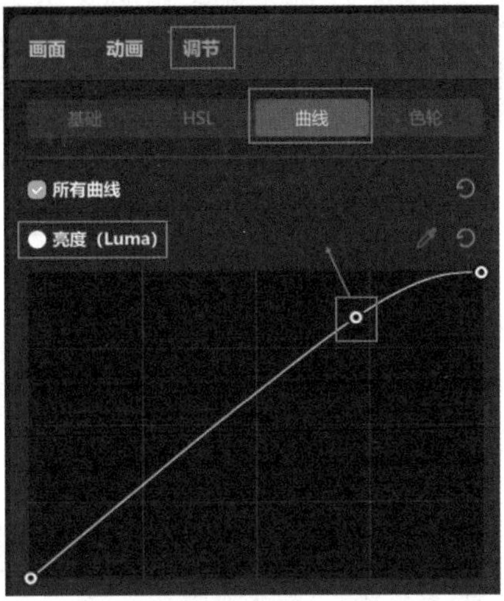

图 7-52

（3）再次在曲线上的合适位置单击，添加锚点并向右下方进行拖动，如图 7-53 所示。查看此时画面与之前画面的对比效果，此时画面的明暗对比变得更加明显，如图 7-54 所示。

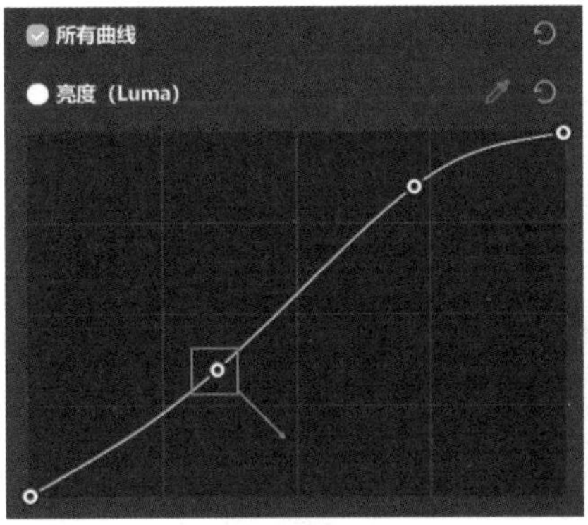

图 7-53

图 7-54

（4）在“红色通道”曲线上的合适位置单击，添加锚点并向右下方进行拖动，如图 7-55 所示。查看此时画面与之前画面的对比效果，此时画面的红色已明显减少，如图 7-56 所示。

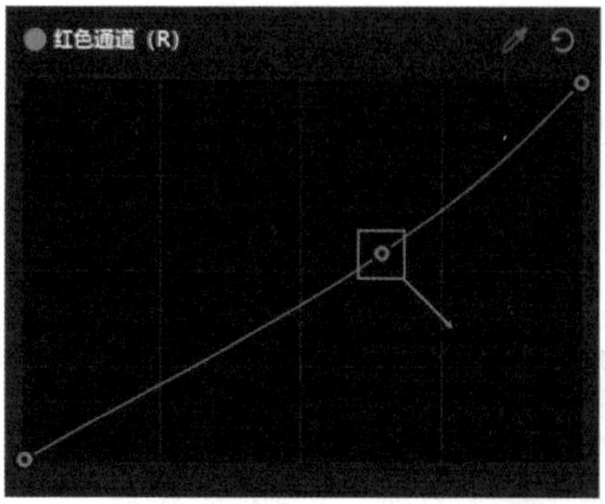

图 7-55　　图 7-56

（5）在“蓝色通道”曲线上的合适位置单击，添加锚点并向左上方进行拖动，接着再次单击曲线，添加锚点并向右下方进行拖动，如图 7-57 所示。此时画面与之前画面的对比效果如图 7-58 所示，可以看到此时画面整体偏向紫色调。

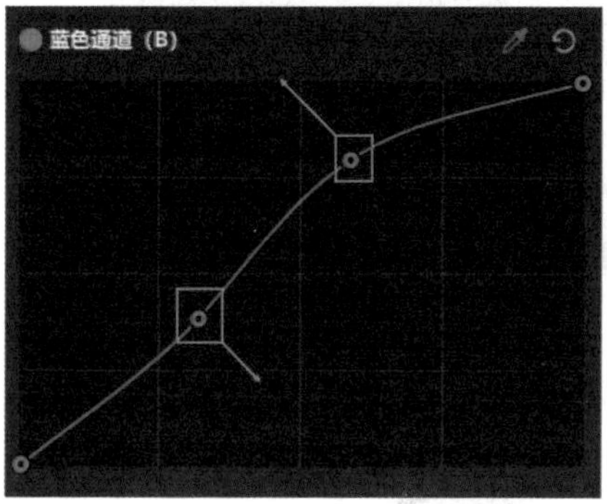

图 7-57　　图 7-58

实例：怀旧复古感色调

本实例首先使用“调节”工具调整视频亮度；然后使用 HSL 工具将画面中的绿色变得更复古；接着使用“曲线”与“色轮”工具制作画面偏红色调；最后使用“音频”工具添加音频，并使用“文字模板”工具创建文字并制作文字动画。实例效果如图 7-59 所示。

扫一扫，看视频

图 7-59

（1）将所有素材文件导入剪映。将人物视频素材文件拖动到“时间线”面板中，如图 7-60 所示。滑动时间线，此时画面效果如图 7-61 所示。

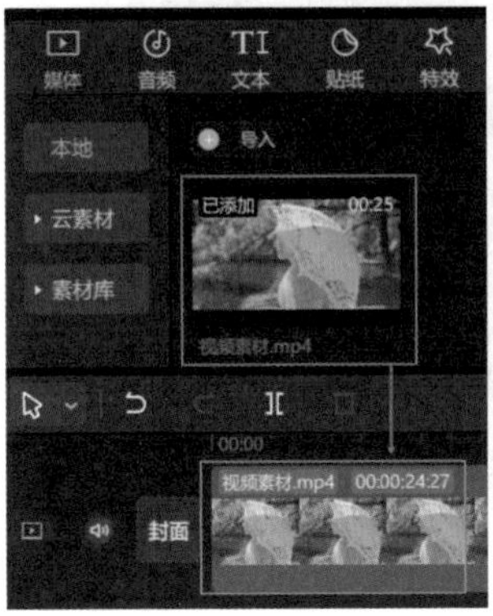

图 7-60

图 7-61

（2）制作画面朦胧感。在“时间线”面板中单击人物视频素材。在“功能”面板中执行“调节”/“基础”/“调节”命令，设置“色温”为 34，“色调”为 5，“饱和度”为 -14，“对比度”为 -17，如图 7-62 所示。

（3）单击 HSL 按钮，单击“绿色通道”按钮，设置“色相”为 -100，如图 7-63 所示。将此时画面与之前画面进行对比，此时画面明显更具朦胧感，对比效果如图 7-64 所示。

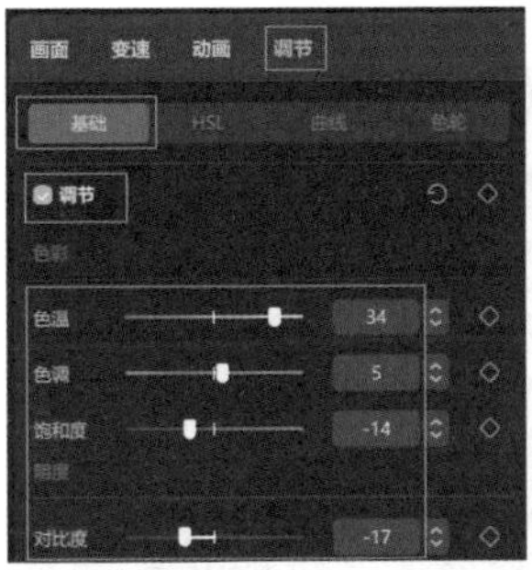

图 7-62

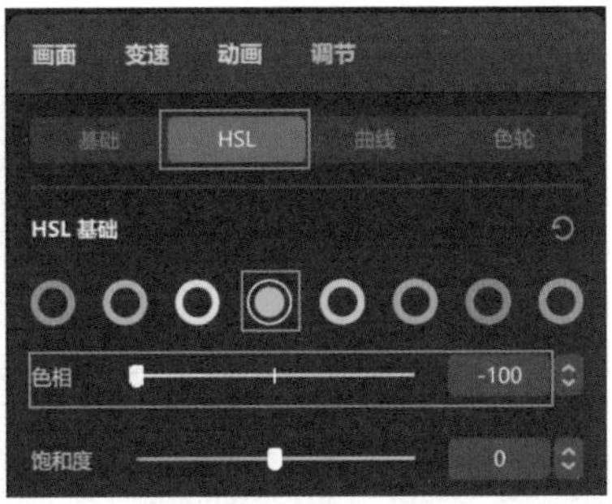

图 7-63

图 7-64

（4）制作画面复古感。在“功能”面板中执行“调节”/“曲线”命令。在“红色通道”曲线上的合适位置单击，添加锚点并向左上方进行拖动，如图 7-65 所示。

（5）在“绿色通道”曲线上的合适位置单击，添加锚点并向右下方进行拖动，如图 7-66 所示。

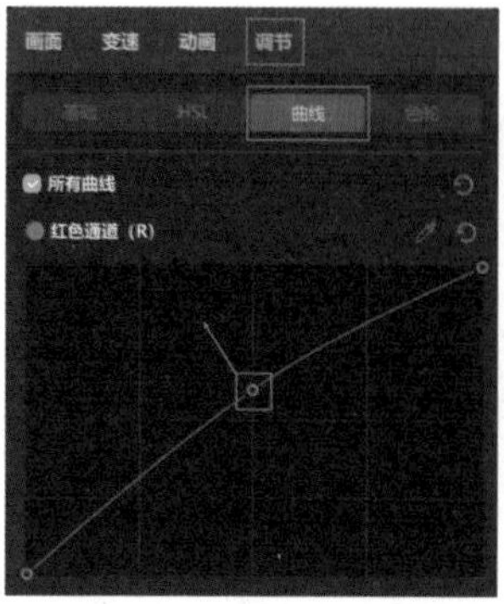

图 7-65

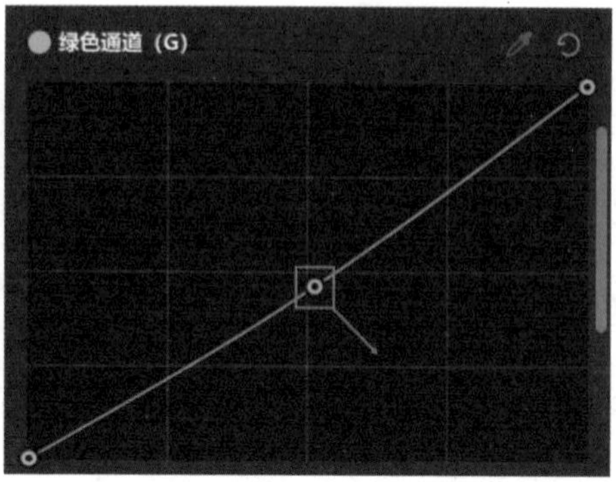

图 7-66

提示：曲线的作用。

曲线上锚点的位置与拖动的弧度不同，画面中的颜色效果也就不同。

（6）在“功能”面板中执行“调节”/“色轮”命令。设置“一级色轮”，将“暗部”的控制点向左上方拖动，将“中灰”的控制点向右上方拖动，如图 7-67 所示。

（7）将“亮部”的控制点向左下方拖动，如图 7-68 所示。此时画面与之前画面的对比效果如图 7-69 所示。

图 7-67

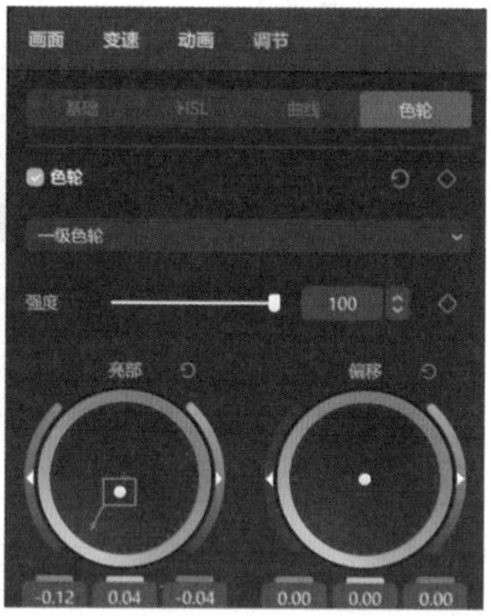

图 7-68

图 7-69

（8）为画面添加音乐。在“素材”面板中执行“音频”/“音乐素材”命令，选择合适的音频文件，单击“添加到轨道”按钮，如图 7-70 所示。

（9）将时间线滑动至视频结束时间处，在“时间线”面板中单击音频文件，单击“分割”按钮或使用快捷键 Ctrl+B 进行分割，如图 7-71 所示。

图 7-70

图 7-71

（10）在“时间线”面板中单击时间线后方的音频素材，单击“删除”按钮或按 Delete 键进行删除，如图 7-72 所示。

（11）为画面添加文字模板。将时间线滑动至 5 秒 24 帧处，在“素材”面板中执行“文本”/“文字模板”/“简约”命令，选择合适的文字模板，单击“添加到轨道”按钮，如图 7-73 所示。

图 7-72

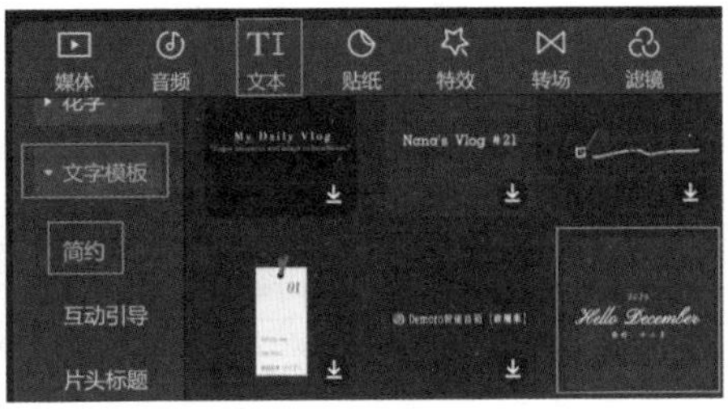

图 7-73

（12）在“功能”面板中执行“文本”/“基础”命令，将“第 1 段文本”修改为合适的内容，如图 7-74 所示。

（13）分别将“第 2 段文本”与“第 3 段文本”修改为合适的内容，如图 7-75 所示。

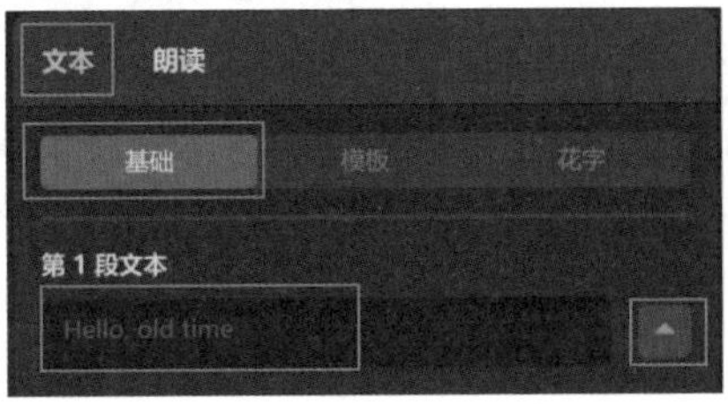

图 7-74

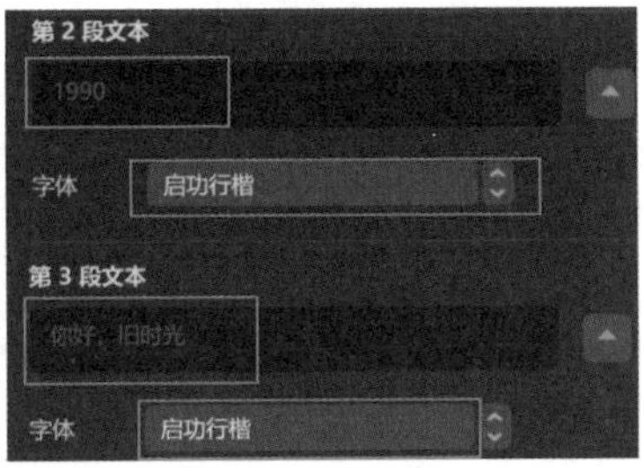

图 7-75

（14）在“时间线”面板中设置文字模板的结束时间与视频的结束时间相同，如图 7-76 所示。

（15）此时本实例制作完成，滑动时间线即可查看实例效果，如图 7-77 所示。

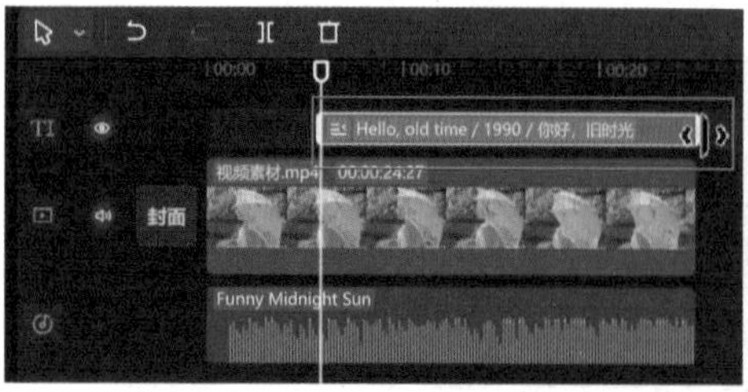

图 7-76

图 7-77

7.4 色 轮

“色轮”适用于对画面中的整体或某一部分进行颜色调整。“色轮”中包括“暗部”“中灰”“亮部”“偏移”。“暗部”“中灰”“亮部”分别用于调整画面中某一部分的颜色，“偏移”用于对画面整体的颜色进行调整。每个色轮都可以调整画面的色彩、饱和度、明暗，如图 7-78 所示。

（1）导入任意一张素材，如图 7-79 所示。

（2）在“时间线”面板中单击视频轨道上的背影图片素材。在“功能”面板中执行“调节”/“色轮”命令，在“暗部”色轮中将“饱和度”向上拖动到合适的位置，设置“红色”为 -0.10，“绿色”为 0.06，“蓝色”为 -0.24，如图 7-80 所示。

（3）在“亮部”色轮中设置“红色”为 -0.09，“绿色”为 0.01，“蓝色”为 0.18；在“偏移”色轮中设置“红色”为 0.12，“绿色”为 -0.05，“蓝色”为 0.09。设置完成后的“功能”面板如图 7-81 所示。

（4）此时画面与之前画面的对比效果如图 7-82 所示，可以看到此时画面整体偏冷色调。

图 7-78

图 7-79

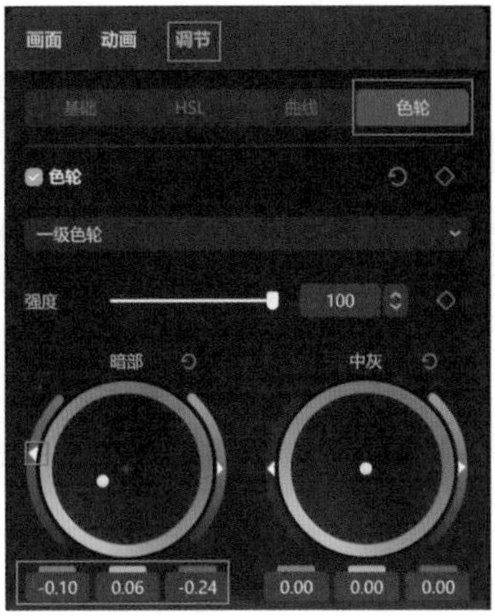

图 7-80

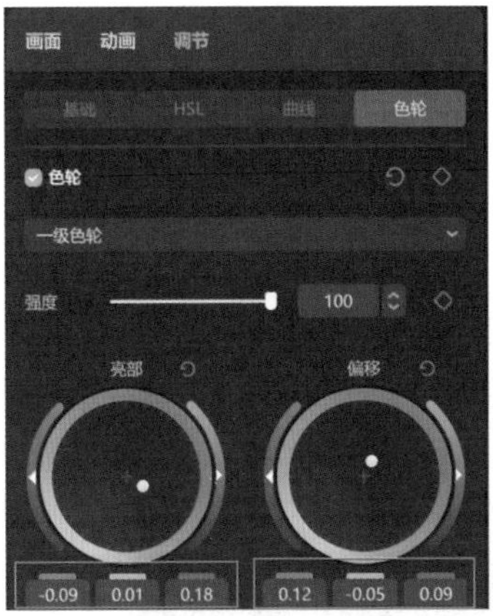

图 7-81

图 7-82

实例：清新自然色调

本实例首先使用“调节”工具为画面制作更亮、更灰、偏蓝的清新色调；然后使用 HSL 和“色轮”工具调整出更蓝的画面色调；最后使用“音频”工具添加音频，使用“文字模板”工具创建文字、制作文字动画。实例效果如图 7-83 所示。

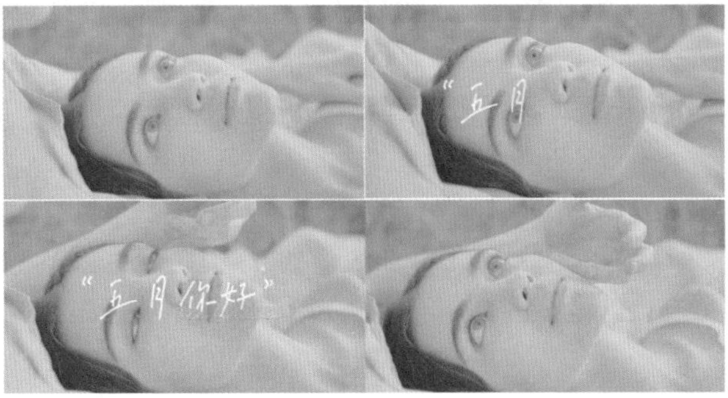

扫一扫，看视频

图 7-83

（1）将所有素材文件导入剪映。将人物视频素材文件拖动到“时间线”面板中，如图 7-84 所示。滑动时间线，此时画面效果如图 7-85 所示。

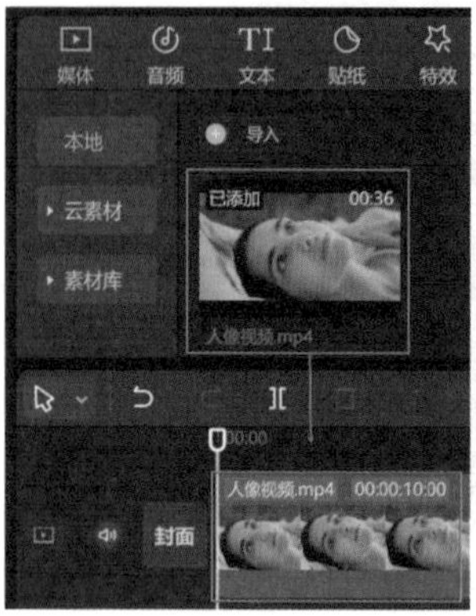

图 7-84

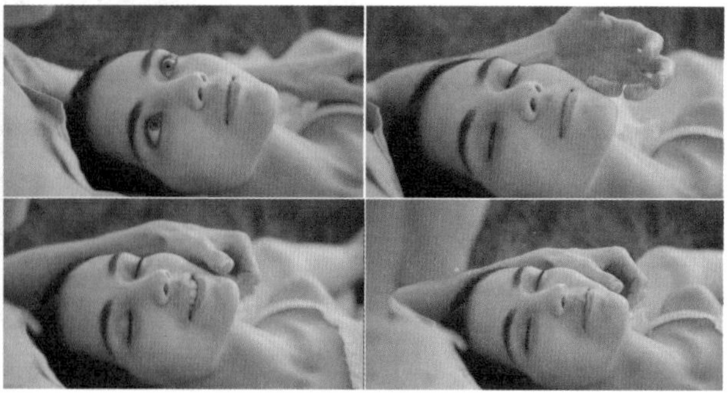

图 7-85

（2）为画面制作自然色调。将时间线滑动至 10 秒处，在“时间线”面板中单击音频文件，接着单击“分割”按钮或使用快捷键 Ctrl+B 进行分割。然后选择时间线后方的视频，单击“删除”按钮或按 Delete 键进行删除，如图 7-86 所示。

（3）在“时间线”面板中选择素材。在“功能”面板中执行“调节”/“基础”/“调节”命令，设置“色温”为 -30，“亮度”为 25，“对比度”为 -50，“高光”为 -50，“阴影”为 50，如图 7-87 所示。此时画面与之前画面的对比效果如图 7-88 所示。

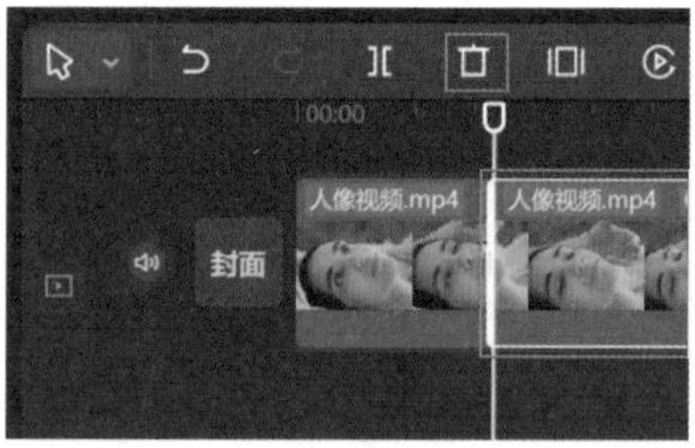

图 7-86

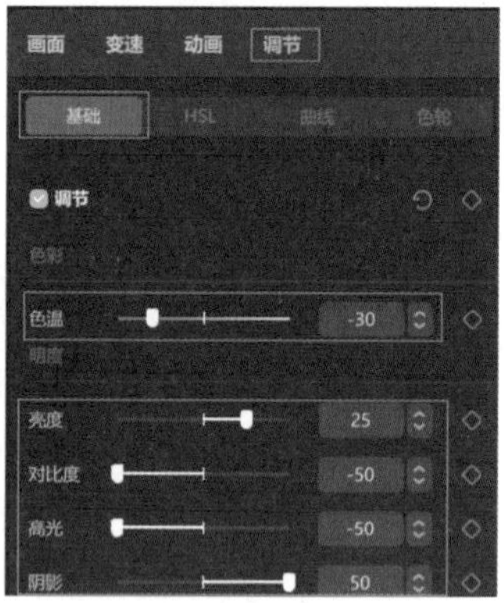

图 7-87

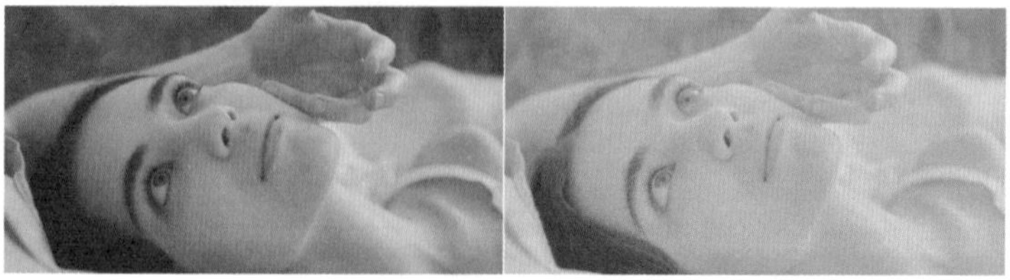

图 7-88

（4）单击 HSL 按钮，单击“绿色通道”按钮，设置“色相”为 -68，如图 7-89 所示。

（5）单击“色轮”按钮，在“中灰”色轮中设置“红色”为 -0.07，“绿色”为 0.01，“蓝色”为 0.08，如图 7-90 所示。此时画面与之前画面的对比效果如图 7-91 所示。

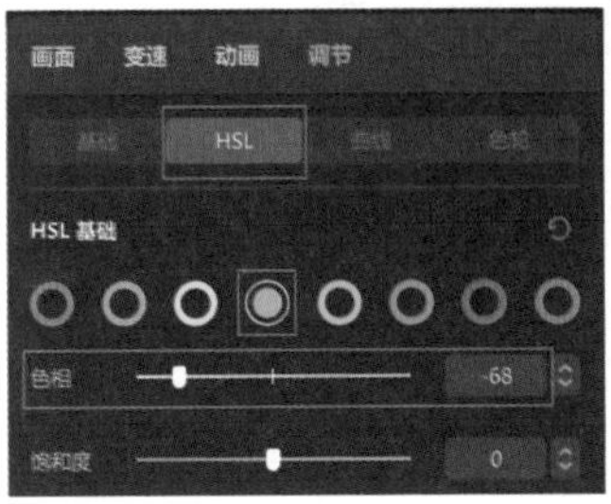

图 7-89

图 7-90

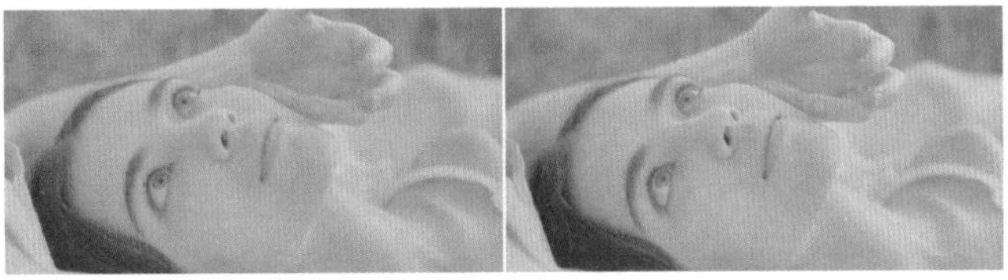

图 7-91

提示：调整画面颜色的方法。

调整色轮时可以通过拖动改变控制点的位置，快速调整画面颜色。

（6）为画面添加文字。将时间线滑动至 3 秒处。在“素材”面板中执行“文本”/“文字模板”/“手写字”命令，选择合适的文字模板，如图 7-92 所示。

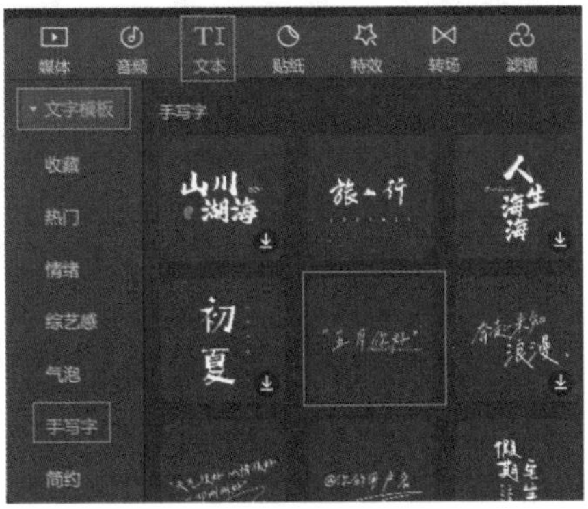

图 7-92

（7）在“素材”面板中设置合适的音频文件，并设置合适的结束时间。此时本实例制作完成，滑动时间线即可查看实例效果，如图 7-93 所示。

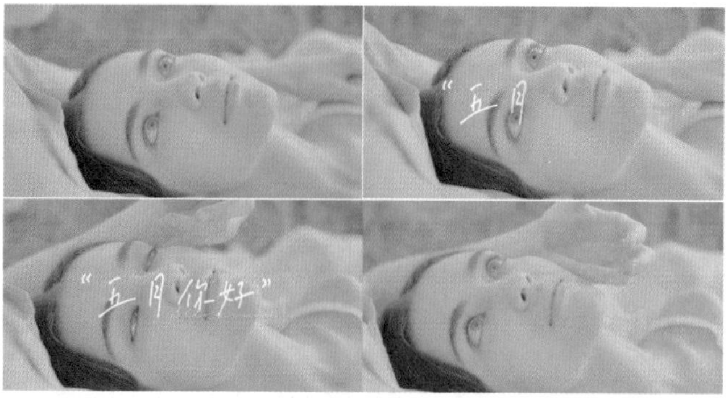

图 7-93

7.5 滤镜，一键打造氛围感作品

滤镜用于一键为视频添加预设好的风格化调色效果。“滤镜库”包括“精选”“人像”“影视级”“风景”“复古胶片”“美食”“基础”“夜景”“露营”“室内”“黑白”“风格化”滤镜分组，如图 7-94 所示。

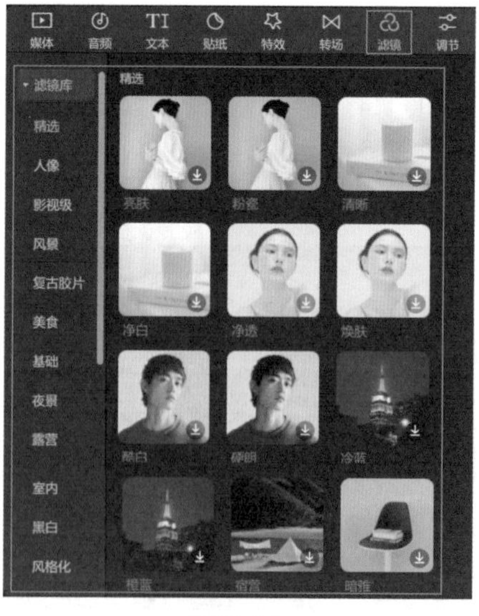

图 7-94

（1）为画面添加滤镜效果。将风景图片素材文件拖动到“时间线”面板中，此时“播放器”面板如图 7-95 所示。

（2）在“时间线”面板中单击视频轨道上的风景图片素材。在“素材”面板中执行“滤镜”/“滤镜库”/“影视级”命令，选择“即刻春光”滤镜，单击“添加到轨道”按钮，如图 7-96 所示。

图 7-95

图 7-96

（3）在“时间线”面板中设置“即刻春光”滤镜的结束时间与视频的结束时间相同，如图 7-97 所示。此时画面与之前画面的对比效果如图 7-98 所示，可以看到此时画面的对比度已变得更明显，整体色调已变为绿色调。

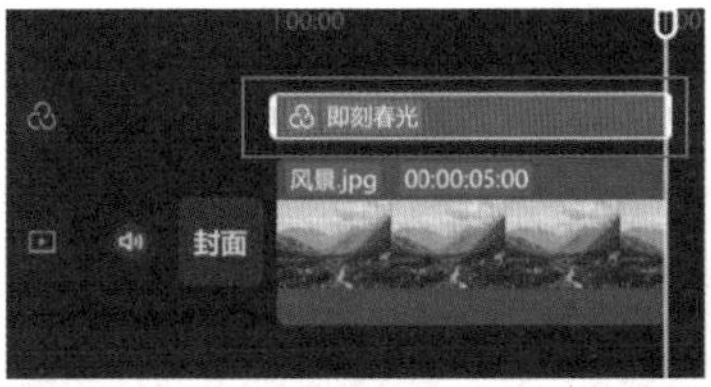

图 7-97

图 7-98

7.5.1　实例：童话色彩

本实例使用“滤镜”效果快速将偏灰的色调改变为鲜艳的、童话般的色调。实例效果如图 7-99 所示。

图 7-99

扫一扫，看视频

（1）将所有素材文件导入剪映。将人物视频素材文件拖动到“时间线”面板中，如图 7-100 所示。滑动时间线，此时画面效果如图 7-101 所示。

图 7-100

图 7-101

（2）将时间线滑动至起始时间处，在“时间线”面板中单击人物视频素材。在“素材”面板中执行“滤镜”/“滤镜库”/“美食”命令，选择“轻食”滤镜，单击“添加到轨道”按钮，如图 7-102 所示。

（3）在“时间线”面板中设置“轻食”滤镜的结束时间为 7 秒 04 帧，如图 7-103 所示。

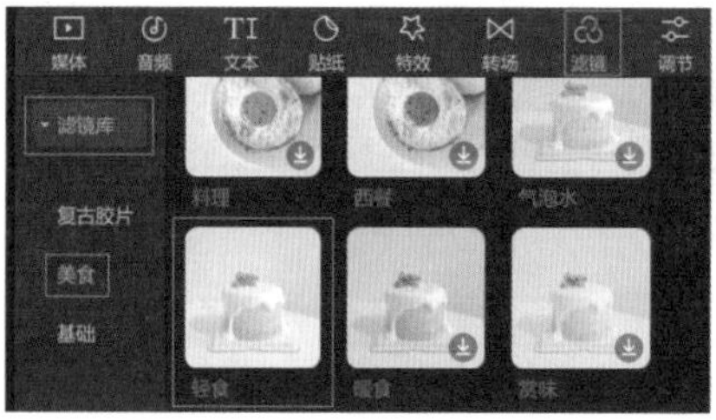

图 7-102

图 7-103

（4）此时本实例制作完成，滑动时间线即可查看实例效果，如图 7-104 所示。

图 7-104

7.5.2　实例：黑金色调

本实例使用“调节”工具使画面更鲜艳、更清晰、对比度更强，并添加“滤镜”效果制作黑金色调。实例效果如图 7-105 所示。

扫一扫，看视频

图 7-105

（1）将所有素材文件导入剪映。将人物视频素材文件拖动到“时间线”面板中，如图 7-106 所示。滑动时间线，此时画面效果如图 7-107 所示。

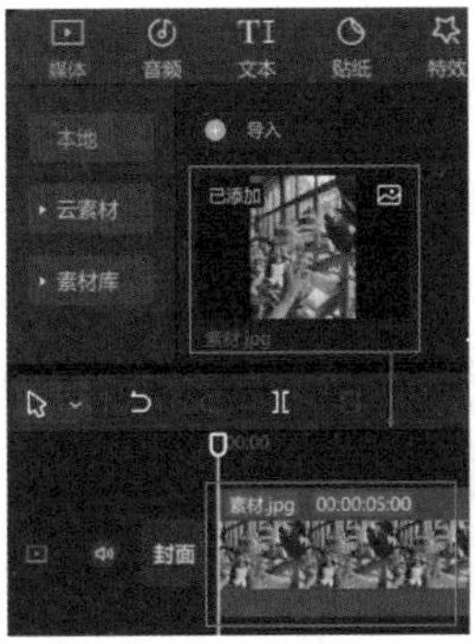

图 7-106　　图 7-107

（2）制作黑金色调。黑金色调绚丽典雅，给人一种神秘感。在“功能”面板中执行“调节”/“基础”/“调节”命令，设置“饱和度”为 6，“对比度”为 15，“锐化”为 6，如图 7-108 所示。此时画面与之前画面的对比效果如图 7-109 所示。

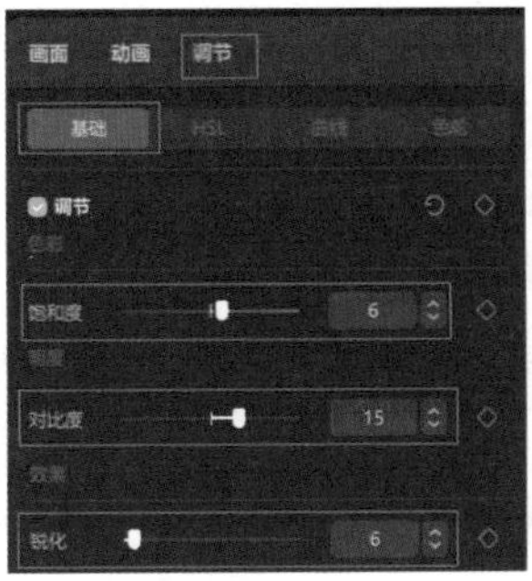

图 7-108　　图 7-109

（3）在“素材”面板中执行“滤镜”/“滤镜库”/“黑白”命令，选择“黑金”滤镜，单击“添加到通道”按钮，如图 7-110 所示。

（4）在“时间线”面板中设置“黑金”滤镜的结束时间与视频的结束时间相同，如图 7-111 所示。本实例制作完成，最终效果如图 7-105 所示。

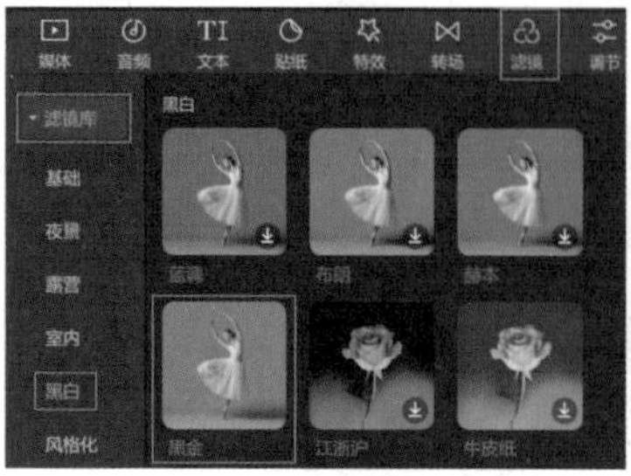

图 7-110

图 7-111

7.5.3 实例：电影感色调

本实例使用“调节”和 HSL 工具制作偏冷色调效果，并一键添加合适的滤镜，快速打造电影感十足的色调。实例效果如图 7-112 所示。

扫一扫，看视频

图 7-112

（1）将所有素材文件导入剪映。将人物视频素材文件拖动到“时间线”面板中，如图 7-113 所示。滑动时间线，此时画面效果如图 7-114 所示。

图 7-113

图 7-114

（2）调整画面为冷色调。在“时间线”面板中单击人物视频素材。在“功能”面板中执行“调节”/“基础”/“调节”命令，设置“色温”为 -15，“色调”为 -10，如图 7-115 所示。

（3）单击 HSL 按钮，再单击“橘黄色通道”按钮，设置“饱和度”为 50，如图 7-116 所示。此时画面与之前画面的对比效果如图 7-117 所示。

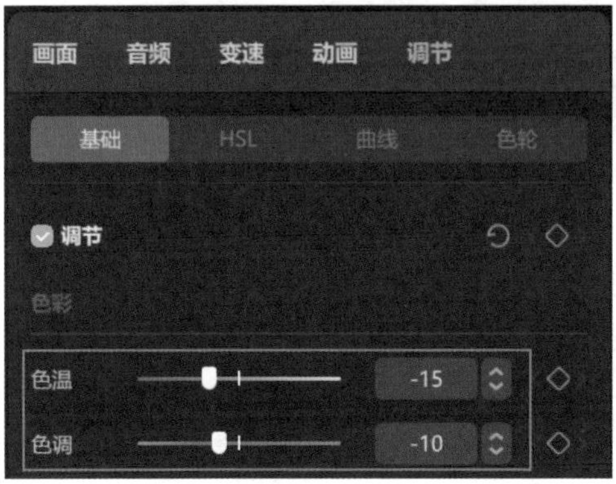

图 7-115

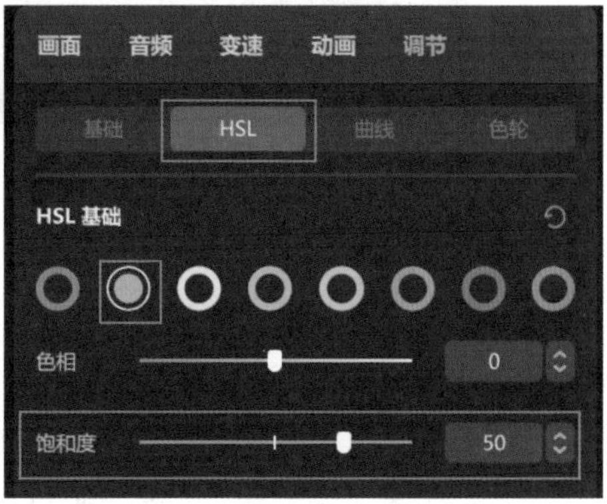

图 7-116

图 7-117

（4）为画面添加滤镜增加电影感。在“素材”面板中执行“滤镜”/“滤镜库”/“影视级”命令，选择“青黄”滤镜，单击“添加到轨道”按钮，如图 7-118 所示。

（5）在“时间线”面板中选择“青黄”滤镜，在“功能”面板中设置“强度”为 90，如图 7-119 所示。

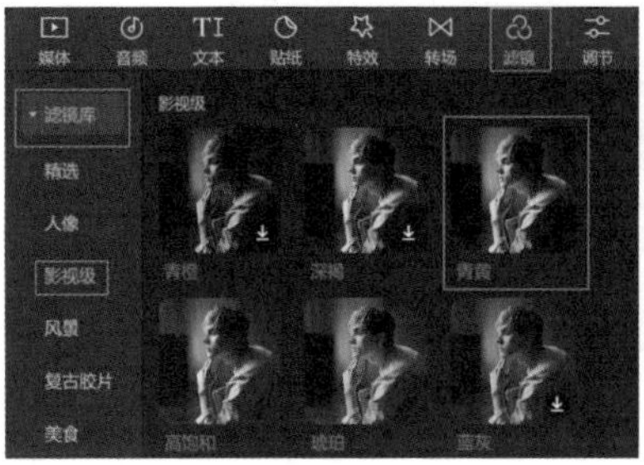

图 7-118

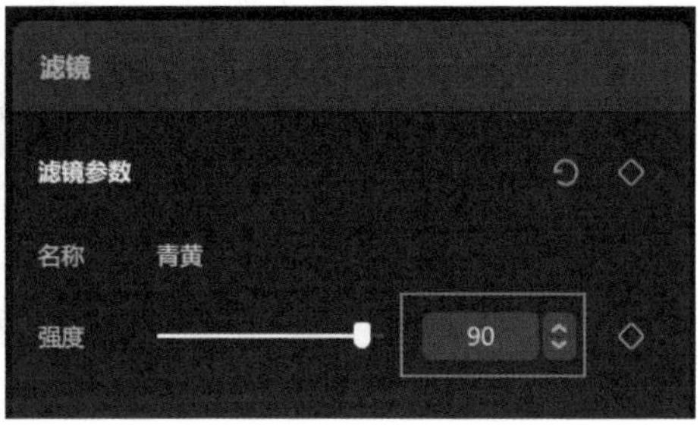

图 7-119

（6）在“时间线”面板中设置“青黄”滤镜的结束时间与视频的结束时间相同，

如图 7-120 所示。此时画面与之前画面的对比效果如图 7-121 所示。

图 7-120

图 7-121

（7）在“素材”面板中执行“特效”/“特效效果”/“基础”命令，选择“模糊开幕”特效，单击“添加到轨道”按钮，如图 7-122 所示。

（8）此时本实例制作完成，滑动时间线即可查看实例效果，如图 7-123 所示。

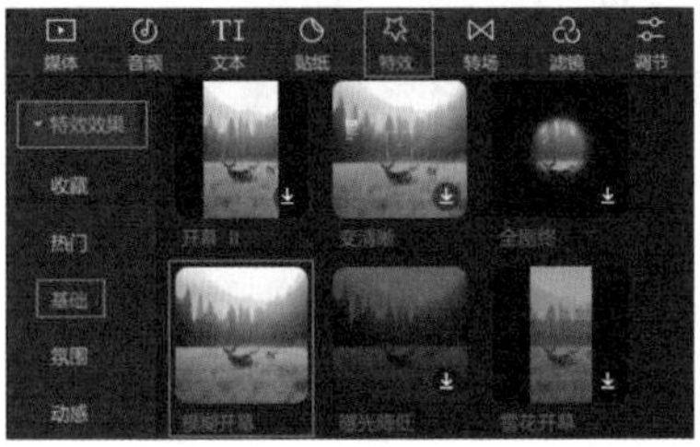

图 7-122

图 7-123

7.5.4 实例：森系色调

本实例使用“调节”工具将画面对比度增强、亮部变暗，使用“滤镜”效果制作画面森系色调，并添加音频文件，实例效果如图 7-124 所示。

扫一扫，看视频

图 7-124

（1）将所有素材文件导入剪映。将人物视频素材文件拖动到“时间线”面板中，如图 7-125 所示。滑动时间线，此时画面效果如图 7-126 所示。

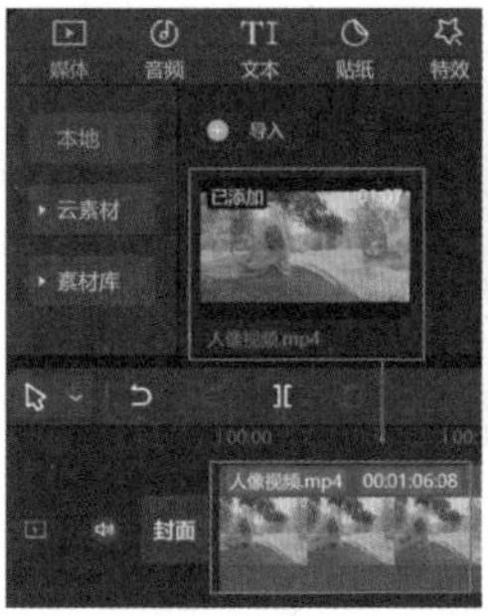

图 7-125

图 7-126

（2）提亮画面。在“功能”面板中执行“调节”/“基础”/“调节”命令，设置“对比度”为 17，“高光”为 -50，如图 7-127 所示。

（3）单击 HSL 按钮，选择“绿色通道”，设置“亮度”为 -100，如图 7-128 所示。此时画面与之前画面的对比效果如图 7-129 所示。

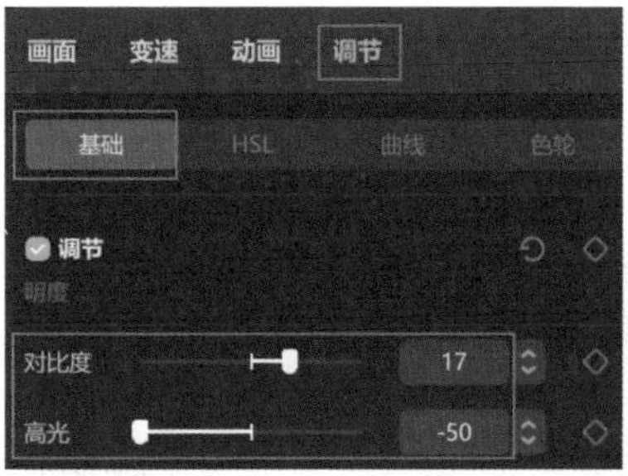

图 7-127

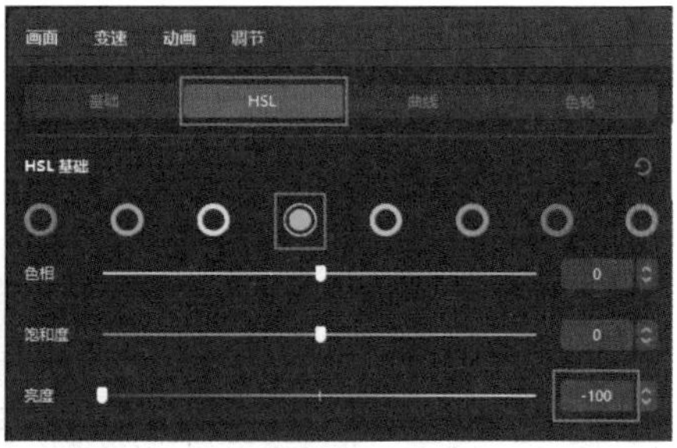

图 7-128

（4）为画面添加滤镜。在“素材”面板中执行“滤镜”/“滤镜库”/“复古胶片”命令，选择 KE1 滤镜，单击“添加到轨道”按钮，如图 7-130 所示。

图 7-129

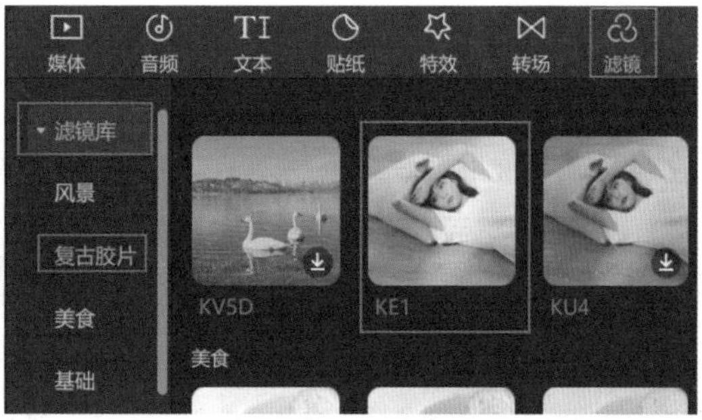

图 7-130

（5）在“时间线”面板中设置 KE1 滤镜的结束时间与视频的结束时间相同，如图 7-131 所示。此时画面与之前画面的对比效果如图 7-132 所示。

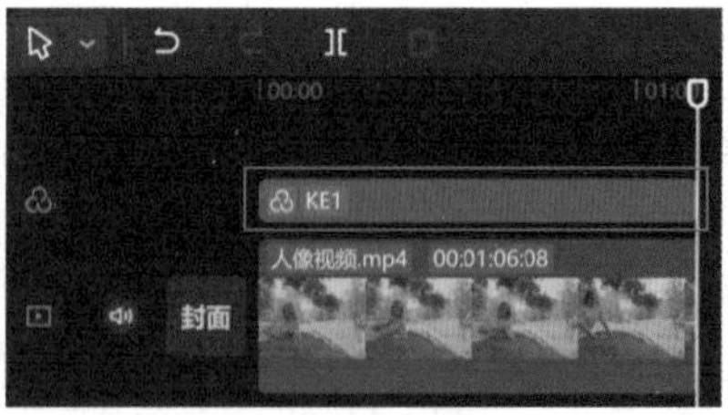

图 7-131

图 7-132

（6）将时间线滑动至起始时间处，在“素材”面板中执行“音频”/“音乐素材”/“抖音”命令，选择合适的音频文件，单击“添加到轨道”按钮，如图 7-133 所示。

（7）将时间线滑动至视频结束时间处，单击“时间线”面板中的音频文件，接着单击“分割”按钮或使用快捷键 Ctrl+B 进行分割，如图 7-134 所示。

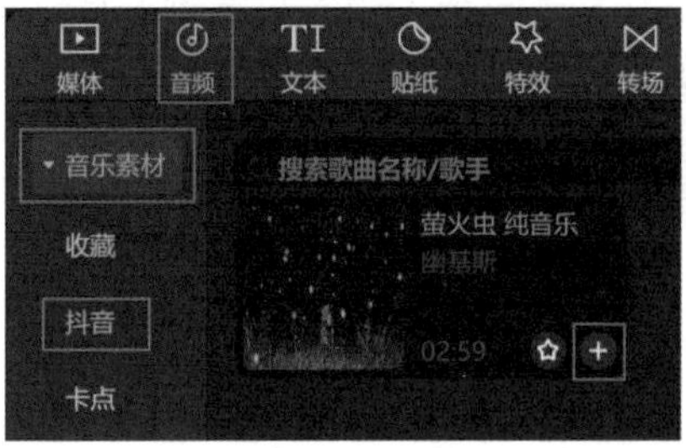

图 7-133

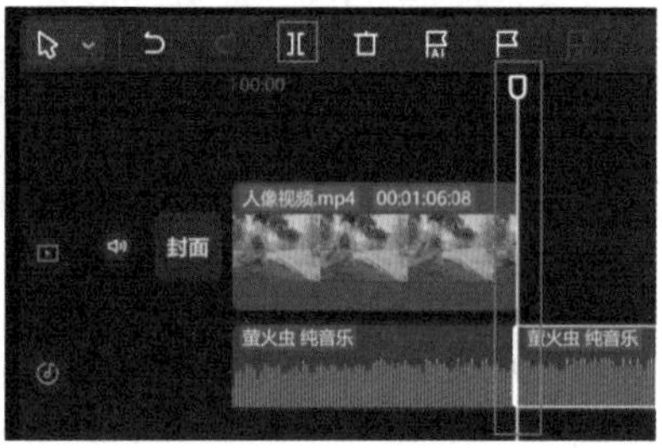

图 7-134

（8）在“时间线”面板中框选时间线后方的所有素材，单击“删除”按钮或按 Delete 键进行删除，如图 7-135 所示。

（9）此时本实例制作完成，滑动时间线即可查看实例效果，如图 7-136 所示。

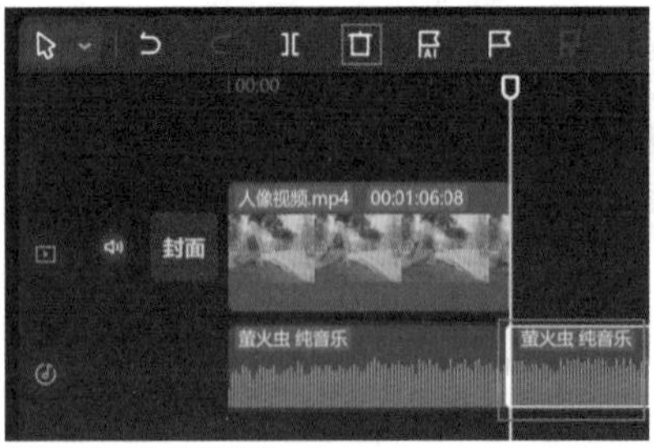

图 7-135

图 7-136

7.5.5 调用 LUT 文件，制作高级感画面

LUT 是一种调色预设效果的文件，常见的文件格式有 .cube 和 .3dl，需要从网络中自行搜索并下载这类格式的文件。选中素材，在“功能”面板中执行“调节”/LUT 命令，单击“导入 LUT”按钮，即可加载相应的文件，如图 7-137 所示。

此时选中该效果，并拖动到视频轨道上，即可完成调色，如图 7-138 所示。

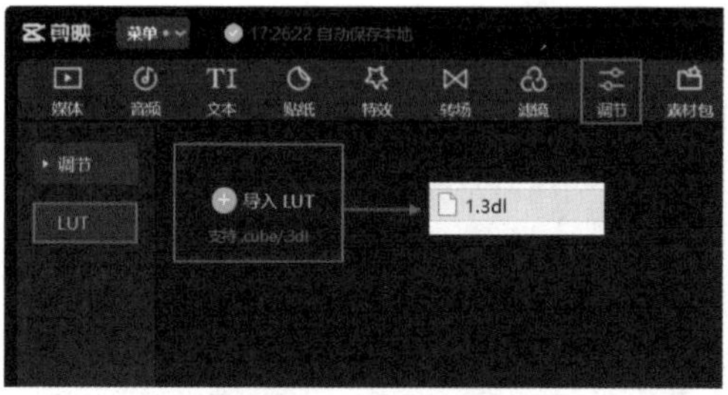

图 7-137

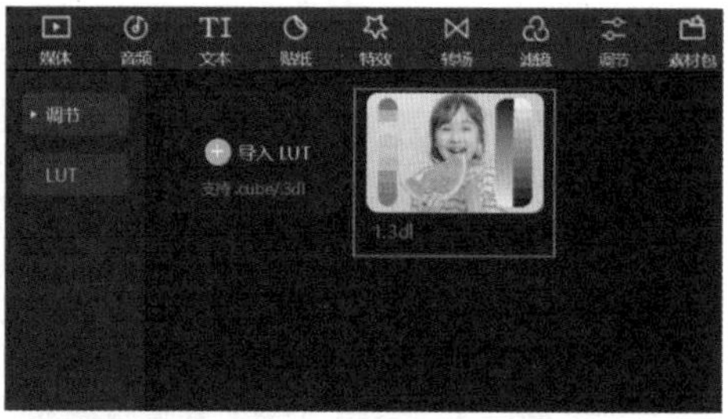

图 7-138

调色前后的对比效果如图 7-139 所示。

图 7-139

这就是导入 LUT 文件进行调色的方法。完成导入后，在“功能”面板中执行“调节”/“基础”/LUT 命令，单击“名称”后的下拉按钮，即可选择是否使用该效果，如图 7-140 所示。

图 7-140

7.6 对部分时间段内的画面调色

选中素材，单击“素材”面板中的“调节”按钮，选择“自定义调节”，并单击“添加到轨道”按钮，如图 7-141 所示。此时时间线上出现“调节 1”，如图 7-142 所示。

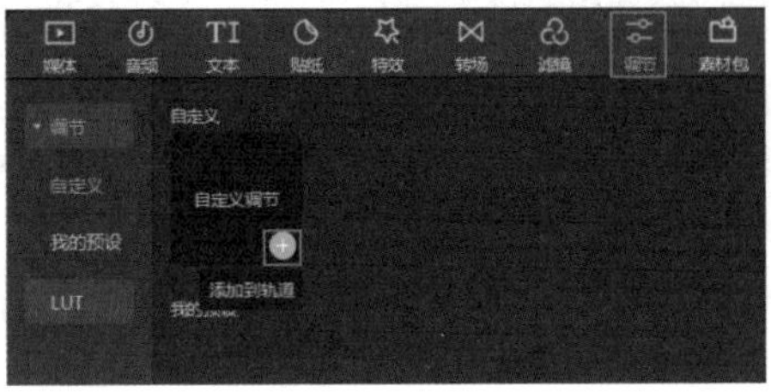

图 7-141

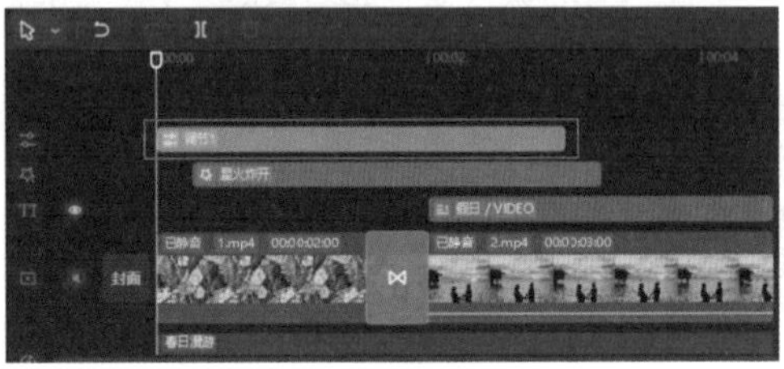

图 7-142

选择“调节 1”，即可在“调节”面板中修改参数，具体修改方法与 7.1.1 小节中讲解的修改方法一致。除此之外，还可以修改“调节 1”的起始时间和结束时间等，需注意“调节 1”所在时间线上的所有视频或素材，都会受到该调色效果的影响，如图 7-143 所示。

图 7-143

第 8 章

添加有趣的动画

本章内容简介：

动画是一门综合艺术，它融合了绘画、漫画、电影、数字媒体、摄影、音乐、文学等艺术学科，可以给观者带来更多的视觉体验。在剪映中可以为素材的属性添加关键帧动画，从而制作位置、缩放、旋转、不透明度等动画效果，还可以为视频设置变速、入场动画、出场动画，添加转场。

重点知识掌握：

- 视频变速
- 入场动画、出场动画、组合动画
- 关键帧动画
- 转场动画

8.1 变速，让短视频有节奏感

“变速”功能非常强大，可以改变视频的播放速度，除了可以常规地变快、变慢外，还可以自定义视频中局部的快慢，使得视频产生节奏感。需注意“变速”功能仅可应用于视频，不可用于图片。选中视频素材，在“功能”面板中执行“变速”命令，其中包括“常规变速”和“曲线变速”。

8.1.1 常规变速

“常规变速”用于将视频均匀变速。选中视频素材，执行“变速”/“常规变速”命令即可调整变速参数，如图 8-1 所示。“倍数”大于 1.0x，速度变快，时长变短；“倍数”小于 1.0x，速度变慢，时长变长。

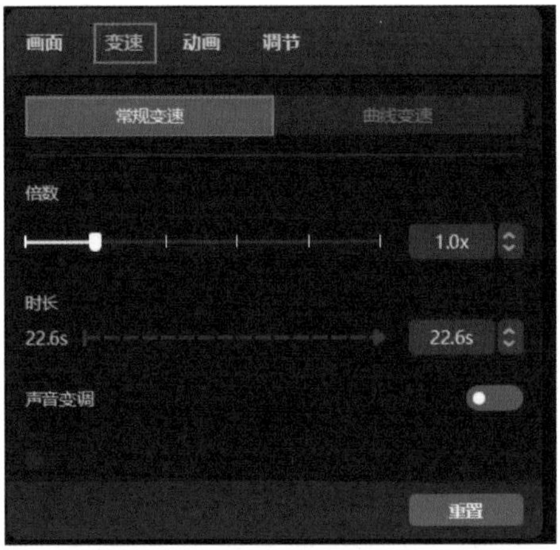

图 8-1

8.1.2 曲线变速

“曲线变速”用于将视频非均匀变速，如突然变快或突然变慢。选中视频素材，执行“变速”/“曲线变速”命令，即可单击选中一种曲线变速类型，视频的速率会根据曲线的形态发生快、慢变化，如图 8-2 所示。如果需要对速度进一步调整，可以拖动曲线上的点，还可以单击+按钮增加点。除此之外还可以使用“自定义”类型设置速率曲线。

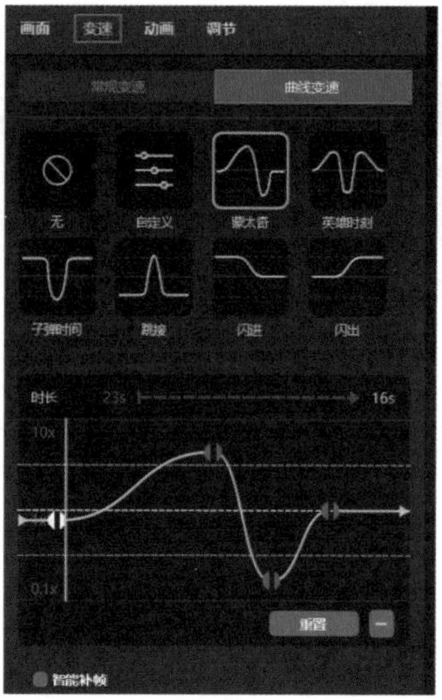

图 8-2

8.1.3　实例：制作根据卡点音乐变速的节奏感短视频

本实例使用“曲线变速”工具制作视频按照音频的节奏进行变快或变慢的效果，使用“特效”工具制作画面金粉与抖动效果。实例效果如图 8-3 所示。

扫一扫，看视频

图 8-3

（1）将所有素材文件导入剪映。将舞蹈视频素材文件拖动到“时间线”面板中，如图 8-4 所示。滑动时间线，此时画面效果如图 8-5 所示。

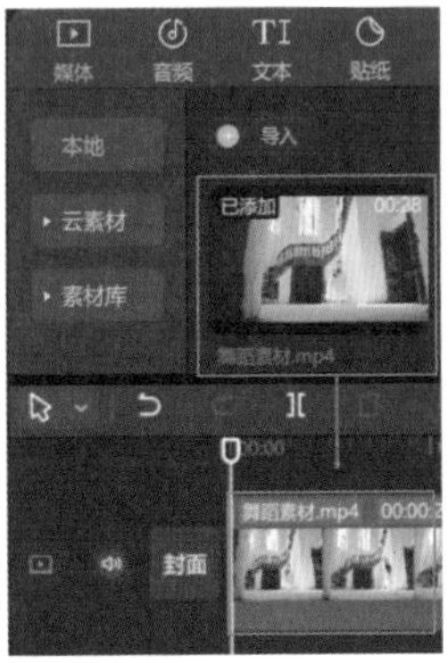

图 8-4

图 8-5

（2）制作变速效果。在“功能”面板中执行“变速”/“曲线变速”命令，选择“自定义”变速，如图 8-6 所示。

（3）在“自定义”面板中将起始时间的关键帧向上拖动到合适的位置，如图 8-7 所示。

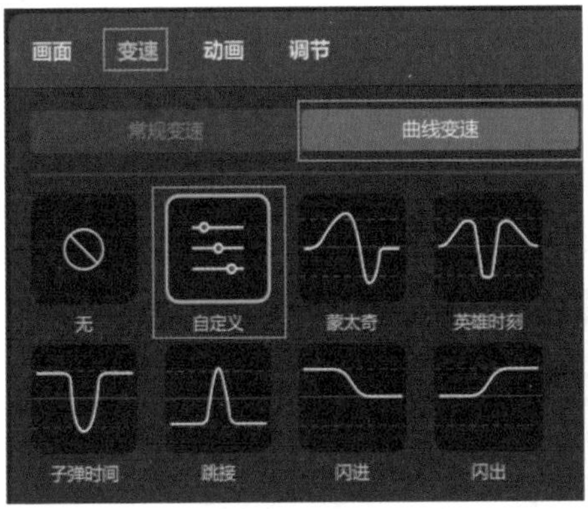

图 8-6

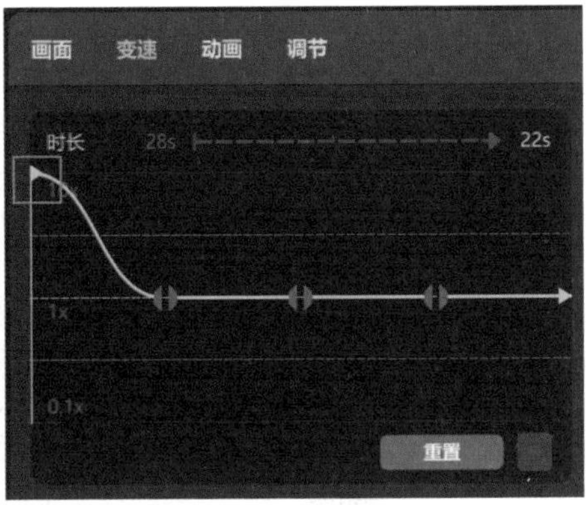

图 8-7

（4）将时间线滑动至合适时间处，在“自定义”面板中单击“添加关键帧”按钮向下拖动到合适的位置，如图 8-8 所示。

（5）使用同样的方法添加关键帧，并制作合适的速率，效果如图 8-9 所示。

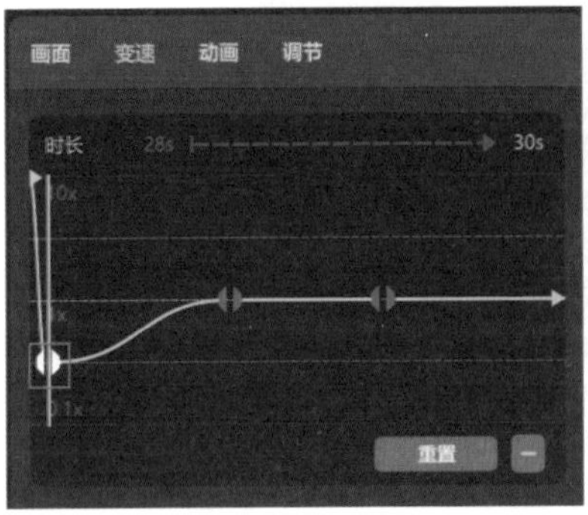

图 8-8

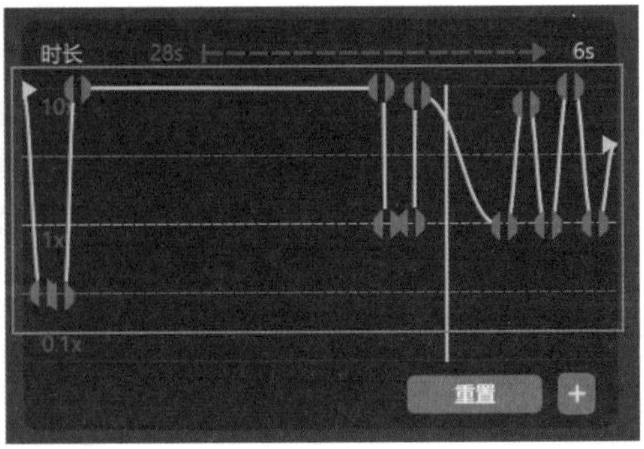

图 8-9

提示：曲线变速。

锚点的位置不同，制作的速率与持续时间也就不同，需自行调整。

（6）制作卡点动感特效。将时间线滑动至起始时间处，在“素材”面板中执行“特效”/“特效效果”/Bling 命令，选择“闪闪发光 I”特效，单击“添加到轨道”按钮，如图 8-10 所示。

（7）执行“特效”/“特效效果”/“动感”命令，选择“抖动”特效，单击“添加到轨道”按钮，如图 8-11 所示。

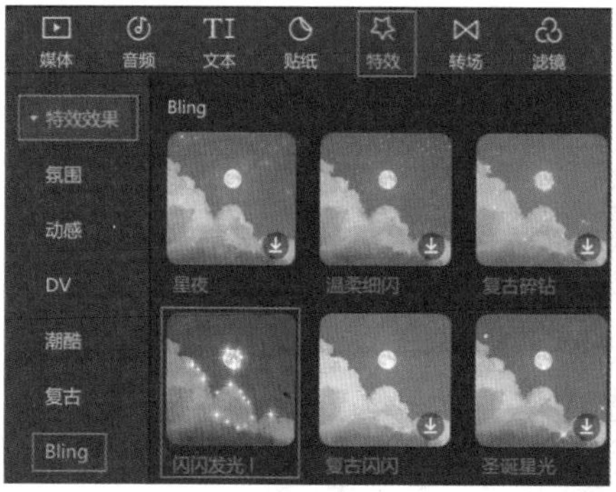

图 8-10

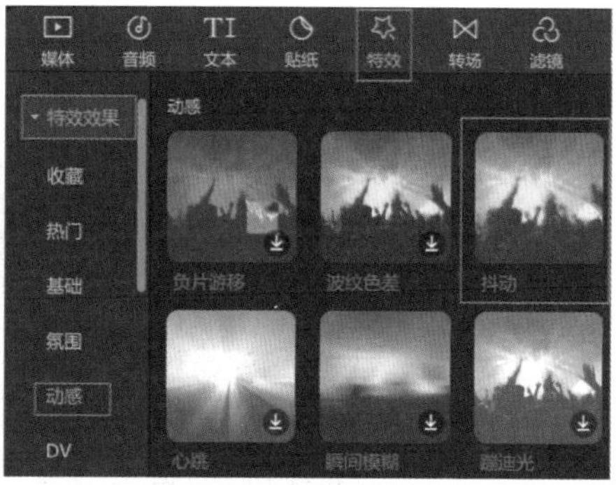

图 8-11

（8）在“时间线”面板中设置特效的结束时间与视频的结束时间相同，如图 8-12 所示。滑动时间线，此时画面中已出现闪闪发光和抖动效果，如图 8-13 所示。

图 8-12

图 8-13

（9）按 B 键，切换光标为“分割”工具，接着分别在 5 帧、1 秒 27 帧、3 秒 09 帧、4 秒 18 帧、4 秒 24 帧、5 秒 15 帧、5 秒 21 帧、5 秒 27 帧、6 秒 03 帧、6 秒 10 帧处对“时间线”面板中的特效进行分割，如图 8-14 所示。

图 8-14

（10）按 A 键，切换光标为“选择”工具，在“时间线”面板中单击选择 5 帧到 1 秒 27 帧、3 秒 09 帧到 4 秒 18 帧、4 秒 24 帧到 5 秒 15 帧、5 秒 21 帧到 5 秒 27 帧、6 秒 03 帧到 6 秒 10 帧的特效，按 Delete 键进行删除，效果如图 8-15 所示。

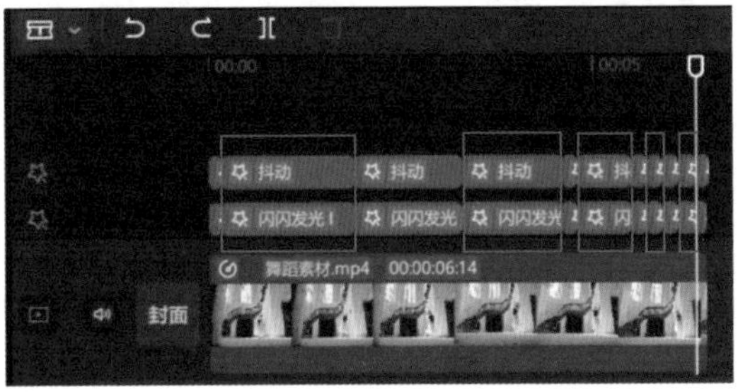

图 8-15

（11）为视频添加音乐。将时间线滑动至起始时间处，在“素材”面板中执行“音频”/“音乐素材”/“卡点”命令，选择合适的音频文件，单击“添加到轨道”按钮，如图 8-16 所示。

（12）将时间线滑动至视频结束时间处，在“时间线”面板中单击音频文件，接着单击“分割”按钮或使用快捷键 Ctrl+B 进行分割，如图 8-17 所示。在“时间线”面板中框选时间线后方的素材，单击“删除”按钮或按 Delete 键进行删除。

图 8-16

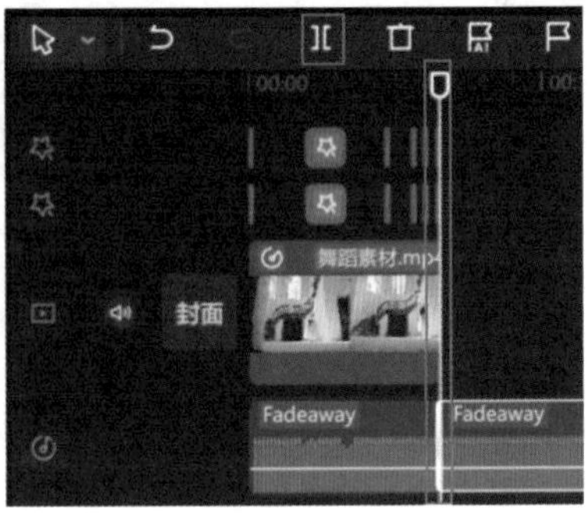

图 8-17

（13）此时本实例制作完成，滑动时间线即可查看实例效果，如图 8-18 所示。

图 8-18

8.2　自动添加动画

选中素材后，在“功能”面板中单击“动画”按钮，即可看到下方包括“入场”“出场”“组合”3 种类型。

8.2.1　入场动画

选择素材，执行“动画”/“入场”命令，单击任意一款入场动画效果，即可在素材的开始位置添加入场动画，如图 8-19 所示。

图 8-20 所示为选择素材，执行“动画”/“入场”/“向上转入 II”命令后，该视频开始位置出现的向上旋转的动画效果。如果感觉入场速度不合适，还可以在该面板下方设置“动画时长”。如果不需要该动画，只需要单击“无”按钮即可取消。

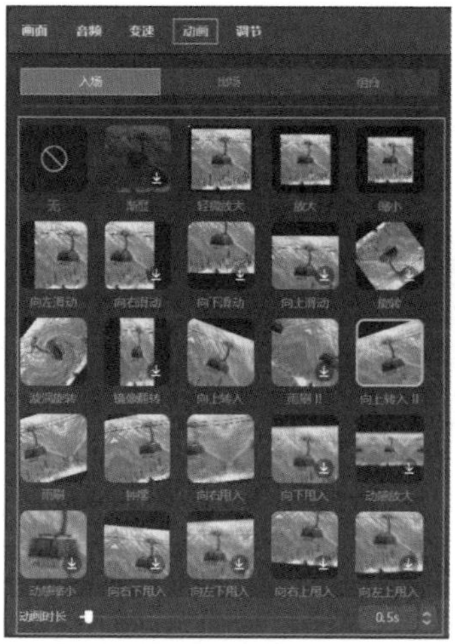

图 8-19

图 8-20

8.2.2 出场动画

选择素材，执行“动画”/“出场”命令，单击任意一款出场动画效果，即可在素材的结束位置添加出场动画，如图 8-21 所示。注意：为素材添加出场动画后，入场动画会自动消失。

图 8-22 所示为选择素材，执行“动画”/“出场”/“渐隐”命令后，该视频的结束位置出现逐渐变为黑色的动画效果。

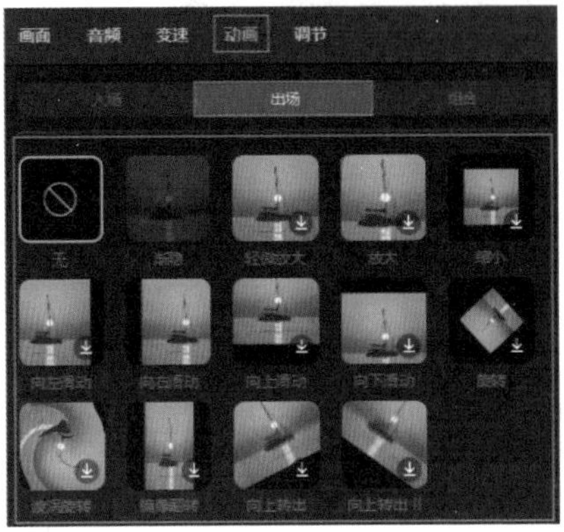

图 8-21

图 8-22

8.2.3 组合动画

“组合”用于为素材设置复杂的组合动画。选择素材，执行“动画”/“组合”命令，单击任意一款组合动画效果，即可为素材添加组合动画，如图 8-23 所示。

图 8-24 所示为选择素材，执行“动画”/“组合”/“放大弹动”命令后，该视频产生的由多个复制的小素材变大为一个素材，最终又放大的效果。

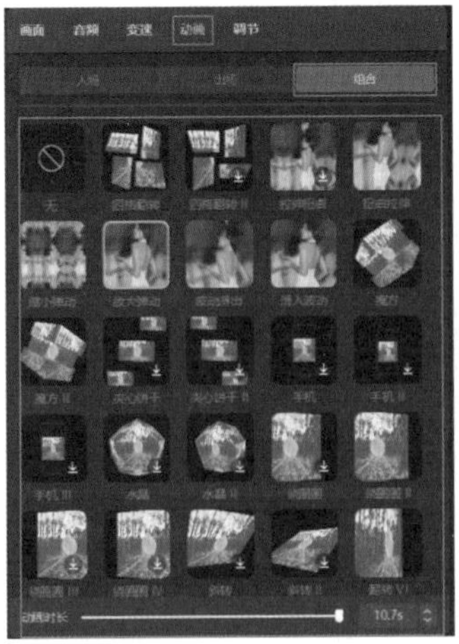

图 8-23

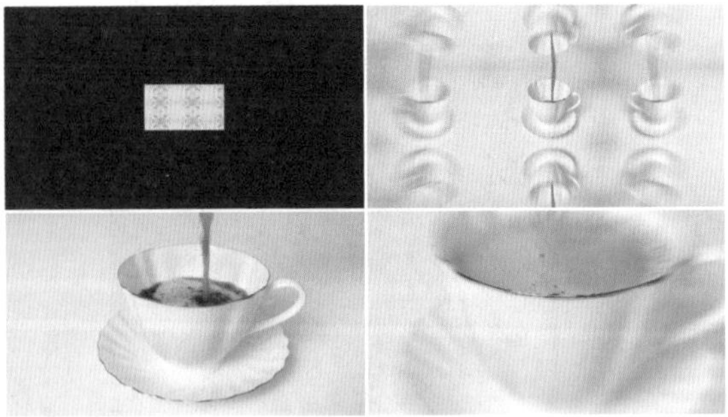

图 8-24

8.2.4　实例：制作卡点美食视频

本实例使用“自动踩点”工具为音频制作踩点效果，接着为素材设置入场动画制作动画效果，并使用“文字模板”工具添加文字与文字动画。实例效果如图 8-25 所示。

扫一扫，看视频

图 8-25

（1）制作卡点视频效果。将时间线滑动至起始时间处，在“素材”面板中执行“音频”/“音乐素材”/“卡点”命令，选择合适的音频文件，单击“添加到轨道”按钮，如图 8-26 所示。

（2）将时间线滑动至 11 秒 02 帧处，在“时间线”面板中单击音频文件，接着单击“分割”按钮或使用快捷键 Ctrl+B 进行分割，如图 8-27 所示。在“时间线”面板中框选时间线后方的素材，单击“删除”按钮或按 Delete 键进行删除。

图 8-26

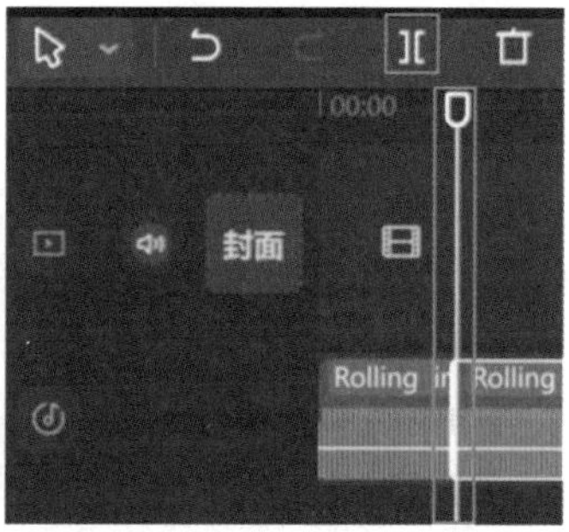

图 8-27

（3）在“时间线”面板中单击选择音频文件，接着单击“自动踩点”钮，选择“踩节拍 II”，如图 8-28 所示。

（4）将所有素材文件导入剪映。将全部素材文件按照 1.jpg ～ 18.jpg 的顺序拖动到“时间线”面板中，如图 8-29 所示。

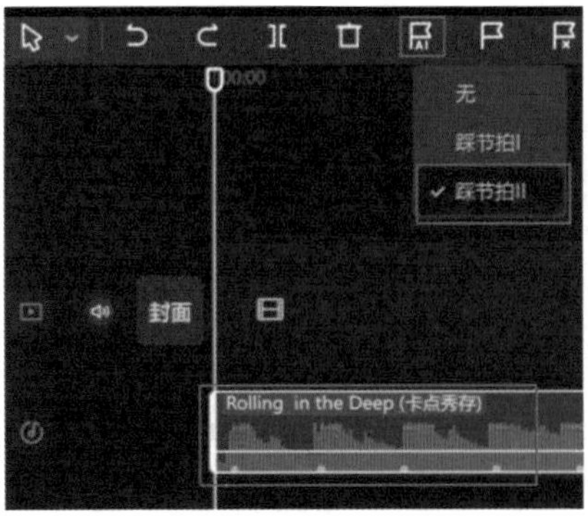

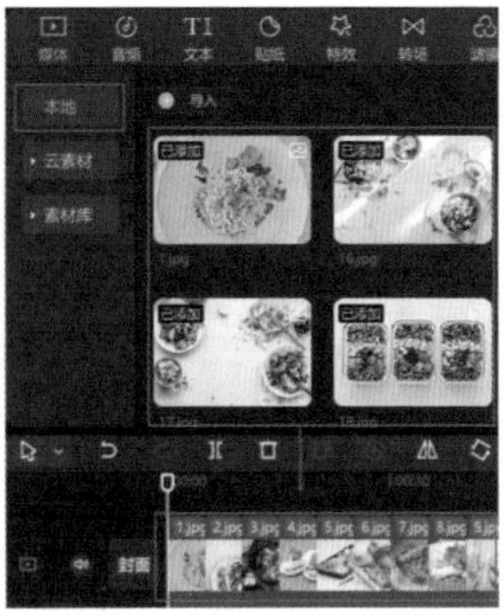

图 8-28　　图 8-29

（5）在“时间线”面板中将 1.jpg 素材文件的结束时间拖动到音频文件的第 2 个踩点处，如图 8-30 所示。

（6）在“时间线”面板中单击选择 1.jpg 素材文件，在“功能”面板中执行“动画”/“入场”命令，选择“钟摆”动画，如图 8-31 所示。

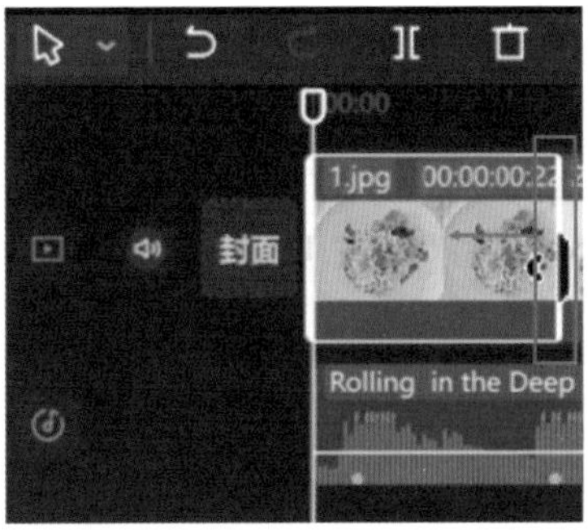

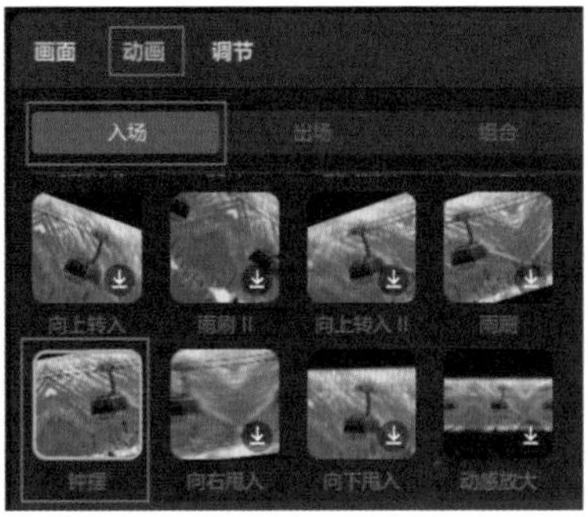

图 8-30　　图 8-31

（7）在“时间线”面板中将 2.jpg 素材文件的结束时间拖动到音频文件的第 3 个踩点处，如图 8-32 所示。

（8）在“时间线”面板中单击选择 2.jpg 素材文件，在“功能”面板中执行“动画”/“入场”命令，选择“钟摆”动画，如图 8-33 所示。

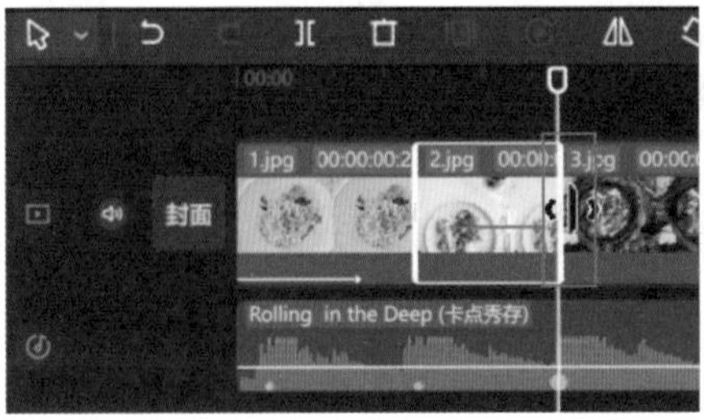

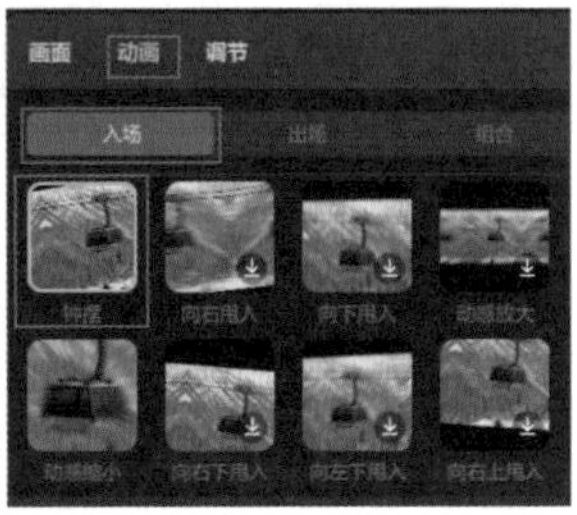

图 8-32　　图 8-33

（9）使用同样的方法设置 3.jpg ~ 18.jpg 素材文件的结束时间与动画效果。滑动时间线，此时画面中的卡点动画效果如图 8-34 所示。

图 8-34

提示：如何制作卡点效果。

素材文件的结束时间与音频文件的踩点位置相同可制作出卡点效果。

（10）丰富画面制作片头效果。将时间线滑动至起始时间处，在“素材”面板中执行“文本”/“文字模板”/“片头标题”命令，选择合适的文字模板，单击“添加到轨道”按钮，如图 8-35 所示。

（11）此时本实例制作完成，滑动时间线即可查看实例效果，如图 8-36 所示。

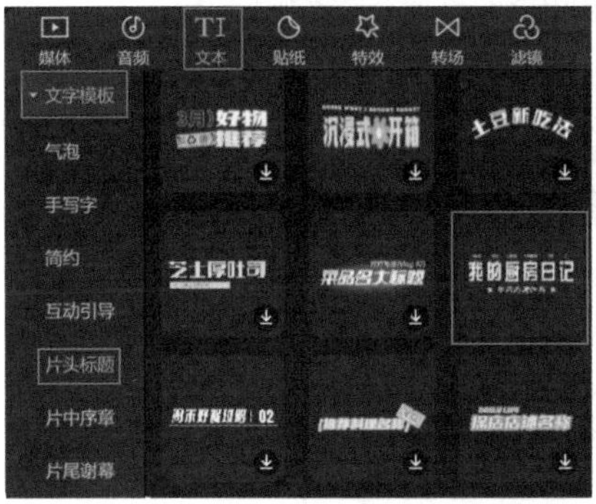

图 8-35

图 8-36

8.3　手动添加关键帧动画

关键帧动画是指素材的参数在不同的时间处发生的变化，而记录的这些发生变化的关键位置就是关键帧。关键帧可以通过图 8-37 所示的参数后方的◇按钮添加。可以使用关键帧动画制作素材的缩放、位置、旋转、混合等动画。

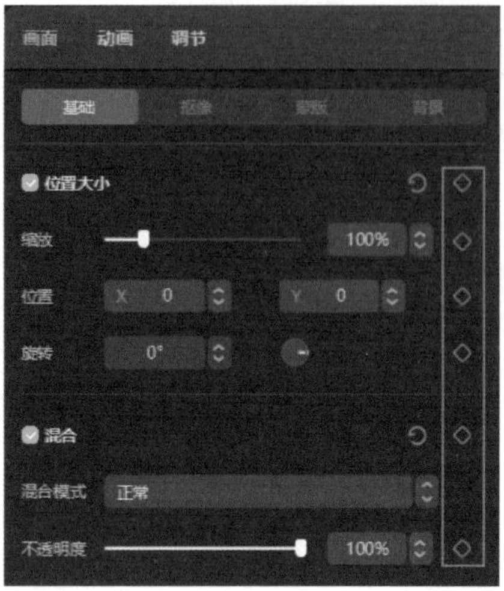

图 8-37

滑动时间线至 0 秒处，设置“缩放”为 100%，并单击按钮，即可创建第 1 个关键帧；滑动时间线至 3 秒处，设置“缩放”为 300%，并单击按钮，即可创建第 2 个关键帧，如图 8-38 所示。

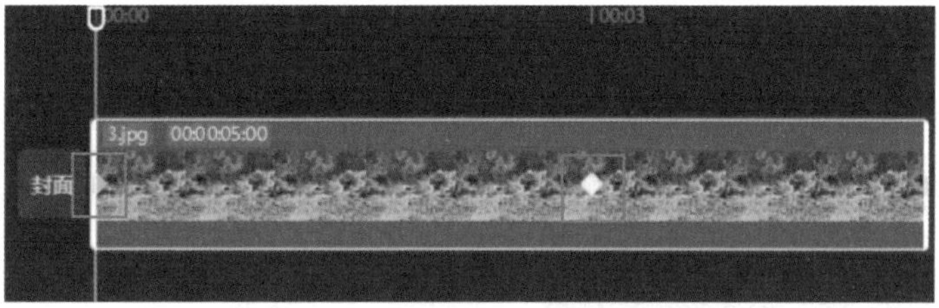

图 8-38

关键帧动画制作完成后，动态效果如图 8-39 所示。

图 8-39

8.3.1　实例：制作照片放大动画

本实例通过为儿童照片添加关键帧制作放大动画效果，并使用“贴纸”制作动态效果，添加合适的音频文件。实例效果如图 8-40 所示。

扫一扫，看视频

图 8-40

（1）将所有素材文件导入剪映。将所有素材文件拖动到“时间线”面板中，如图 8-41 所示。滑动时间线，此时画面效果如图 8-42 所示。

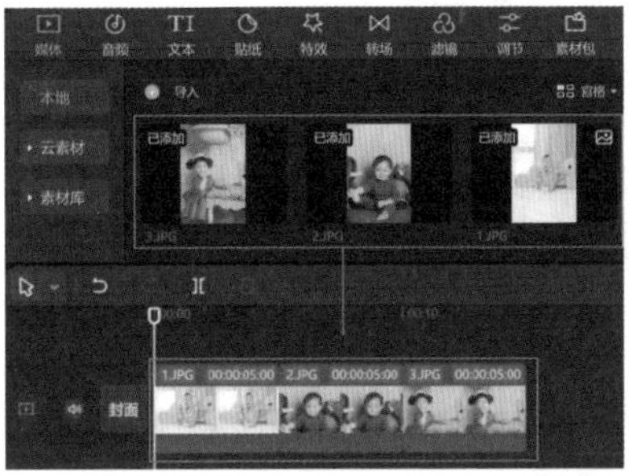

图 8-41

图 8-42

（2）制作关键帧动画。在“时间线”面板中将 1.jpg 素材文件的结束时间拖动到 1 秒 10 帧处，如图 8-43 所示。

（3）在“时间线”面板中将 2.jpg 素材文件的结束时间拖动到 2 秒 20 帧处，如图 8-44 所示。

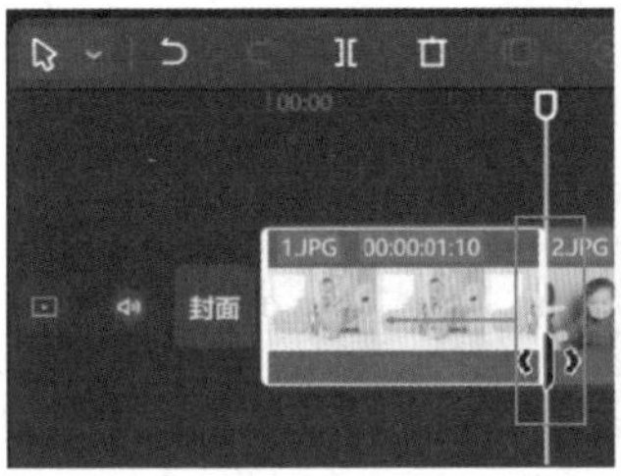

图 8-43

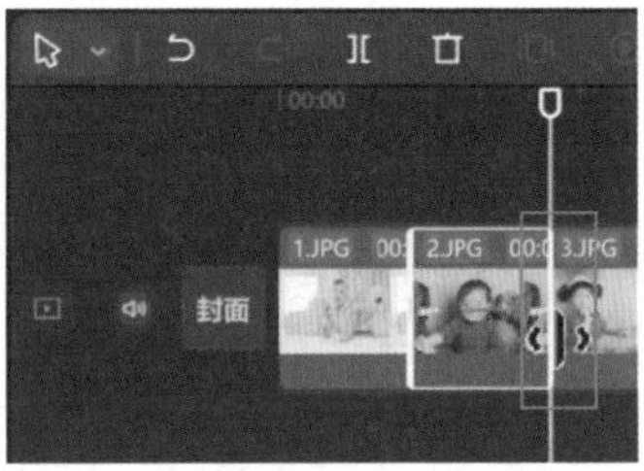

图 8-44

（4）在“时间线”面板中将 3.jpg 素材文件的结束时间拖动到 4 秒处，如图 8-45 所示。

（5）在“时间线”面板中单击 1.jpg 素材文件，将时间线滑动至起始时间处，在“功能”面板中执行“画面”/“基础”命令，设置“位置大小”中的“缩放”为 100%，并单击“添加关键帧”按钮，如图 8-46 所示。将时间线滑动至 10 帧处，设置“缩放”为 160%。滑动时间线，此时画面中已出现制作好的放大效果，如图 8-47 所示。

图 8-45

图 8-46

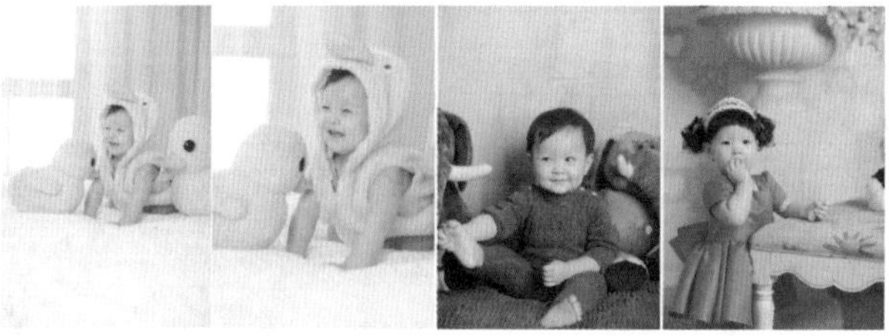

图 8-47

（6）在“时间线”面板中单击 2.jpg 素材文件，将时间线滑动至 1 秒 10 帧处，在“功能”面板中执行“画面”/“基础”命令，设置“位置大小”中的“缩放”为 100%，并单击“添加关键帧”按钮，如图 8-48 所示。将时间线滑动至 1 秒 20 帧处，设置“缩放”为 160%。

（7）在“时间线”面板中单击 3.jpg 素材文件，将时间线滑动至 2 秒 20 帧处，在“功能”面板中执行“画面”/“基础”命令，设置“位置大小”中的“缩放”为 100%，并单击“添加关键帧”按钮，如图 8-49 所示。将时间线滑动至 3 秒处，设置“缩放”为 160%。滑动时间线，此时画面中出现制作好的放大效果，如图 8-50 所示。

图 8-48

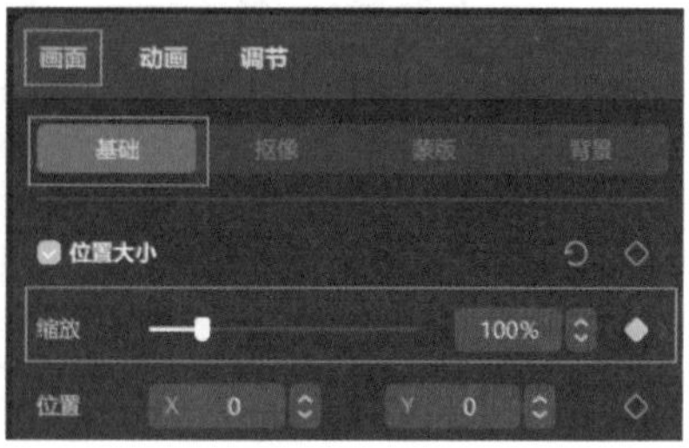

图 8-49

图 8-50

（8）添加贴纸丰富画面。将时间线滑动至起始时间处，在“素材”面板中执行“贴纸”/“贴纸素材”命令，在“搜索栏”中搜索“儿童节”，选择合适的贴纸素材，并单击“添加到轨道”按钮，如图 8-51 所示。

（9）在“时间线”面板中设置贴纸的结束时间与视频的结束时间相同，如图 8-52 所示。

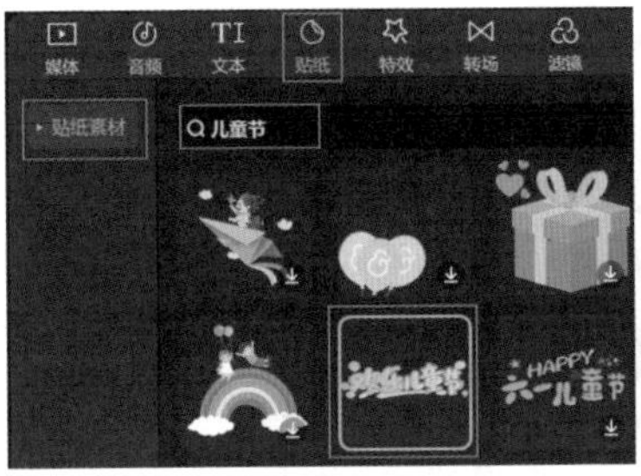

图 8-51

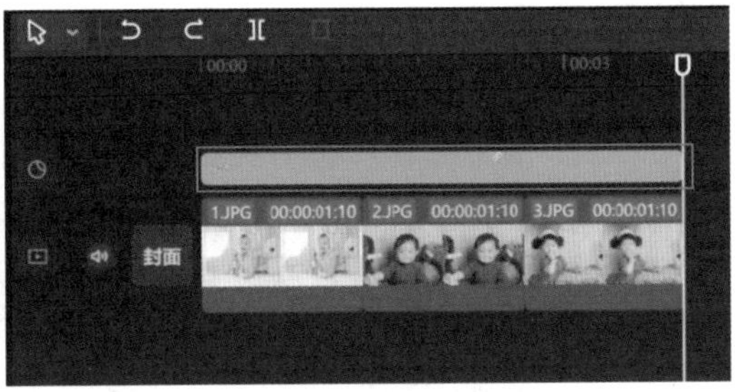

图 8-52

（10）为视频添加音频文件。将时间线滑动至起始时间处，在“素材”面板中执行“音频”/“音乐素材”命令，选择合适的音频文件，单击“添加到轨道”按钮，如图 8-53 所示。

（11）将时间线滑动至 4 秒处，在“时间线”面板中单击音频文件，接着单击“分割”按钮或使用快捷键 Ctrl+B 进行分割，如图 8-54 所示。在“时间线”面板中框选时间线后方的素材，单击“删除”按钮或按 Delete 键进行删除。

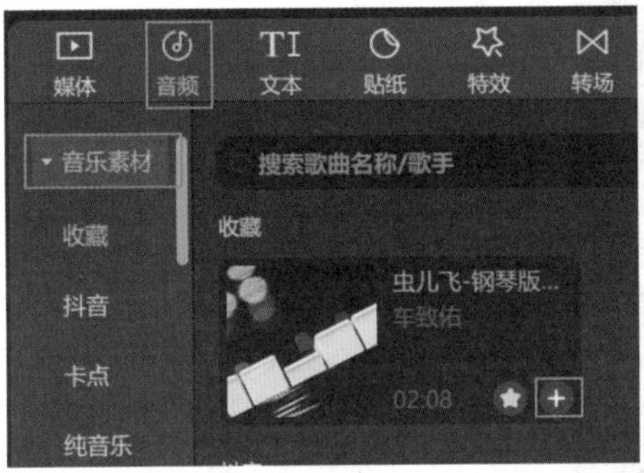

图 8-53

图 8-54

（12）此时本实例制作完成，滑动时间线即可查看实例效果，如图 8-55 所示。

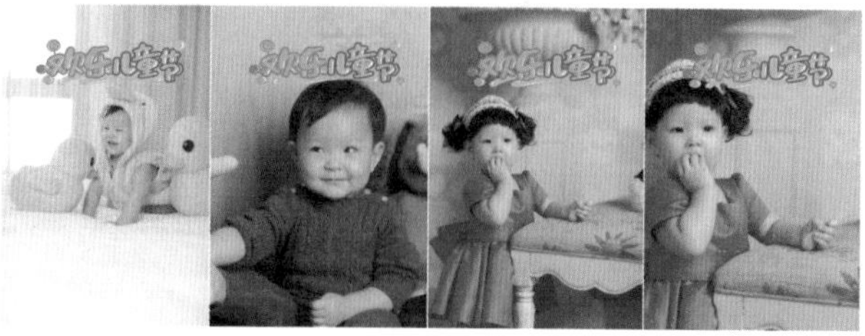

图 8-55

8.3.2 实例：制作节奏感舞蹈视频

扫一扫，看视频

本实例进行视频防抖处理，制作音频踩点，通过添加关键帧制作节奏感的放大效果，并使用“特效”工具制作片头动感特效，最终完成人物跳舞时镜头的推近拉远节奏动画的制作。实例效果如图 8-56 所示。

图 8-56

（1）将所有素材文件导入剪映。将所有素材文件拖动到“时间线”面板中，如图 8-57 所示。滑动时间线，此时画面效果如图 8-58 所示。

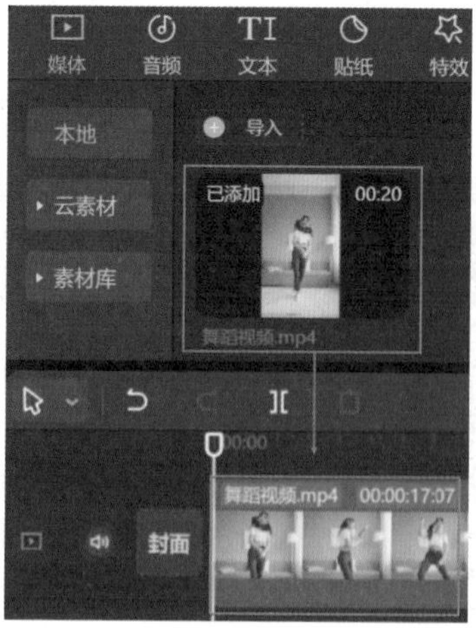

图 8-57

图 8-58

（2）单击“时间线”面板中的舞蹈视频素材，在“功能”面板中执行“画面”/“基础”命令，勾选“视频防抖”复选框，设置“防抖等级”为“最稳定”，如图 8-59 所示。

（3）将时间线滑动至起始时间处，在“素材”面板中执行“音频”/“音乐素材”/“动感”命令，选择合适的音频文件，单击“添加到轨道”按钮，如图 8-60 所示。

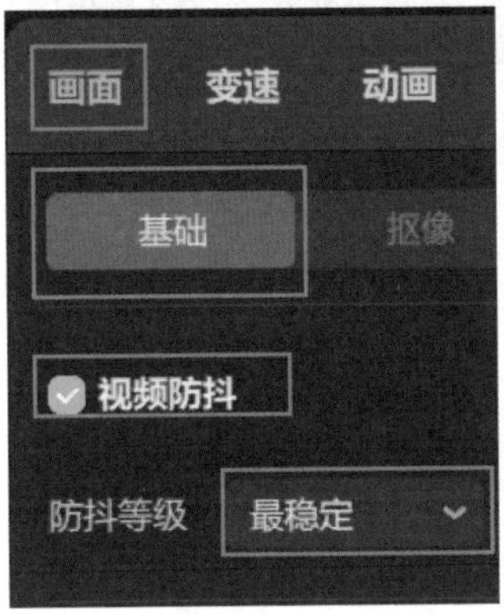

图 8-59

图 8-60

（4）制作视频卡点运镜效果。将时间线滑动至 17 秒 07 帧处，在“时间线”面板中单击舞蹈视频文件，接着单击“分割”按钮或使用快捷键 Ctrl+B 进行分割，如图 8-61 所示。在“时间线”面板中框选时间线后方的素材，单击“删除”按钮或按 Delete 键进行删除。

（5）在“时间线”面板中单击选择音频文件，接着单击“自动踩点”按钮，选择“踩节拍 II”，如图 8-62 所示。

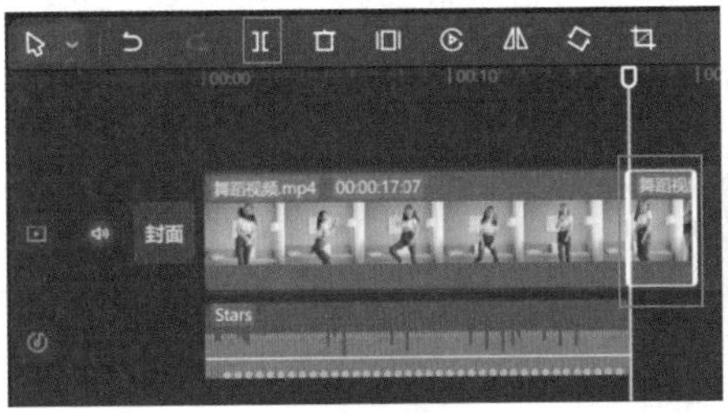

图 8-61

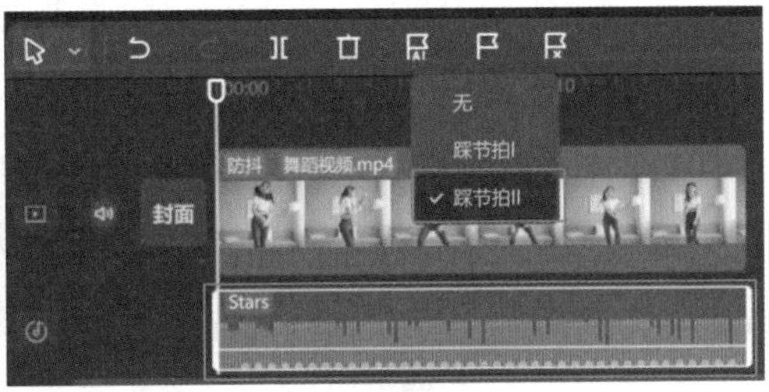

图 8-62

（6）在“时间线”面板中单击舞蹈视频素材，将时间线滑动至音频文件的第 1 个卡点处。在“功能”面板中执行“画面”/“基础”命令，设置“位置大小”中的“缩放”为 100%，并单击“添加关键帧”按钮，如图 8-63 所示。

（7）将时间线滑动至 1 秒 02 帧处，设置“缩放”为 110%，如图 8-64 所示。

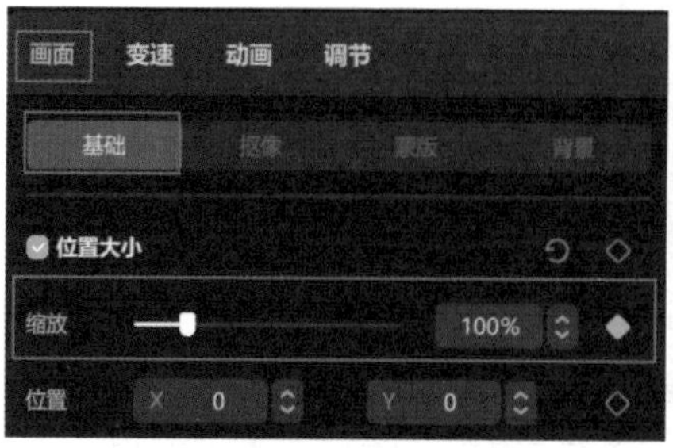

图 8-63

图 8-64

（8）将时间线滑动至 1 秒 09 帧处，设置“缩放”为 100%，如图 8-65 所示。滑动时间线，此时画面中已出现根据音频文件制作的缩放效果，如图 8-66 所示。

图 8-65

图 8-66

（9）使用同样的方法在音频文件中的每个卡点都添加关键帧，在两个卡点中间的位置都制作放大效果。滑动时间线，此时画面效果如图 8-67 所示。

图 8-67

（10）将时间线滑动至起始时间处，在“素材”面板中执行“特效”/“特效效果”/“动感”命令，选择“色差放大”特效，如图 8-68 所示。

（11）此时本实例制作完成，滑动时间线即可查看实例效果，如图 8-69 所示。

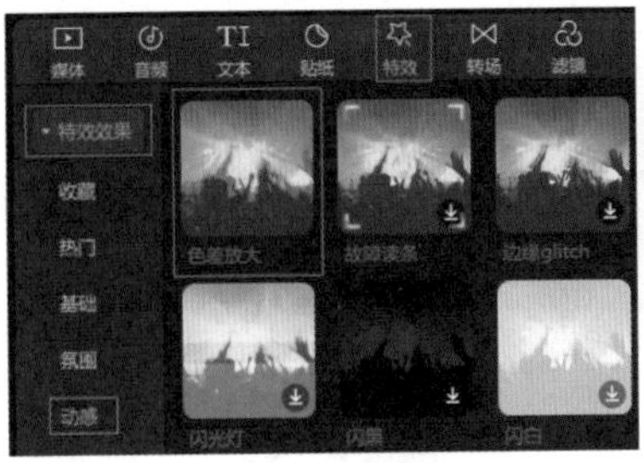

图 8-68

图 8-69

8.4　转场动画，让视频过渡更自然

转场是指两段素材之间产生的过渡效果。剪映中的转场主要包括“基础转场”“互动 emoji”“特效转场”“综艺转场”“运镜转场”“MG 转场”“幻灯片”“遮罩转场”，如图 8-70 所示。执行“转场”/“转场效果”命令，选择合适的转场效果，将其拖动至两段素材之间即可完成添加。

图 8-70

8.4.1　在两个素材之间添加转场

执行“转场”/“转场效果”/“运镜转场”/“拉远”命令，并拖动“拉远”转场至两个素材之间的位置，如图 8-71 所示。图 8-72 所示为添加转场后的视频效果。

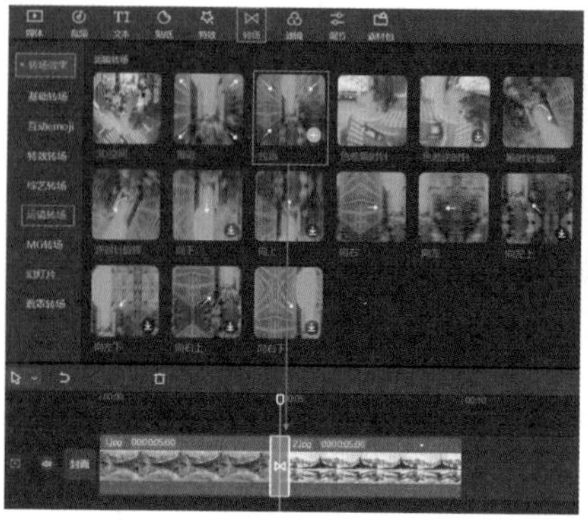

图 8-71

图 8-72

8.4.2 实例：炫酷科幻感转场

本实例使用“变速”工具制作变速效果，并使用“转场”工具制作科技感转场效果，使用“特效”工具添加“幻影”“幻彩故障”特效制作科技感动画。实例效果如图 8-73 所示。

扫一扫，看视频

图 8-73

（1）将所有素材文件导入剪映。将所有素材文件拖动到“时间线”面板中，如图 8-74 所示。滑动时间线，此时画面效果如图 8-75 所示。

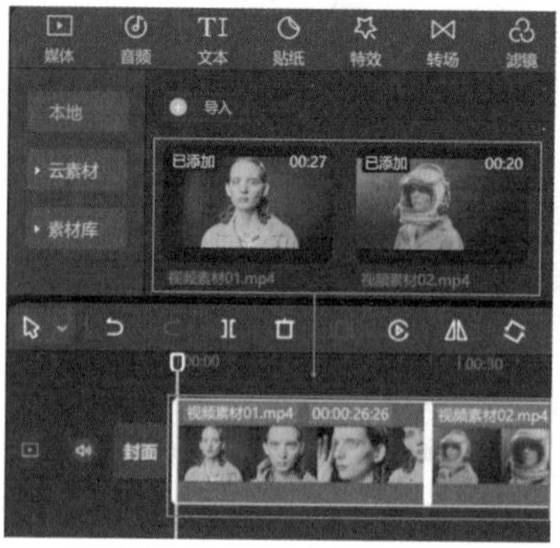

图 8-74

图 8-75

（2）修剪视频制作视频变速效果。将时间线滑动至 5 秒 14 帧处，在“时间线”

面板中单击人像视频文件，接着单击“分割”按钮或使用快捷键 Ctrl+B 进行分割，如图 8-76 所示。在“时间线”面板中框选时间线后方的素材，单击“删除”按钮或按 Delete 键进行删除。

（3）将时间线滑动至 11 秒 23 帧处，在“时间线”面板中单击宇航员视频素材文件，接着单击“分割”按钮或使用快捷键 Ctrl+B 进行分割，如图 8-77 所示。在“时间线”面板中框选时间线后方的素材，单击“删除”按钮或按 Delete 键进行删除。

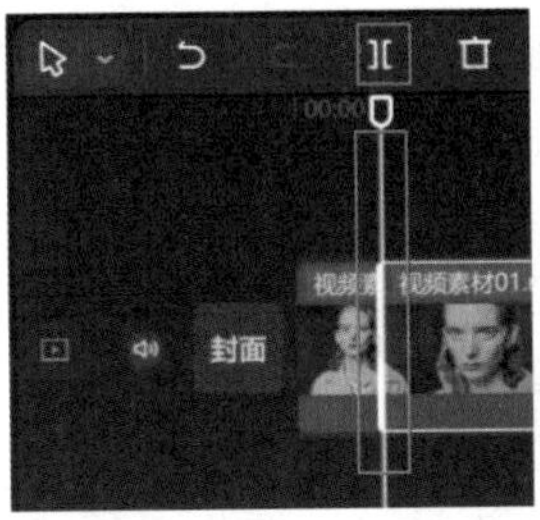

图 8-76

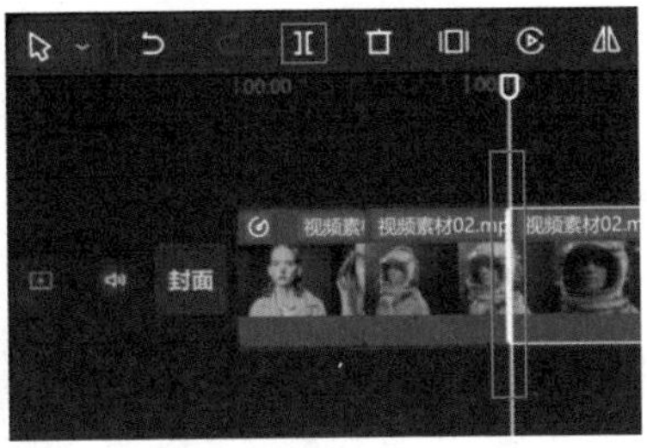

图 8-77

（4）在“时间线”面板中单击选择人像视频素材，在“功能”面板中执行“变速”/“曲线变速”/“蒙太奇”命令，如图 8-78 所示。

（5）在“变速”面板中添加锚点并拖动到合适的位置，制作速率变化效果，如图 8-79 所示。

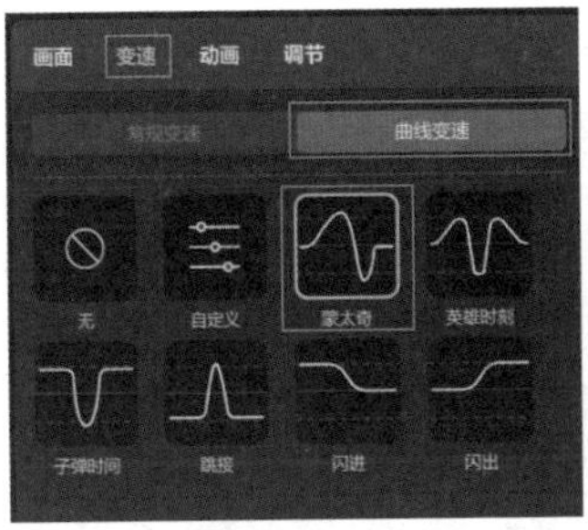

图 8-78

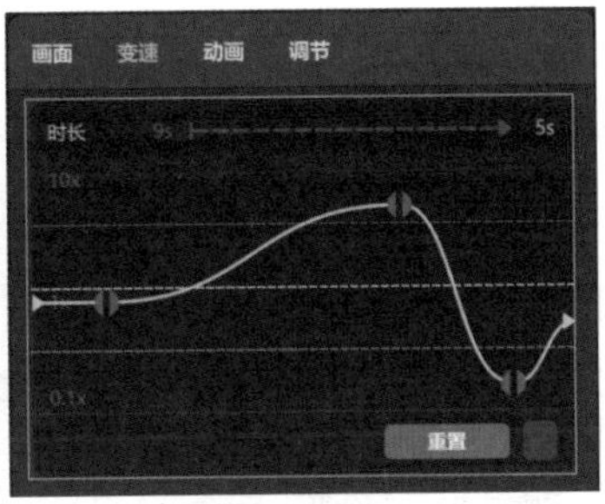

图 8-79

（6）添加转场制作科技感过渡效果。在“素材”面板中执行“转场”/“特效效果”/“特效转场”命令，选择“光束”转场，如图 8-80 所示。滑动时间线，此时画面中已出现光束转场效果，如图 8-81 所示。

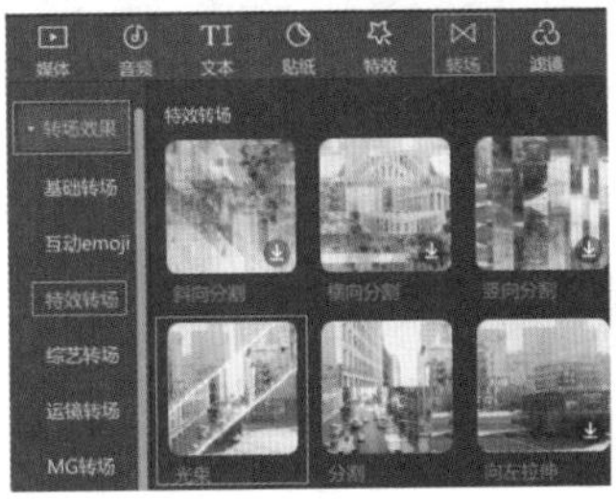

图 8-80

图 8-81

提示：添加转场后的问题。

添加一些转场后，素材文件的持续时间会变少。

（7）添加特效制作科技感效果。将时间线滑动至 6 秒 03 帧处，在“素材”面板中执行“特效”/“特效效果”/“动感”命令，选择“幻彩故障”效果，如图 8-82 所示。

（8）将时间线滑动至 5 秒 14 帧处，在“素材”面板中执行“特效”/“特效效果”/“动感”命令，选择“幻影”效果，如图 8-83 所示。

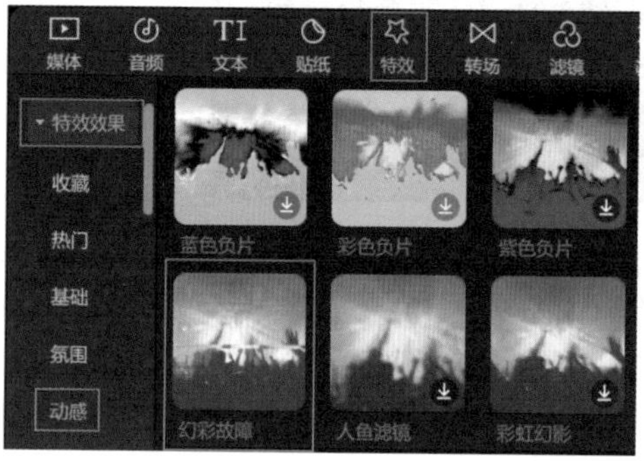

图 8-82

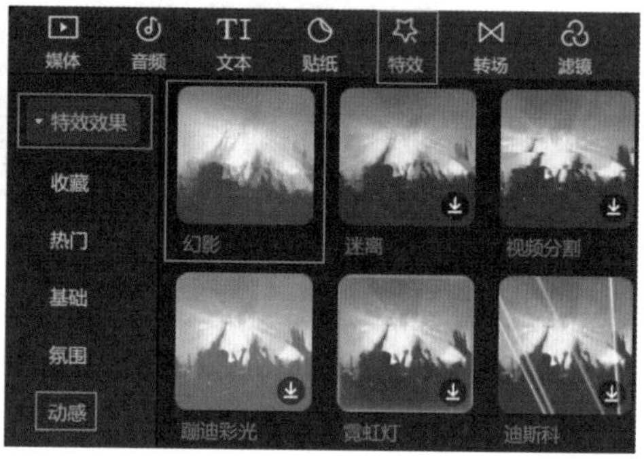

图 8-83

（9）将时间线滑动至 3 秒 14 帧处，在“素材”面板中执行“音频”/“音效素材”命令，在搜索栏中搜索“科幻感转场音效”，选择合适的音效文件，单击“添加到轨道”按钮，如图 8-84 所示。

（10）此时本实例制作完成，滑动时间线即可查看实例效果，如图 8-85 所示。

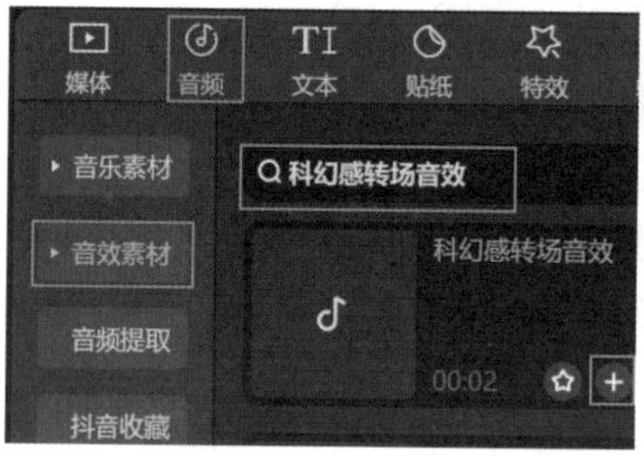

图 8-84

图 8-85

第 9 章

炫酷的特效

本章内容简介：

特效是剪映中非常强大的功能。由于其特效种类众多，可以模拟各种风格的效果等，深受视频创作者的喜爱。各位读者在学习时，可以多尝试添加多种特效，体会各种特效所呈现的效果，以及修改各种参数带来的变化，以加深对各种特效的印象和理解。

重点知识掌握：

- 不同特效组的特效效果
- 应用特效制作短视频

9.1 认识特效效果

剪映中有海量的特效，只需要单击“特效”按钮，即可看到“热门”“基础”“氛围”“动感”等特效组，每个特效组中包含很多特效效果。需要注意的是，由于剪映版本的不同，特效效果可能也会略有不同。

9.1.1 “热门”特效组

“热门”特效组中主要包括最近流行且热门的短视频中常用的特效，如图 9-1 所示。

图 9-1

9.1.2 “基础”特效组

“基础”特效组用于制作常见的视频特效，如动感模糊、广角等，如图 9-2 所示。

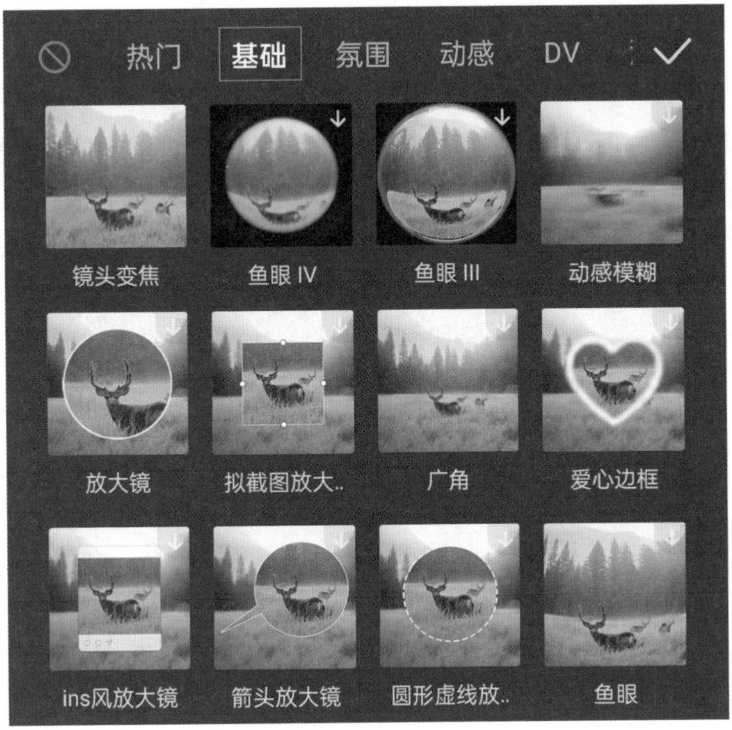

图 9-2

9.1.3 “氛围”特效组

“氛围”特效组用于为视频添加氛围元素，如泡泡、流星雨、彩带等，如图 9-3 所示。

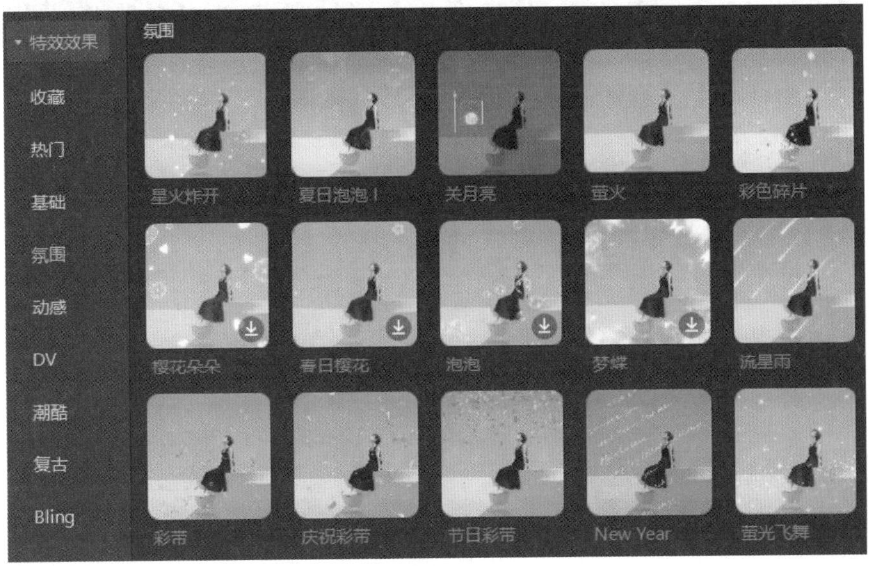

图 9-3

9.1.4 “动感”特效组

“动感”特效组用于为视频添加动感特效，如抖动、瞬间模糊等，如图 9-4 所示。

图 9-4

9.1.5 DV 特效组

DV 特效组用于为视频制作老式 DV、录像带等效果，如图 9-5 所示。

图 9-5

9.1.6 "潮酷"特效组

"潮酷"特效组用于模拟新潮炫酷的特效，如彩信、旋转方块等，如图 9-6 所示。

图 9-6

9.1.7 "复古"特效组

"复古"特效组用于为视频添加复古色调、复古怀旧感动画，如图 9-7 所示。

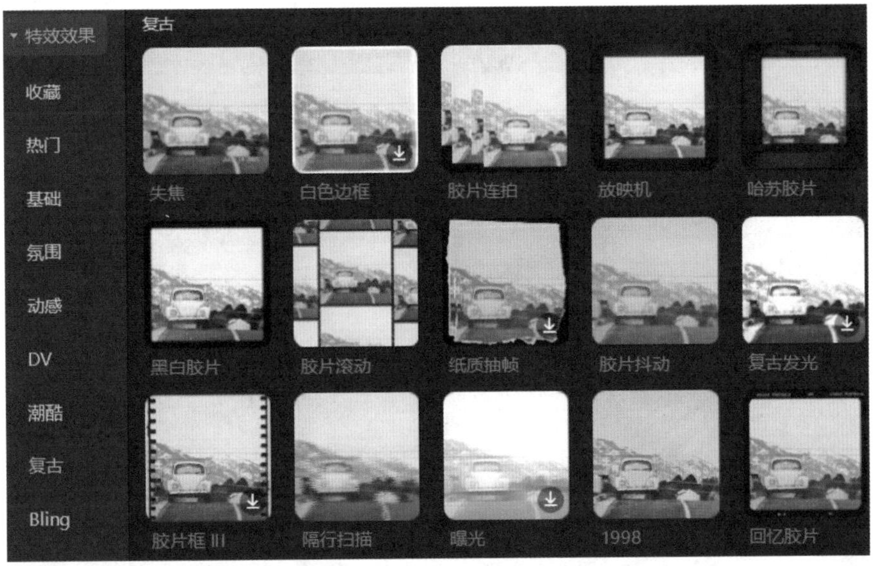

图 9-7

9.1.8 Bling 特效组

Bling 特效组用于为素材添加闪闪发光的斑点、星光等，如图 9-8 所示。

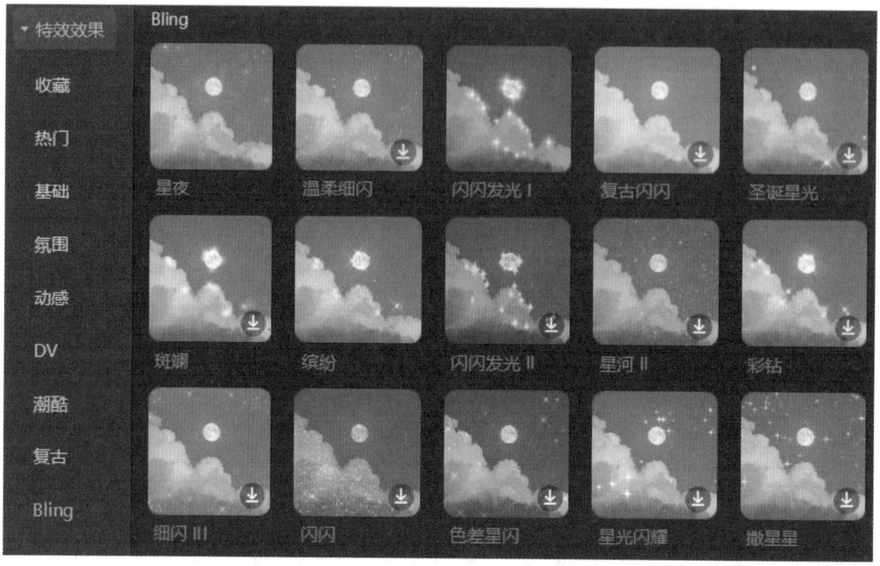

图 9-8

9.1.9 “综艺”特效组

“综艺”特效组用于制作年轻人喜爱的综艺感特效，如手电筒、聚光灯等，如图 9-9 所示。

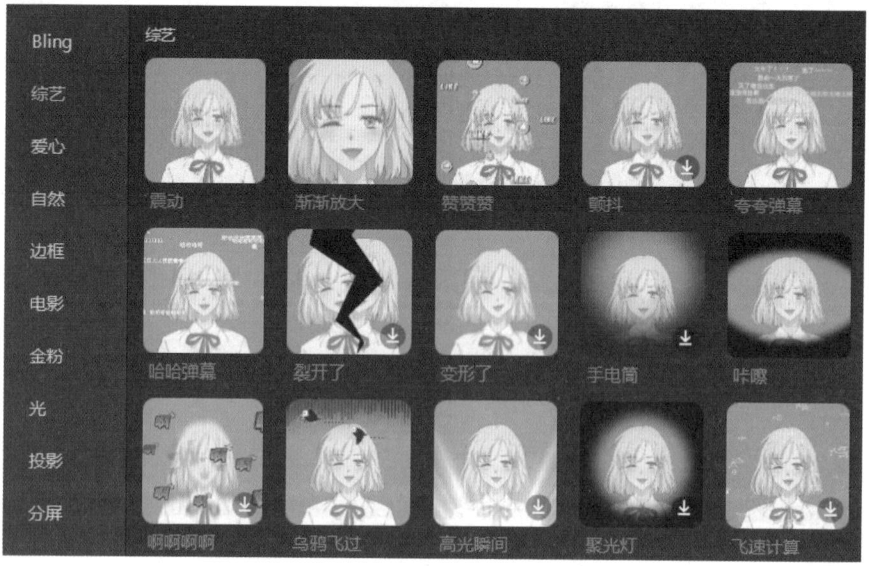

图 9-9

9.1.10 “爱心”特效组

“爱心”特效组用于为素材添加爱心动画，如图 9-10 所示。

图 9-10

9.1.11 “自然”特效组

“自然”特效组用于为视频添加花瓣飞扬、破冰、下雨等自然效果，如图 9-11 所示。

图 9-11

9.1.12 “边框”特效组

“边框”特效组用于为视频添加艺术化边框，如图 9-12 所示。

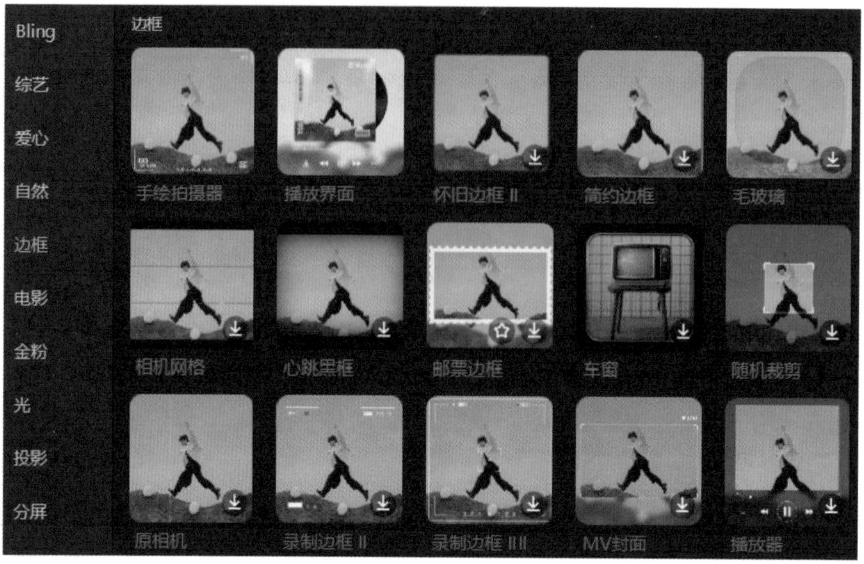

图 9-12

9.1.13 “电影”特效组

“电影”特效组用于为视频添加电影感特效，如老电影等，如图 9-13 所示。

图 9-13

9.1.14 “金粉”特效组

“金粉”特效组用于为视频添加闪亮的金粉特效，突出画面氛围感，如图 9-14 所示。

图 9-14

9.1.15 “光”特效组

“光”特效组用于为视频添加光感，如柔光、发光、彩虹光等，如图 9-15 所示。

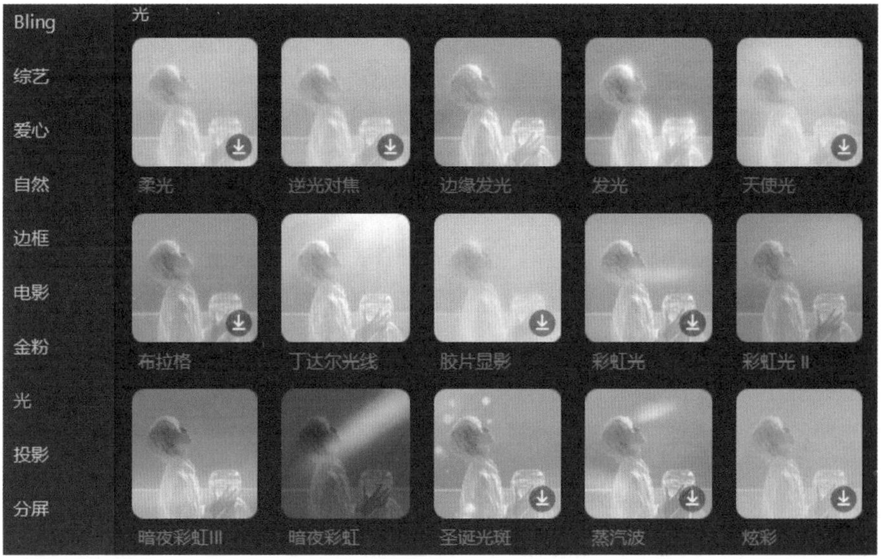

图 9-15

9.1.16 “投影”特效组

“投影”特效组用于为视频添加不同形状的投影，如图 9-16 所示。

图 9-16

9.1.17 “分屏”特效组

“分屏”特效组用于为视频设置分屏效果，如两屏、三屏等，如图 9-17 所示。

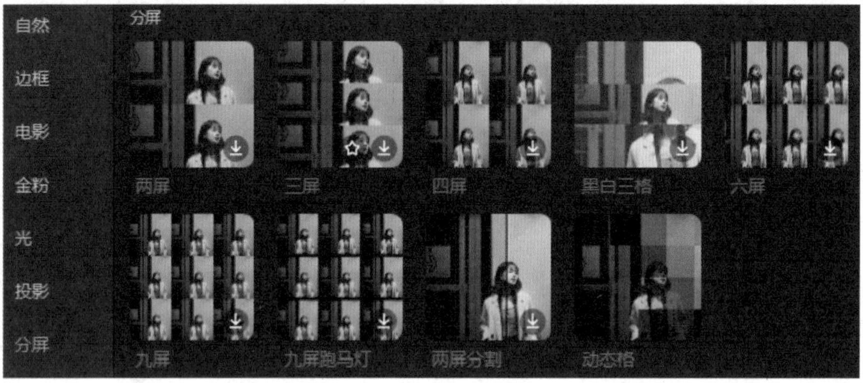

图 9-17

9.1.18 “纹理”特效组

“纹理”特效组用于为视频添加纹理质感，如折痕、低像素等，如图 9-18 所示。

图 9-18

9.1.19 “漫画”特效组

“漫画”特效组用于制作卡通漫画感的视频效果，如图 9-19 所示。

图 9-19

9.1.20 “暗黑”特效组

“暗黑”特效组用于为视频制作暗黑风格的特效，如图 9-20 所示。

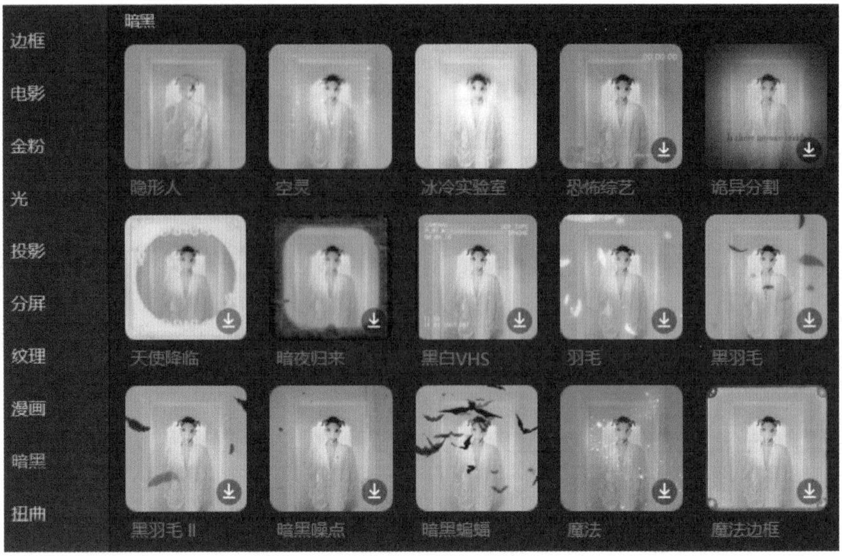

图 9-20

9.1.21 “扭曲”特效组

“扭曲”特效组用于为视频制作扭曲变形特效，如图 9-21 所示。

图 9-21

9.2 特效应用

本节用几个实例来讲解特效的具体应用。

9.2.1 实例：夏日泡泡特效

扫一扫，看视频

本实例在剪映中使用“调节”工具调整视频亮度，使用“特效”工具为画面添加夏日泡泡特效，接着添加贴纸丰富画面。实例效果如图 9-22 所示。

图 9-22

（1）将所有素材文件导入剪映。将风景视频素材文件拖动到“时间线”面板中，如图 9-23 所示。滑动时间线，此时画面效果如图 9-24 所示。

图 9-23

图 9-24

（2）调整画面颜色。在“时间线”面板中单击风景视频素材。在“功能”面板中执行“调节”/“基础”/“调节”命令，设置“亮度”为 15，“对比度”为 10，“高光”为 -5，如图 9-25 所示。

（3）将时间线滑动至起始时间处，在“素材”面板中执行“特效”/“特效效果”/“氛围”命令，选择“夏日泡泡 I”特效，如图 9-26 所示。

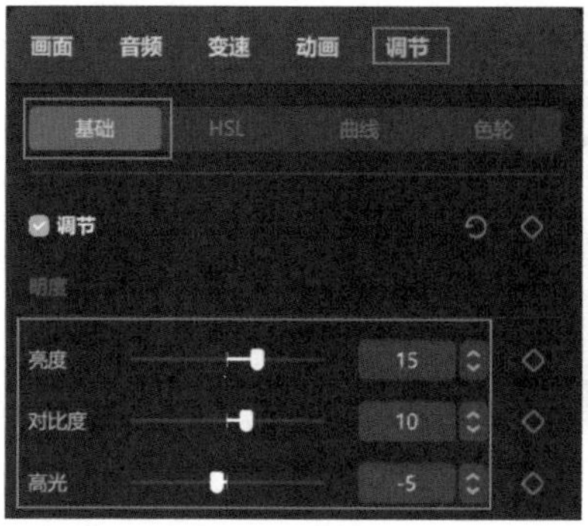

图 9-25

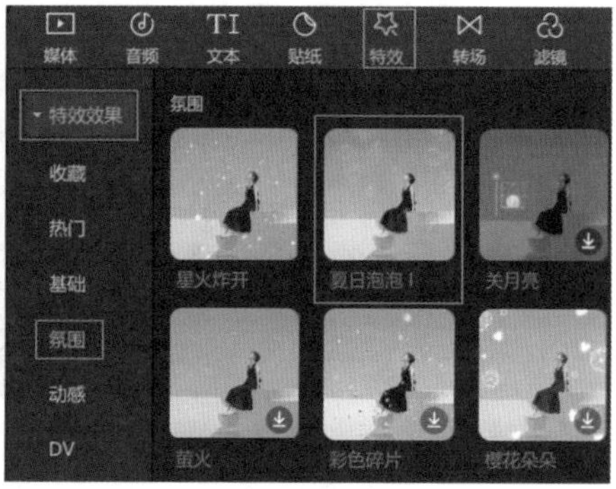

图 9-26

（4）为画面添加夏日泡泡特效。在“时间线”面板中设置“夏日泡泡 I”特效的结束时间与视频的结束时间相同，如图 9-27 所示。滑动时间线，此时画面已被添加了夏日泡泡特效，如图 9-28 所示。

图 9-27

图 9-28

（5）将时间线滑动至起始时间处，在“素材”面板中执行“贴纸”/“贴纸素材”命令，在“搜索栏”中搜索“夏日”，选择“夏日碎片”贴纸，如图 9-29 所示。

（6）此时本实例制作完成，滑动时间线即可查看实例效果，如图 9-30 所示。

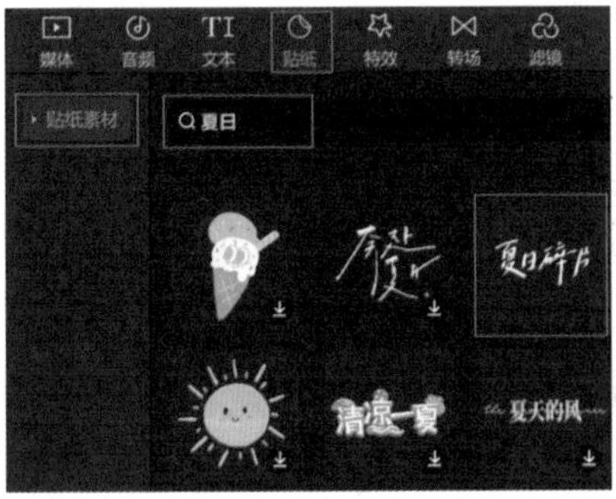

图 9-29

图 9-30

9.2.2 实例：冷酷蝙蝠特效

本实例在剪映中使用“特效”工具为视频添加蝙蝠特效与片头动画。实例效果如图 9-31 所示。

扫一扫，看视频

图 9-31

（1）将所有素材文件导入剪映。将人像图片素材文件拖动到“时间线”面板中，如图 9-32 所示。此时画面效果如图 9-33 所示。

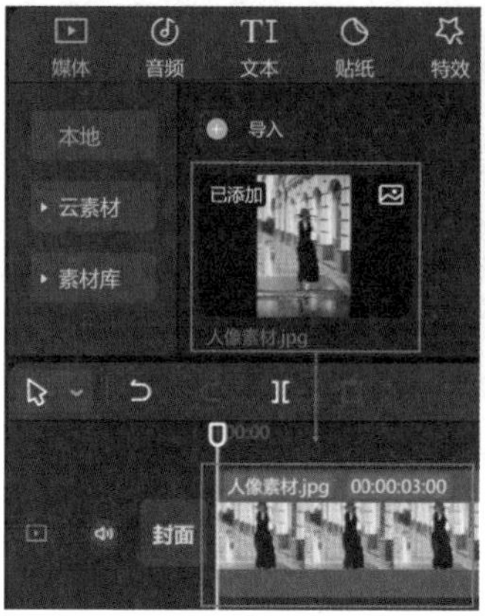

图 9-32

图 9-33

（2）将时间线滑动至 3 秒处，单击“时间线”面板中的素材文件，接着单击“分割”按钮或使用快捷键 Ctrl+B 进行分割，如图 9-34 所示。

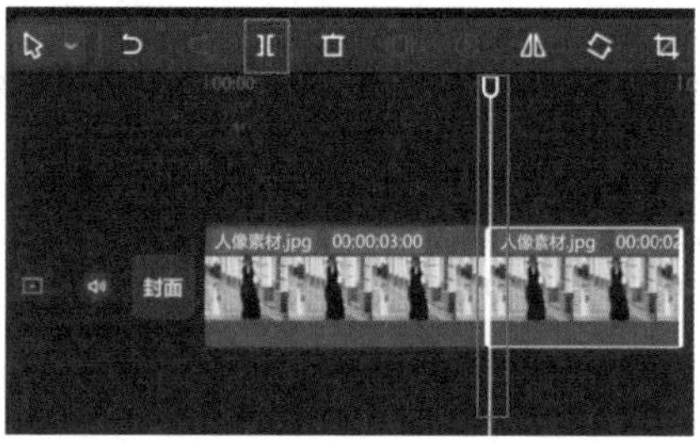

图 9-34

（3）添加蝙蝠特效。在“时间线”面板中框选时间线后方的所有素材，单击“删除”按钮或按 Delete 键进行删除，如图 9-35 所示。

（4）将时间线滑动至起始时间处，在“素材”面板中执行“特效”/“特效效果”/“暗黑”命令，选择“暗黑蝙蝠”特效，如图 9-36 所示。滑动时间线，此时画面中已出现“暗黑蝙蝠”特效，如图 9-37 所示。

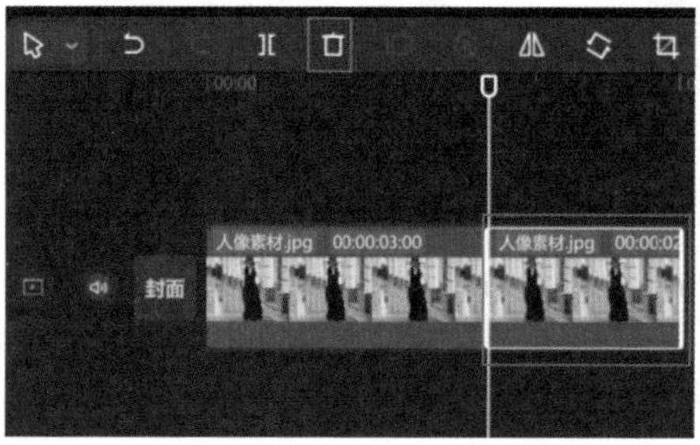

图 9-35

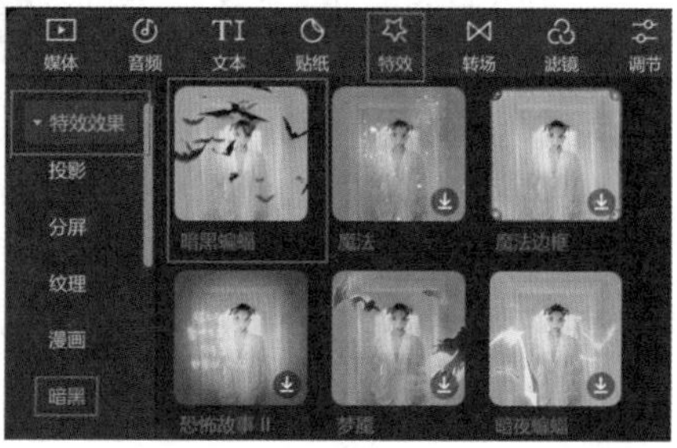

图 9-36

图 9-37

（5）将时间线滑动至起始时间处，在“素材”面板中执行“特效”/“特效效果”/“基础”命令，选择“变清晰”特效，如图 9-38 所示。

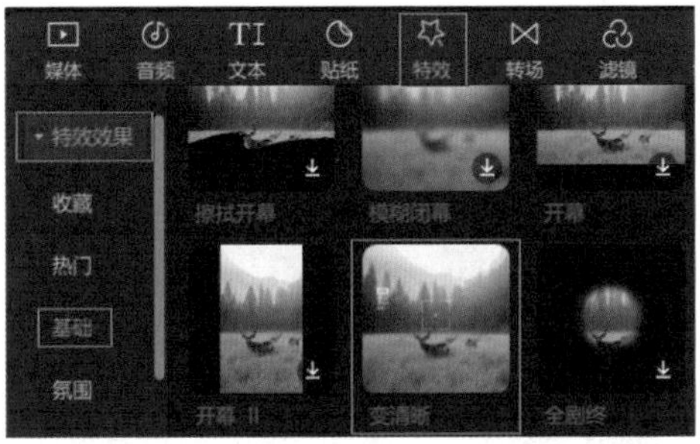

图 9-38

（6）此时本实例制作完成，滑动时间线即可查看实例效果，如图 9-39 所示。

图 9-39

9.2.3 实例：春天变秋天特效

扫一扫，看视频

本实例在剪映中使用“特效”工具制作春天变秋天与气泡效果，使用“文字”工具创建文字和文字动画效果，并为画面添加合适的音频。实例效果如图 9-40 所示。

图 9-40

（1）将所有素材文件导入剪映。将骑车视频素材文件拖动到“时间线”面板中，如图 9-41 所示。此时画面效果如图 9-42 所示。

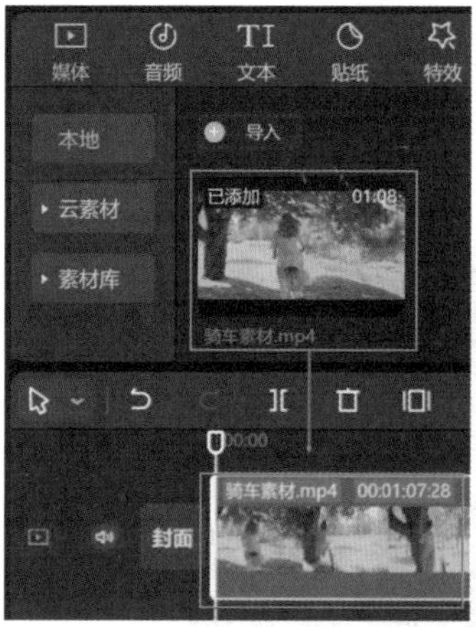

图 9-41

图 9-42

（2）将时间线滑动至 48 秒 23 帧处，单击“时间线”面板中的素材文件，接着单击“分割”按钮或使用快捷键 Ctrl+B 进行分割，如图 9-43 所示。

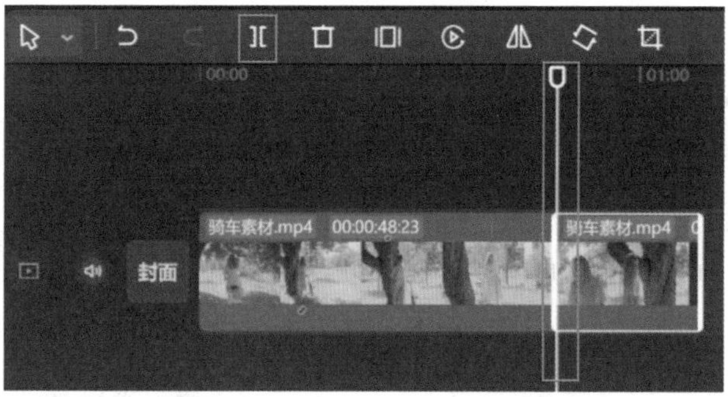

图 9-43

（3）在“时间线”面板中框选时间线后方的所有素材，单击“删除”按钮或按 Delete 键进行删除，如图 9-44 所示。

（4）添加变秋天特效。将时间线滑动至起始时间处，在“素材”面板中执行“特效”/“特效效果”/“基础”命令，选择“变秋天”特效，单击“添加到轨道”按钮，如图 9-45 所示。

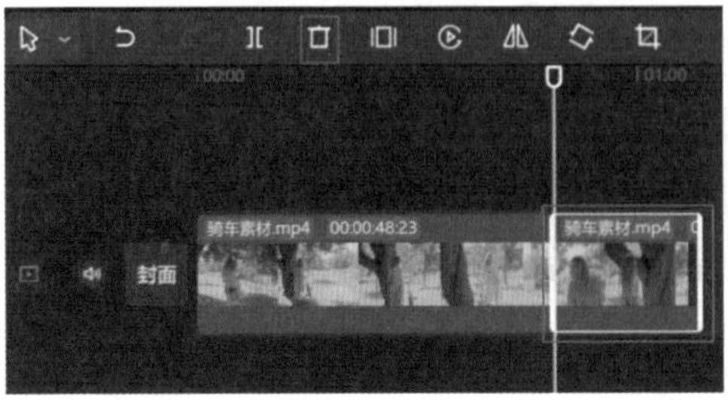

图 9-44

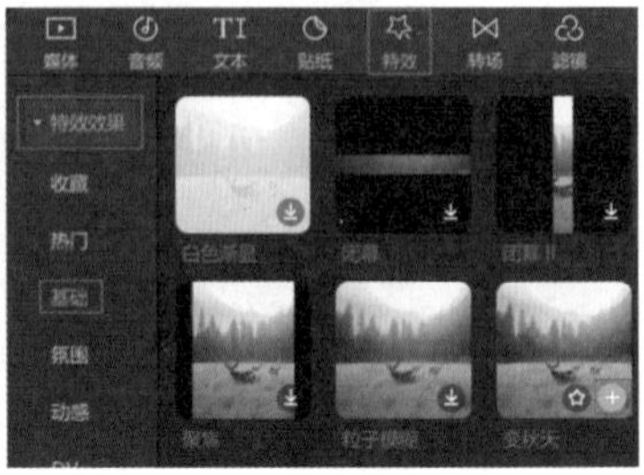

图 9-45

（5）在“时间线”面板中设置“变秋天”特效的结束时间与视频的结束时间相同，如图 9-46 所示。

（6）在“功能”面板中设置“速度”为 100，如图 9-47 所示。滑动时间线，此时画面中已出现“变秋天”特效，如图 9-48 所示。

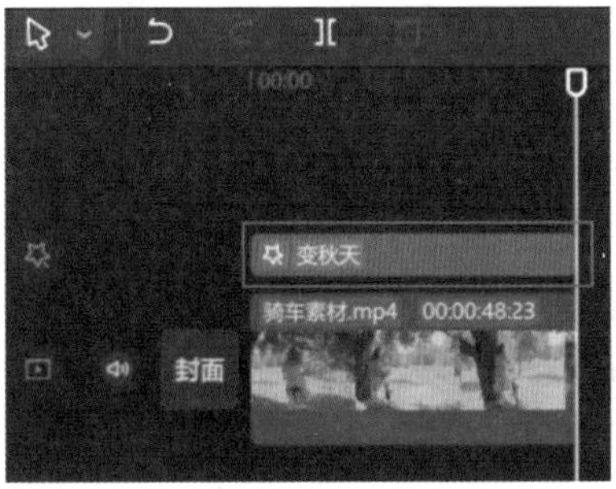

图 9-46

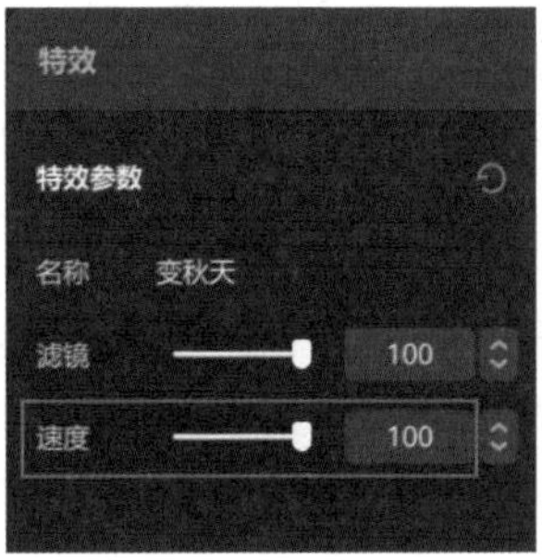

图 9-47

（7）创建文字制作文字动画。将时间线滑动至 2 秒 08 帧处，在“素材”面板中执行“文本”/“新建文本”/“默认”命令，选择“默认文本”，单击“添加到轨道”按钮，如图 9-49 所示。

图 9-48

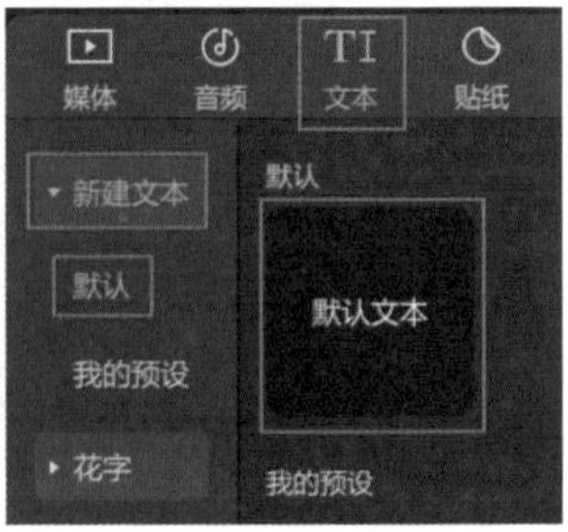

图 9-49

（8）在“功能”面板中执行“文本”/“基础”命令，输入合适的文字，设置合适的字体，并设置“字号”为 50，如图 9-50 所示。

（9）在“功能”面板中执行“动画”/“入场”命令，选择“扭曲模糊”动画，如图 9-51 所示。

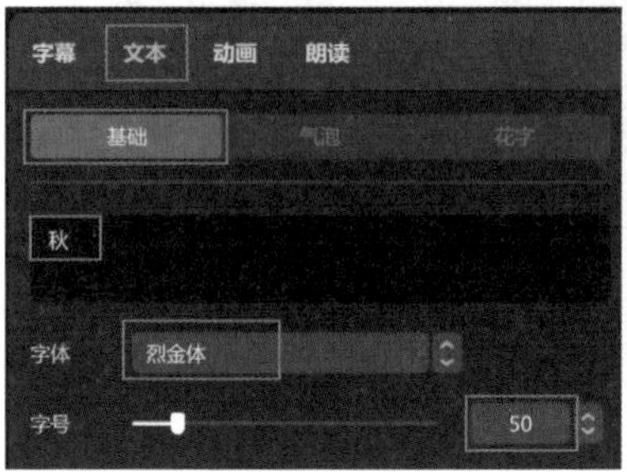

图 9-50

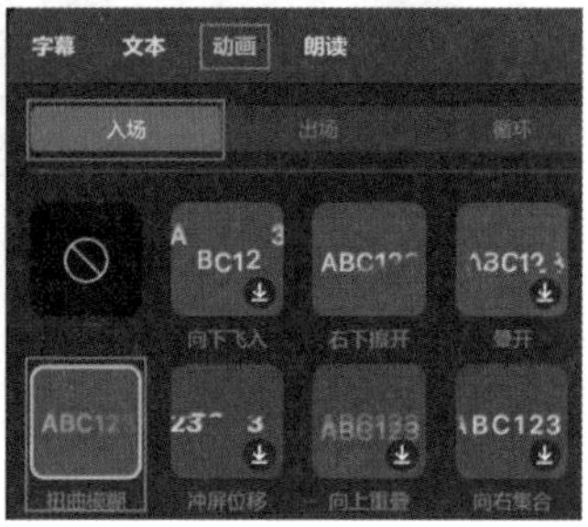

图 9-51

（10）将时间线滑动至 2 秒 26 帧处，在“素材”面板中执行“特效”/“特效效果”/“氛围”命令，选择“夏日泡泡 I”特效，单击“添加到轨道”按钮，如图 9-52 所示。滑动时间线，此时画面中已出现文字与泡泡特效，如图 9-53 所示。

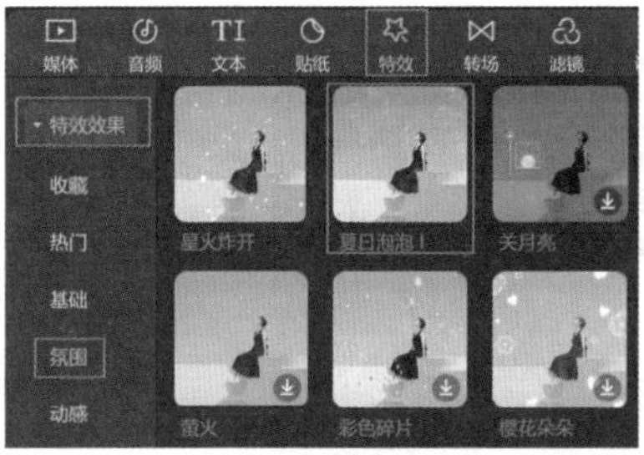

图 9-52

图 9-53

（11）为视频添加音频。将时间线滑动至起始时间处，在“素材”面板中执行“音频”/“音效素材”/“转场”命令，选择合适的音频文件，单击“添加到轨道”按钮，如图 9-54 所示。

（12）将时间线滑动至 1 秒 08 帧处，在“素材”面板中执行“音频”/“音效素材”/“转场”命令，选择合适的音频文件，单击“添加到轨道”按钮，如图 9-55 所示。

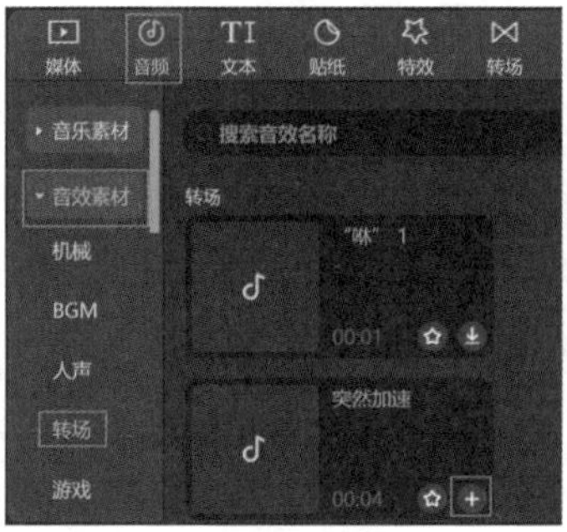

图 9-54

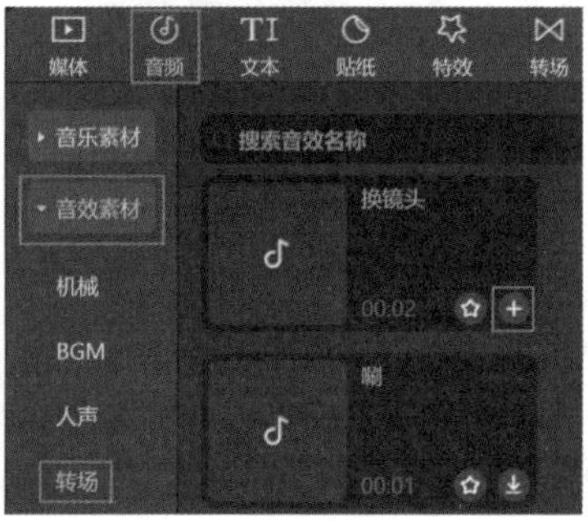

图 9-55

（13）此时本实例制作完成，滑动时间线即可查看实例效果，如图 9-56 所示。

图 9-56

9.2.4 实例：怦然心动的拍照特效

本实例在剪映中使用“动画”与“缩放”为图片制作拍照效果，使用“特效”制作画面流星雨与爱心效果，并为画面添加合适的音频。实例效果如图 9-57 所示。

扫一扫，看视频

图 9-57

（1）将所有素材文件导入剪映。将拍照视频素材文件拖动到“时间线”面板中，如图 9-58 所示。滑动时间线，此时画面效果如图 9-59 所示。

图 9-58

图 9-59

（2）制作照片出现效果。将时间线滑动至 8 秒 29 帧处，单击“时间线”面板中素材文件，接着单击“分割”按钮或使用快捷键 Ctrl+B 进行分割，如图 9-60 所示。

（3）在“时间线”面板中框选时间线后方的所有素材，单击“删除”按钮或按 Delete 键进行删除，如图 9-61 所示。

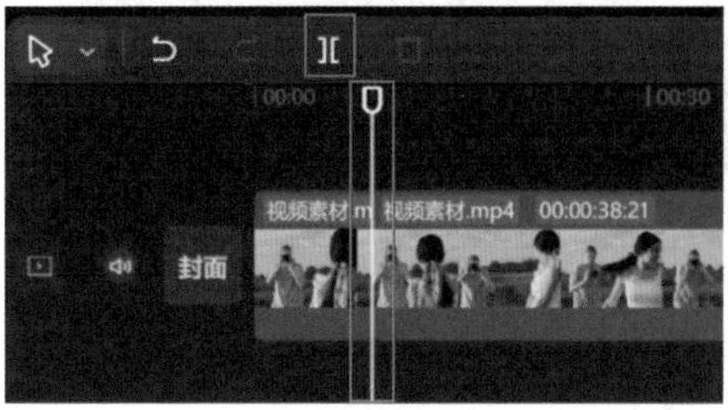

图 9-60

图 9-61

（4）在“素材”面板中将照片 .png 拖动到“时间线”面板中的 3 秒 19 帧处，如图 9-62 所示。

（5）在“时间线”面板中设置照片 .png 的结束时间与视频的结束时间相同，如图 9-63 所示。

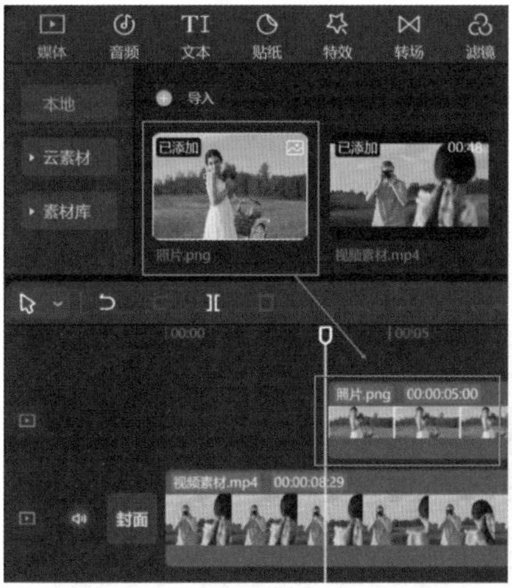

图 9-62

图 9-63

（6）在“功能”面板中执行“画面”/“基础”/“位置大小”命令，设置“缩放”为 80%，如图 9-64 所示。

（7）在“功能”面板中执行“动画”/“入场”命令，选择“上下抖动”动画，如图 9-65 所示。滑动时间线，此时画面中已出现拍照效果，如图 9-66 所示。

图 9-64

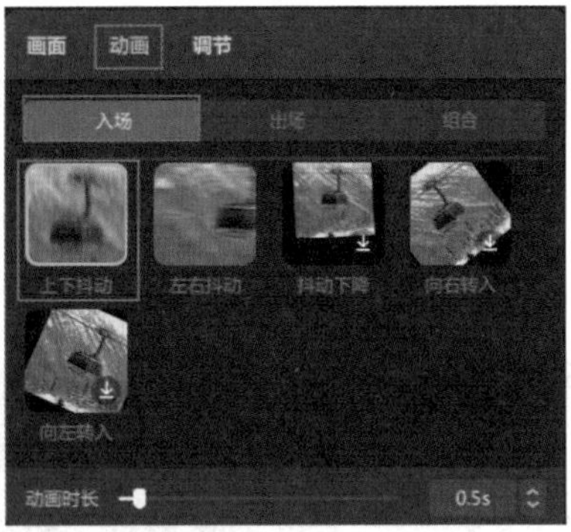

图 9-65

图 9-66

（8）添加特效丰富画面。将时间线滑动至 3 秒 19 帧处，在“素材”面板中执行“特效”/“特效效果”/“爱心”命令，选择“怦然心动”特效，单击“添加到轨道”按钮，如图 9-67 所示。

（9）在“时间线”面板中设置“怦然心动”特效的结束时间与视频的结束时间相同，如图 9-68 所示。

图 9-67

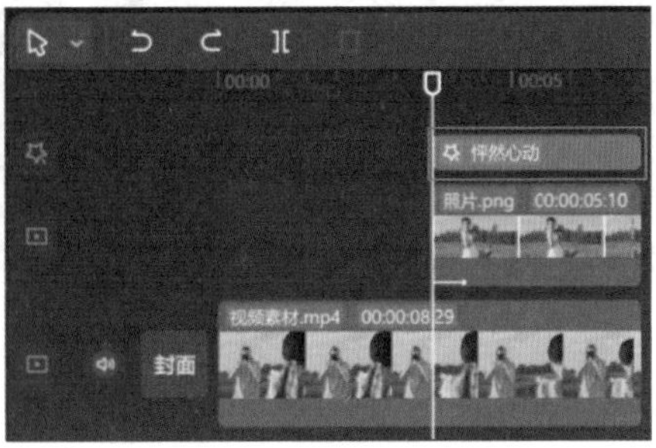

图 9-68

（10）将时间线滑动至 4 秒 29 帧处，在“素材”面板中执行“特效”/“特效效果”/“氛围”命令，选择“流星雨”特效，单击“添加到轨道”按钮，如图 9-69 所示。

（11）在“时间线”面板中设置“流星雨”特效的结束时间与视频的结束时间相同，如图 9-70 所示。滑动时间线，此时画面中已出现怦然心动效果，如图 9-71 所示。

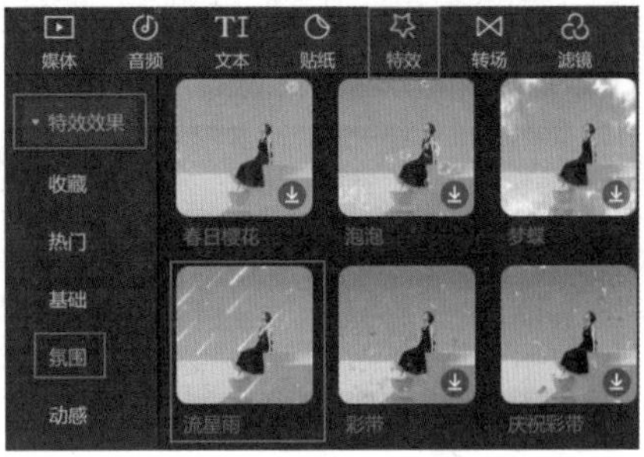

图 9-69

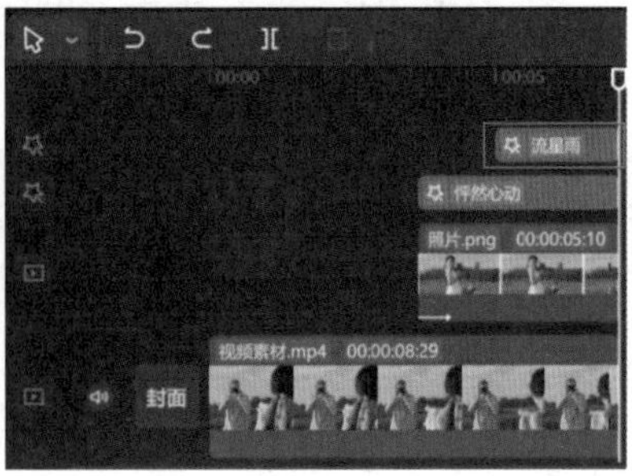

图 9-70

（12）为视频添加音频文件。将时间线滑动至 3 秒 02 帧处，在“素材”面板中执行“音频”/“音效素材”命令，在“搜索栏”中搜索“相机滴一声按快门声”，选择合适的音频文件，单击“添加到轨道”按钮，如图 9-72 所示。

图 9-71

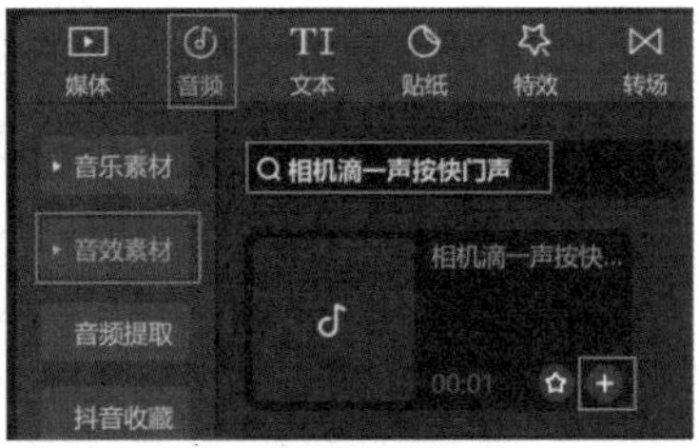

图 9-72

（13）在“功能”面板中执行“音频”/“基本”/“基础”命令，设置“音量”为 20.0dB，如图 9-73 所示。

（14）将时间线滑动至起始时间处，在“素材”面板中执行“音频”/“音乐素材”命令，在“搜索栏”中搜索“一万吨甜蜜”，选择合适的音频文件，单击“添加到轨道”按钮，如图 9-74 所示。

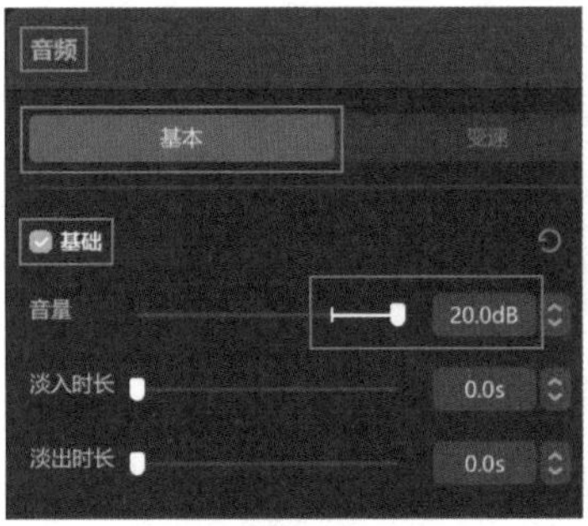

图 9-73

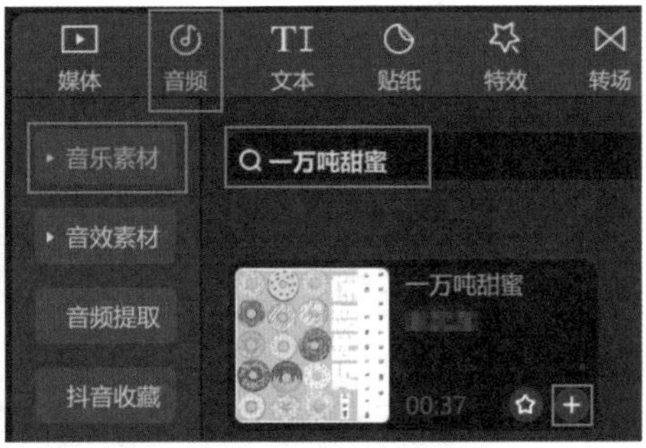

图 9-74

（15）将时间线滑动至视频结束时间处，在“时间线”面板中单击音频文件，接着单击“分割”按钮或使用快捷键 Ctrl+B 进行分割，如图 9-75 所示。

（16）在“时间线”面板中框选时间线后方的素材，单击“删除”按钮或按 Delete 键进行删除，如图 9-76 所示。

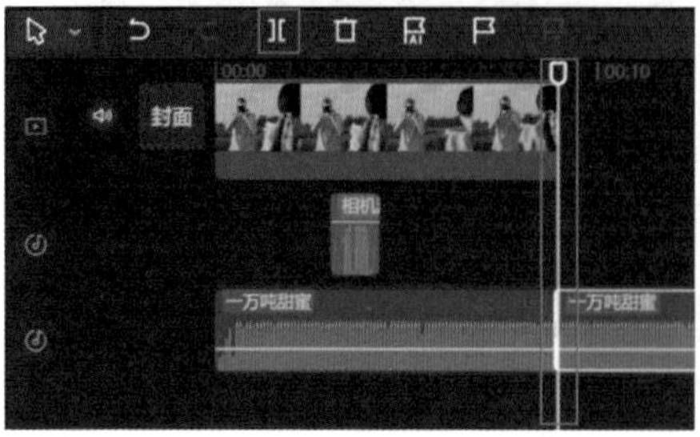

图 9-75

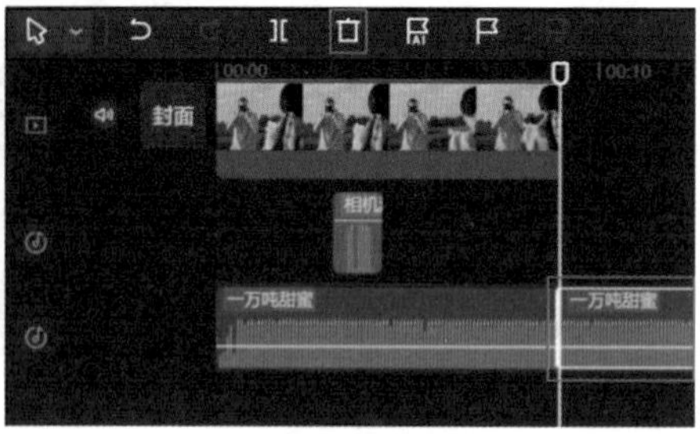

图 9-76

（17）此时本实例制作完成，滑动时间线即可查看实例效果，如图 9-77 所示。

图 9-77

9.2.5 实例：孔明灯特效

本实例在剪映中使用“特效”工具制作孔明灯特效，使用“滤镜”与“调节”工具调整画面颜色，并为画面添加合适的音频。实例效果如图 9-78 所示。

扫一扫，看视频

图 9-78

（1）将所有素材文件导入剪映。将人物视频素材文件拖动到“时间线”面板中，如图 9-79 所示。滑动时间线，此时画面效果如图 9-80 所示。

图 9-79

图 9-80

（2）制作偏红的画面效果。将时间线滑动至 11 秒 21 帧处，单击“时间线”面板中的素材文件，接着单击“分割”按钮或使用快捷键 Ctrl+B 进行分割，如图 9-81 所示。

（3）在“时间线”面板中框选时间线后方的素材，单击“删除”按钮或按 Delete 键进行删除，如图 9-82 所示。

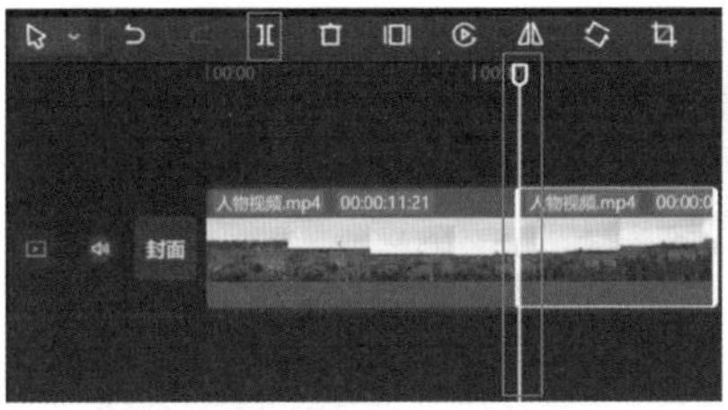

图 9-81

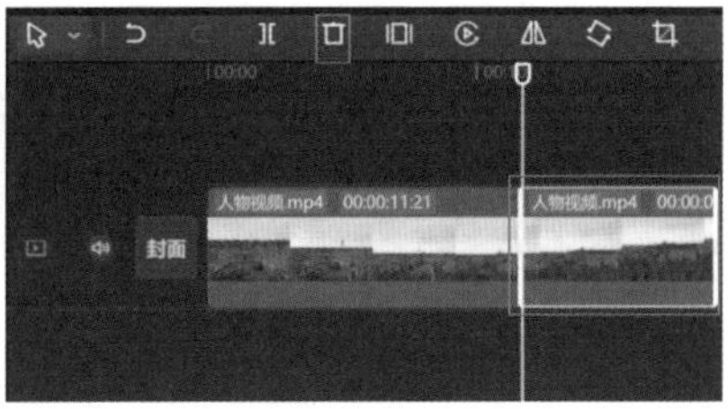

图 9-82

（4）将时间线滑动至 5 秒 14 帧处，单击“时间线”面板中的素材文件，接着单击“分割”按钮或使用快捷键 Ctrl+B 进行分割，如图 9-83 所示。

（5）单击时间线后方的素材文件。在“功能”面板中执行“调节”/“基础”/“调节”命令，设置“对比度”为 10，“高光”为 -10，“阴影”为 30，如图 9-84 所示。

（6）单击 HSL 按钮，选择“红色通道”，设置“饱和度”为 38，如图 9-85 所示。

（7）单击“曲线”按钮，在“红色通道”曲线上单击，添加锚点，并向左上方进行拖动，如图 9-86 所示。滑动时间线，此时画面整体偏红，如图 9-87 所示。

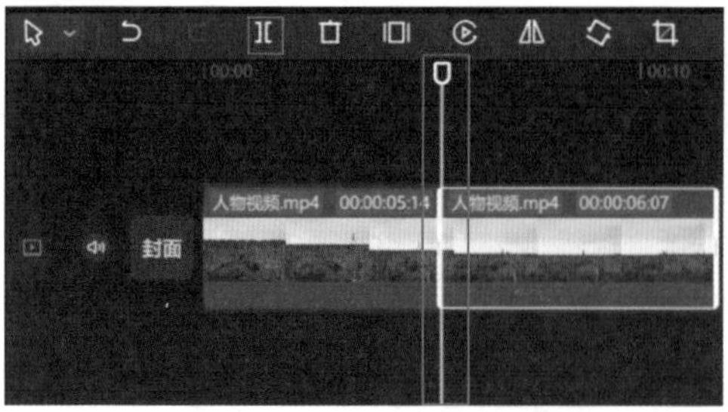

图 9-83

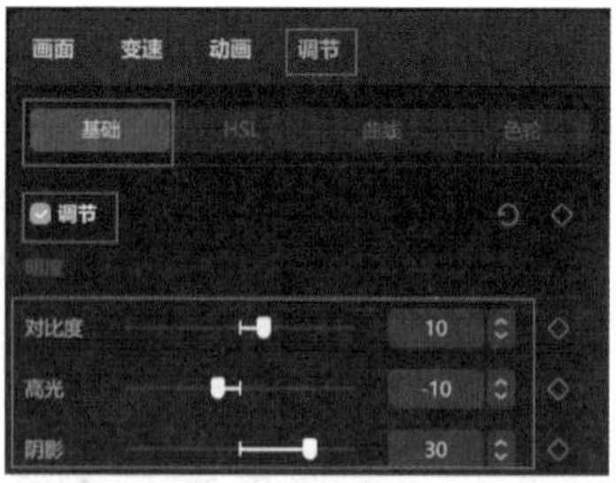

图 9-84

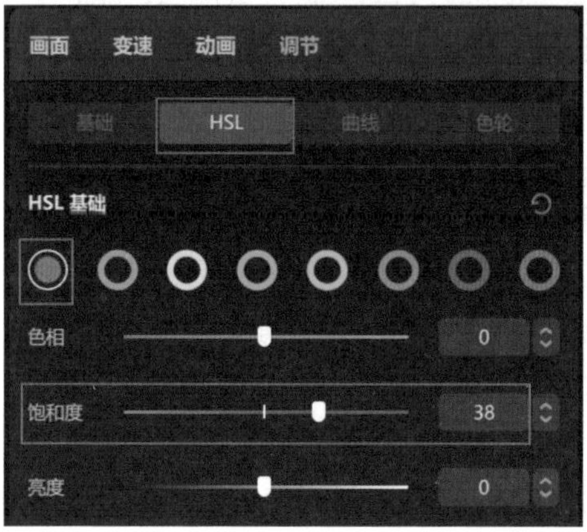

图 9-85

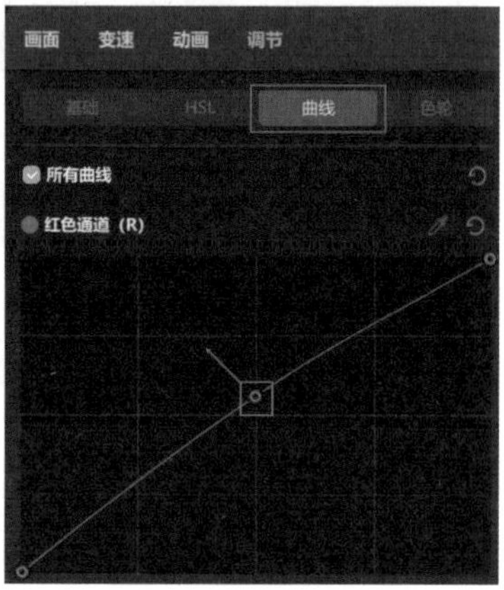

图 9-86

（8）添加特效与滤镜，制作唯美孔明灯效果。将时间线滑动至 5 秒 14 帧处，在“素材”面板中执行“特效”/“特效效果”/“自然”命令，选择“孔明灯 II”特效，单击“添加到轨道”按钮，如图 9-88 所示。

图 9-87

图 9-88

（9）在“时间线”面板中设置“孔明灯 II”特效的结束时间与视频的结束时间相同，如图 9-89 所示。并在“功能”面板中设置“滤镜”为 100。

（10）将时间线滑动至 5 秒 14 帧处，在“素材”面板中执行“特效”/“特效效果”/“光”命令，选择“丁达尔光线”特效，单击“添加到轨道”按钮，如图 9-90 所示。

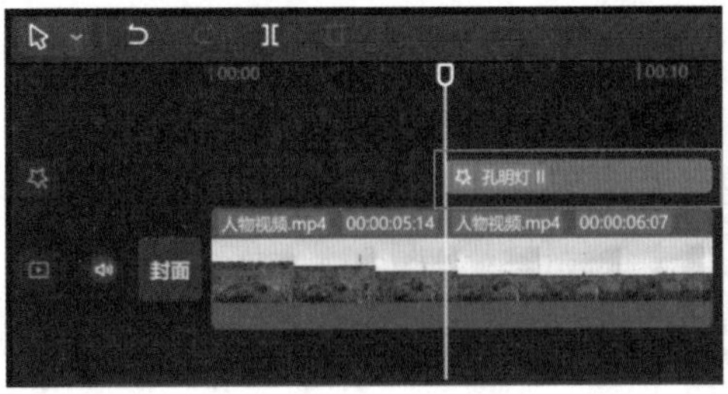

图 9-89

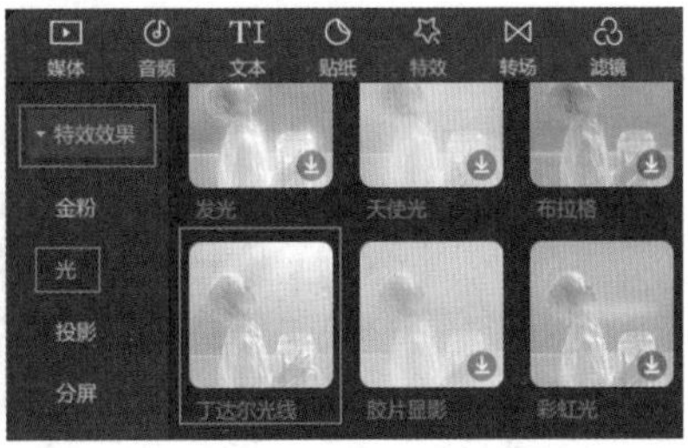

图 9-90

（11）在“时间线”面板中设置“丁达尔光线”特效的结束时间与视频的结束时间相同，如图 9-91 所示。

（12）将时间线滑动至 5 秒 14 帧处，在“素材”面板中执行“滤镜”/“滤镜库”/“风景”命令，选择“橘光”滤镜，单击“添加到轨道”按钮，如图 9-92 所示。

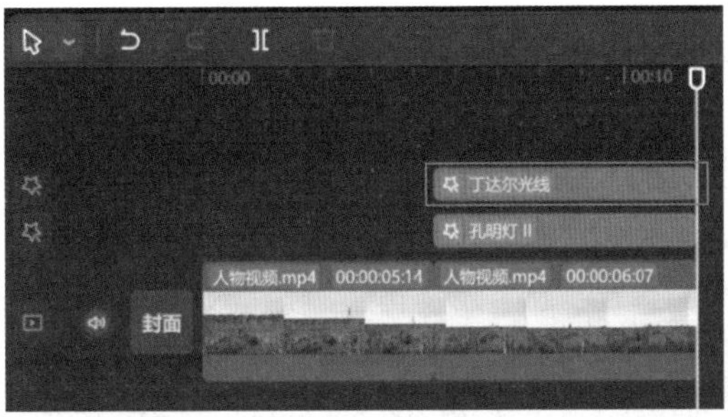

图 9-91

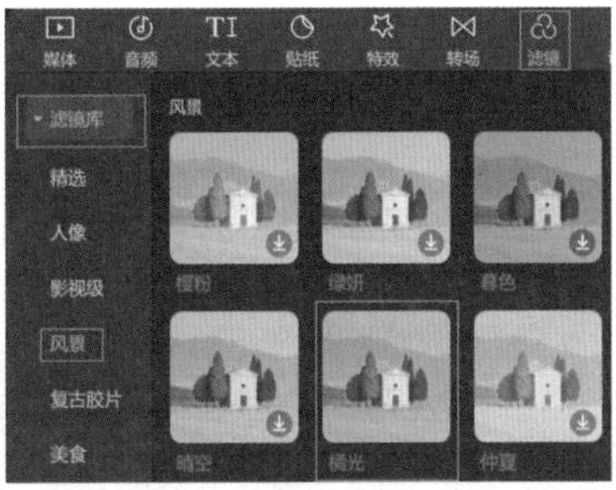

图 9-92

（13）在“时间线”面板中设置“橘光”特效的结束时间与视频的结束时间相同，如图 9-93 所示。

（14）为视频添加音乐。将时间线滑动至起始时间处，在“素材”面板中执行“音频”/“音乐素材”命令，搜索并选择合适的音频文件，单击“添加到轨道”按钮，如图 9-94 所示。

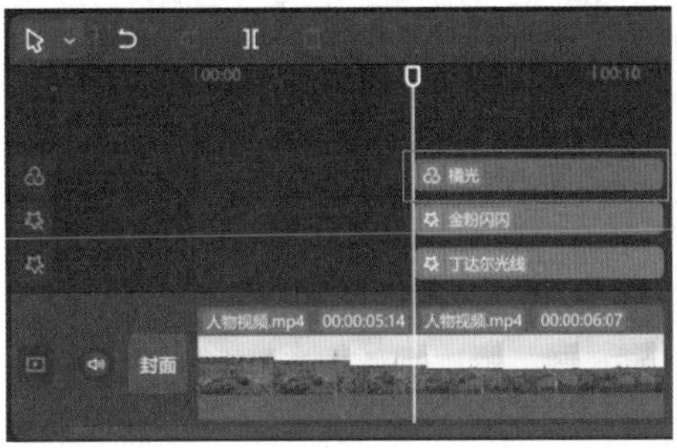

图 9-93

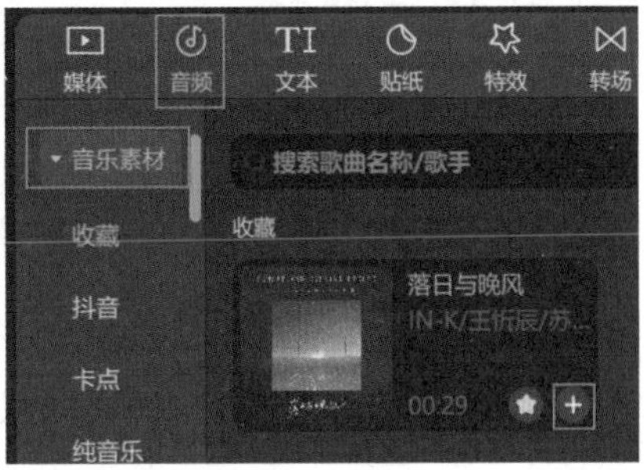

图 9-94

（15）将时间线滑动至视频结束时间处，在“时间线”面板中单击音频文件，接着单击“分割”按钮或使用快捷键 Ctrl+B 进行分割，如图 9-95 所示。

（16）在“时间线”面板中框选时间线后方的素材，单击“删除”按钮或按 Delete 键进行删除，如图 9-96 所示。

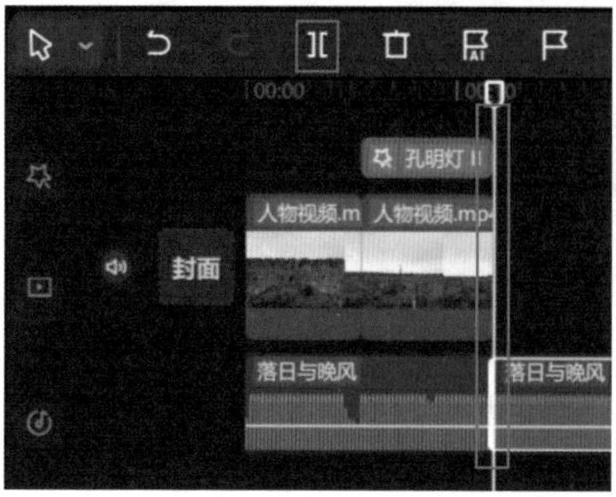

图 9-95

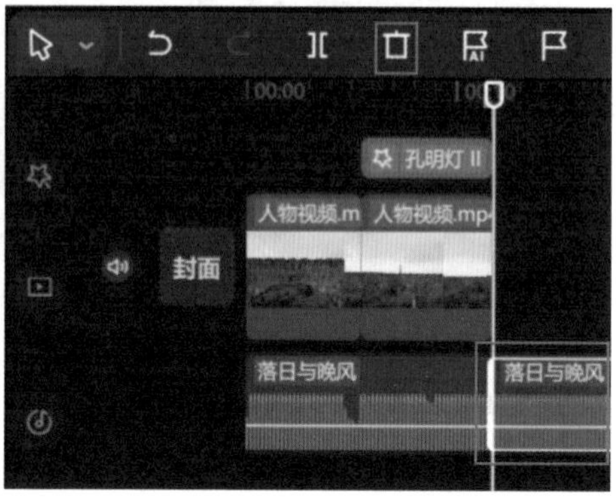

图 9-96

（17）此时本实例制作完成，滑动时间线即可查看实例效果，如图 9-97 所示。

图 9-97

9.2.6 实例：人物瞬移特效

扫一扫，看视频

本实例在剪映中通过剪辑修剪视频，使用“素材库”工具添加烟雾素材，使用“混合模式”与“关键帧”工具制作画面瞬移效果，使用“滤镜”与“特效”工具调整画面颜色、制作画面朦胧感，并为画面添加合适的音频。实例效果如图 9-98 所示。

图 9-98

1. 制作瞬移效果

（1）将所有素材文件导入剪映。将背影视频素材文件拖动到“时间线”面板中，如图 9-99 所示。滑动时间线，此时画面效果如图 9-100 所示。

图 9-99

图 9-100

（2）分割视频制作视频素材。在“时间线”面板中单击“切换”按钮，从“选择”工具切换为“分割”工具。接着将时间线分别滑动至 1 秒 09 帧、3 秒 09 帧、11 秒 22 帧处，单击背影视频素材进行分割，如图 9-101 所示。

（3）选择 3 秒 09 帧 ~ 11 秒 22 帧的素材文件，单击“删除”按钮或按 Delete 键进行删除，如图 9-102 所示。

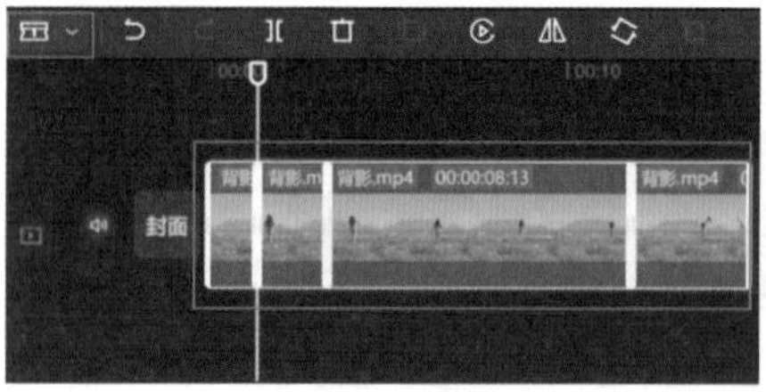

图 9-101

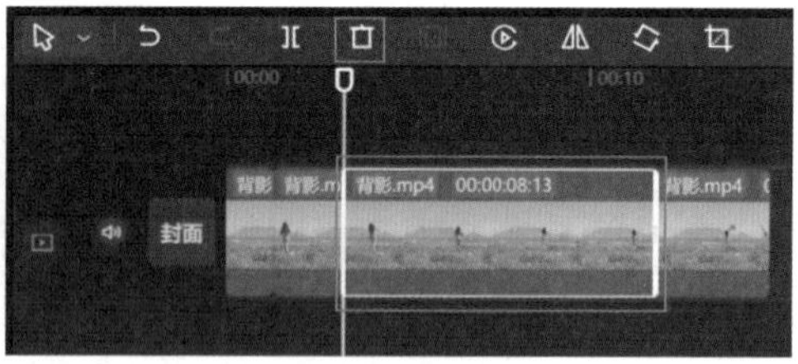

图 9-102

提示：解锁自动层级。

如果图层不能自由拖动，需要在不选择任何图层的情况下，在“功能”面板中进行修改，开启自由层级，调整图层顺序。

（4）添加烟雾制作瞬移效果。在“素材”面板中执行“媒体”/“素材库”命令，在“搜索栏”中搜索“烟雾”，并选择合适的素材文件拖动到“时间线”面板中的第 2 轨道的 1 秒处，如图 9-103 所示。

（5）在“时间线”面板中设置烟雾素材的结束时间为 2 秒 01 帧，如图 9-104 所示。在“功能”面板中执行“音频”/“基础”命令，设置“音量”为 -∞dB。

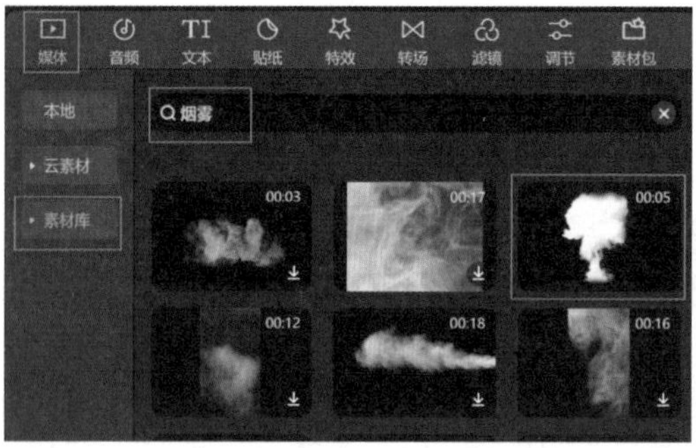

图 9-103

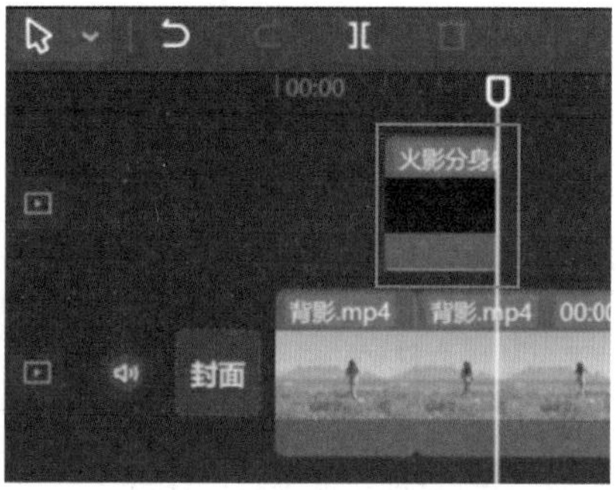

图 9-104

（6）再次在“素材”面板中将刚刚选择的素材文件拖动到“时间线”面板中的第 2 轨道的 2 秒 05 帧处，并设置结束时间为 5 秒 05 帧，如图 9-105 所示。在“功能”面板中执行“音频”/“基础”命令，设置“音量”为 -∞dB。

（7）在“时间线”面板中将第 1 轨道上的第 1 段素材文件拖动到第 3 轨道上的 1 秒 14 帧处，如图 9-106 所示。

（8）在“时间线”面板中单击选择第 2 轨道上的第 1 段烟雾素材。在“功能”面板中执行“画面”/“基础”/“位置大小”命令，设置“缩放”为 80%，“位置”/X 为 478，“位置”/Y 为 89，如图 9-107 所示。

（9）展开“混合”，设置“混合模式”为“滤色”。将时间线滑动至 1 秒 06 帧处，设置“不透明度”为 40%，单击“添加关键帧”按钮。将时间线滑动至 1 秒 23 帧处，设置“不透明度”为 100%，如图 9-108 所示。

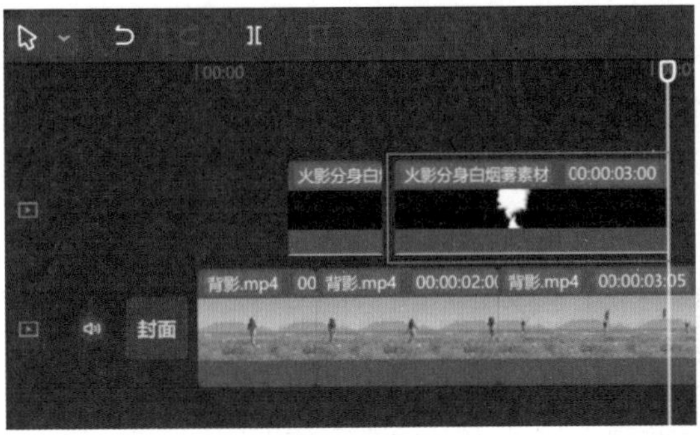

图 9-105

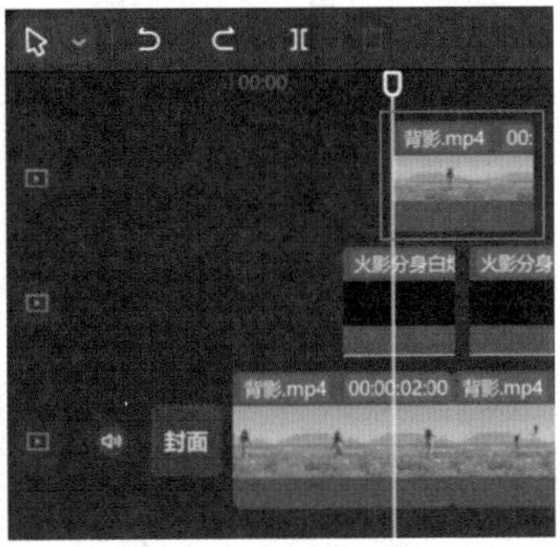

图 9-106

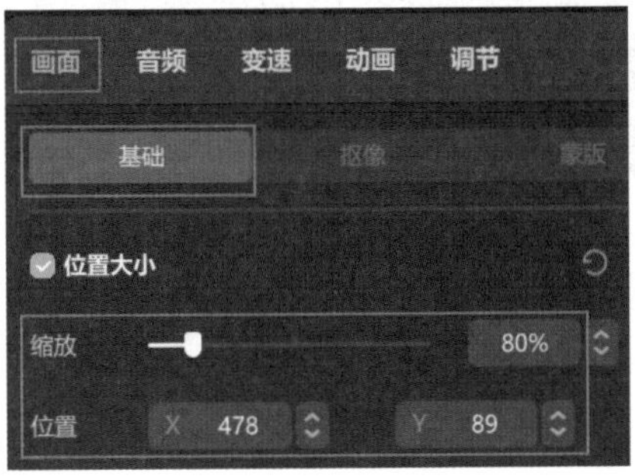

图 9-107

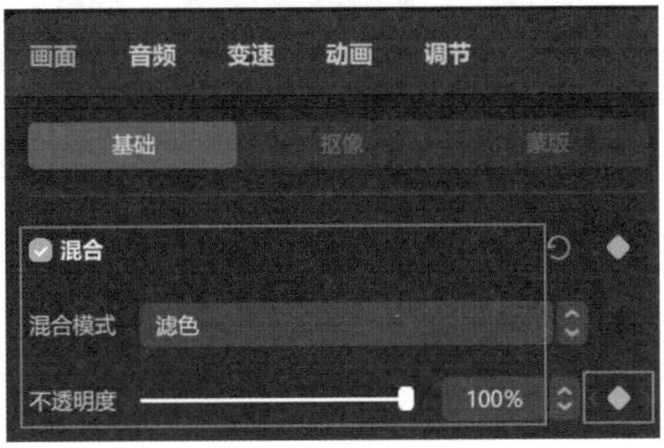

图 9-108

（10）在“时间线”面板中单击选择第 2 轨道上的第 2 段烟雾素材。在“功能”面板中执行“画面”/“基础”/“位置大小”命令，设置“缩放”为 53%，“位置”/X 为 456，“位置”/Y 为 209；接着展开“混合”，设置“混合模式”为“滤色”，如图 9-109 所示。滑动时间线，此时画面中已出现烟雾瞬移效果，如图 9-110 所示。

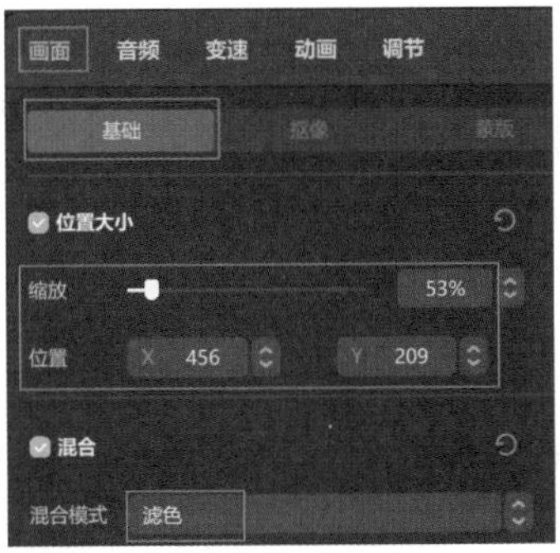

图 9-109

图 9-110

（11）在“时间线”面板中单击选择第 1 轨道上的第 1 段视频素材。在“功能”

面板中执行“画面”/“基础”/“混合”命令。将时间线滑动至 1 秒 15 帧处，设置“不透明度”为 100%，单击“添加关键帧”按钮，如图 9-111 所示。将时间线滑动至 1 秒 19 帧处，设置“不透明度”为 0%。

（12）在“时间线”面板中单击选择第 3 轨道上的视频素材。在“功能”面板中执行“画面”/“基础”/“混合”命令。将时间线滑动至 1 秒 14 帧处，设置“不透明度”为 0%，单击“添加关键帧”按钮，如图 9-112 所示。将时间线滑动至 1 秒 15 帧处，设置“不透明度”为 100%。

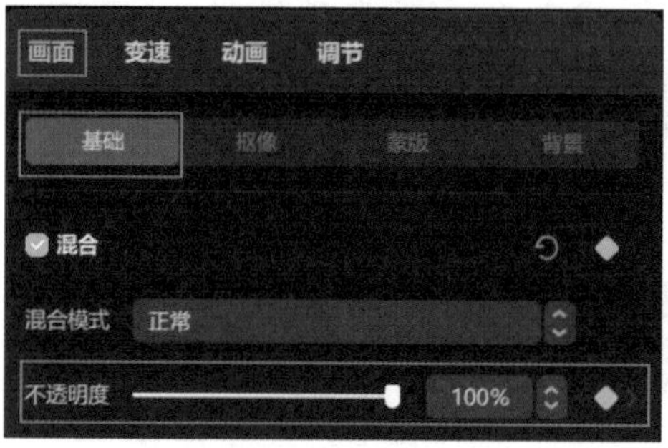

图 9-111

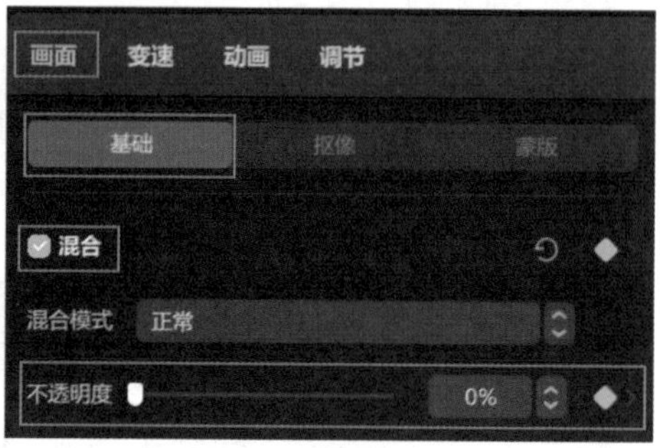

图 9-112

（13）在“时间线”面板中单击选择第 3 轨道上的视频素材，在“功能”面板中执行“画面”/“基础”/“位置大小”命令，设置“缩放”为 179%，“位置”/X 为 1500，如图 9-113 所示。

（14）滑动时间线，此时画面中的烟雾瞬移效果变得更加流畅，如图 9-114 所示。

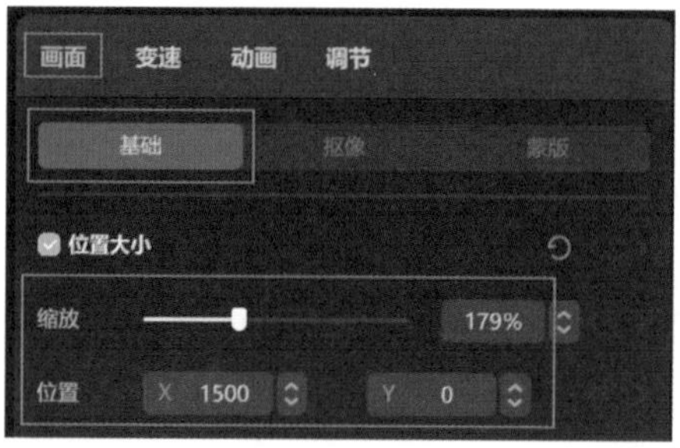

图 9-113

图 9-114

2. 制作特效，添加音频音效

（1）添加特效使瞬移更真实。将时间线滑动至 27 帧处，在“素材”面板中执行“特效”/“特效效果”/“动感”命令，选择“幻觉”特效，单击“添加到轨道”按钮，如图 9-115 所示。

（2）在“时间线”面板中设置“幻觉”特效的结束时间为 1 秒 21 帧，如图 9-116 所示。

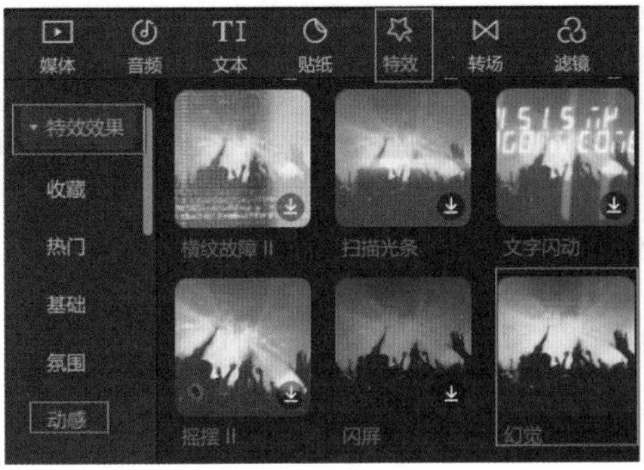

图 9-115

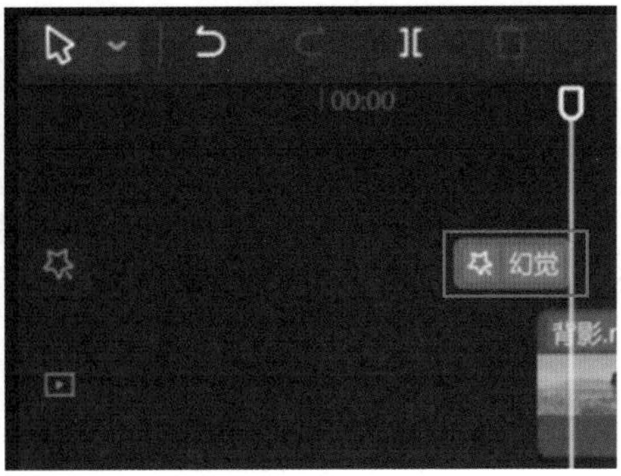

图 9-116

（3）将时间线滑动至 2 秒 23 帧处，在“素材”面板中执行“特效”/“特效效果”/“动感”命令，选择“幻觉”特效，单击“添加到轨道”按钮，如图 9-117 所示，设置其结束时间为 3 秒 12 帧。

（4）调整画面颜色，添加瞬移音频。将时间线滑动至起始时间处，在“素材”面板中执行“滤镜”/“滤镜库”/“夜景”命令，选择“冷蓝”滤镜，单击“添加到轨道”按钮，如图 9-118 所示。设置其结束时间与视频的结束时间相同。滑动时间线，此时画面更具朦胧感，如图 9-119 所示。

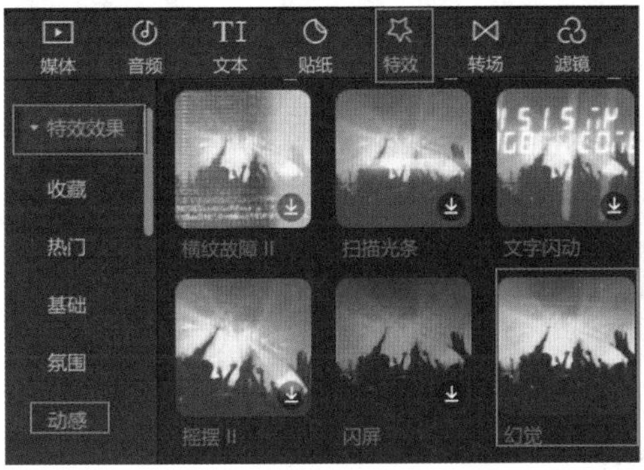

图 9-117

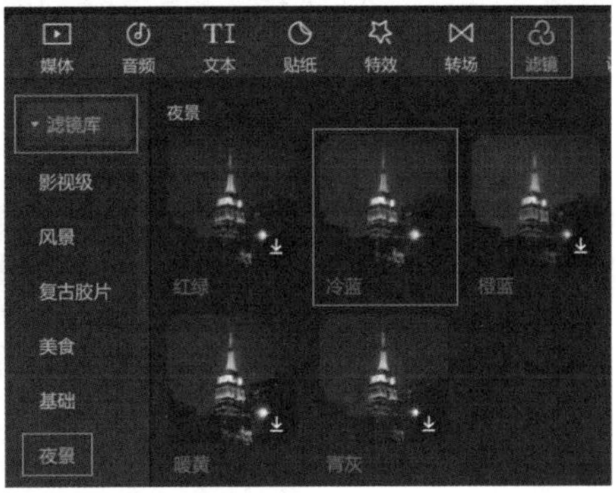

图 9-118

（5）将时间线滑动至 1 秒 06 帧处，在“素材”面板中执行“音频”/“音效素材”命令，在“搜索栏”中搜索“瞬移”，选择合适的音频文件，单击“添加到轨道”按钮，如图 9-120 所示。设置结束时间为 2 秒 05 帧。

（6）将时间线滑动至 2 秒 14 帧处，在“素材”面板中执行“音频”/“音效素材”命令，在“搜索栏”中搜索“瞬移”，选择合适的音频文件，单击“添加到轨道”按钮，如图 9-121 所示。

（7）将时间线滑动至起始时间处，在“素材”面板中执行“音频”/“音乐素材”/“悬疑”命令，选择合适的音频文件，单击“添加到轨道”按钮，如图 9-122 所示。设置音频的结束时间与视频的结束时间相同。

图 9-119

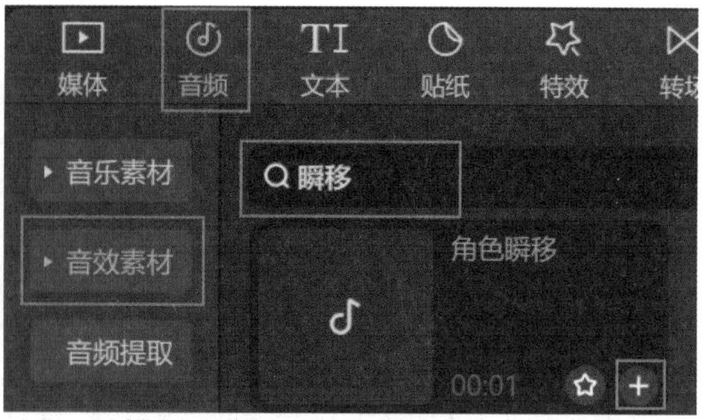

图 9-120

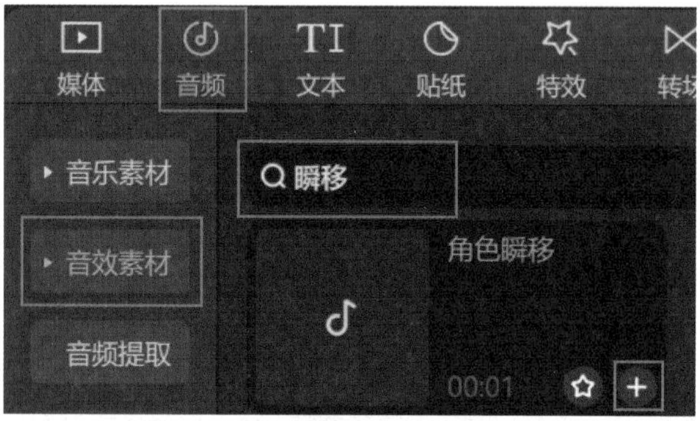

图 9-121

图 9-122

（8）此时本实例制作完成，滑动时间线即可查看实例效果，如图 9-123 所示。

图 9-123

扫一扫，看视频

第 10 章

旅行类短视频——爱的旅行

本实例添加音频，使用“自动踩点”“变速”等工具制作视频卡点效果；使用“转场”“滤镜”“抠像”工具丰富画面效果；使用“文本”工具创建文字、制作文字效果和制作文字动画。

10.1 制作视频卡点效果

（1）将时间线滑动至起始时间处，在“素材”面板中执行“音频”/“音乐素材”命令，在“搜索栏”中搜索“落在生命里的光”，选择合适的音频文件，单击“添加到轨道”按钮，如图 10-1 所示。

（2）在“时间线”面板中单击选择音频文件，接着单击“自动踩点”按钮，选择“踩节拍 I”，如图 10-2 所示。

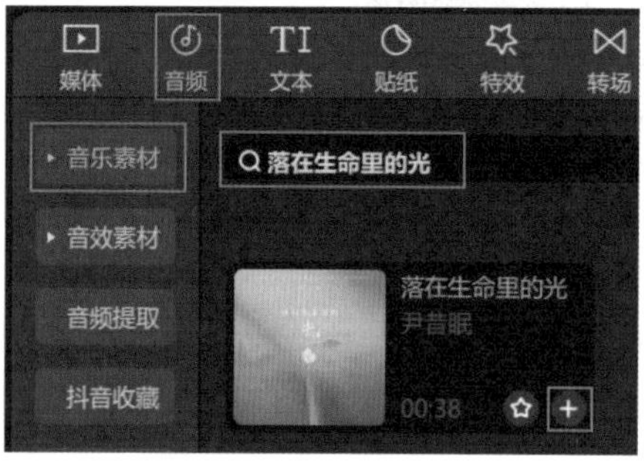

图 10-1

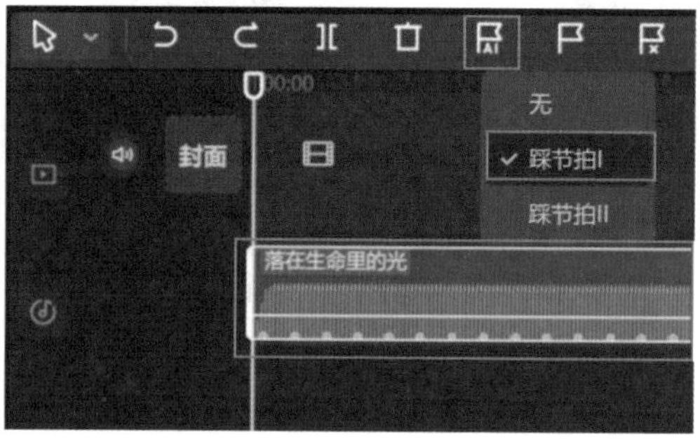

图 10-2

（3）将所有素材文件导入剪映。将风景 1.mp4 ~ 风景 6.mp4 素材文件拖动到“时间线”面板中，如图 10-3 所示。滑动时间线，此时画面效果如图 10-4 所示。

图 10-3

图 10-4

（4）制作视频卡点效果。在“素材”面板中执行“媒体”/“本地”命令，将牵手 1.mp4 ~ 牵手 5.mp4 素材文件拖动到“时间线”面板中风景 6.mp4 素材文件的后方，如图 10-5 所示。

（5）将时间线滑动至音频的第 3 个踩点处，在“时间线”面板中单击风景 1.mp4 素材文件，接着单击“分割”按钮或使用快捷键 Ctrl+B 进行分割，如图 10-6 所示。

图 10-5

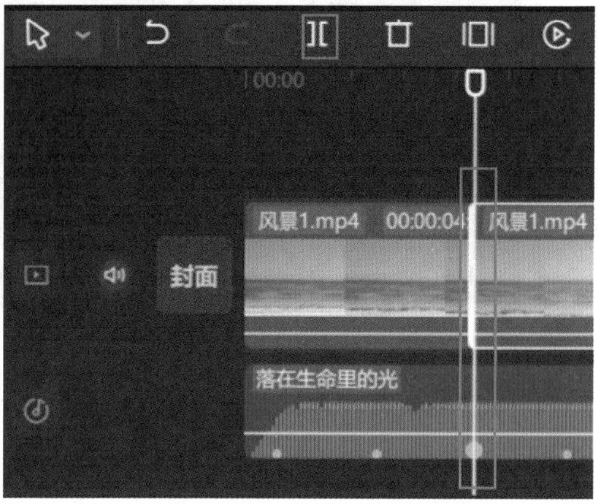

图 10-6

（6）在“时间线”面板中框选时间线后方的素材，单击“删除”按钮或按 Delete 键进行删除，如图 10-7 所示。

（7）将时间线滑动至音频的第 4 个踩点处，在“时间线”面板中单击风景 2.mp4 素材文件，接着单击“分割”按钮或使用快捷键 Ctrl+B 进行分割，如图 10-8 所示。在“时间线”面板中框选时间线后方的素材，单击“删除”按钮或按 Delete 键进行删除。

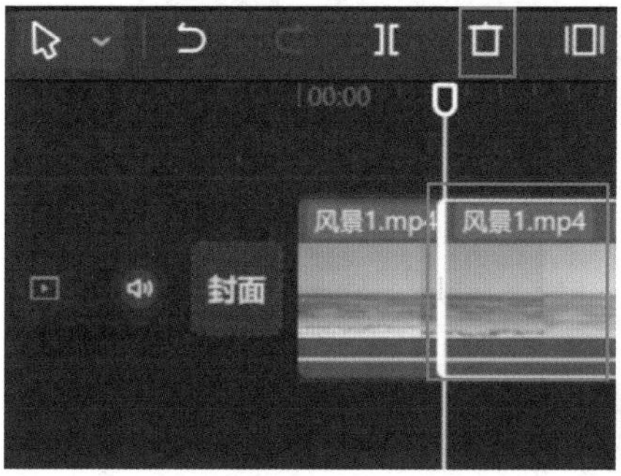

图 10-7

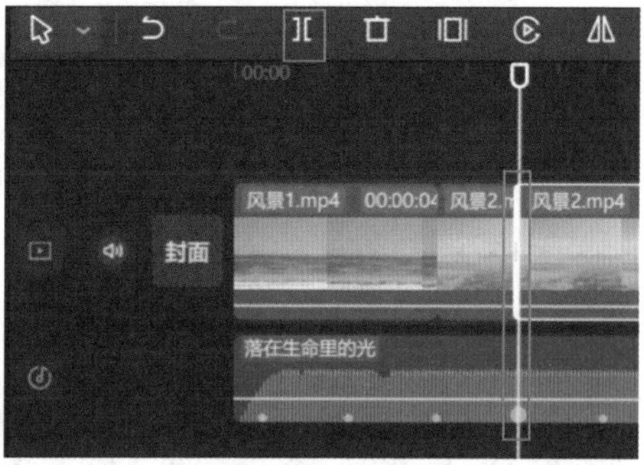

图 10-8

（8）为素材文件设置合适的大小与持续时间。在“功能”面板中执行“画面”/“基础”命令，在“位置大小”中设置“缩放”为 108%，如图 10-9 所示。

（9）将时间线滑动至音频的第 5 个踩点处，在“时间线”面板中单击风景 3.mp4 素材文件，接着单击“分割”按钮或使用快捷键 Ctrl+B 进行分割，如图 10-10 所示。在“时间线”面板中框选时间线后方的素材，单击“删除”按钮或按 Delete 键进行删除。

（10）为素材文件设置合适的大小与持续时间。在“功能”面板中执行“画面”/“基础”命令，在“位置大小”中设置“缩放”为 108%，如图 10-9 所示。

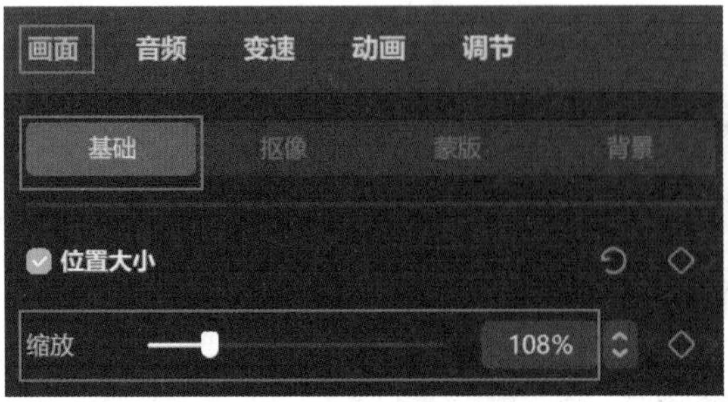

图 10-9

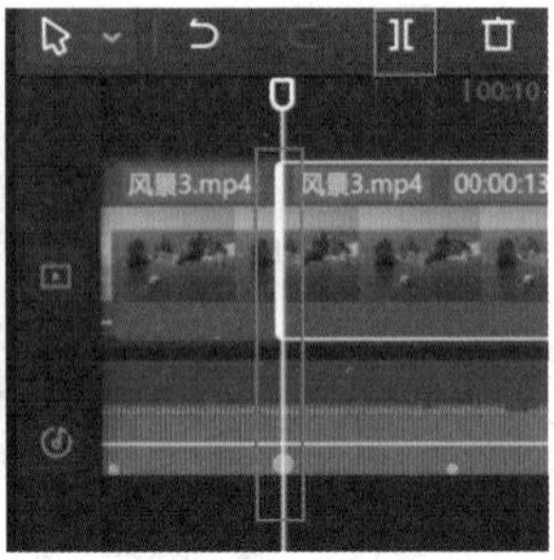

图 10-10

（11）分别将时间线滑动至音频中第 6、7、10、11、12、13、16 个踩点处，在“时间线”面板中单击风景 4.mp4 ～牵手 4.mp4 素材文件，接着单击“分割”按钮或使用快捷键 Ctrl+B 进行分割，如图 10-11 所示。选择时间线后方的素材，单击“删除”按钮或按 Delete 键进行删除。最后在“功能”面板中设置“缩放”为 108%。

图 10-11

（12）在“时间线”面板中单击牵手 5.mp4 素材文件，在“功能”面板中执行“变速”/“常规变速”命令，设置“倍数”为 1.3x，如图 10-12 所示。滑动时间线，此时画面效果如图 10-13 所示。

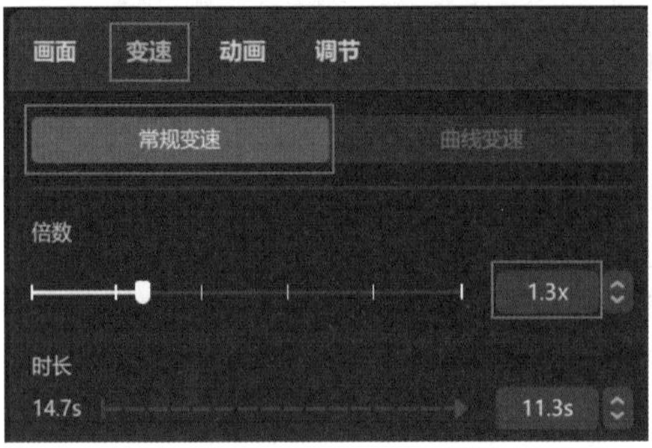

图 10-12

图 10-13

（13）为视频添加转场使视频过渡更自然。将时间线滑动至风景 1.mp4 与风景 2.mp4 中间的位置，在“素材”面板中执行“转场”/“转场效果”/“基础转场”命令，选择“无线穿越 I”转场，单击“添加到轨道”按钮，如图 10-14 所示。

（14）在“功能”面板中设置“时长”为 0.2s，如图 10-15 所示。

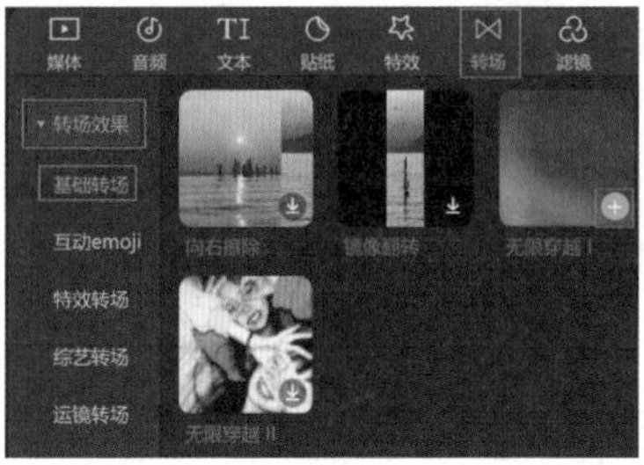

图 10-14

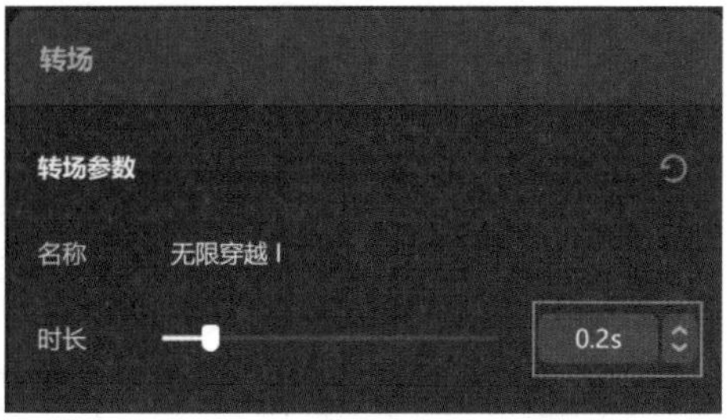

图 10-15

（15）将时间线滑动至风景 2.mp4 与风景 3.mp4 中间的位置，在“素材”面板中执行“转场”/“转场效果”/“基础转场”命令，选择“无线穿越 I”转场，单击“添加到轨道”按钮，如图 10-16 所示。在“功能”面板中设置“时长”为 0.2s。

（16）使用同样的方法设置剩余风景素材中的转场为“无线穿越 I”，“时长”为 0.2s，如图 10-17 所示。

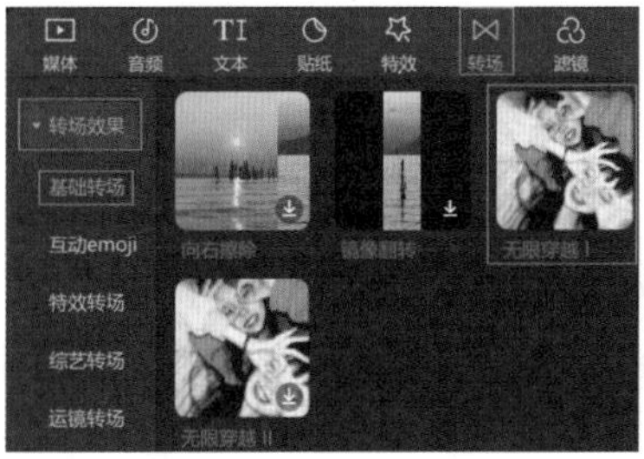

图 10-16

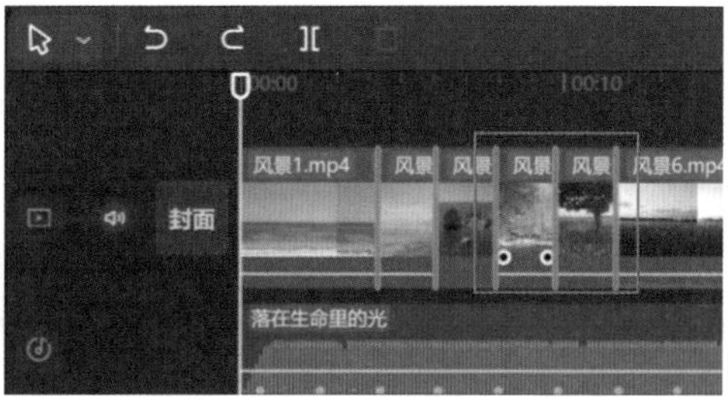

图 10-17

（17）将时间线滑动至风景 6.mp4 和牵手 1.mp4 中间的位置，在“功能”面板中执行“转场”/“转场效果”/“基础转场”命令，选择“闪白”转场，单击“添加到轨道”按钮，如图 10-18 所示。滑动时间线，此时画面中已出现过渡效果，画面变得更加自然，如图 10-19 所示。

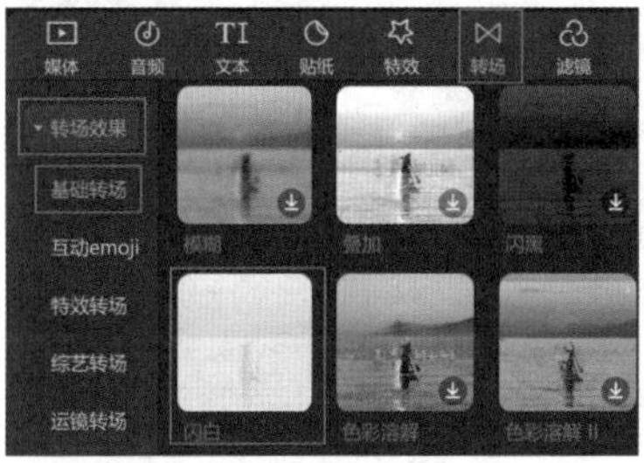

图 10-18

图 10-19

10.2 创建文字与滤镜效果

（1）将时间线滑动至牵手 5.mp4 素材文件的起始时间处，在“素材”面板中执行“滤镜”/“滤镜库”/“风景”命令，选择“暮色”滤镜，如图 10-20 所示。

（2）在“时间线”面板中设置“暮色”滤镜的结束时间与视频的结束时间相同，如图 10-21 所示。

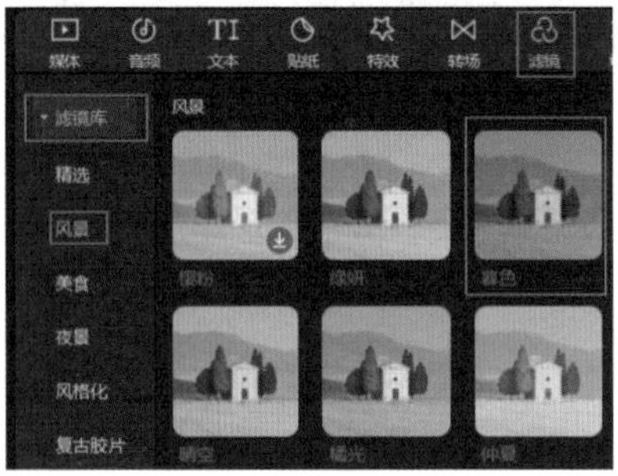

图 10-20

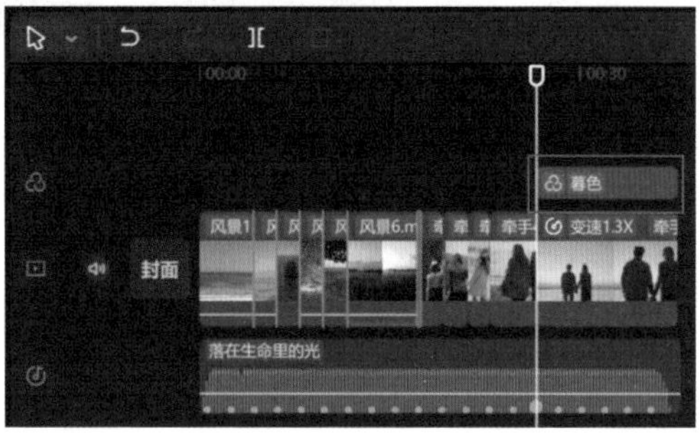

图 10-21

（3）创建文字并制作文字动画。将时间线滑动至 28 秒 16 帧处，在“素材”面板中执行“文本”/“新建文本”/“默认”命令，单击“添加到轨道”按钮，如图 10-22 所示。设置其结束时间与视频的结束时间相同。

（4）在“功能”面板中执行“文本”/“基础”命令，输入合适的文字并设置合适的字体，设置“字号”为 57。将时间线滑动至 28 秒 16 帧处，在“位置大小”中设置“缩放”为 80%，单击“添加关键帧”按钮，如图 10-23 所示。将时间线滑动至视频结束时间处，设置“缩放”为 100%。

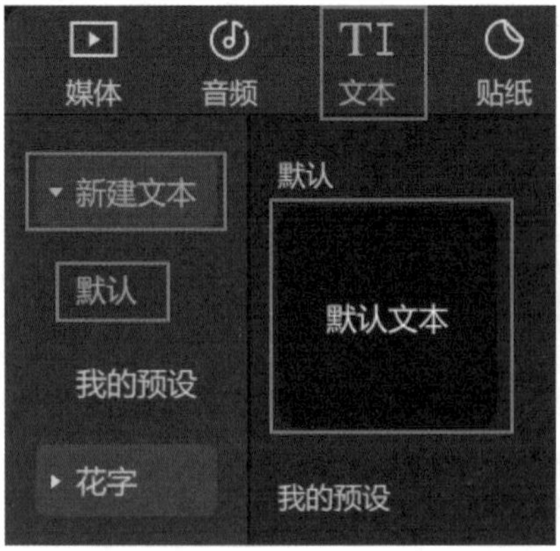

图 10-22

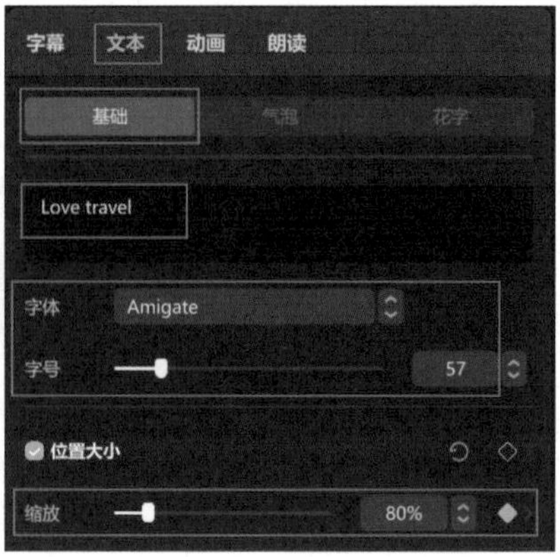

图 10-23

（5）在“功能”面板中执行“动画”/“入场”命令，选择“模糊”动画，设置“动画时长”为 0.4s，如图 10-24 所示。滑动时间线，此时画面中已出现滤镜效果与文字动画，如图 10-25 所示。

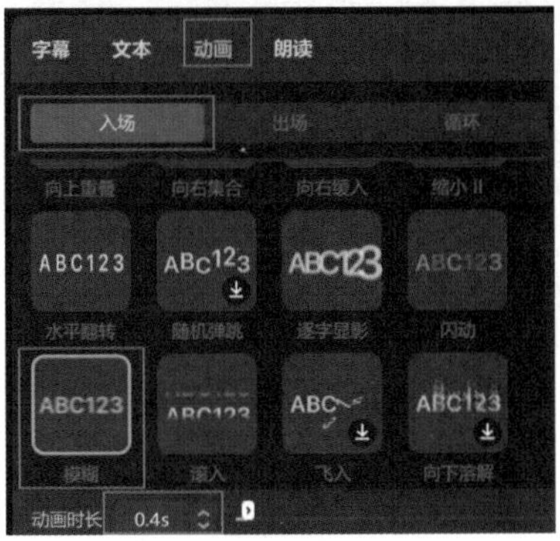

图 10-24

图 10-25

（6）在“素材”面板中，将牵手 5.mp4 素材文件拖动到“时间线”面板中文字图层上方轨道上与主轨道牵手 5.mp4 素材文件相同的时间位置，如图 10-26 所示。

（7）在“时间线”面板中单击刚刚添加的牵手 5.mp4 素材文件，在“功能”面板中执行“画面”/“基础”/“位置大小”命令，设置“缩放”为 108%。接着单击“抠像”按钮，勾选“智能抠像”复选框，如图 10-27 所示。

图 10-26

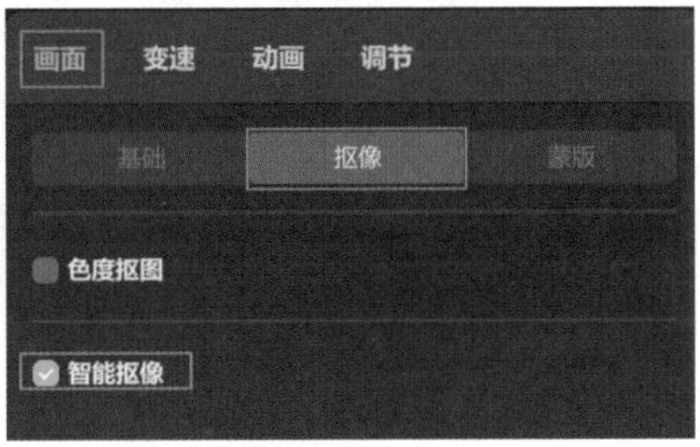

图 10-27

提示：使用快捷键快速制作视频。

（1）在“时间线”面板中单击选择牵手 5.mp4 素材文件，使用快捷键 Ctrl+C 进行复制，将时间线滑动至与主轨道牵手 5.mp4 素材文件相同的起始时间处，使用快捷键 Ctrl+V 进行粘贴，如图 10-28 所示。

（2）选择刚刚粘贴的素材文件并拖动到第 4 轨道上，如图 10-29 所示。

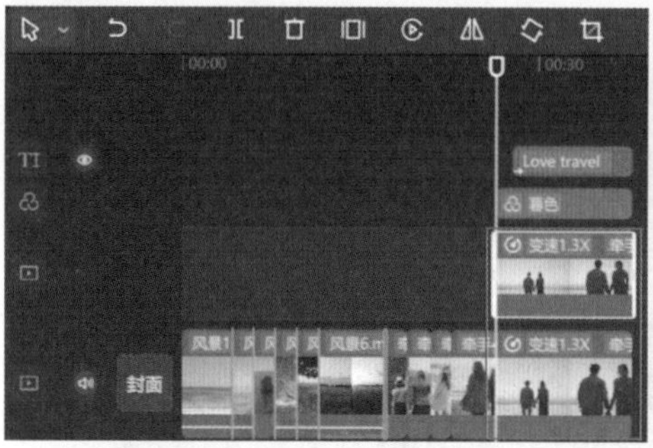

图 10-28

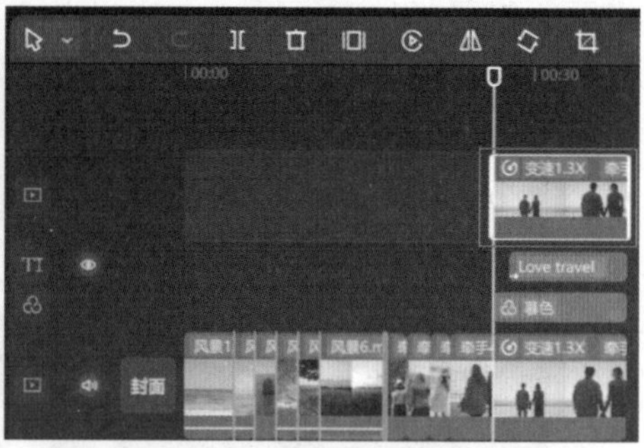

图 10-29

如果图层不能自由拖动，需要在不选择任何图层的情况下，在“功能”面板中进行修改，开启自由层级，调整图层顺序。

（8）在“功能”面板中执行“变速”/“常规变速”命令，设置“倍速”为 1.3x，如图 10-30 所示。

（9）制作片头文字并识别音频中的歌词。在“时间线”面板中单击音频文件，在“素材”面板中执行“文本”/“识别歌词”命令，单击“开始识别”按钮，如图 10-31 所示。

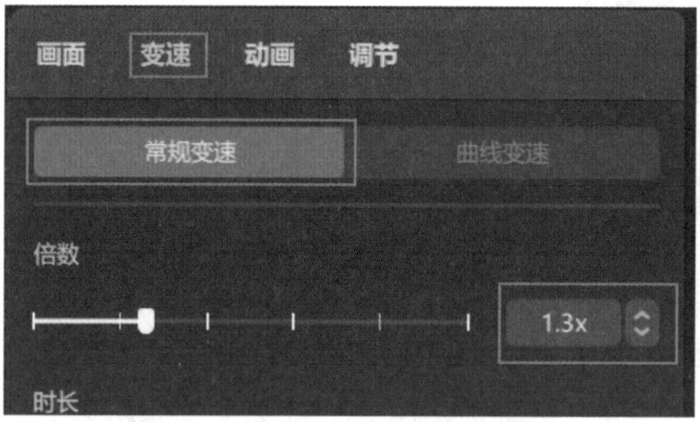

图 10-30

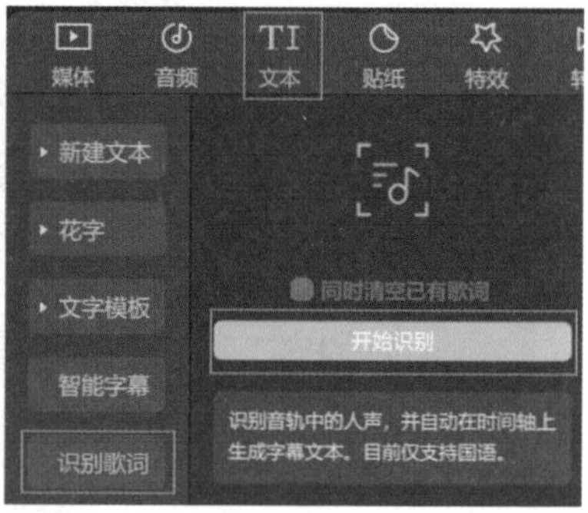

图 10-31

提示：识别歌词时可能出现文字错误。

识别歌词时可能出现文字错误，需进行修改。

（10）在“时间线”面板中单击刚刚添加的字幕，接着在“功能”面板中执行“文本”/“基础”命令，设置合适的字体，设置“字号”为 5。在“位置大小”中设置“位置”/Y 为 -788，如图 10-32 所示。在“时间线”面板中设置合适的时长与位置。

（11）在“素材”面板中，将文字视频素材文件拖动到文字图层上方轨道上的 2 秒 15 帧处，设置结束时间为 4 秒 05 帧，如图 10-33 所示。

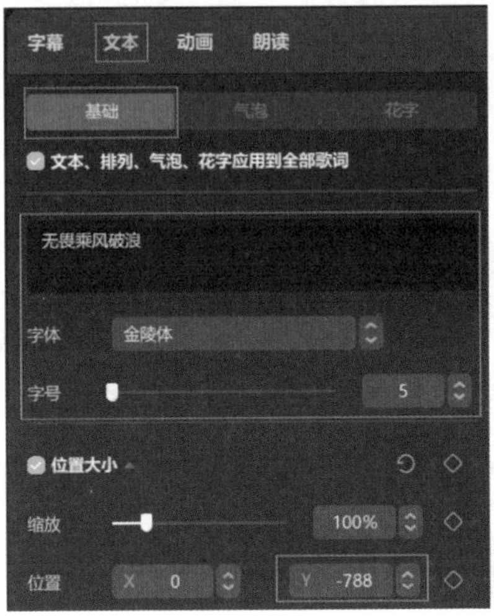

图 10-32

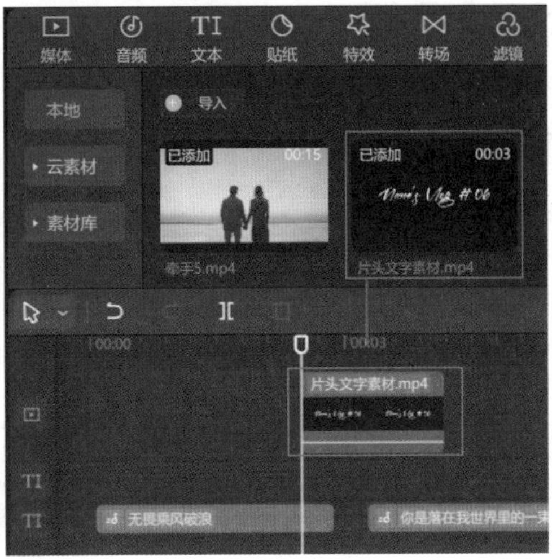

图 10-33

（12）在“时间线”面板中单击文字视频素材。在“功能”面板中执行“画面”/“基础”/“位置大小”命令，设置“位置”/Y 为 -360，“旋转”为 180°；在“混合”中设置“混合模式”为“变亮”，“不透明度”为 20%。设置完成后的“功能”面板如图 10-34 所示。

（13）将时间线滑动至 4 秒 05 帧处，在“时间线”面板中单击文字视频素材，使用快捷键 Ctrl+C 进行复制，使用快捷键 Ctrl+V 进行粘贴，如图 10-35 所示。

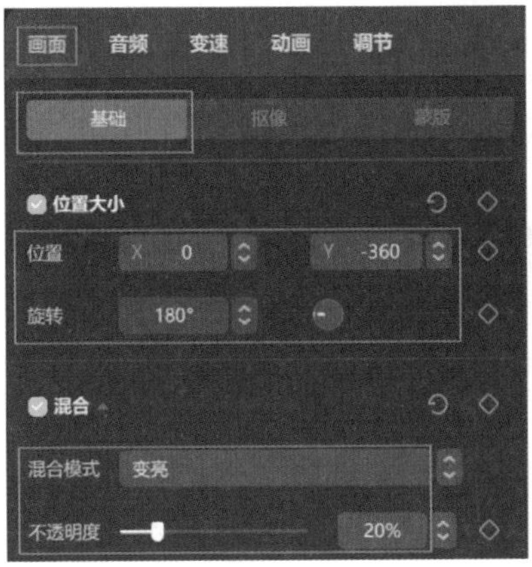

图 10-34

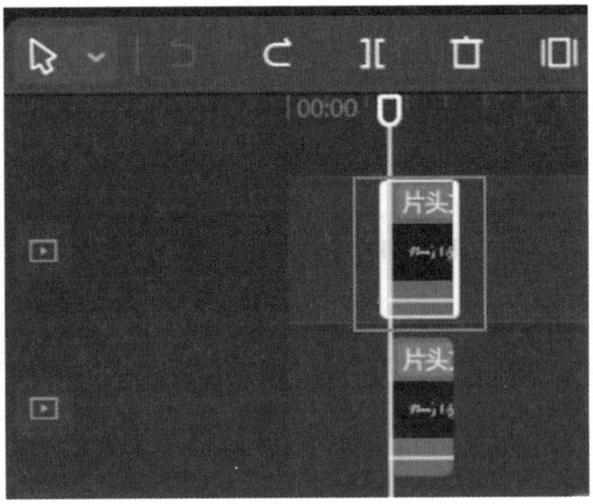

图 10-35

（14）在“时间线”面板中单击刚刚粘贴的文字视频素材，在“功能”面板中执行“画面”/“基础”命令，在“位置大小”中设置“位置”/Y 为 240，“旋转”为 0°；在“混合”中设置“不透明度”为100%。设置完成后的“功能”面板如图 10-36 所示。

（15）此时本实例制作完成，滑动时间线即可查看实例效果，如图 10-37 所示。

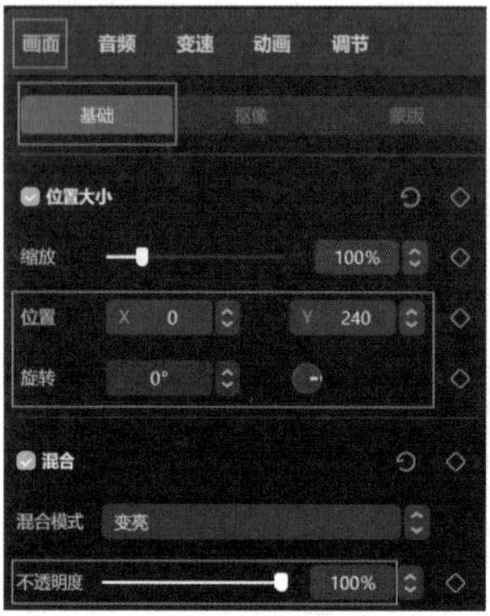

图 10-36

图 10-37

上树之后很难下来，
50公里/小时奔跑，
冷知识6：

扫一扫，看视频

第11章

科普类短视频——关于猫咪的6个冷知识

本实例使用“文本”工具创建文字、制作文字效果、制作文字动画，使用“文字朗读”工具制作音频，添加合适的音频文件和素材包效果。

11.1 创建文字并确定短视频时长

（1）将所有素材文件导入剪映。将 1.mp4 ~ 6.mp4 视频素材文件拖动到“时间线”面板中，将图片 .jpg 拖动到视频素材最前方，如图 11-1 所示。滑动时间线，此时画面效果如图 11-2 所示。

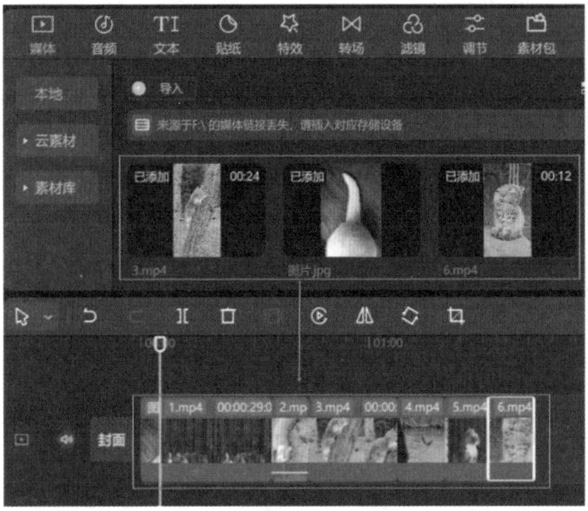

图 11-1

图 11-2

（2）将时间线滑动至 11 秒 22 帧处，在“时间线”面板中单击 1.mp4 素材文件，接着单击“分割”按钮或使用快捷键 Ctrl+B 进行分割，如图 11-3 所示。在“时间线”面板中框选时间线后方的素材，单击“删除”按钮或按 Delete 键进行删除。

（3）使用同样的方法设置 3.mp4 的结束时间为 34 秒 22 帧，4.mp4 的结束时间为 45 秒 07 帧，5.mp4 的结束时间为 55 秒 04 帧，6.mp4 的结束时间 1 分 04 秒 26 帧，如图 11-4 所示。

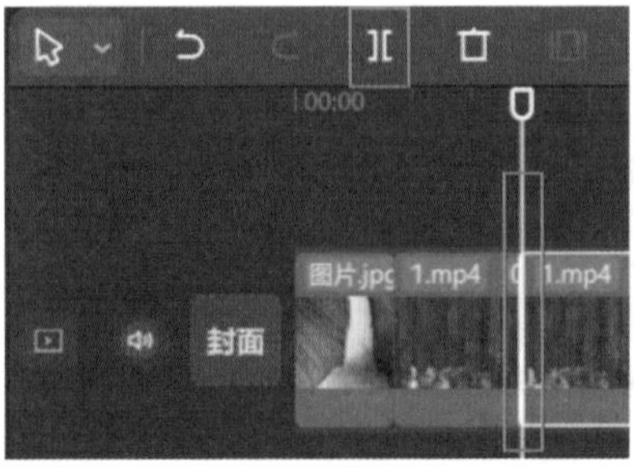

图 11-3

图 11-4

（4）在“时间线”面板中单击图片 .jpg 素材文件，在“功能”面板中执行“画面”/“基础”命令，在“位置大小”中设置“缩放”为 118%，如图 11-5 所示。

（5）在“时间线”面板中分别单击 3.mp4、4.mp4、6.mp4 素材文件，在“功能”面板中执行“画面”/“基础”命令，在“位置大小”中设置“缩放”为 107%，如图 11-6 所示。

图 11-5

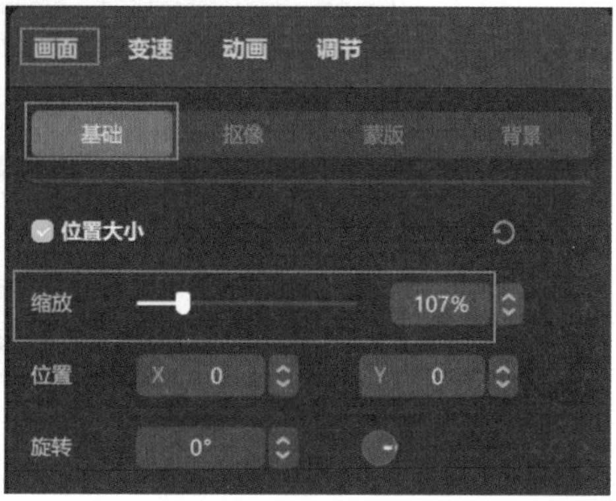

图 11-6

（6）制作转场效果。将时间线滑动至“时间线”面板中每段素材之间的位置，在“素材”面板中执行“转场”/“转场效果”/“MG 转场”命令，选择“蓝色线条”转场，单击“添加到轨道”按钮，如图 11-7 所示。

（7）在“时间线”面板中选择所有的转场效果，并在“功能”面板中设置“时长”为 1.5s，如图 11-8 所示。

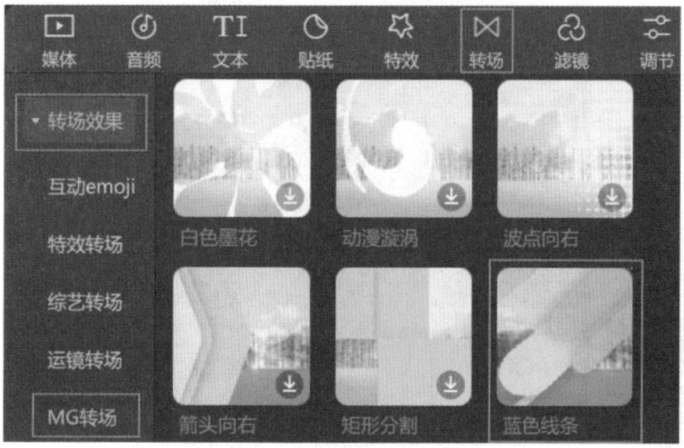

图 11-7

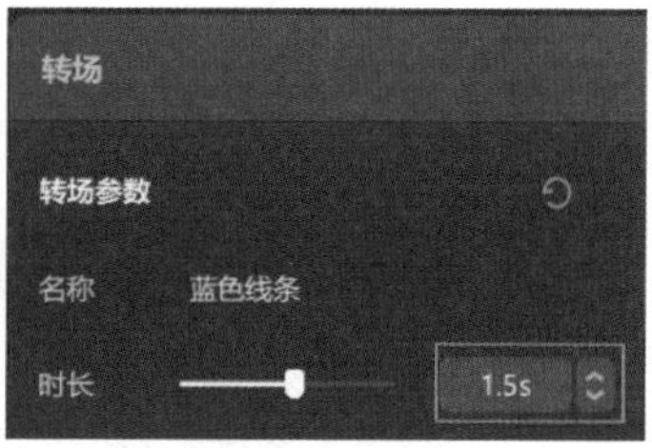

图 11-8

（8）在“时间线”面板中单击“关闭原声”按钮，如图 11-9 所示。滑动时间线，此时已为画面设置了合适的大小与转场效果，如图 11-10 所示。

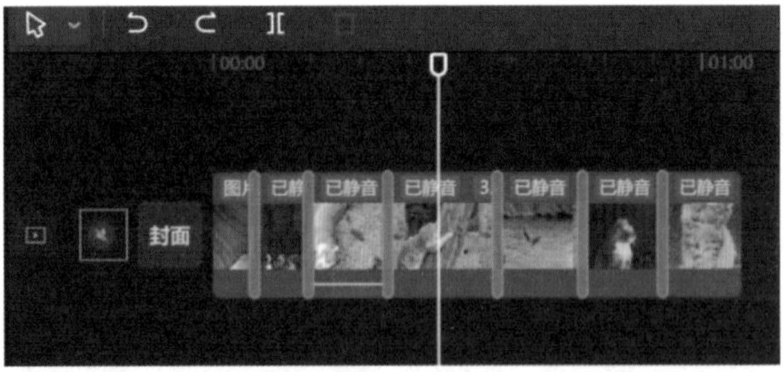

图 11-9

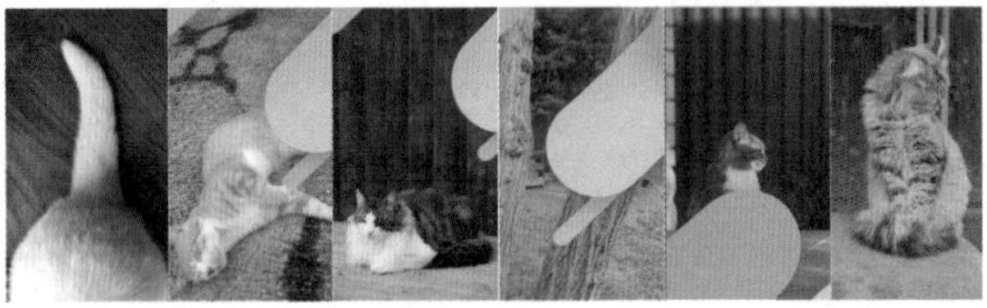

图 11-10

（9）创建文字制作文字效果。将时间线滑动至 5 秒 15 帧处，在“素材”面板中执行“文本”/“新建文本”/“默认”命令，单击“添加到轨道”按钮，如图 11-11 所示。设置结束时间为 6 秒 11 帧。

（10）单击文字轨道，在“素材”面板中执行“文本”/“基础”命令，输入合适的文字，设置合适的字体，设置“字号”为 30；在“预设样式”中选择合适的字体样式；在“排列”中，设置“行间距”为 10；在“位置大小”中设置“位置”/X 为 124。设置完成后的“素材”面板如图 11-12 所示。

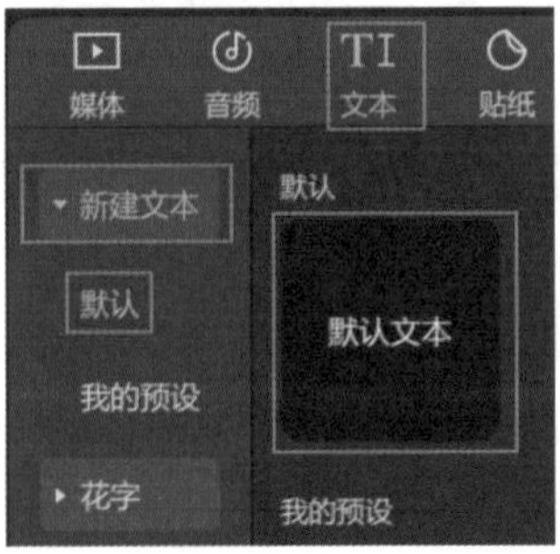

图 11-11

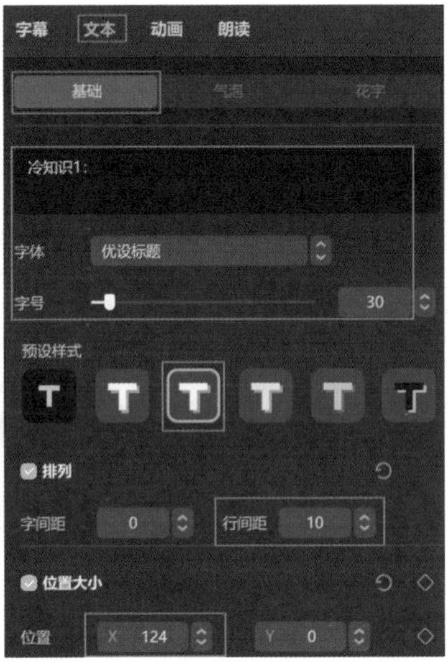

图 11-12

提示：快速制作文字效果。

当需要大量创建相同字体的文字时，可以在设置完成后在“功能”面板中单击“保存预设”按钮。下次使用时在“素材”面板中单击我的预设中的预设选项，更改文字内容即可。

（11）将时间线滑动至 6 秒 28 帧处，在“素材”面板中执行“文本”/“新建文本”/“默认”命令，单击“添加到轨道”按钮，如图 11-13 所示。设置文本素材的结束时间为 8 秒 03 帧。

（12）单击刚刚添加文字轨道，在“素材”面板中执行“文本”/“基础”命令，输入合适的文字，设置合适的字体，设置“字号”为 15；在“预设样式”中选择合适的字体样式；在“排列”中设置“行间距”为 10；在“位置大小”中设置“位置”/Y 为 -1667。设置完成后的“素材”面板如图 11-14 所示。

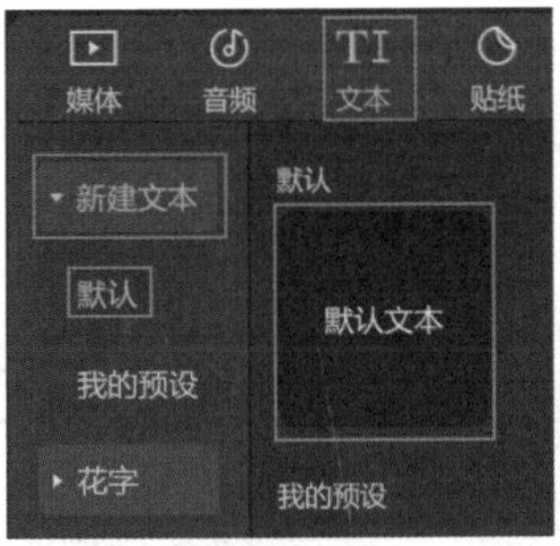

图 11-13

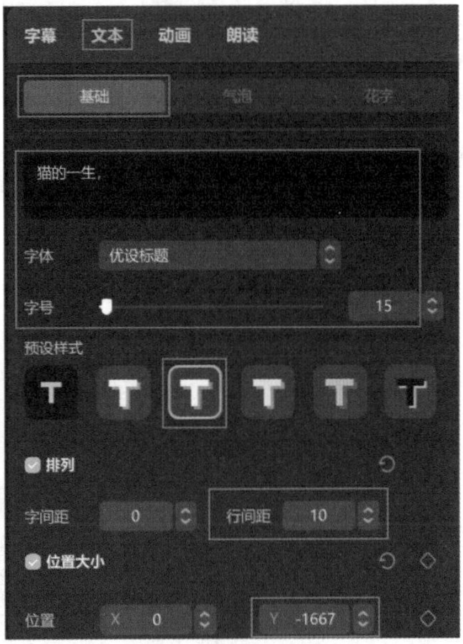

图 11-14

（13）使用同样的方法输入合适的内容，设置字体、字号与位置。滑动时间线，此时画面效果如图 11-15 所示。

图 11-15

11.2　添加音频文件与文字朗读

（1）添加音效效果并制作文字朗读效果。将时间线滑动至 3 秒 02 帧处，在“素材”面板中执行“音频”/“音效素材”命令，在“搜索栏”中搜索“小猫”，选择合适的音频文件，单击“添加到轨道”按钮，如图 11-16 所示。

（2）在“功能”面板中执行“音频”/“基本”命令，在“基础”中设置“音量”为 10.0dB，如图 11-17 所示。

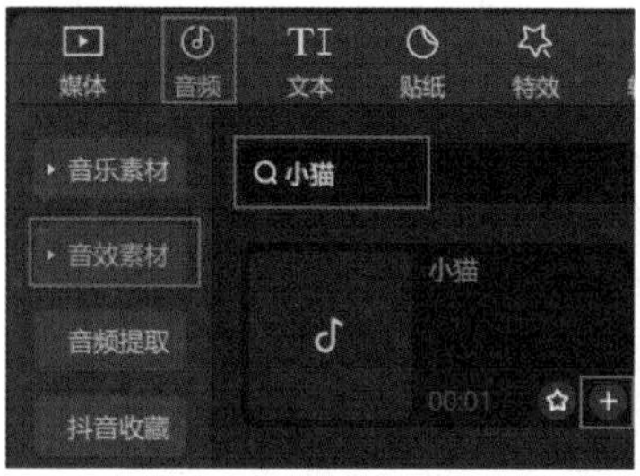

图 11-16

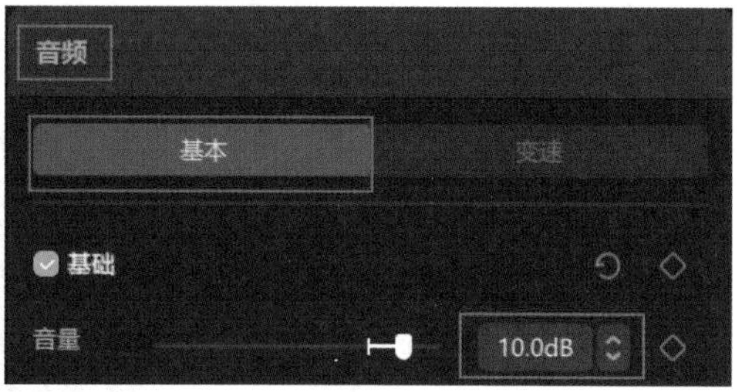

图 11-17

（3）在“时间线”面板中的文字轨道上框选所有文字，在“功能”面板中单击“朗读”按钮，选择“知识讲解”音频，单击“开始朗读”按钮，如图 11-18 所示。

（4）在“时间线”面板中框选刚刚创建出的所有音频文件，在“功能”面板中执行“音频”/“基本”命令，在“基础”中设置“音量”为 20.0dB，如图 11-19 所示。

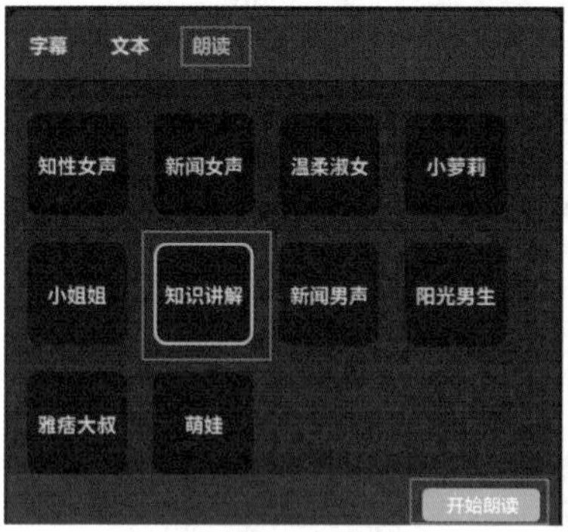

图 11-18

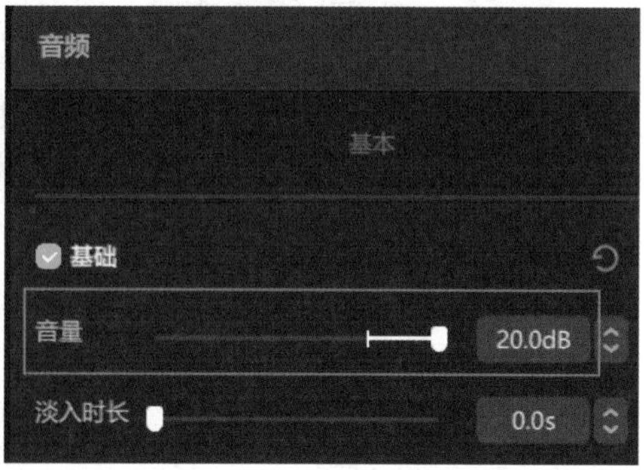

图 11-19

（5）将时间线滑动至视频起始时间处，在“素材”面板中执行“音频”/“音乐素材”/“萌宠”命令，选择合适的音频文件，单击“添加到轨道”按钮，如图 11-20 所示。

（6）将时间线滑动至视频结束时间处，在“时间线”面板中单击音频文件，接着单击“分割”按钮或使用快捷键 Ctrl+B 进行分割，如图 11-21 所示。在“时间线”面板中框选时间线后方的素材，单击“删除”按钮或按 Delete 键进行删除。

图 11-20

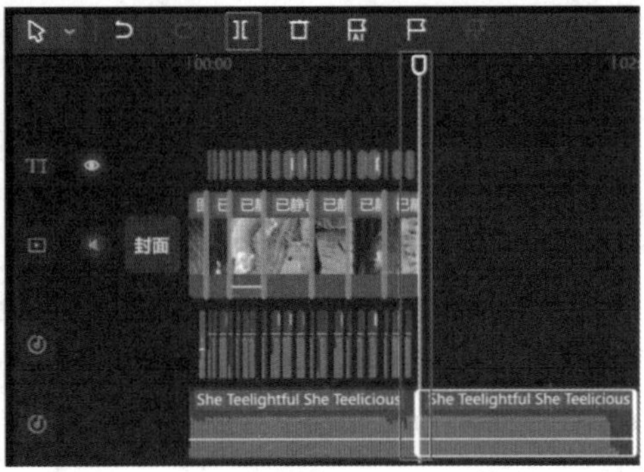

图 11-21

（7）制作片头效果。将时间线滑动至视频起始时间处，在“素材”面板中执行“素材包”/“素材包”/“片头”命令，选择合适的片头素材，如图 11-22 所示。

（8）在“时间线”面板中双击刚刚添加的文字模板，在“功能”面板中执行“文本”/“基础”命令，在“第 1 段文本”与“第 2 段文本”中输入合适的内容，在“位置大小”中设置“缩放”为 150%，“位置”/X 为 0，“位置”/Y 为 -169，如图 11-23 所示。

图 11-22

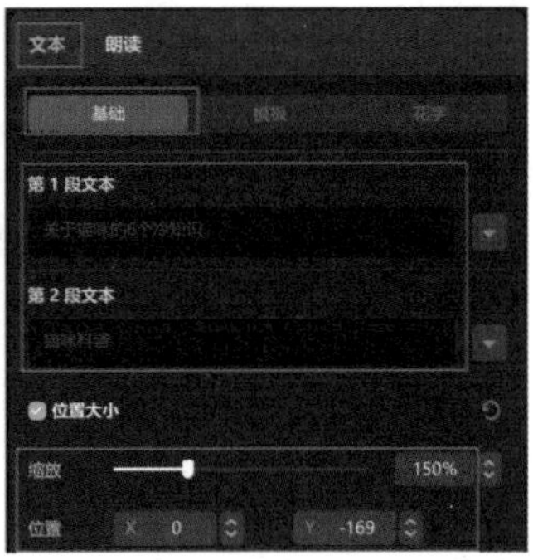

图 11-23

（9）此时本实例制作完成，滑动时间线即可查看实例效果，如图 11-24 所示。

图 11-24

扫一扫，看视频

第 12 章

美食类短视频——芝士焗面

本实例根据音频文件裁剪视频制作画面卡点效果，并使用“转场”工具使画面卡点效果更流畅，使用“文字模板”工具创建文字和文字动画，使用“文字朗读”工具制作音频，接着添加贴纸并制作封面丰富视频效果。

12.1　制作视频卡点效果

（1）制作视频卡点效果。将时间线滑动至起始时间处，在“素材”面板中执行“音频”/“音乐素材”命令，选择合适的音频文件，单击“添加到轨道”按钮，如图 12-1 所示。

（2）在“时间线”面板中设置音频文件的结束时间为 59 秒 09 帧。选择音频文件，单击“自动踩点”按钮，选择“踩节拍 I”，如图 12-2 所示。

图 12-1

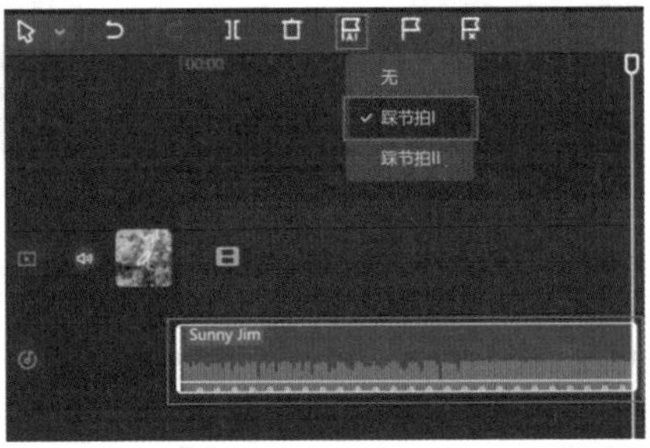

图 12-2

（3）将所有素材文件导入剪映。将图片素材与 1.mp4 ~ 14.mp4 视频素材文件拖动到“时间线”面板中，如图 12-3 所示。滑动时间线，此时画面效果如图 12-4 所示。

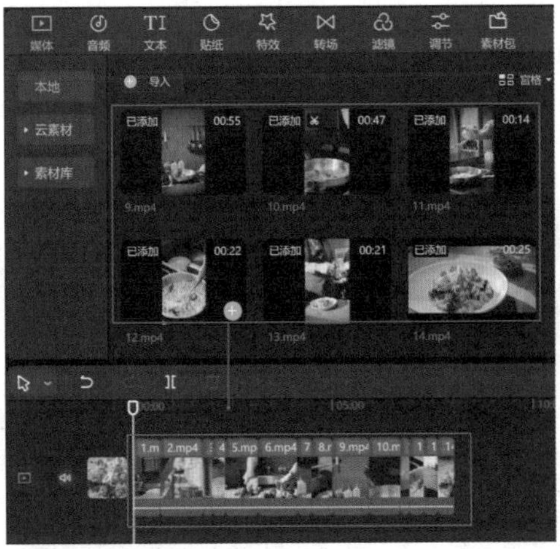

图 12-3

图 12-4

（4）分别将时间线滑动至 10 秒 05 帧与 15 秒 05 帧处。在“时间线”面板中单击 1.mp4 素材文件，接着单击“分割”按钮或使用快捷键 Ctrl+B 进行分割，如图 12-5 所示。在“时间线”面板中只留下中间段视频，单击剩余的 1.mp4 素材文件，单击“删除”按钮或按 Delete 键进行删除。

（5）分别将时间线滑动至 35 秒 15 帧与 40 秒 20 帧处。在“时间线”面板中单击 2.mp4 素材文件，接着单击“分割”按钮或使用快捷键 Ctrl+B 进行分割，如图 12-6 所示。在“时间线”面板中只留下中间段视频，单击剩余的 2.mp4 素材文件，单击“删除”按钮或按 Delete 键进行删除。

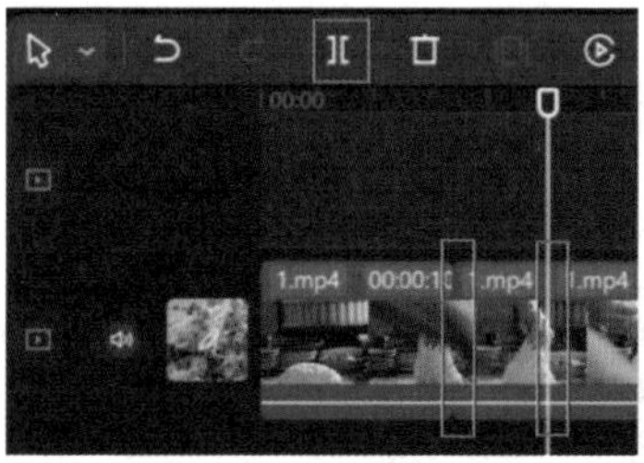

图 12-5

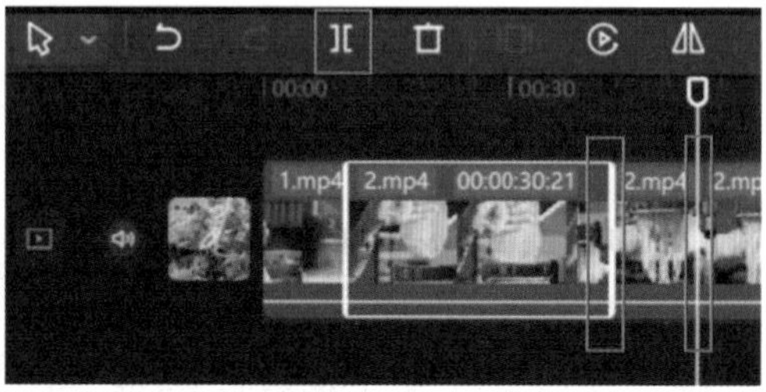

图 12-6

提示：切换工具的方法。

可按 C 键将“选择”工具切换为“分割”工具（或者在“时间线”面板中单击按钮将其切换为），不需要滑动时间线即可单击快速分割素材。分割后使用快捷键 V 切换为“选择”工具进行删除。

（6）分别将时间线滑动至 10 秒 13 帧与 13 秒 06 帧处。在“时间线”面板中单击 3.mp4 素材文件，接着单击“分割”按钮或使用快捷键 Ctrl+B 进行分割，如图 12-7 所示。在“时间线”面板中只留下中间段视频，单击剩余的 2.mp4 素材文件，单击“删除”按钮或按 Delete 键进行删除。

（7）使用同样的方法根据音乐踩点设置剩余视频的持续片段。滑动时间线，此时画面效果如图 12-8 所示。

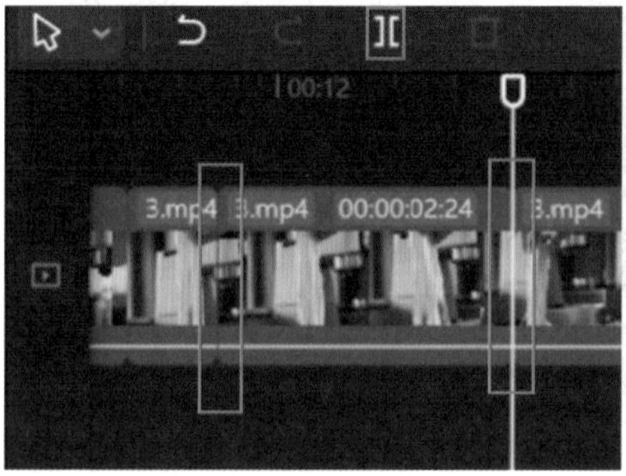

图 12-7

图 12-8

（8）将时间线滑动至 14.mp4 素材文件的开始位置，在“功能”面板中执行“画面”/“基础”命令，在“位置大小”中设置“缩放”为 358%，“位置”/X 为 2600，单击“添加关键帧”按钮，如图 12-9 所示。将时间线滑动至 58 秒 21 帧处，设置“位置”/X 为 0。

（9）为画面添加转场效果。将时间线滑动至 1.mp4 和 2.mp4 素材文件中间的位置，在“素材”面板中执行“转场”/“转场效果”/“基础转场”命令，选择“叠化”转场，如图 12-10 所示。

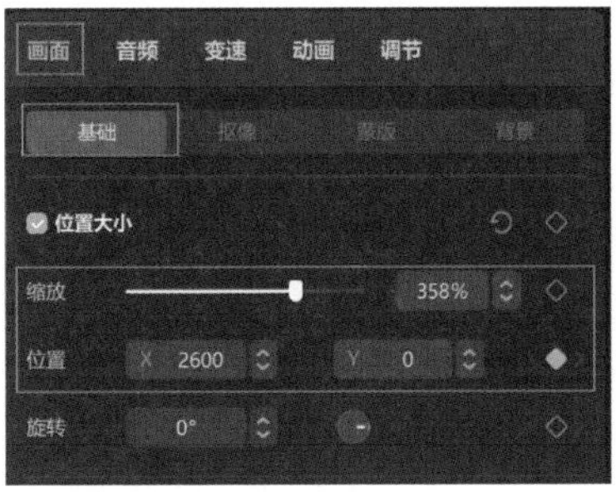

图 12-9

图 12-10

（10）将时间线滑动至 2.mp4 和 3.mp4 素材文件中间的位置，在“素材”面板中执行“转场”/“转场效果”/“基础转场”命令，选择“下移”转场，如图 12-11 所示。

（11）将时间线滑动至 3.mp4 和 4.mp4 素材文件中间的位置，在“素材”面板中执行“转场”/“转场效果”/“基础转场”命令，选择“下移”转场，如图 12-12 所示。

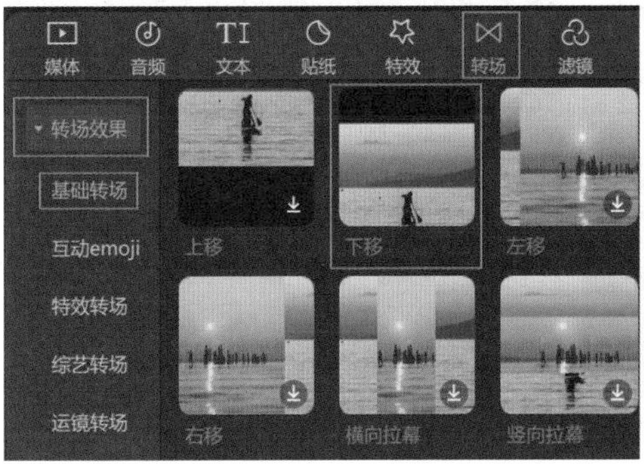

图 12-11

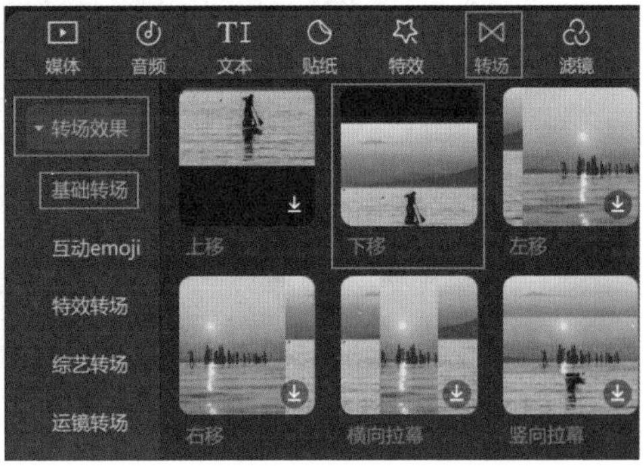

图 12-12

（12）使用同样的方法在剩余视频（除 10.mp4 和 11.mp4 素材文件）中间的位置（两两之间），添加合适的转场效果，如图 12-13 所示。

图 12-13

12.2 创建文字并制作封面

（1）创建文字模板并制作朗读文字效果。将时间线滑动至起始时间处，在“素材”面板中执行“文本”/“文字模板”/“片头标题”命令，选择合适的文字模板，单击“添加到轨道”按钮，如图 12-14 所示。

（2）在“时间线”面板中单击文字模板素材，在“功能”面板中执行“文本”/“基础”命令，在“第 2 段文本”中输入合适的文字，接着在“位置大小”中设置“缩放”为 140%，如图 12-15 所示。

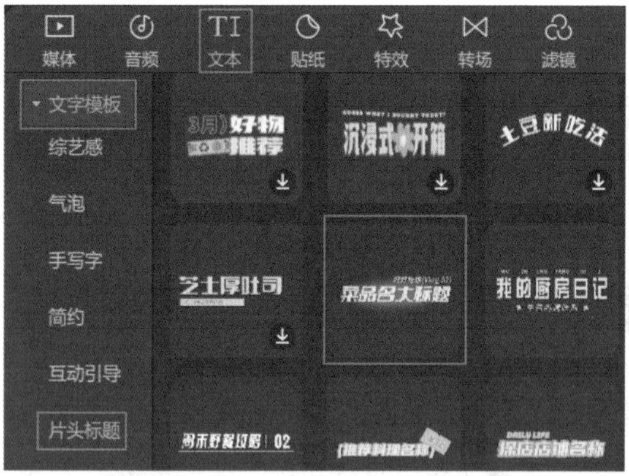

图 12-14

图 12-15

（3）将时间线滑动至 3 秒 13 帧处，在“素材”面板中执行“文本”/“文字模板”/“热门”命令，选择合适的文字模板，单击“添加到轨道”按钮，如图 12-16 所示。

（4）在“时间线”面板中单击刚刚添加的文字模板素材，在“功能”面板中执行“文本”/“基础”命令，在“第 1 段文本”中输入合适的文字，接着在“位置大小”中设置“缩放”为 135%，如图 12-17 所示。

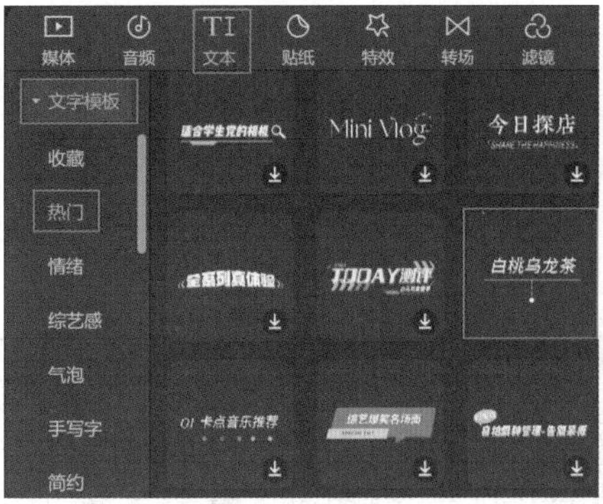

图 12-16

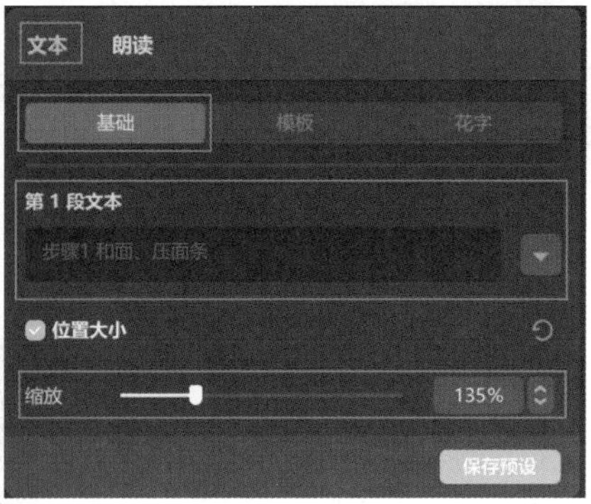

图 12-17

（5）将时间线滑动至 13 秒 26 帧处，在“素材”面板中执行“文本”/“文字模板”/“热门”命令，选择合适的文字模板，单击“添加到轨道”按钮，如图 12-18 所示。

（6）在“时间线”面板中单击刚刚添加的文字模板素材，在“功能”面板中执行“文本”/“基础”命令，在“第 1 段文本”中输入合适的文字，如图 12-19 所示。

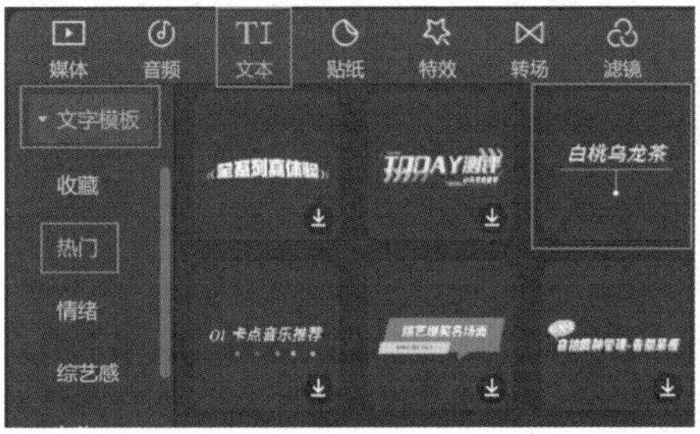

图 12-18

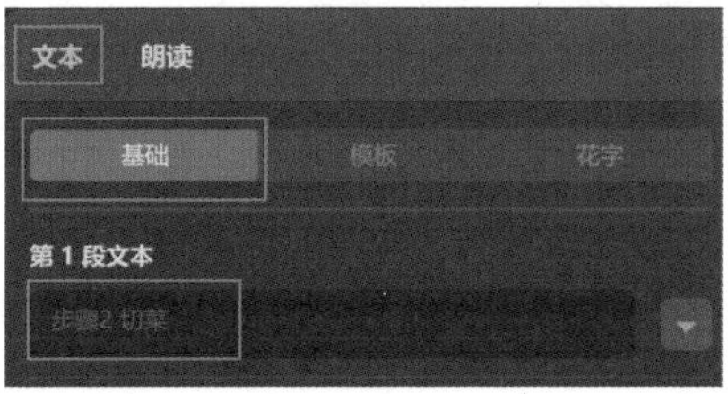

图 12-19

（7）使用同样的方法输入剩余文字并设置合适的持续时间。滑动时间线，此时画面效果如图 12-20 所示。

（8）将时间线滑动至 58 秒 14 帧处，在“素材”面板中执行“贴纸”/“贴纸素材”命令，在“搜索栏”中搜索“好味道”，选择合适的贴纸素材，如图 12-21 所示。

图 12-20

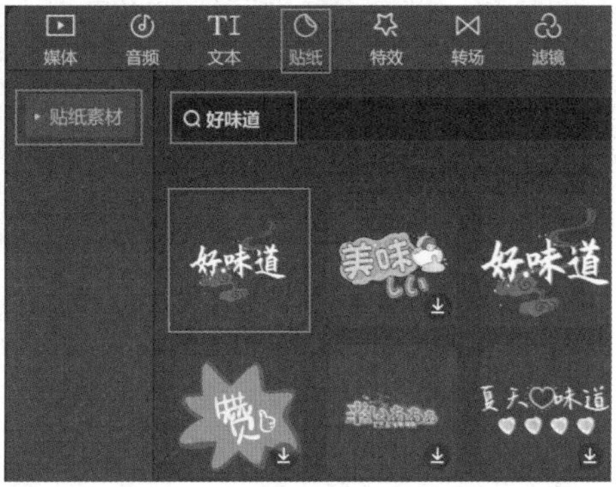

图 12-21

（9）在“时间线”面板中单击贴纸素材，设置贴纸素材的结束时间与视频的结束时间相同。在“功能”面板中单击“贴纸”按钮，在“位置大小”中设置“缩放”为 236%，如图 12-22 所示。

（10）在“时间线”面板中分别单击所有文字模板，在“功能”面板中执行“朗读”/“小姐姐”命令，单击“开始朗读”按钮，如图 12-23 所示。

图 12-22

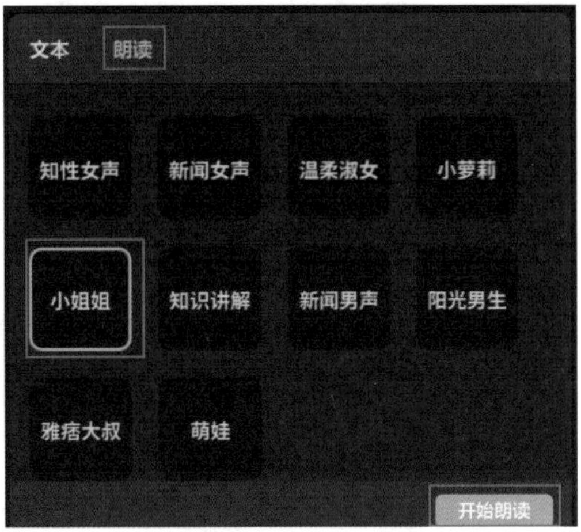

图 12-23

（11）制作视频封面。在“时间线”面板中单击视频片段前方的“封面”按钮，如图 12-24 所示。

（12）在“封面选择”面板中单击“视频帧”按钮，将时间线滑动至合适的位置，单击“去编辑”按钮，如图 12-25 所示。

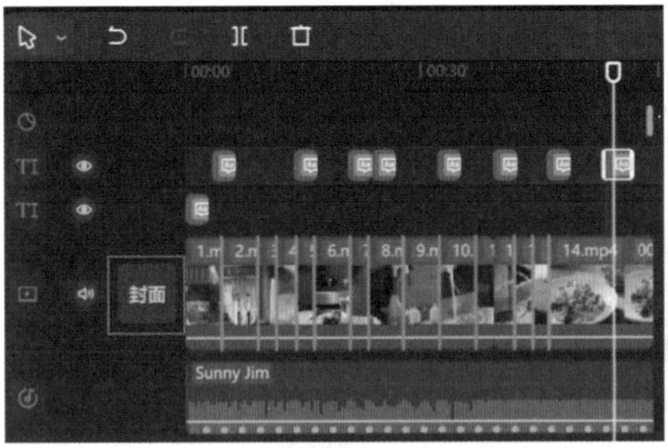

图 12-24

图 12-25

（13）在“封面设计”面板中执行“模板”/“美食”命令，选择合适的模板，单击“完成设置”按钮，如图 12-26 所示。

（14）此时本实例制作完成，滑动时间线即可查看实例效果，如图 12-27 所示。

图 12-26

图 12-27

提示：设置视频封面的多种方法。

为视频设置封面时可以单击文本后自行设置封面效果，也可以选择模板后修改文字制作封面效果。

道具：瑜伽垫
注意事项：
训练前避免饱腹，每周
2~3天，每次间隔2天。
第一个动作
盘腿抱头转动练习
第二个动作
双手后背交叉拉伸
第三个动作
下腰侧身扭

扫一扫，看视频

第 13 章 教学类短视频——瑜伽健身

本实例通过剪辑与“变速”工具制作视频效果，使用“素材包”功能制作画面文字与动画效果，并添加合适的音频文件制作文字朗读效果。

13.1　修剪视频并创建文字

（1）将所有素材文件导入剪映。将所有瑜伽素材文件拖动到“时间线”面板中，如图 13-1 所示。滑动时间线，此时画面效果如图 13-2 所示。

图 13-1

图 13-2

（2）剪辑视频，制作视频。在“时间线”面板中单击 1.mp4 素材文件，在“功能”面板中执行“变速”/“常规变速”命令，设置“倍数”为 2.0x，如图 13-3 所示。

（3）分别将时间线滑动至 3 秒 10 帧与 20 秒 02 帧处。在“时间线”面板中单击 1.mp4 素材文件，接着单击“分割”按钮或使用快捷键 Ctrl+B 进行分割，如图 13-4 所示。在“时间线”面板中只留下中间段视频，单击剩余的 1.mp4 素材文件，单击“删除”按钮或按 Delete 键进行删除。

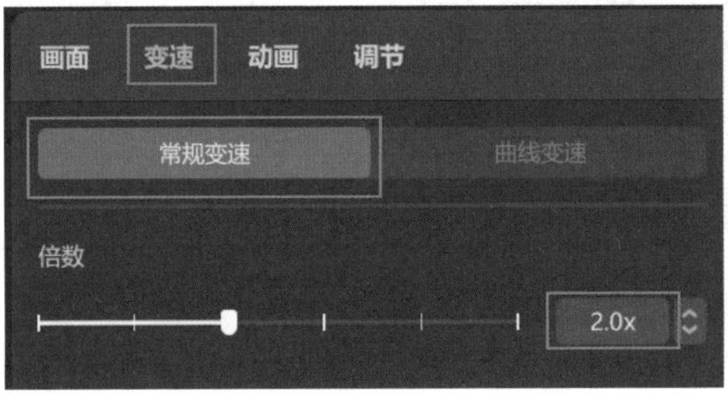

图 13-3

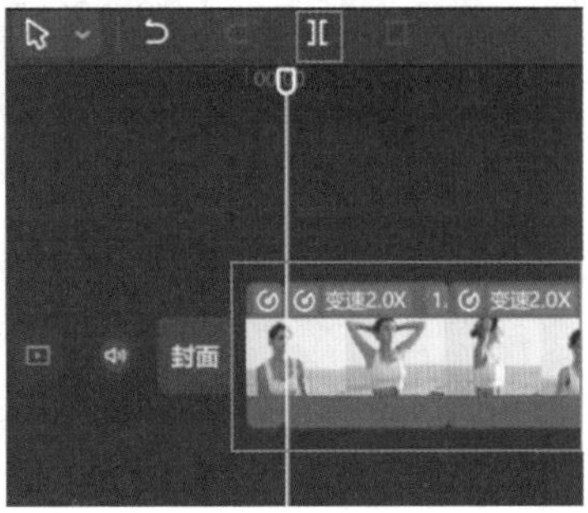

图 13-4

（4）在“时间线”面板中单击 2.mp4 素材文件，在“功能”面板中执行“变速”/“常规变速”命令，设置“倍数”为 2.0x，开启“声音变调”，如图 13-5 所示。

（5）在“时间线”面板中将 2.mp4 素材文件的结束时间拖动到 36 秒 07 帧处，如图 13-6 所示。

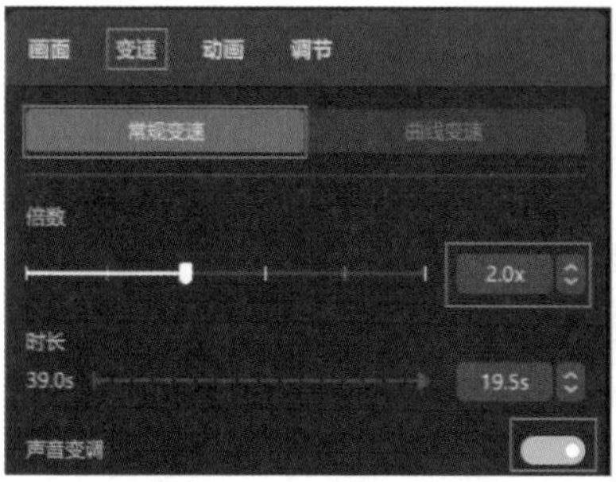

图 13-5

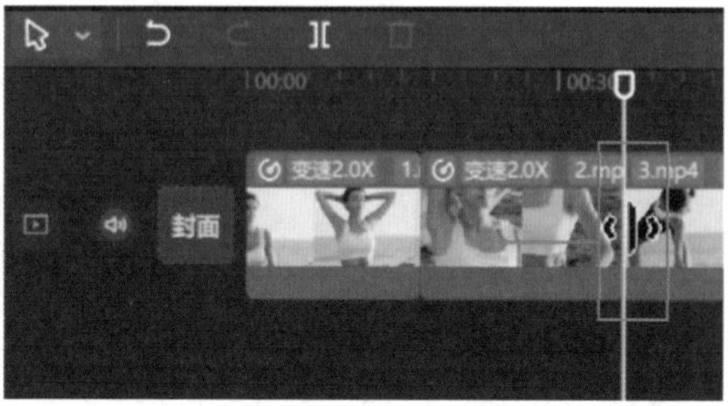

图 13-6

（6）在“时间线”面板中单击 7.mp4 素材文件，在“功能”面板中执行“变速”/“常规变速”命令，设置“倍数”为 2.0x，如图 13-7 所示。

（7）分别将时间线滑动至 2 分 10 秒 20 帧与 2 分 21 秒 12 帧处。在“时间线”面板中单击 7.mp4 素材文件，接着单击“分割”按钮或使用快捷键 Ctrl+B 进行分割，如图 13-8 所示。在“时间线”面板中只留下中间段视频，单击剩余的 7.mp4 素材文件，单击“删除”按钮或按 Delete 键进行删除。

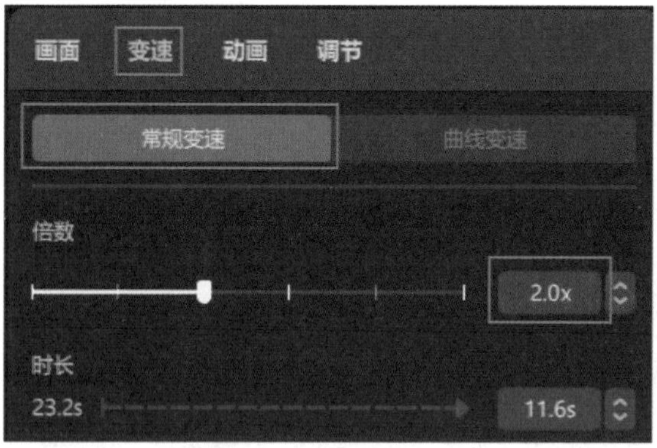

图 13-7

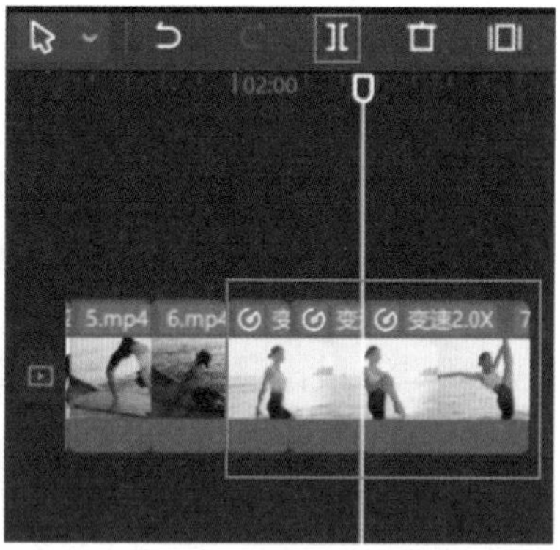

图 13-8

（8）使用素材包为画面添加动画与文字。将时间线滑动至 6 秒 10 帧处，在“素材”面板中执行“素材包”/“素材包”/“运动”命令，选择合适的素材包，单击“添加到轨道”按钮，如图 13-9 所示。

（9）在“时间线”面板中双击第 1 轨道上的文字，在“功能”面板中执行“文本”/“基础”命令，在“第 2 段文本”中输入合适的文字，如图 13-10 所示。

（10）单击“朗读”按钮，选择“甜美解说”，单击“开始朗读”按钮，如图 13-11 所示。

图 13-9

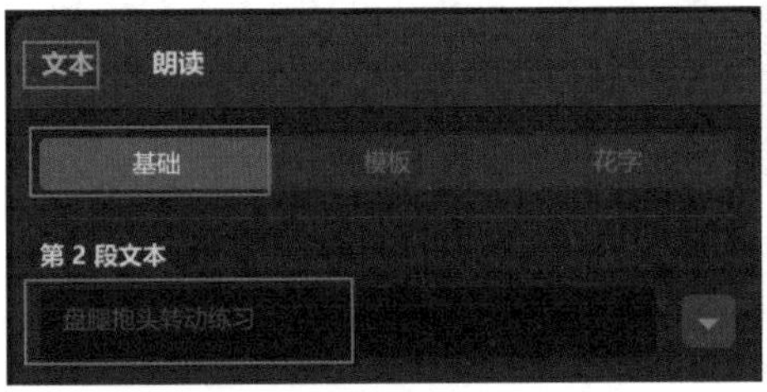

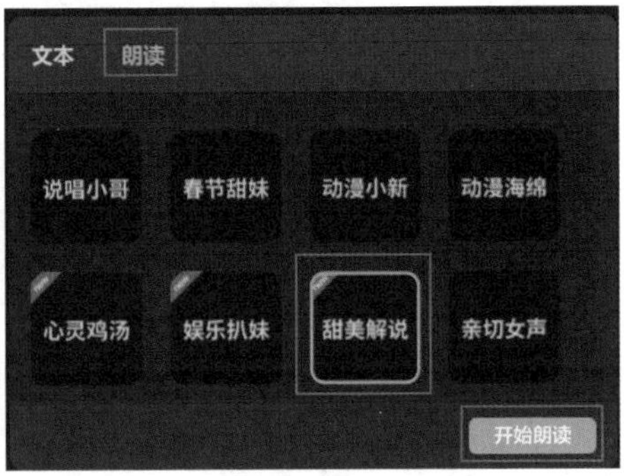

图 13-10　　　　图 13-11

提示：快速调整素材包的持续时间。

如果需要调整素材包在“时间线”面板中的持续时间，只需选中某一素材即可拖动素材包中的全部素材。添加的文字朗读音频需手动调整位置。

（11）在“播放器”面板中将刚刚添加的素材包中的文字向下拖动到合适的位置，并放大到合适的大小，如图 13-12 所示。

（12）将时间线滑动至16秒22帧处，在“素材”面板中执行“素材包”/“素材包”/“运动”命令，选择合适的素材包，单击“添加到轨道”按钮，如图 13-13 所示。

（13）在“时间线”面板中双击第 1 轨道上的文字，在“功能”面板中执行“文本”/“基础”命令，在“第 1 段文本”和“第 2 段文本”中输入合适的文字，如图 13-14 所示。

（14）单击“朗读”按钮，选择“甜美解说”，单击“开始朗读”按钮，如图 13-15 所示。

图 13-12

图 13-13

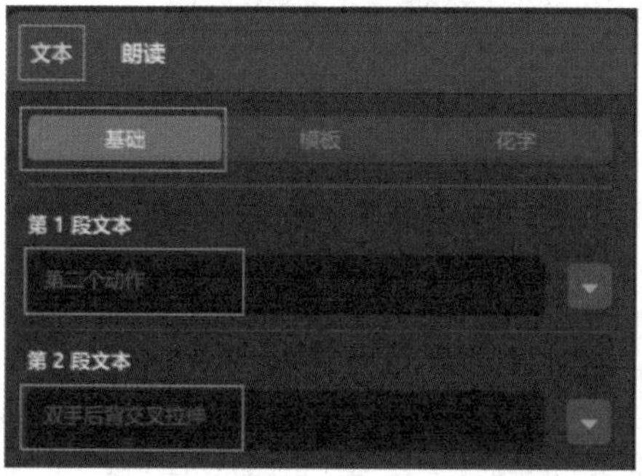

图 13-14

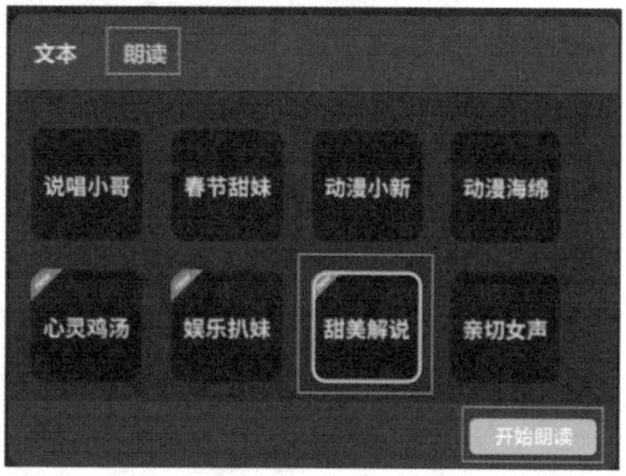

图 13-15

（15）在“播放器”面板中将刚刚添加的素材包中的文字向下拖动到合适的位置，并放大到合适的大小，如图 13-16 所示。

（16）将时间线滑动至 36 秒 07 帧处，在“素材”面板中执行“素材包”/“素材包”/“运动”命令，选择合适的素材包，单击“添加到轨道”按钮，如图 13-17 所示。

图 13-16

图 13-17

（17）在“时间线”面板中双击第 1 轨道上的文字，在“功能”面板中执行“文本”/“基础”命令，在“第 1 段文本”和“第 2 段文本”中输入合适的文字，如图 13-18 所示。

（18）单击“朗读”按钮，选择“甜美解说”，单击“开始朗读”按钮，如图 13-19 所示。

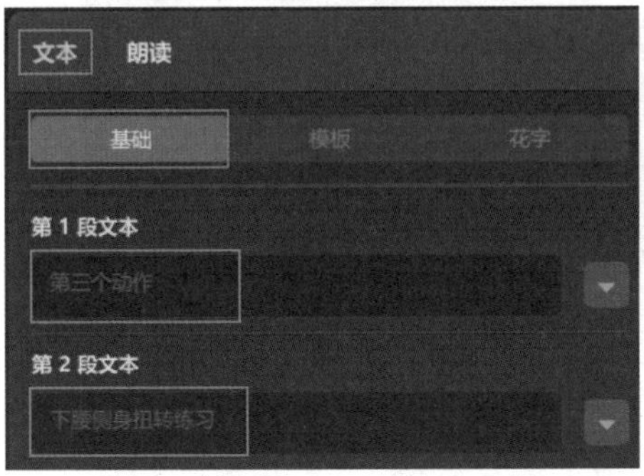

图 13-18

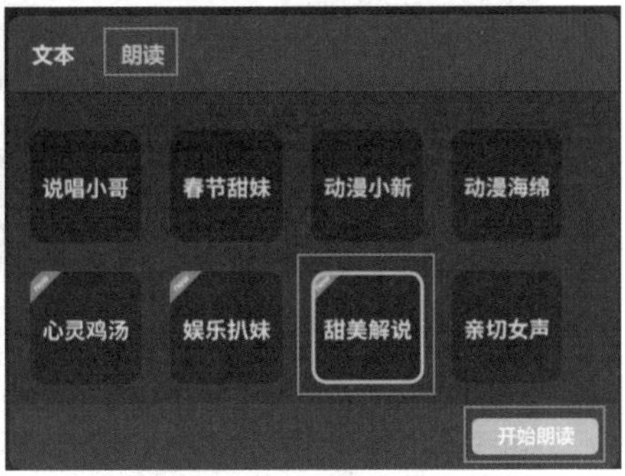

图 13-19

（19）在“播放器”面板中将刚刚添加的素材包中的文字向下拖动到合适的位置，并放大到合适的大小，如图 13-20 所示。

（20）使用同样的方法添加素材包，设置合适的文字与朗读文字，并拖动到画面中合适的位置。滑动时间线，此时画面效果如图 13-21 所示。

图 13-20

图 13-21

13.2　制作片头与片尾并调整画面颜色

（1）将时间线滑动至起始时间处，在“素材”面板中执行“素材包”/“素材包”/“运动”命令，选择合适的素材包，单击“添加到轨道”按钮，如图 13-22 所示。

图 13-22

（2）在“时间线”面板中单击刚刚添加的素材包中的第 2 段文字，在“功能”面板中执行“文本”/“基础”命令，在“第 1 段文本”中输入合适的文字，如图 13-23 所示。

（3）在“播放器”面板中将刚刚添加的素材包中的文字拖动到合适的位置，并放大到合适的大小，如图 13-24 所示。

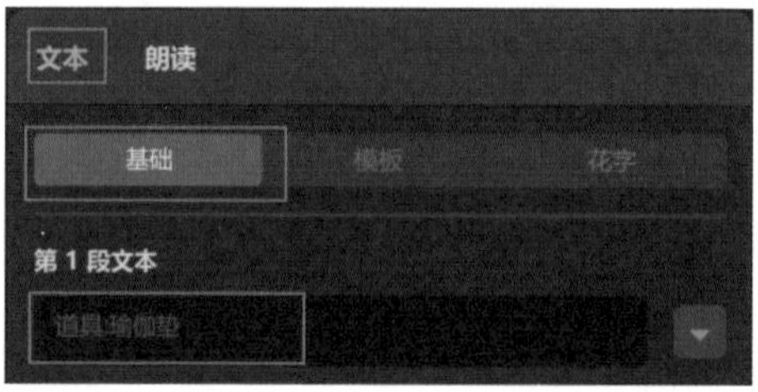

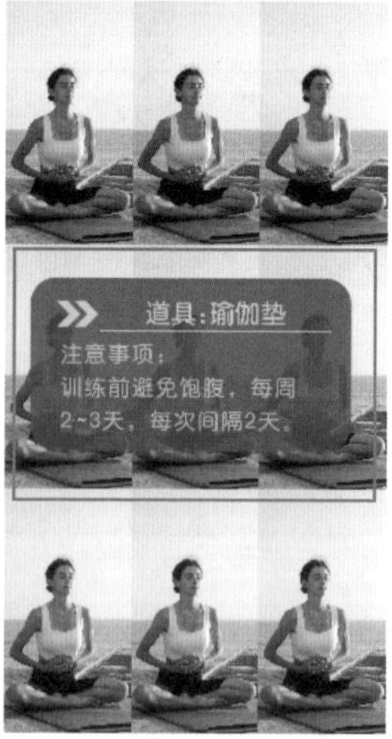

图 13-23　　图 13-24

（4）将时间线滑动至 2 分 05 秒 12 帧处，在“素材”面板中执行“素材包”/“素材包”/“运动”命令，选择合适的素材包，单击“添加到轨道”按钮，如图 13-25 所示。

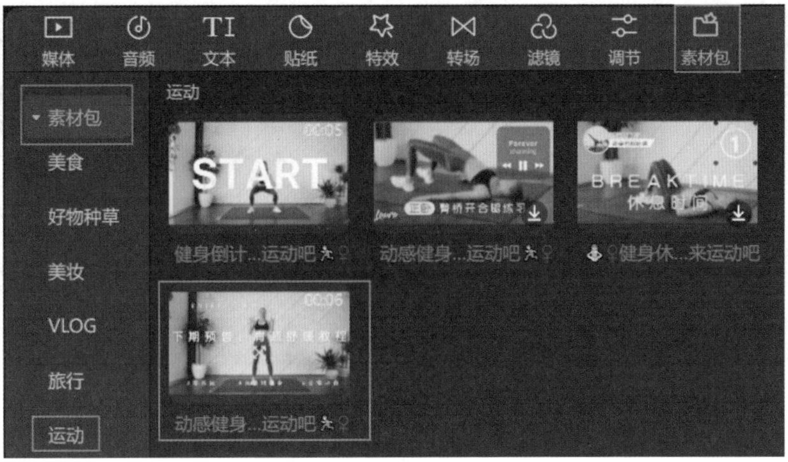

图 13-25

（5）在“时间线”面板中单击刚刚添加的素材包中的第 1 段文字，在“功能”面板中执行“文本”/“基础”命令，在“第 1 段文本”中输入合适的文字，如图 13-26 所示。

（6）在“播放器”面板中将刚刚添加的素材包中的文字拖动到合适的位置，并放大到合适的大小，如图 13-27 所示。

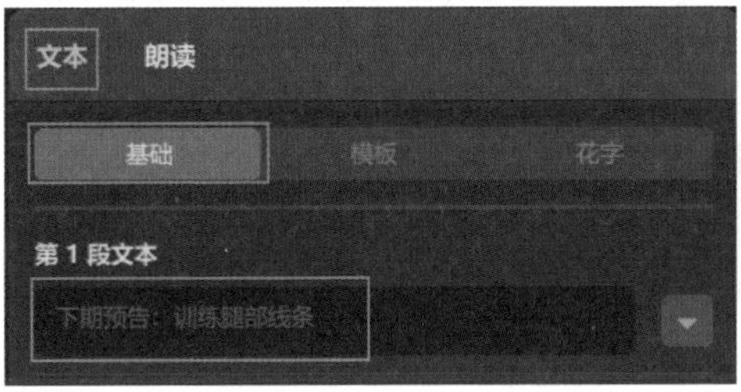

图 13-26

图 13-27

（7）调整画面颜色并添加音频文件。将时间线滑动至起始时间处，在“素材”面板中执行“滤镜”/“滤镜库”/“精选”命令，选择“粉瓷”滤镜，单击“添加到轨道”按钮，如图 13-28 所示。在“时间线”面板中设置“粉瓷”滤镜的结束时间与视频的结束时间相同。

（8）将时间线滑动至起始时间处，在“素材”面板中执行“音频”/“音乐素材”命令，选择合适的音频文件，单击“添加到轨道”按钮，如图 13-29 所示。

（9）将时间线滑动至视频结束时间处，在“时间线”面板中单击音频文件，接着单击“分割”按钮或使用快捷键 Ctrl+B 进行分割，如图 13-30 所示。在“时间线”面板中框选时间线后方的素材，单击“删除”按钮或按 Delete 键进行删除。

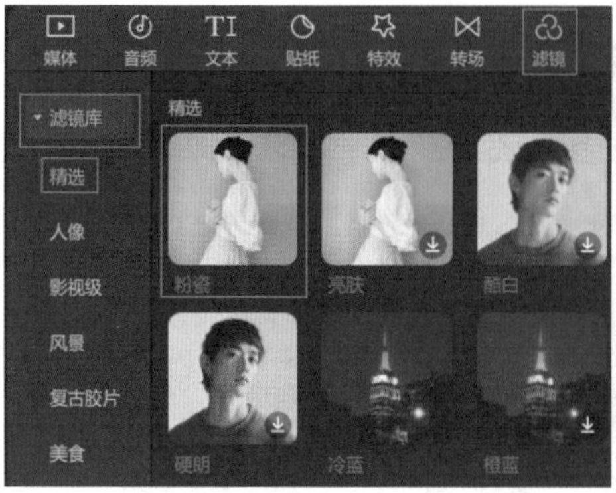

图 13-28

图 13-29

（10）制作封面。在“时间线”面板中单击“封面”按钮，如图 13-31 所示。

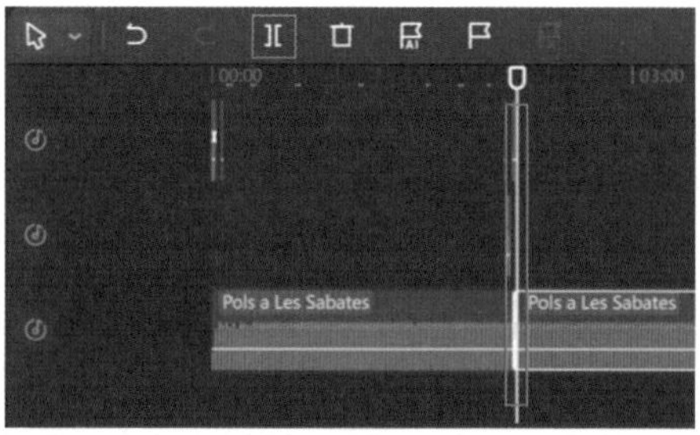

图 13-30

图 13-31

（11）在“封面选择”面板中单击“视频帧”按钮，将时间线滑动至合适的位置，单击“去编辑”按钮，如图 13-32 所示。

（12）在“封面设计”面板中执行“模板”/“知识”命令，选择合适的模板，如图 13-33 所示。

图 13-32

图 13-33

（13）在“封面设计”面板中输入合适的文字并摆放在合适的位置。设置完成后，单击“完成设置”按钮，如图 13-34 所示。

图 13-34

（14）此时本实例制作完成，滑动时间线即可查看实例效果，如图 13-35 所示。

图 13-35

这世界没那么多因果
我走后你别再想我
尽管有太多的不舍
我们度过这幸福时刻拥抱也没了也

扫一扫，看视频

第14章 在手机上使用剪映——情感类短视频

本实例在剪映手机版中使用“分割”工具进行剪辑，使用“识别歌词”工具自动识别歌词并添加字幕。

14.1 剪辑视频

（1）在手机界面中点击“剪映 App”，在打开的“剪映”面板中点击“开始创作”按钮，如图 14-1 所示。

（2）在“媒体”面板中执行“照片视频”/“视频”命令，选择合适的素材文件，点击“添加”按钮，如图 14-2 所示。

（3）选择视频轨道上的 01.mp4 素材，将时间线滑动至 4 秒 01 帧处。在“工具栏”面板中点击“分割”按钮，如图 14-3 所示。

图 14-1

图 14-2

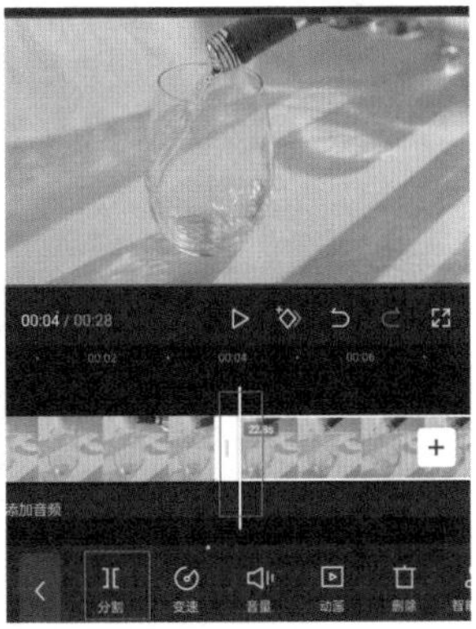

图 14-3

（4）点击选择后半段视频，并点击“删除”按钮，如图 14-4 所示。

（5）在视频轨道上点击“添加素材”按钮，如图 14-5 所示。

（6）按照顺序依次点击并导入另外 5 个视频素材，如图 14-6 所示。

图 14-4

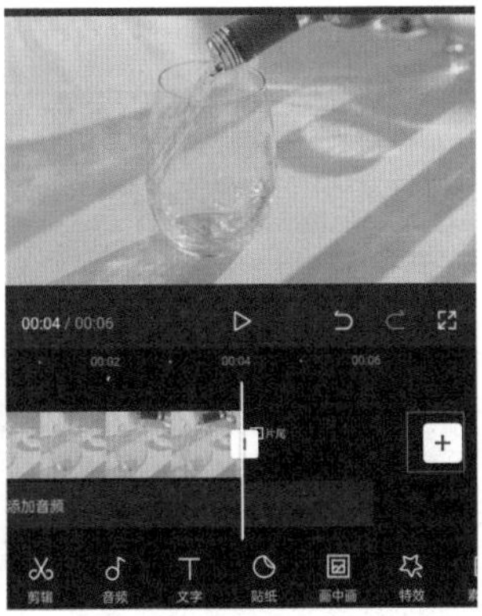

图 14-5

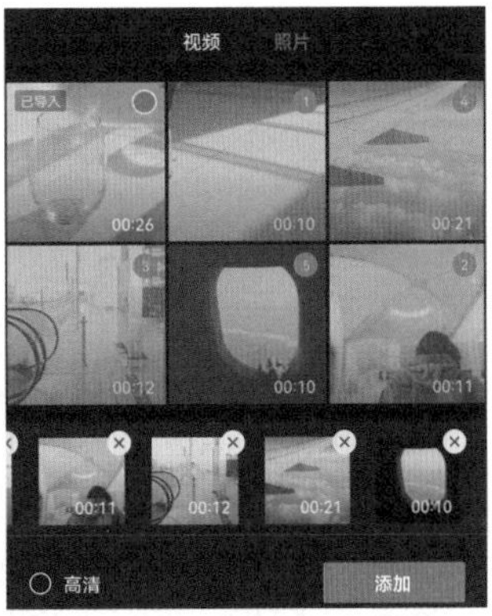

图 14-6

（7）在视频轨道上分别设置刚刚导入的视频素材的持续时间为 7.8 秒、4.1 秒、6.5 秒、9.2 秒、9.1 秒，调整时长的方法为拖动每个素材的结尾，并将 06.mp4 素材放大到合适的大小，如图 14-7 所示。

（8）将时间线滑动至起始时间处，执行“音频”/“音乐”命令。然后在“搜索栏”中搜索“我走后”，选择合适的音频，点击“使用”按钮，如图 14-8 所示。

（9）将时间线滑动至与视频轨道相同的位置，接着点击音频轨道上的音频，在“工具栏”面板中点击“分割”按钮，并进行删除，如图 14-9 所示。

图 14-7

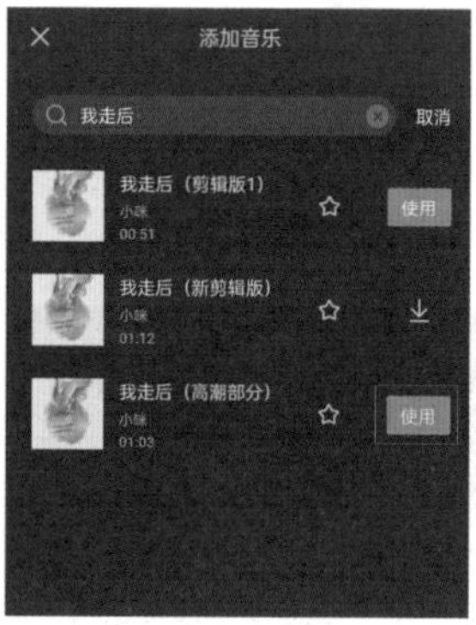

图 14-8

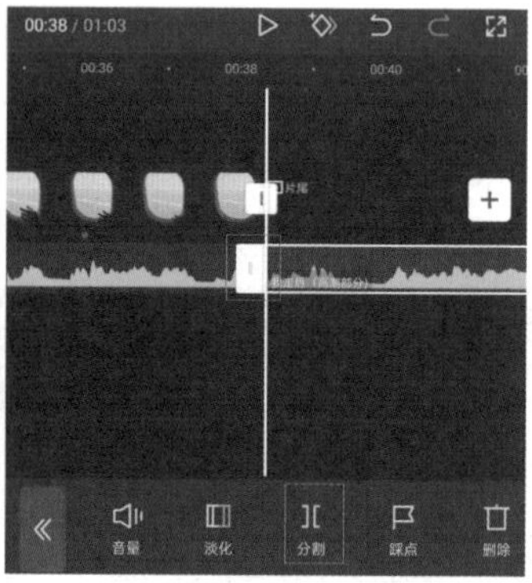

图 14-9

14.2　识别歌词并添加文字

（1）在“工具栏”面板中执行“文本”/“识别歌词”命令，如图 14-10 所示。

（2）在弹出的“识别歌词”面板中点击“开始识别”按钮，如图 14-11 所示。

（3）选中轨道上的文字，在“工具栏”面板中点击“批量编辑”按钮，如图 14-12 所示。

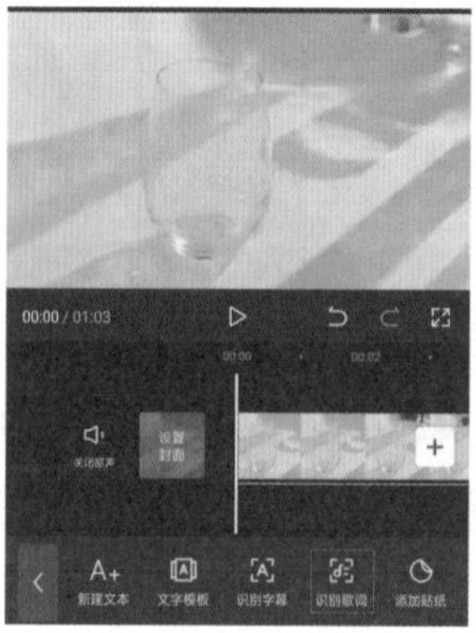

图 14-10

图 14-11

图 14-12

（4）在弹出的文字中点击任意一行文字，如图 14-13 所示。

（5）选择一款合适的字体，如图 14-14 所示。

（6）点击“样式”按钮，取消描边效果，如图 14-15 所示。

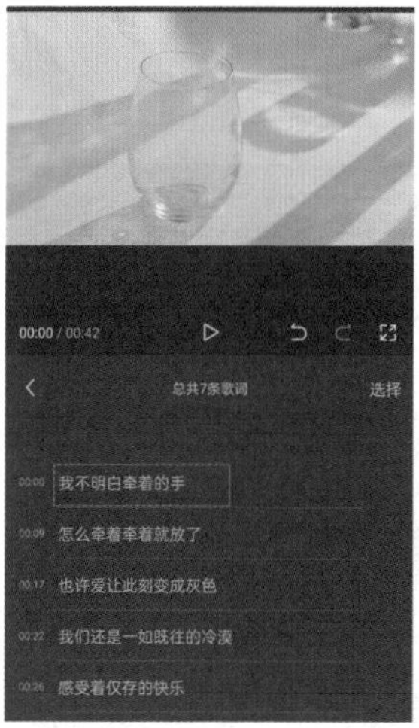

图 14-13

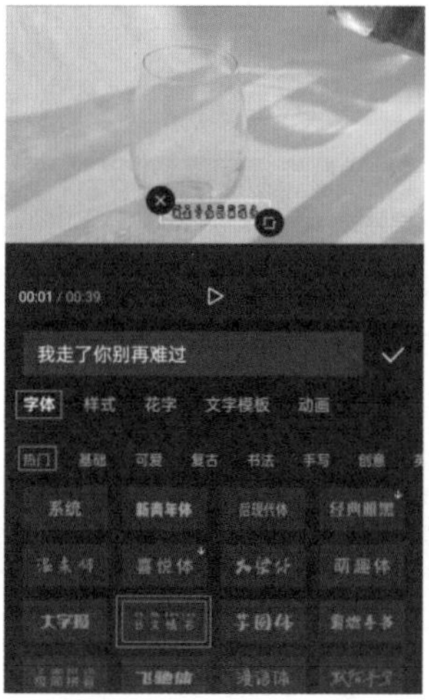

图 14-14

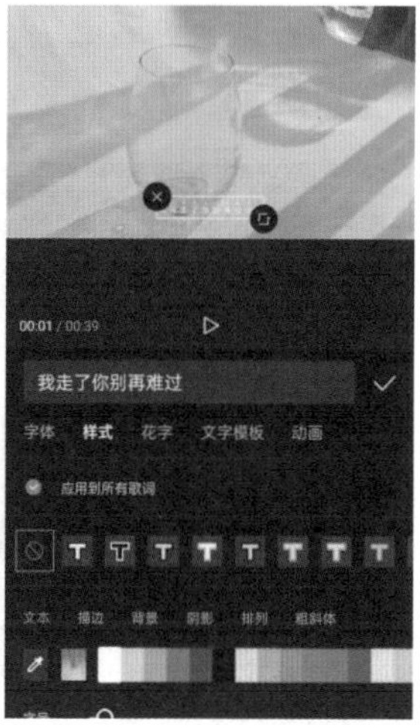

图 14-15

（7）点击“样式”按钮，设置“排列”为居中对齐，设置合适的字号，如图 14-16 所示。

（8）在文字轨道上选择最后一组文字，接着在“工具栏”面板中点击“动画”按钮，如图 14-17 所示。

（9）在弹出的“动画”面板中点击“出场动画”按钮，选择“渐隐”动画，如图 14-18 所示。

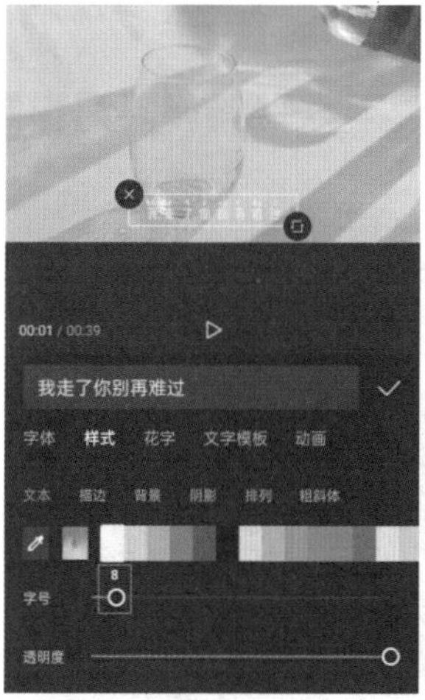

图 14-16

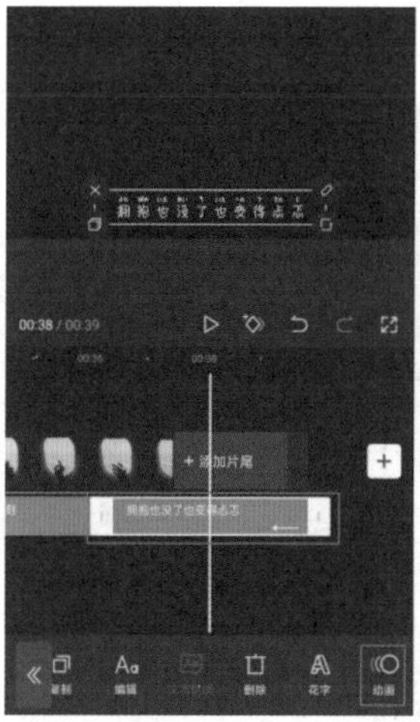

图 14-17

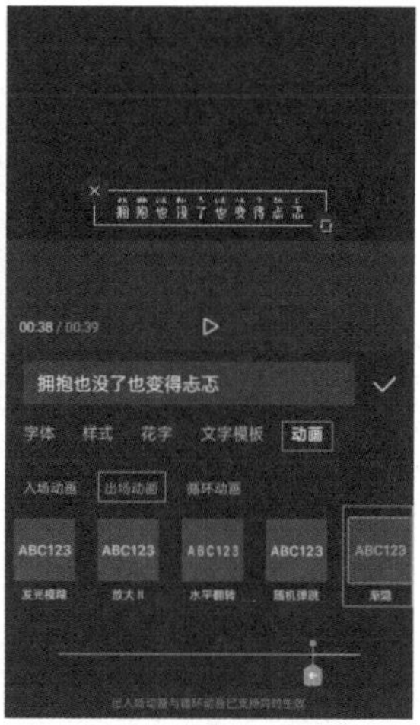

图 14-18

（10）在视频轨道上点击片尾，并进行删除。在视频轨道上点击 01.mp4 与

02.mp4 视频中间的“转场”按钮，如图 14-19 所示。

（11）在“基础转场”面板中选择“模糊”效果，点击“确定”按钮，如图 14-20 所示。

（12）在视频轨道上点击 02.mp4 与 03.mp4 视频中间的“转场”按钮，如图 14-21 所示。

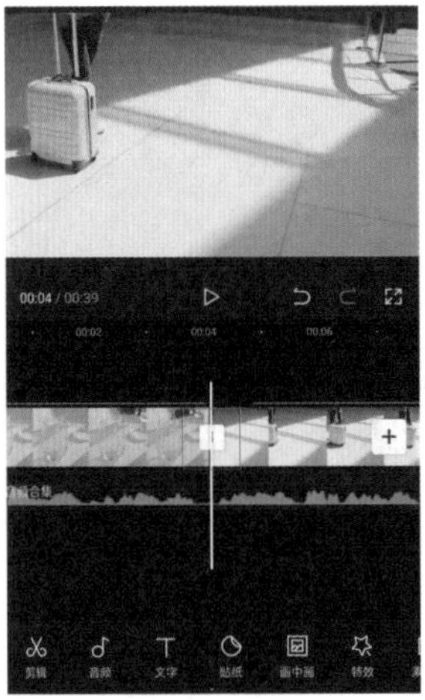

图 14-19

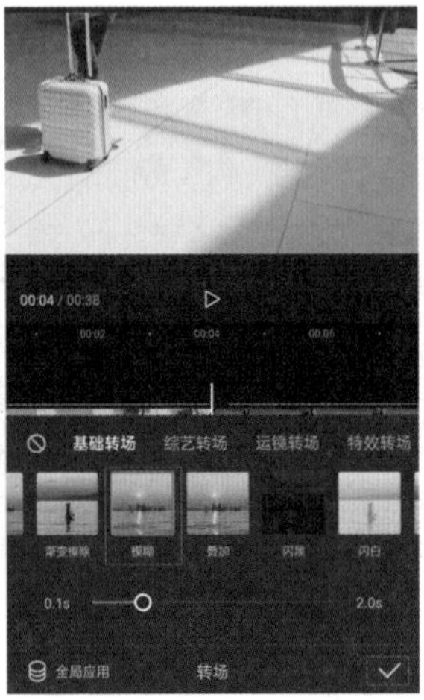

图 14-20

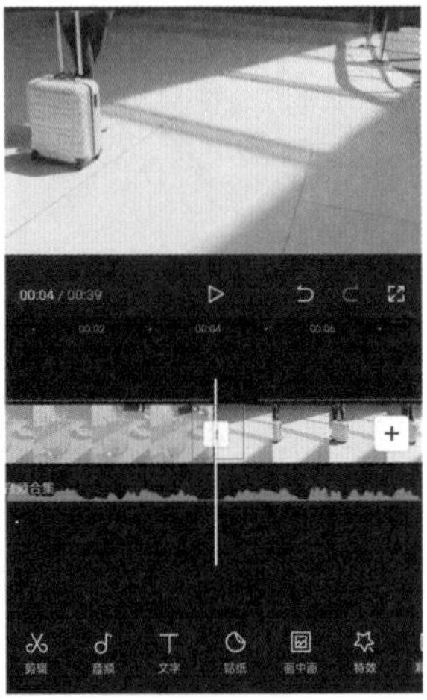

图 14-21

（13）在“基础转场”面板中选择“叠化”效果。使用同样的方法为除了最后一个视频素材的结尾制作同样的效果，如图 14-22 所示。

（14）在视频轨道上点击 06.mp4 素材，在“工具栏”面板中执行“动画”/“出场动画”/“渐隐”命令，如图 14-23 所示。

（15）点击“播放器”面板上方的“导出”按钮，如图 14-24 所示。

图 14-22

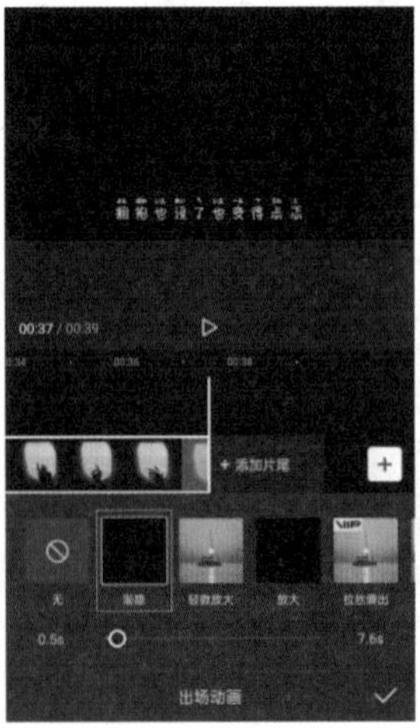

图 14-23

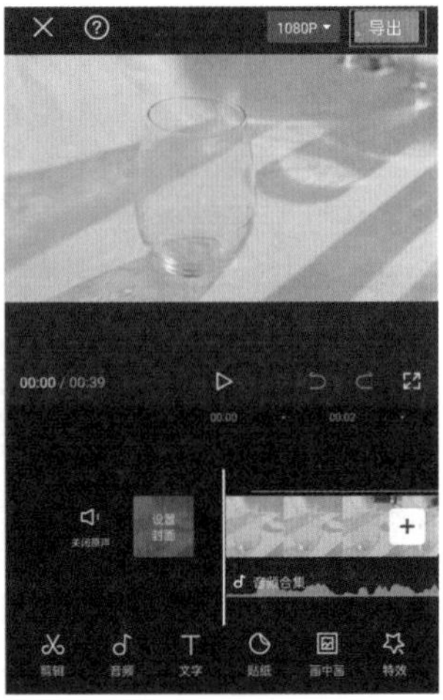

图 14-24

（16）此时素材文件正在渲染导出，如图 14-25 所示。

（17）导出完成后，可在相册中观看视频，如图 14-26 所示。

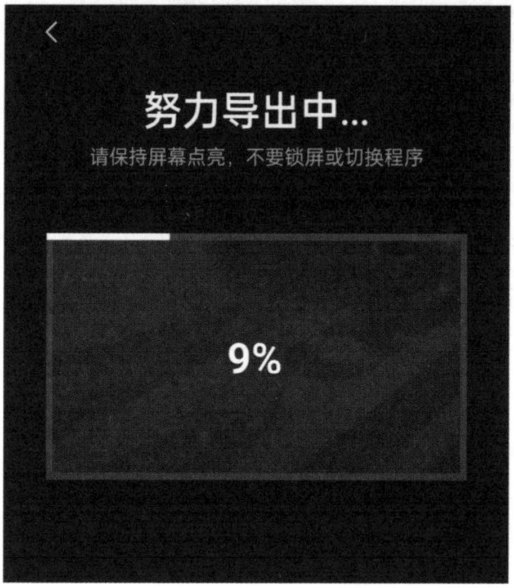

图 14-25

图 14-26

扫一扫，看视频

第15章 在手机上使用剪映——节奏感宠物相册

本实例添加音频，使用“自动踩点”工具修剪视频并制作卡点视频，使用“转场”工具让画面过渡更具动感，使用“文字模板”工具创建文字、制作文字效果与文字动画。

扫一扫，看视频

第16章 在手机上使用剪映——果汁促销广告动画

本实例在剪映中使用“关键帧”工具制作放大关键帧动画，使用“文字模板”工具创建文字、制作文字动画。

扫一扫，看视频

第 17 章 在手机上使用剪映——好玩的“吃影子”效果

本实例使用“抖音玩法”工具制作人像运动“吃影子”效果。

扫一扫，看视频

第 18 章 在手机上使用剪映——越野摩托完美攻略短视频

本实例在剪映中使用“变速”工具制作视频忽快忽慢的动感效果，使用“动画”与“转场”工具让视频更加流畅，使用“文字模板”工具添加合适的文字动画，并添加合适的音乐与音频文件。